移动机器人理论与实践

张德好　著

哈爾濱工業大學出版社

内 容 简 介

移动机器人一直是机器人领域的重要研究方向，相关从业人员众多。本书基于作者企业内部培训资料，将理论和实践紧密结合，围绕移动机器人的技术发展和实际应用展开。全书分为三个部分。第一部分介绍基础理论和视觉系统。第二部分介绍机器人控制理论，包括运动学和动力学建模及定位技术。第三部分介绍 ROS 和 SLAM 实践，最后给出工程调试优化方法。

本书可供机器人、机器视觉及工业控制的专业技术人员参考。

图书在版编目（CIP）数据

移动机器人理论与实践 / 张德好著. — 哈尔滨：
哈尔滨工业大学出版社，2023. 1
ISBN 978 - 7 - 5767 - 0588 - 1

Ⅰ. ①移… Ⅱ. ①张… Ⅲ. ①移动式机器人 - 研究
Ⅳ. ①TP242

中国国家版本馆 CIP 数据核字（2023）第 026111 号

策划编辑　闻　竹
责任编辑　马毓聪
封面设计　邢海鸟
出版发行　哈尔滨工业大学出版社
社　　址　哈尔滨市南岗区复华四道街 10 号　邮编 150006
传　　真　0451 - 86414749
网　　址　http：//hitpress. hit. edu. cn
印　　刷　哈尔滨久利印刷有限公司
开　　本　787 mm × 1 092 mm　1/16　印张 21. 25　字数 493 千字
版　　次　2023 年 1 月第 1 版　2024 年 5 月第 2 次印刷
书　　号　ISBN 978 - 7 - 5767 - 0588 - 1
定　　价　99. 00 元

前　言

移动机器人一直是机器人领域的重要研究方向，在无人驾驶和人工智能技术兴起后，更加受到国内外技术人员的关注。

本书内容基于作者在企业内部的培训材料，将理论和实践紧密结合，围绕移动机器人的技术发展和实际应用，系统介绍了移动机器人的数学基础、理论模型以及应用技术等多个方面。

全书一共 12 章，分为三个部分。

第一部分包括第 1 ~ 6 章。第 1 章介绍建模和控制必需的线性代数内容，第 2 章介绍定位和导航必需的概率统计内容。第 3 章介绍最优化方法，第 4 章介绍状态估计理论，第 5 章介绍模式识别与机器学习，共同构成后续理论部分的基础，第 6 章介绍颜色工程、视觉系统和图像处理。

第二部分为移动机器人理论，包括第 7 ~ 10 章。第 7 章介绍运动控制系统的控制器、驱动器和执行器，构成机器人理论的共有技术。第 8 章介绍机器人建模，基于空间几何学的状态描述和分析力学的约束与完整性，推导运动学和动力学模型。第 9 章介绍若干实用定位技术，包括工业界大量应用的反光板和二维码定位。第 10 章介绍路径规划和轨迹跟踪的常用算法。

第三部分包括第 11 章和第 12 章。第 11 章介绍 ROS 的 SLAM 框架，限于篇幅并没有过多介绍 ROS 和 SLAM 的基础知识，默认读者已经掌握该部分内容。第 12 章介绍物流 AGV 系统设计，以及 ROS - SLAM 的调试方法和优化技巧。

本书立足于企业实践，使用了一些实用标记方法。例如变换矩阵${}_{r}^{G}\downarrow \boldsymbol{T}$，利用左上标到左下标的箭头，表示了从全局坐标框架到机器人坐标框架的运动方向。再如马尔可夫的一步转移矩阵 $\boldsymbol{A}_{k\leftarrow k-1}^{m\times n}$，通过右下标的左箭头，标记马尔可夫的预测先验。这些方式可能并不严谨，但可以帮助记忆和增强理解。

本书由罗伯特罗尔斯智能系统有限公司的张德好、佳木斯大学的马琳共同撰写完成。具体分工如下：张德好负责撰写第一章至第八章、第十一章和第十二章的内容，共计 44.1 万字；马琳负责撰写第九章和第十章的内容，共计 5.2 万字。全书最终由张德好统稿完成。

限于作者水平，书中难免存在不足和疏漏之处，敬请读者批评指正，作者邮箱：672232661@ qq. com。

张德好

2021 年 9 月于杭州

相关约定

一、字体约定

- 斜体小写字母表示标量,例如 x,t。
- 黑体小写字母表示向量,例如 $\boldsymbol{x}$,$\boldsymbol{v}$。
- 斜体大写字母表示集合,例如 A,C。
- 黑体大写字母表示矩阵,例如 $\boldsymbol{A}$,$\boldsymbol{B}$。
- $f(\cdot)$表示数量值函数,$\boldsymbol{F}(\cdot)$表示向量值函数。
- 向量如 $\boldsymbol{x}$,皆指 $n\times1$ 列向量,即矩阵乘法 $\boldsymbol{A}^{m\times n}\boldsymbol{x}^{n\times1}$成立。
- 标量如 k,可视作 1×1 矩阵,即向量乘法 $\boldsymbol{x}^{n\times1}\boldsymbol{k}^{1\times1}$成立。

二、符号约定

- $E[\cdot]$表示期望算子,$V[\cdot]$表示变异算子。
- 圆括号$(\cdot,\cdot,\cdot)$表示向量,花括号$\{\cdot,\cdot,\cdot\}$表示集合。
- $|\cdot|$表示标量绝对值,$\|\cdot\|$表示向量或矩阵范数。
- 右下标$(\cdot)_{k_1\cdots k_2}$表示从 k_1 至 k_2 的值,$P^{m\times n}$右上标表示矩阵为 $m\times n$ 阶。

三、位姿约定

为了描述机器人的位姿和运动,按照机构学和机器人学的常用规定,约定如下。

- 矢量的左上标,表示矢量所在坐标系,即描述矢量的坐标系。例如${}^{G}\boldsymbol{r}$,表示坐标系 G 中的矢量 $\boldsymbol{r}$。
- 矢量的右下标,表示矢量的参考点,例如${}^{G}\boldsymbol{r}_P$,表示坐标系 G 中的点 P 位置的矢量 $\boldsymbol{r}$。
- 变换矩阵的左下标,表示所在参考坐标系,例如${}_{A}\boldsymbol{T}$,表示参考坐标系 A 的变换矩阵 $\boldsymbol{T}$。
- 变换矩阵的左上标,表示目标坐标系,例如${}^{B}_{A}\downarrow\boldsymbol{R}$,表示坐标系 A 在坐标系 B 中的位姿描述,或者动态地表示坐标系 B 至坐标系 A 的运动。

目　录

第1章 线性代数与矩阵论

1.1 近世代数

1.1.1 集合

集合是最基本的元概念,指若干固定元素的全体,具有确定性、互异性、无序性。

给定集合 A 和对象 a,或者 $a \in A$,或者 $a \notin A$,二者必居其一但不可得兼。另外,集合不可作为自身的元素,即 $A \notin A$。

不含任何元素的集合称为空集,可以形式化定义为 $\varnothing = \{x \mid x \neq x\}$,注意与集合 $S = \{A \mid A \notin A\}$ 区别,后者为罗素悖论:集合概念过分扩大而违反排中律。

集合 A 的所有子集构成的集合 $\{X \mid X \subseteq A\}$ 称为 A 的幂集,记作 2^A。

非空集合 A,B 的元素的有序对 (a,b) 构成的集合 $\{(a,b) \mid a \in A, b \in B\}$ 称为 A 与 B 的笛卡儿积,记作 $A \times B$。

1.1.2 关系

设 A 和 B 为集合,$A \times B$ 的笛卡儿积的子集 R 称为 A 和 B 上的二元关系,简称关系。如果 $(a,b) \in R, a \in A, b \in B$,则称 a 与 b 有关系 R,记作 aRb。如果集合 $A = B$ 则称 R 为 A 上的二元关系,常见的有等价关系和偏序关系。

1.1.2.1 等价关系

如果集合 A 上的二元关系 $\sim$ 满足:

(1)自返性:$\forall a \in A, a \sim a$。

(2)对称性:$\forall a,b \in A, a \sim b \Leftrightarrow b \sim a$。

(3)传递性:$\forall a,b,c \in A, a \sim b, b \sim c \Rightarrow a \sim c$。

则称 $\sim$ 为集合 A 上的一个等价关系。

给定集合 X 上的等价关系 $\sim$,对某个元素 $x \in X$,

$$[x] = \{y \in X \mid x \sim y\} \tag{1-1}$$

称为 x 所在的等价类或陪集;

$$x/\sim = \{[x] \mid x \in X\} \tag{1-2}$$

称为 X 的商集。商集即把一个集合中的某些元素混为一谈、缩为一体、捏成一点。

等价关系可以构成划分。给定集合 X,如果集合族 $F \subseteq 2^X - \{\varnothing\}$,并且满足:

$$X = \bigcup_{S \in F} S \tag{1-3}$$

则称 F 为 X 的一个划分或无交并分解。

1.1.2.2 偏序关系

如果集合 A 上的关系≤满足：

(1)自返性：$\forall a \in A, a \leq a$。

(2)反对称性：$\forall a, b \in A, a \leq b, b \leq a \Leftrightarrow a = b$。

(3)传递性：$\forall a, b, c \in A, a \leq b, b \leq c \Rightarrow a \leq c$。

则称≤为集合 A 上的一个偏序关系，称$(A, \leq)$为偏序集。

偏序(Partial)的偏为部分的意思，说明并非偏序集中所有元素都可以比较大小。

如果集合 A 上的偏序关系≤额外满足：

(4)对于任意 $a, b \in A$，都有 $\alpha \leq b$ 或 $b \leq a$。

则称≤为 A 上的全序关系，称$(A, \leq)$为全序集。

1.1.3 映射

映射 φ 是 X, Y 两个集合元素之间的关系。

给定非空集合 X 和 Y，如果存在规则 φ，对于 X 中任意元素 x，存在 Y 中唯一元素 y 与之对应，则称 φ 为集合 X 到集合 Y 的一个映射或者函数，记作

$$\begin{aligned} \varphi: X &\rightarrow Y \\ x &\mapsto y \end{aligned} \tag{1-4}$$

当集合 Y 为数集时映射 φ 称为函数。特别的是，当 $X = Y$ 时映射 φ 称为变换。

全体 X 到 Y 的映射，记为

$$Y^X = \{f: X \rightarrow Y\} \tag{1-5}$$

常见映射有以下三种。

单射：如果 $\forall x_1, x_2 \in X, \varphi(x_1) = \varphi(x_2) \Rightarrow x_1 = x_2$，则称 φ 为 X 到 Y 的单射。

满射：如果$\{y \mid y = \varphi(x), x \in X\} = Y$，则称 φ 为从 X 到 Y 的满射。

双射：如果映射 φ 是单且满的，则称为双射。

X 到 X 的所有映射，称为 X 的自映射。

1.1.4 运算

代数运算是一种特殊的映射。

给定非空集合 A, B 和 C，映射 $f: A \times B \rightarrow C$ 称为从 A 和 B 到 C 的代数运算，$f: A \times A \rightarrow C$ 称为 A 到 C 的(二元)代数运算，$f: A \times A \rightarrow A$ 称为 A 的代数运算。

对于映射 $f(a, b) = c$，记作运算 $afb = c$。

设 P 为数域，V 为非空集合，如果存在运算

$$\begin{aligned} f: V \times V &\rightarrow V \\ (v_1, v_2) &\mapsto v \end{aligned} \tag{1-6}$$

式中，v_1, v_2 为集合 V 的元素。

则称 f 为 V 上的加法，记作 +。

设 P 为数域,V 为非空集合,如果存在运算

$$\begin{aligned} f: V \times P &\to V \\ (v,k) &\mapsto v \end{aligned} \tag{1-7}$$

则称 f 为 V 上的乘法,记作 $\cdot$ 。

1.1.5 结构

数学结构主要包括代数结构和拓扑结构,代数结构有群、环、域等。

1.1.5.1 群

如果非空集合 G 上的二元关系 $\cdot$ 满足:

(1)结合律:$\forall a,b,c \in G,(a \cdot b) \cdot c = a \cdot (b \cdot c)$。

则称 $(G, \cdot)$ 为半群。

如果半群 $(G, \cdot)$ 还满足:

(2)单位元:$\exists e \in G, \forall a \in G, a \cdot e = e \cdot a = a$。

(3)逆元:$\forall a \in G, \exists a^{-1}, a^{-1} \cdot a = a \cdot a^{-1} = e$。

则称 $(G, \cdot)$ 为群,称 e 为 G 的单位元,记作 1,称 a^{-1} 为 a 的逆元。

如果群 $(G, \cdot)$ 再满足:

(4)交换律:$\forall \alpha, b \in G, \alpha \cdot b = b \cdot a$。

则称 $(G, \cdot)$ 为交换群或阿贝尔群。

例如,$Z/Q/R/C$ 对数的加法构成阿贝尔群,单位元是 0,a 的逆元为 $-a$,称为加法群。

再如去零的 $Z/Q/R/C$ 对数的乘法构成阿贝尔群,单位元是 1,a 的逆元为 a^{-1},称为乘法群。

又如 P^n 对向量加法构成阿贝尔群,$P^{m \times n}$ 对矩阵加法也构成阿贝尔群,但 $P^{m \times n}$ 对矩阵乘法只构成群,不能构成阿贝尔群。

1.1.5.2 环

如果非空集合 G 和两个二元运算 $+$ 和 $\cdot$ 满足:

(1)$(G, +)$ 构成阿贝尔群。

(2)$(G, \cdot)$ 构成半群。

(3)分配律:$\forall a,b,c \in G, a \cdot (b+c) = a \cdot b + a \cdot c, (a+b) \cdot c = a \cdot c + b \cdot c$。

则称 G 为一个环,记作 $(G, +, \cdot)$。

如果环 $(G, +, \cdot)$ 还满足:

(4)交换律:$\forall a,b \in G, a \cdot b = b \cdot a$。

则称 G 为交换环。

例如,$Z/Q/R/C$ 对数的加法和乘法构成一个环,但不是交换环。再如,$P^{m \times n}$ 对矩阵加法和乘法构成一个环,但不是交换环。

1.1.5.3 域

如果非空集合 G 的 + 和 · 满足：

(1) G 对加法构成交换环。

(2) $G\backslash\{0\}$ 对乘法构成阿贝尔群。

则称 G 是一个域。

例如，$Q/R/C$ 对数的加法和乘法构成一个域。$P^{m\times n}$ 不能构成交换环，因此不是域。

1.1.6 空间

空间是具有某种数学结构的集合。在矩阵分析中：

(1)线性空间是具有线性结构的集合，定义了加法和数乘的线性运算，但线性空间没有距离之类的拓扑概念；

(2)距离空间是具有拓扑结构的集合，定义了正性、对称性和三角不等式的距离概念，从而具有极限、连续等概念，但是距离空间没有长度概念。

赋范空间既是线性空间又是距离空间，赋予了具有正性、齐次性和三角不等式的范数概念，使得向量具有长度，从而可以比较大小，但是赋范空间并没有方向概念。

内积空间在赋范空间基础上定义了正性、对称性和线性的内积概念，使得向量具有了方向，从而可以讨论投影和正交，推广了解析几何的直观概念。

在分析上，完备的赋范空间称为巴拿赫空间；完备的内积空间称为希尔伯特空间。

1.2 线性空间

1.2.1 线性空间

设 P 为数域，V 为非空集合，如果：

(1)加法封闭：$\forall\alpha,\beta\in V,\alpha+\beta\in V$。

(2)数乘封闭：$\forall\alpha\in V,k\in P,\alpha k\in V$。

(3)上述的加法和数乘，满足下述 8 条运算规则：

①加法交换律：$\forall\alpha,\beta\in V,\alpha+\beta=\beta+\alpha$。

②加法结合律：$\forall\alpha,\beta,\gamma\in V,(\alpha+\beta)+\gamma=\alpha+(\beta+\gamma)$。

③加法零元：$\forall\alpha\in V,\exists 0\in V,\alpha+0=\alpha$。

④加法逆元：$\forall\alpha\in V,\exists\beta\in V,\alpha+\beta=0$。

⑤结合律：$\forall\alpha\in V,k_1,k_2\in P,\alpha(k_1k_2)=(\alpha k_1)k_2$。

⑥分配律 1：$\forall\alpha\in V,k_1,k_2\in P,\alpha(k_1+k_2)=\alpha k_1+\alpha k_2$。

⑦分配律 2：$\forall\alpha,\beta\in V,k\in P,(\alpha+\beta)k=\alpha k+\beta k$。

⑧单位元：$\forall\alpha\in V,\exists 1\in P,\alpha 1=\alpha$。

则称集合 V 为数域 P 上的线性空间或向量空间。

例如，分量属于数域 P 的有序 n 元组的集合

$$\{(x_1, x_2, \cdots, x_n) \mid x_i \in P\} \tag{1-8}$$

构成数域 P 上的标准线性空间,记作 P^n。

再如,元素属于数域 P 的 $m \times n$ 矩阵的集合构成数域 P 上的线性空间,记作 $P^{m \times n}$。

1.2.2　线性相关

设 V 为 P 上的线性空间,$\{\boldsymbol{\alpha}_1, \boldsymbol{\alpha}_2, \cdots, \boldsymbol{\alpha}_p\}$ 为 V 中的一组向量集合,如果仅当 P 中的标量 $k_1, k_2, \cdots, k_p$ 为零才有

$$\boldsymbol{\alpha}_1 k_1 + \boldsymbol{\alpha}_2 k_2 + \cdots + \boldsymbol{\alpha}_p k_p = \mathbf{0} \tag{1-9}$$

则称 $\boldsymbol{\alpha}_1, \boldsymbol{\alpha}_2, \cdots, \boldsymbol{\alpha}_p$ 线性无关。

矩阵形式为

$$[\boldsymbol{\alpha}_1 \quad \boldsymbol{\alpha}_2 \quad \cdots \quad \boldsymbol{\alpha}_p] \begin{bmatrix} k_1 \\ k_2 \\ \vdots \\ k_p \end{bmatrix} = \mathbf{0} \tag{1-10}$$

因此,向量集 $\{\boldsymbol{\alpha}_1, \boldsymbol{\alpha}_2, \cdots, \boldsymbol{\alpha}_p\}$ 线性无关,即上述的线性齐次方程组只有零解。

一组向量如果不是线性无关的,则称为线性相关。

设 V 为 P 上的线性空间,$\{\boldsymbol{\alpha}_1, \boldsymbol{\alpha}_2, \cdots, \boldsymbol{\alpha}_p\}$ 为 V 中的一组向量,$\boldsymbol{\beta} \in V$,如果

$$\boldsymbol{\alpha}_1 k_1 + \boldsymbol{\alpha}_2 k_2 + \cdots + \boldsymbol{\alpha}_p k_p = \boldsymbol{\beta} \tag{1-11}$$

则称 $\boldsymbol{\beta}$ 是 $\boldsymbol{\alpha}_1, \boldsymbol{\alpha}_2, \cdots, \boldsymbol{\alpha}_p$ 的线性组合,或者 $\boldsymbol{\beta}$ 可由 $\boldsymbol{\alpha}_1, \boldsymbol{\alpha}_2, \cdots, \boldsymbol{\alpha}_p$ 线性表示。

矩阵形式为

$$[\boldsymbol{\alpha}_1 \quad \boldsymbol{\alpha}_2 \quad \cdots \quad \boldsymbol{\alpha}_p] \begin{bmatrix} k_1 \\ k_2 \\ \vdots \\ k_p \end{bmatrix} = \boldsymbol{\beta} \tag{1-12}$$

因此,$\boldsymbol{\beta}$ 可由 $\boldsymbol{\alpha}_1, \boldsymbol{\alpha}_2, \cdots, \boldsymbol{\alpha}_p$ 线性表示,即上述的线性非齐次方程组有解。

进一步,向量组也可以线性表示。

设 V 为 P 上的线性空间,$\{\boldsymbol{\alpha}_1, \boldsymbol{\alpha}_2, \cdots, \boldsymbol{\alpha}_p\}$ 和 $\{\boldsymbol{\beta}_1, \boldsymbol{\beta}_2, \cdots, \boldsymbol{\beta}_q\}$ 均为 V 中的向量集,如果存在 $k_{ij} \in P(i = 1, 2, \cdots, p; j = 1, 2, \cdots, q)$,使得

$$[\boldsymbol{\alpha}_1, \boldsymbol{\alpha}_2, \cdots, \boldsymbol{\alpha}_p] \begin{bmatrix} k_{11} & k_{12} & \cdots & k_{1q} \\ k_{21} & k_{22} & \cdots & k_{2q} \\ \vdots & \vdots & & \vdots \\ k_{p1} & k_{p2} & \cdots & k_{pq} \end{bmatrix} = [\boldsymbol{\beta}_1, \boldsymbol{\beta}_2, \cdots, \boldsymbol{\beta}_q] \tag{1-13}$$

则称 $\boldsymbol{\beta}_1, \boldsymbol{\beta}_2, \cdots, \boldsymbol{\beta}_q$ 可由 $\boldsymbol{\alpha}_1, \boldsymbol{\alpha}_2, \cdots, \boldsymbol{\alpha}_p$ 线性表示。

矩阵形式为

$$\boldsymbol{A}\boldsymbol{x} = \boldsymbol{B} \tag{1-14}$$

式中,$\boldsymbol{A}$ 是 $\boldsymbol{\alpha}_1, \boldsymbol{\alpha}_2, \cdots, \boldsymbol{\alpha}_p$ 拼成的矩阵,$\boldsymbol{B}$ 是 $\boldsymbol{\beta}_1, \boldsymbol{\beta}_2, \cdots, \boldsymbol{\beta}_q$ 拼成的矩阵。
因此,$\boldsymbol{\beta}_1, \boldsymbol{\beta}_2, \cdots, \boldsymbol{\beta}_q$ 可由 $\boldsymbol{\alpha}_1, \boldsymbol{\alpha}_2, \cdots, \boldsymbol{\alpha}_p$ 线性表示,即上述的矩阵方程有解。

如果$\boldsymbol{\alpha}_1,\boldsymbol{\alpha}_2,\cdots,\boldsymbol{\alpha}_p$和$\boldsymbol{\beta}_1,\boldsymbol{\beta}_2,\cdots,\boldsymbol{\beta}_q$可以相互线性表示，则称$\boldsymbol{\alpha}_1,\boldsymbol{\alpha}_2,\cdots,\boldsymbol{\alpha}_p$和$\boldsymbol{\beta}_1,\boldsymbol{\beta}_2,\cdots,\boldsymbol{\beta}_q$等价，记作$\{\boldsymbol{\alpha}_1,\boldsymbol{\alpha}_2,\cdots,\boldsymbol{\alpha}_p\}\cong\{\boldsymbol{\beta}_1,\boldsymbol{\beta}_2,\cdots,\boldsymbol{\beta}_q\}$。

1.2.3 基与坐标

1.2.3.1 基矩阵

设V是数域P上的有限维线性空间，如果存在正整数n以及V中的一组向量$\{\boldsymbol{\alpha}_1,\boldsymbol{\alpha}_2,\cdots,\boldsymbol{\alpha}_n\}$，满足：

(1)无关性：向量组$\boldsymbol{\alpha}_1,\boldsymbol{\alpha}_2,\cdots,\boldsymbol{\alpha}_n$线性无关。

(2)生成性：V中任一向量$\boldsymbol{v}$均可由$\boldsymbol{\alpha}_1,\boldsymbol{\alpha}_2,\cdots,\boldsymbol{\alpha}_n$线性表示为$\boldsymbol{v}=\boldsymbol{\alpha}_1x_1+\boldsymbol{\alpha}_2x_2+\cdots+\boldsymbol{\alpha}_nx_n$。

则称$\{\boldsymbol{\alpha}_1,\boldsymbol{\alpha}_2,\cdots,\boldsymbol{\alpha}_n\}$为线性空间$V$的一个基或坐标系。

其中，n称为该基的维数，记作$n=\dim V$，$\begin{bmatrix}x_1\\\vdots\\x_n\end{bmatrix}\in\boldsymbol{P}^n$称为向量$\boldsymbol{v}$在坐标系$\{\boldsymbol{\alpha}_1,\boldsymbol{\alpha}_2,\cdots,\boldsymbol{\alpha}_n\}$下的坐标。

矩阵形式为

$$\boldsymbol{v}=\boldsymbol{A}\boldsymbol{x} \tag{1-15}$$

式中，$\boldsymbol{v}$为线性空间V中的抽象向量，A为基的列向量$\{\boldsymbol{\alpha}_i\}$拼成的矩阵，称为基矩阵，$\boldsymbol{x}$为向量$\boldsymbol{v}$在基$\{\boldsymbol{\alpha}_i\}$下的坐标。

这样，线性空间中的抽象向量$\boldsymbol{v}$在选定的坐标系$\{\boldsymbol{\alpha}_i\}$下得到了具体向量表示$\boldsymbol{x}$。

1.2.3.2 过渡矩阵

设$\{\boldsymbol{\varepsilon}_1,\boldsymbol{\varepsilon}_2,\cdots,\boldsymbol{\varepsilon}_n\}$和$\{\boldsymbol{\eta}_1,\boldsymbol{\eta}_2,\cdots,\boldsymbol{\eta}_n\}$为$n$维线性空间$V$的两组基，且有

$$\begin{cases}\boldsymbol{\varepsilon}_1a_{11}+\boldsymbol{\varepsilon}_2a_{21}+\cdots+\boldsymbol{\varepsilon}_na_{n1}=\boldsymbol{\eta}_1\\\boldsymbol{\varepsilon}_1a_{12}+\boldsymbol{\varepsilon}_2a_{22}+\cdots+\boldsymbol{\varepsilon}_na_{n2}=\boldsymbol{\eta}_2\\\vdots\\\boldsymbol{\varepsilon}_1a_{1n}+\boldsymbol{\varepsilon}_2a_{2n}+\cdots+\boldsymbol{\varepsilon}_na_{nn}=\boldsymbol{\eta}_n\end{cases} \tag{1-16}$$

形式矩阵为

$$[\boldsymbol{\varepsilon}_1,\boldsymbol{\varepsilon}_2,\cdots,\boldsymbol{\varepsilon}_n]\begin{bmatrix}a_{11}&a_{12}&\cdots&a_{1n}\\a_{21}&a_{22}&\cdots&a_{2n}\\\vdots&\vdots&&\vdots\\a_{n1}&a_{n2}&\cdots&a_{nn}\end{bmatrix}=[\boldsymbol{\eta}_1,\boldsymbol{\eta}_2,\cdots,\boldsymbol{\eta}_n] \tag{1-17}$$

矩阵形式为

$$\boldsymbol{\varepsilon}\boldsymbol{A}=\boldsymbol{\eta}$$

则称矩阵$\boldsymbol{A}$为从基$\{\boldsymbol{\varepsilon}_1,\boldsymbol{\varepsilon}_2,\cdots,\boldsymbol{\varepsilon}_n\}$到基$\{\boldsymbol{\eta}_1,\boldsymbol{\eta}_2,\cdots,\boldsymbol{\eta}_n\}$的过渡矩阵，其中，

$$
\boldsymbol{A}=\begin{bmatrix} a_{11} & a_{12} & \cdots & a_{1n} \\ a_{21} & a_{22} & \cdots & a_{2n} \\ \vdots & \vdots & & \vdots \\ a_{n1} & a_{n2} & \cdots & a_{nn} \end{bmatrix} \tag{1-18}
$$

对于空间 V 中的某向量 $\boldsymbol{v}$，如果其在基$\{\boldsymbol{\varepsilon}_1,\boldsymbol{\varepsilon}_2,\cdots,\boldsymbol{\varepsilon}_n\}$下的坐标为 $x=(x_1,x_2,\cdots,x_n)$，在基$\{\boldsymbol{\eta}_1,\boldsymbol{\eta}_2,\cdots,\boldsymbol{\eta}_m\}$下的坐标为 $y=(y_1,y_2,\cdots,y_m)$，则有

$$
\boldsymbol{A}^{-1}\begin{bmatrix} x_1 \\ x_2 \\ \vdots \\ x_n \end{bmatrix}=\begin{bmatrix} y_1 \\ y_2 \\ \vdots \\ y_m \end{bmatrix} \tag{1-19}
$$

1.2.4　线性映射

(1)对于给定非空集合 V 和 W，如果存在规则 $T:V\to W$，使：

①V 中每个元素都在 W 中有像。

②V 中每个元素在 W 中的像唯一。

则称 T 为集合 V 到 W 的映射。

(2)对非空集合 V 和 W，如果存在映射 $T:V\to W$，使：

①保持加性：$\forall\alpha,\beta\in V, T(\alpha+\beta)=T(\alpha)+T(\beta)$。

②保持齐性：$\forall\alpha\in V, k\in P, T(k\alpha)=T(\alpha)k$。

则称 T 为 V 到 W 的线性映射或线性算子。

线性映射需要满足：

①V 中每个元素都在 W 中有像。

②V 中每个元素在 W 中的像唯一。

③保持加性。

④保持齐性。

(3)设 V 和 W 为非空集合，如果存在线性映射 $T:V\to W$，使：

T 为可逆映射。

则称 T 为 V 到 W 的同构映射，并称空间 V 和 W 是同构的。

同构映射需要满足：

①V 中每个元素都在 W 中有像。

②V 中每个元素在 W 中的像唯一。

③W 中每个元素都在 V 中有像。

④W 中每个元素在 V 中的像唯一。

⑤保持加性。

⑥保持齐性。

可以证明线性空间 V 与线性空间 P^n 是同构的。

可以证明，全体线性映射构成的线性空间 $L(V,W)$ 与线性空间 $P^{m\times n}$ 是同构的。

1.2.4.1 表示矩阵

设空间 V 的一个基为$\{\boldsymbol{\varepsilon}_1,\boldsymbol{\varepsilon}_2,\cdots,\boldsymbol{\varepsilon}_n\}$，空间 W 的一个基为$\{\boldsymbol{\eta}_1,\boldsymbol{\eta}_2,\cdots,\boldsymbol{\eta}_m\}$，则从 V 到 W 的线性映射 $A\in L(V,W)$ 与矩阵 $\boldsymbol{A}\in P^{m\times n}$ 满足：

(1) 每个抽象的线性映射 $A:V\to W$，都对应一个矩阵 $\boldsymbol{A}$。

(2) 每个具体的矩阵 $\boldsymbol{A}_{m\times n}$，都诱导一个从 $P^{n\times 1}$ 到 $P^{m\times 1}$ 的线性映射 $A:V\to W$。

因此，$V\to W$ 的线性映射 $A\in L(V,W)$，在选定基$\{\boldsymbol{\varepsilon}_i\}$和$\{\boldsymbol{\eta}_i\}$之后，就可以使用矩阵 $\boldsymbol{A}_{m\times n}\in P^{m\times n}$ 表示。

设：空间 V 为线性空间 P^n，$\{\boldsymbol{\varepsilon}_1,\boldsymbol{\varepsilon}_2,\cdots,\boldsymbol{\varepsilon}_n\}$ 为 V 的一组基，空间 W 为线性空间 P^m，$\{\boldsymbol{\eta}_1,\boldsymbol{\eta}_2,\cdots,\boldsymbol{\eta}_m\}$ 为 W 一组基，$A\in L(V,W)$ 为 $V\to W$ 的一个线性映射，则有

$$\begin{cases} A(\boldsymbol{\varepsilon}_1) = \boldsymbol{\eta}_1 a_{11} + \boldsymbol{\eta}_2 a_{21} + \cdots + \boldsymbol{\eta}_m a_{m1} \\ A(\boldsymbol{\varepsilon}_2) = \boldsymbol{\eta}_1 a_{12} + \boldsymbol{\eta}_2 a_{22} + \cdots + \boldsymbol{\eta}_m a_{m2} \\ \vdots \\ A(\boldsymbol{\varepsilon}_n) = \boldsymbol{\eta}_1 a_{1n} + \boldsymbol{\eta}_2 a_{2n} + \cdots + \boldsymbol{\eta}_m a_{mn} \end{cases} \tag{1-20}$$

写成形式矩阵为

$$[A(\boldsymbol{\varepsilon}_1),A(\boldsymbol{\varepsilon}_2),\cdots,A(\boldsymbol{\varepsilon}_n)] = [\boldsymbol{\eta}_1,\boldsymbol{\eta}_2,\cdots,\boldsymbol{\eta}_m]\begin{bmatrix} a_{11} & a_{12} & \cdots & a_{1n} \\ a_{21} & a_{22} & \cdots & a_{2n} \\ \vdots & \vdots & & \vdots \\ a_{m1} & a_{m2} & \cdots & a_{mn} \end{bmatrix} \tag{1-21}$$

矩阵形式为

$$\boldsymbol{A}(\boldsymbol{\varepsilon}) = \boldsymbol{\eta}\boldsymbol{A} \tag{1-22}$$

则称矩阵 $\boldsymbol{A}$ 为线性映射 $A:V\to W$ 在 V 的基$\{\boldsymbol{\varepsilon}_1,\boldsymbol{\varepsilon}_2,\cdots,\boldsymbol{\varepsilon}_n\}$和 W 的基$\{\boldsymbol{\eta}_1,\boldsymbol{\eta}_2,\cdots,\boldsymbol{\eta}_m\}$下的表示矩阵。

$$\boldsymbol{A} = \begin{bmatrix} a_{11} & a_{12} & \cdots & a_{1n} \\ a_{21} & a_{22} & \cdots & a_{2n} \\ \vdots & \vdots & & \vdots \\ a_{n1} & a_{n2} & \cdots & a_{mn} \end{bmatrix} \tag{1-23}$$

1.2.4.2 矩阵表示

对于任意抽象向量 $\boldsymbol{\gamma}$，设 $\boldsymbol{\gamma}$ 在空间 V 的基$\{\boldsymbol{\varepsilon}_1,\boldsymbol{\varepsilon}_2,\cdots,\boldsymbol{\varepsilon}_n\}$下坐标为 $\boldsymbol{x}=(x_1,x_2,\cdots,x_n)$：

$$\boldsymbol{\gamma} = [\boldsymbol{\varepsilon}_1,\boldsymbol{\varepsilon}_2,\cdots,\boldsymbol{\varepsilon}_n]\begin{bmatrix} x_1 \\ x_2 \\ \vdots \\ x_n \end{bmatrix} \tag{1-24}$$

向量 $\boldsymbol{\gamma}$ 经过线性映射 $A\in L(V,W)$ 之后，从空间 V 映射到空间 W，设 $\boldsymbol{\gamma}$ 在空间 W 的

基$\{\boldsymbol{\eta}_1,\boldsymbol{\eta}_2,\cdots,\boldsymbol{\eta}_m\}$下坐标为$\boldsymbol{y}=(y_1,y_2,\cdots,y_m)$：

$$\boldsymbol{\gamma}=[\boldsymbol{\eta}_1,\boldsymbol{\eta}_2,\cdots,\boldsymbol{\eta}_m]\begin{bmatrix}y_1\\y_2\\\vdots\\y_m\end{bmatrix} \tag{1-25}$$

设线性映射$A:V\to W$在V的基$\{\boldsymbol{\varepsilon}_1,\boldsymbol{\varepsilon}_2,\cdots,\boldsymbol{\varepsilon}_n\}$和$W$的基$\{\boldsymbol{\eta}_1,\boldsymbol{\eta}_2,\cdots,\boldsymbol{\eta}_m\}$下的表示矩阵为$\boldsymbol{A}$,则有

$$\begin{aligned}A\left([\boldsymbol{\varepsilon}_1,\boldsymbol{\varepsilon}_2,\cdots,\boldsymbol{\varepsilon}_n]\begin{bmatrix}x_1\\x_2\\\vdots\\x_n\end{bmatrix}\right)&=A[\boldsymbol{\varepsilon}_1,\boldsymbol{\varepsilon}_2,\cdots,\boldsymbol{\varepsilon}_n]\begin{bmatrix}x_1\\x_2\\\vdots\\x_n\end{bmatrix}\\&=[\boldsymbol{\eta}_1,\boldsymbol{\eta}_2,\cdots,\boldsymbol{\eta}_m]\boldsymbol{A}\begin{bmatrix}x_1\\x_2\\\vdots\\x_n\end{bmatrix}\end{aligned} \tag{1-26}$$

即

$$[\boldsymbol{\eta}_1,\boldsymbol{\eta}_2,\cdots,\boldsymbol{\eta}_m]\begin{bmatrix}y_1\\y_2\\\vdots\\y_m\end{bmatrix}=[\boldsymbol{\eta}_1,\boldsymbol{\eta}_2,\cdots,\boldsymbol{\eta}_m]\boldsymbol{A}\begin{bmatrix}x_1\\x_2\\\vdots\\x_n\end{bmatrix} \tag{1-27}$$

由于$\{\boldsymbol{\eta}_1,\boldsymbol{\eta}_2,\cdots,\boldsymbol{\eta}_m\}$是线性无关的,即有

$$\begin{bmatrix}y_1\\y_2\\\vdots\\y_m\end{bmatrix}=\boldsymbol{A}\begin{bmatrix}x_1\\x_2\\\vdots\\x_n\end{bmatrix} \tag{1-28}$$

矩阵形式为

$$\boldsymbol{y}=\boldsymbol{A}\boldsymbol{x} \tag{1-29}$$

1.2.5　等价与相似

1.2.5.1　矩阵等价

设:空间V是n维线性空间P^n,$\{\boldsymbol{\varepsilon}_1,\boldsymbol{\varepsilon}_2,\cdots,\boldsymbol{\varepsilon}_n\}$和$\{\boldsymbol{\varepsilon}_1',\boldsymbol{\varepsilon}_2',\cdots,\boldsymbol{\varepsilon}_n'\}$为$V$的两组基,从$\{\boldsymbol{\varepsilon}_1,\boldsymbol{\varepsilon}_2,\cdots,\boldsymbol{\varepsilon}_n\}$到$\{\boldsymbol{\varepsilon}_1',\boldsymbol{\varepsilon}_2',\cdots,\boldsymbol{\varepsilon}_n'\}$的过渡矩阵为$\boldsymbol{P}$;空间$W$为$m$维线性空间$P^m$,$\{\boldsymbol{\eta}_1,\boldsymbol{\eta}_2,\cdots,\boldsymbol{\eta}_m\}$和$\{\boldsymbol{\eta}_1',\boldsymbol{\eta}_2',\cdots,\boldsymbol{\eta}_m'\}$为$W$的两组基,从$\{\boldsymbol{\eta}_1,\boldsymbol{\eta}_2,\cdots,\boldsymbol{\eta}_m\}$到$\{\boldsymbol{\eta}_1',\boldsymbol{\eta}_2',\cdots,\boldsymbol{\eta}_m'\}$的过渡矩阵为$\boldsymbol{Q}$。并且设:$A\in L(V,W)$为$V\to W$的线性映射,$A$在$V$的基$\{\boldsymbol{\varepsilon}_1,\boldsymbol{\varepsilon}_2,\cdots,\boldsymbol{\varepsilon}_n\}$和$W$的基$\{\boldsymbol{\eta}_1,\boldsymbol{\eta}_2,\cdots,\boldsymbol{\eta}_m\}$下的表示矩阵为$\boldsymbol{A}$,$A$在$V$的基$\{\boldsymbol{\varepsilon}_1',\boldsymbol{\varepsilon}_2',\cdots,\boldsymbol{\varepsilon}_n'\}$和$W$的基

$\{\boldsymbol{\eta}_1',\boldsymbol{\eta}_2',\cdots,\boldsymbol{\eta}_m'\}$下的表示矩阵为 $\boldsymbol{B}$,则有

$$(\boldsymbol{\varepsilon}_1',\boldsymbol{\varepsilon}_2',\cdots,\boldsymbol{\varepsilon}_n') = (\boldsymbol{\varepsilon}_1,\boldsymbol{\varepsilon}_2,\cdots,\boldsymbol{\varepsilon}_n)\boldsymbol{P} \tag{1-30}$$

$$(\boldsymbol{\eta}_1',\boldsymbol{\eta}_2',\cdots,\boldsymbol{\eta}_m') = (\boldsymbol{\eta}_1,\boldsymbol{\eta}_2,\cdots,\boldsymbol{\eta}_m)\boldsymbol{Q} \tag{1-31}$$

和

$$\boldsymbol{A}(\boldsymbol{\varepsilon}_1,\boldsymbol{\varepsilon}_2,\cdots,\boldsymbol{\varepsilon}_n) = (\boldsymbol{\eta}_1,\boldsymbol{\eta}_2,\cdots,\boldsymbol{\eta}_m)\boldsymbol{A} \tag{1-32}$$

$$\boldsymbol{A}(\boldsymbol{\varepsilon}_1',\boldsymbol{\varepsilon}_2',\cdots,\boldsymbol{\varepsilon}_n') = (\boldsymbol{\eta}_1',\boldsymbol{\eta}_2',\cdots,\boldsymbol{\eta}_m')\boldsymbol{B} \tag{1-33}$$

由于 $\boldsymbol{P}$ 和 $\boldsymbol{Q}$ 为非异矩阵,有

$$\begin{aligned}\boldsymbol{A}(\boldsymbol{\varepsilon}_1',\boldsymbol{\varepsilon}_2',\cdots,\boldsymbol{\varepsilon}_n') &= \boldsymbol{A}(\boldsymbol{\varepsilon}_1,\boldsymbol{\varepsilon}_2,\cdots,\boldsymbol{\varepsilon}_n)\boldsymbol{P} \\ &= (\boldsymbol{\eta}_1,\boldsymbol{\eta}_2,\cdots,\boldsymbol{\eta}_m)\boldsymbol{A}\boldsymbol{P} \\ &= (\boldsymbol{\eta}_1',\boldsymbol{\eta}_2',\cdots,\boldsymbol{\eta}_m')\boldsymbol{Q}^{-1}\boldsymbol{A}\boldsymbol{P}\end{aligned}$$

而 $\boldsymbol{\eta}_1',\boldsymbol{\eta}_2',\cdots,\boldsymbol{\eta}_m'$是线性无关的,有

$$\boldsymbol{B} = \boldsymbol{Q}^{-1}\boldsymbol{A}\boldsymbol{P} \tag{1-34}$$

称为矩阵 $\boldsymbol{A}$ 与矩阵 $\boldsymbol{B}$ 等价。

矩阵等价有时记为

$$\boldsymbol{A}\boldsymbol{P} = \boldsymbol{Q}\boldsymbol{B} \tag{1-35}$$

通过等价矩阵 $\boldsymbol{A}$ 和 $\boldsymbol{B}$,线性映射 $A \in L(V,W)$ 在基$\{\boldsymbol{\varepsilon}_1,\boldsymbol{\varepsilon}_2,\cdots,\boldsymbol{\varepsilon}_n\}$和$\{\boldsymbol{\eta}_1,\boldsymbol{\eta}_2,\cdots,\boldsymbol{\eta}_m\}$下的表示矩阵 $\boldsymbol{A}$,转化为在基$\{\boldsymbol{\varepsilon}_1',\boldsymbol{\varepsilon}_2',\cdots,\boldsymbol{\varepsilon}_n'\}$和$\{\boldsymbol{\eta}_1',\boldsymbol{\eta}_2',\cdots,\boldsymbol{\eta}_m'\}$下的表示矩阵 $\boldsymbol{B}$。

例如:设空间 V 为 n 维线性空间 P^n,采用标准基$\{\boldsymbol{I}_n\}$;空间 W 为 m 维线性空间 P^m,采取标准基$\{\boldsymbol{I}_m\}$,$V \to W$ 的线性映射 $A \in L(V,W)$ 在基$\{\boldsymbol{I}_n\}$和$\{\boldsymbol{I}_m\}$下的表示矩阵为 $\boldsymbol{A}$。现在重新为空间 V 和 W 分别选定$\{\boldsymbol{p}_i\}$和$\{\boldsymbol{q}_j\}$作为坐标系,则 $V \to W$ 的线性映射 $A \in L(V,W)$ 在新坐标系$\{\boldsymbol{p}_n\}$和$\{\boldsymbol{q}_m\}$下的表示矩阵即为

$$\boldsymbol{B} = \boldsymbol{Q}^{-1}\boldsymbol{A}\boldsymbol{P} \tag{1-36}$$

1.2.5.2 矩阵相似

前述的矩阵等价是 $V \to W$ 的映射,而此处的矩阵相似是 $V \to V$ 的变换,为同一空间。

设 $\boldsymbol{A},\boldsymbol{B} \in P^{n \times n}$,若存在可逆矩阵 $\boldsymbol{P} \in P^{n \times n}$,满足

$$\boldsymbol{P}^{-1}\boldsymbol{A}\boldsymbol{P} = \boldsymbol{B} \tag{1-37}$$

则称矩阵 $\boldsymbol{A}$ 与 $\boldsymbol{B}$ 相似。

矩阵相似有时也记为

$$\boldsymbol{A}\boldsymbol{P} = \boldsymbol{P}\boldsymbol{B} \tag{1-38}$$

式中,矩阵 $\boldsymbol{P}$ 是前一个基到后一个基的过渡矩阵。

1.2.5.3 特征值和特征向量

可以证明,对可逆方阵 $\boldsymbol{A}_{n \times n}$,有

$$\boldsymbol{P}^{-1}\boldsymbol{A}\boldsymbol{P} = \boldsymbol{\Lambda}$$

亦即

$$\boldsymbol{A}\boldsymbol{P} = \boldsymbol{P}\boldsymbol{\Lambda} \tag{1-39}$$

即非异的方阵 $\boldsymbol{A}_{n\times n}$总是相似于对角阵$\{\lambda_n\}$。

把 $\boldsymbol{AP}=\boldsymbol{P\Lambda}$ 按列向量展开 $\boldsymbol{P}$：

$$\boldsymbol{A}[\boldsymbol{p}_1,\boldsymbol{p}_2,\cdots,\boldsymbol{p}_n] = [\boldsymbol{p}_1,\boldsymbol{p}_2,\cdots,\boldsymbol{p}_n]\begin{bmatrix}\lambda_1 & \cdots & 0\\ \vdots & & \vdots\\ 0 & \cdots & \lambda_n\end{bmatrix} \tag{1-40}$$

可得

$$\boldsymbol{Ap}_i = \boldsymbol{p}_i\lambda_i$$

式中，λ_i 称为 $\boldsymbol{A}$ 的一个特征值，$\boldsymbol{p}_i$ 称为对应 λ_i 的一个特征向量。

1.3　多项式矩阵

由数值矩阵可以引入变量矩阵。

变量矩阵的元素不再为固定数值，而是变元，体现了动态特性。

1.3.1　λ 矩阵

以多项式为元素的矩阵，称为多项式矩阵或 λ 矩阵，即

$$\boldsymbol{A}(\lambda) = [a_{ij}(\lambda)]_{m\times n},\quad a_{ij}(\lambda)\in F[\lambda]$$

或者

$$\boldsymbol{A}(\lambda)\in(F[\lambda])^{m\times n} \tag{1-41}$$

多项式矩阵 $\boldsymbol{A}(\lambda)$的非零子式的最大阶数，称为多项式矩阵的秩，记作$\partial\boldsymbol{A}(\lambda)$。

可以证明，多项式矩阵的秩就是以矩阵为系数的多项式的最高次数。

对于

$$\boldsymbol{A}(\lambda) = A_0\boldsymbol{\lambda}^0 + A_1\boldsymbol{\lambda}^1 + \cdots + A_r\boldsymbol{\lambda}^r,\quad A_r\neq 0$$

其秩为 r：

$$\partial\boldsymbol{A}(\lambda) = r \tag{1-42}$$

对于 $\boldsymbol{A}(\lambda),\boldsymbol{B}(\lambda)\in(F[\lambda])^{n\times n}$，如果 $\boldsymbol{A}(\lambda)\boldsymbol{B}(\lambda)=\boldsymbol{B}(\lambda)\boldsymbol{A}(\lambda)=\boldsymbol{I}_n$ 成立，则称 $\boldsymbol{A}(\lambda)$为可逆多项式矩阵或单模阵。

多项式矩阵 $\boldsymbol{A}(\lambda)$为单模阵的充要条件是 $\boldsymbol{A}(\lambda)$的行列式为非零常数，即

$$|\boldsymbol{A}(\lambda)| = c\neq 0 \tag{1-43}$$

1.3.2　Smith 型

可以证明，任意非零多项式矩阵 $\boldsymbol{A}(\lambda)=[a_{ij}(\lambda)]_{m\times n}$均等价于如下形式对角阵：

$$\boldsymbol{S}(\lambda) = \begin{bmatrix} d_1(\lambda) & 0 & \cdots & 0 & \cdots & 0\\ 0 & d_2(\lambda) & \cdots & 0 & \cdots & 0\\ \vdots & \vdots & & \vdots & & \vdots\\ 0 & 0 & \cdots & d_r(\lambda) & \cdots & 0\\ \vdots & \vdots & & \vdots & & \vdots\\ 0 & 0 & \cdots & 0 & \cdots & 0\end{bmatrix} \tag{1-44}$$

称 $\boldsymbol{S}(\lambda)$ 为 $\boldsymbol{A}(\lambda)$ 的 Smith 标准型,其中 $\operatorname{rank}\boldsymbol{A}(\lambda)=r\geq 1$,$d_i(\lambda)$ 为首一多项式,$d_i(\lambda)\mid d_{i+1}(\lambda)$。

由于单模阵为多个初等矩阵的乘积,因此单模阵 $\boldsymbol{A}(\lambda)$ 的 Smith 标准型为单位矩阵 $\boldsymbol{I}$,即

$$\boldsymbol{A}(\lambda)=\boldsymbol{P}_1^{-1}\boldsymbol{P}_2^{-1}\cdots\boldsymbol{P}_s^{-1}\boldsymbol{I}\boldsymbol{Q}_t\cdots\boldsymbol{Q}_2\boldsymbol{Q}_1 \tag{1-45}$$

1.3.3 Jordan 型

设多项式矩阵 $\boldsymbol{A}(\lambda)=[a_{ij}(\lambda)]_{m\times n}$ 的全部初级因子为

$$(\lambda-\lambda_1)^{k_1},(\lambda-\lambda_2)^{k_2},\cdots,(\lambda-\lambda_s)^{k_s} \tag{1-46}$$

式中,第 i 个初级因子 $(\lambda-\lambda_i)^{k_i}$ 构建的 k_i 级 Jordan 块 $\boldsymbol{J}_i$ 为

$$\boldsymbol{J}_i=\begin{bmatrix}\lambda_1 & & & & \\ 1 & \lambda_2 & & & \\ & 1 & \ddots & & \\ & & \ddots & \ddots & \\ & & & 1 & \lambda_i\end{bmatrix} \tag{1-47}$$

$\boldsymbol{J}_i$ 中的 λ_i 为主对角线元素,k_i 为该矩阵的级数。则称所有 Jordan 块构成的分块矩阵 $\boldsymbol{J}$ 为矩阵 $\boldsymbol{A}$ 的 Jordan 标准型:

$$\boldsymbol{J}=\begin{bmatrix}\boldsymbol{J}_1 & & & \\ & \boldsymbol{J}_2 & & \\ & & \ddots & \\ & & & \boldsymbol{J}_s\end{bmatrix} \tag{1-48}$$

1.3.4 特征矩阵

给定数值矩阵 $\boldsymbol{A}\in P^{n\times n}$,以下多项式矩阵 $(\lambda\boldsymbol{I}-\boldsymbol{A})$ 称为 $\boldsymbol{A}$ 的特征矩阵:

$$\lambda\boldsymbol{I}-\boldsymbol{A}=\begin{bmatrix}\lambda-a_{11} & -a_{12} & \cdots & -a_{1n}\\ -a_{21} & \lambda-a_{22} & \cdots & -a_{n2}\\ \vdots & \vdots & & \vdots\\ -a_{n1} & -a_{n2} & \cdots & \lambda-a_{nn}\end{bmatrix} \tag{1-49}$$

可以证明,若数值矩阵 $\boldsymbol{A}$ 相似于 $\boldsymbol{B}$,则多项式矩阵 $\lambda\boldsymbol{I}-\boldsymbol{A}$ 等价于 $\lambda\boldsymbol{I}-\boldsymbol{B}$。

1.4 内　　积

1.4.1 欧氏空间

设 V 为 R 上的线性空间,映射 $\sigma:V\times V\rightarrow R$ 称为 V 上的一个内积,记作 $\langle v_1,v_2\rangle$,其满足:

(1)对称性：$\forall \boldsymbol{\alpha},\boldsymbol{\beta}\in V,\langle\boldsymbol{\alpha},\boldsymbol{\beta}\rangle=\langle\boldsymbol{\beta},\boldsymbol{\alpha}\rangle$。

(2)线性：$\forall \boldsymbol{\alpha},\boldsymbol{\beta}_1,\boldsymbol{\beta}_2\in V,k_1,k_2\in R,\langle\boldsymbol{\alpha},\boldsymbol{\beta}_1k_1+\boldsymbol{\beta}_2k_2\rangle=\langle\boldsymbol{\alpha},\boldsymbol{\beta}_1\rangle k_1+\langle\boldsymbol{\alpha},\boldsymbol{\beta}_2\rangle k_2$。

(3)正定性：$\forall \boldsymbol{\alpha}\in V\neq 0,\langle\boldsymbol{\alpha},\boldsymbol{\alpha}\rangle>0$。

定义了内积的线性空间称为内积空间,有限维的实内积空间称为欧氏空间。

例如,设 V 为 R 上的线性空间,则$\langle\boldsymbol{x},\boldsymbol{y}\rangle=\boldsymbol{x}^{\mathrm{T}}\boldsymbol{y}=\boldsymbol{x}_1\boldsymbol{y}_1+\boldsymbol{x}_2\boldsymbol{y}_2+\cdots+\boldsymbol{x}_n\boldsymbol{y}_n,\forall \boldsymbol{x},\boldsymbol{y}\in V$ 构成内积,称为 R 上的标准内积。

再如,设 $C([a,b],R^n)$ 为 R 上的连续函数构成的线性空间,则 $\forall f,g\in C,\langle f,g\rangle=\int_a^b f(t)g(t)\mathrm{d}t=\int_a^b\{f_1(t)g_1(t)+f_2(t)g_2(t)+\cdots+f_n(t)g_n(t)\}\mathrm{d}t$ 为内积。

1.4.2　酉空间

设 V 为 C 上的线性空间,映射 $\sigma:V\times V\to R$ 称为 V 上的一个复内积,记作$\langle v_1,v_2\rangle$,其满足:

(1)对称性:$\forall \boldsymbol{\alpha},\boldsymbol{\beta}\in V,\langle\boldsymbol{\alpha},\boldsymbol{\beta}\rangle=\overline{\langle\boldsymbol{\beta},\boldsymbol{\alpha}\rangle}$。

(2)线性:$\forall \boldsymbol{\alpha},\boldsymbol{\beta}_1,\boldsymbol{\beta}_2\in V,k_1,k_2\in C,\langle\boldsymbol{\alpha},\boldsymbol{\beta}_1k_1+\boldsymbol{\beta}_2k_2\rangle=\langle\boldsymbol{\alpha},\boldsymbol{\beta}_1\rangle k_1+\langle\boldsymbol{\alpha},\boldsymbol{\beta}_2\rangle k_2$。

(3)非负性:$\forall \boldsymbol{\alpha}\in V\neq 0,\langle\boldsymbol{\alpha},\boldsymbol{\alpha}\rangle\geq 0$。

定义了复内积的线性空间称为复内积空间或酉空间。

注意:复内积第一个变元的组合是共轭线性,即 $\forall \boldsymbol{\alpha},\boldsymbol{\beta}_1,\boldsymbol{\beta}_2\in V,k_1,k_2\in C$,有

$$\langle\boldsymbol{\beta}_1k_1+\boldsymbol{\beta}_2k_2,\boldsymbol{\alpha}\rangle=\bar{k}_1\langle\boldsymbol{\beta}_1,\boldsymbol{\alpha}\rangle k_1+\bar{k}_2\langle\boldsymbol{\beta}_2,\boldsymbol{\alpha}\rangle \tag{1-50}$$

例如,V 为 C 上的线性空间,则$\langle\bar{\boldsymbol{x}},\boldsymbol{y}\rangle=\bar{\boldsymbol{x}}^{\mathrm{T}}\boldsymbol{y}=\bar{x}_1y_1+\bar{x}_2y_2+\cdots+\bar{x}_ny_n$ 构成内积,称为 C 上的标准内积。

1.4.3　Gram 矩阵

设$\{\boldsymbol{\alpha}_1,\boldsymbol{\alpha}_2,\cdots,\boldsymbol{\alpha}_s\}$为内积空间的向量组,称矩阵 $\boldsymbol{G}(\boldsymbol{\alpha}_s)$为向量组$\{\boldsymbol{\alpha}_i\}$的 Gram 矩阵:

$$\boldsymbol{G}(\boldsymbol{\alpha}_s)=[\langle\boldsymbol{\alpha}_i,\boldsymbol{\alpha}_j\rangle]=\begin{bmatrix}\langle\boldsymbol{\alpha}_1,\boldsymbol{\alpha}_1\rangle & \langle\boldsymbol{\alpha}_1,\boldsymbol{\alpha}_2\rangle & \cdots & \langle\boldsymbol{\alpha}_1,\boldsymbol{\alpha}_s\rangle\\ \langle\boldsymbol{\alpha}_2,\boldsymbol{\alpha}_1\rangle & \langle\boldsymbol{\alpha}_2,\boldsymbol{\alpha}_2\rangle & \cdots & \langle\boldsymbol{\alpha}_2,\boldsymbol{\alpha}_s\rangle\\ \vdots & \vdots & & \vdots\\ \langle\boldsymbol{\alpha}_s,\boldsymbol{\alpha}_1\rangle & \langle\boldsymbol{\alpha}_s,\boldsymbol{\alpha}_2\rangle & \cdots & \langle\boldsymbol{\alpha}_s,\boldsymbol{\alpha}_s\rangle\end{bmatrix}_{s\times s} \tag{1-51}$$

设$\{\boldsymbol{\alpha}_1,\boldsymbol{\alpha}_2,\cdots,\boldsymbol{\alpha}_s\}$和$\{\boldsymbol{\beta}_1,\boldsymbol{\beta}_2,\cdots,\boldsymbol{\beta}_t\}$为内积空间的两个向量组,称矩阵 $\boldsymbol{G}(\boldsymbol{\alpha}_s,\boldsymbol{\beta}_t)$为向量组$\{\boldsymbol{\alpha}_i\}$和$\{\boldsymbol{\beta}_j\}$的协 Gram 矩阵:

$$\boldsymbol{G}(\boldsymbol{\alpha}_s,\boldsymbol{\beta}_t)=[\langle\boldsymbol{\alpha}_i,\boldsymbol{\beta}_j\rangle]=\begin{bmatrix}\langle\boldsymbol{\alpha}_1,\boldsymbol{\beta}_1\rangle & \langle\boldsymbol{\alpha}_1,\boldsymbol{\beta}_2\rangle & \cdots & \langle\boldsymbol{\alpha}_1,\boldsymbol{\beta}_t\rangle\\ \langle\boldsymbol{\alpha}_2,\boldsymbol{\beta}_1\rangle & \langle\boldsymbol{\alpha}_2,\boldsymbol{\beta}_2\rangle & \cdots & \langle\boldsymbol{\alpha}_2,\boldsymbol{\beta}_t\rangle\\ \vdots & \vdots & & \vdots\\ \langle\boldsymbol{\alpha}_s,\boldsymbol{\beta}_1\rangle & \langle\boldsymbol{\alpha}_s,\boldsymbol{\beta}_2\rangle & \cdots & \langle\boldsymbol{\alpha}_s,\boldsymbol{\beta}_t\rangle\end{bmatrix}_{s\times t} \tag{1-52}$$

基向量组的 Gram 矩阵称为该基的度量矩阵,具有如下性质。

(1)$\bar{\boldsymbol{G}}^{\mathrm{T}}=\boldsymbol{G}$。

(2)$z^{\mathrm{T}}\boldsymbol{G}z \geq 0, \forall z \in C$。

(3)$\boldsymbol{G}$ 的秩等于$\{\boldsymbol{\alpha}_i\}$的秩。

度量矩阵唯一地确定了内积。

另外,线性组合的内积为

$$\left\langle \sum_{s=1}^{m} \boldsymbol{\alpha}_i s_i, \sum_{j=1}^{n} \boldsymbol{\beta}_j t_j \right\rangle = \sum_{i,j} \bar{s}_i \langle \boldsymbol{\alpha}_i, \boldsymbol{\beta}_j \rangle t_j = [\bar{s}_1 \cdots \bar{s}_m][\langle \boldsymbol{\alpha}_i, \boldsymbol{\beta}_j \rangle] \begin{bmatrix} t_1 \\ \vdots \\ t_n \end{bmatrix} =$$

$$[\bar{s}_1 \cdots \bar{s}_m] \begin{bmatrix} \langle \boldsymbol{\alpha}_1, \boldsymbol{\beta}_1 \rangle & \langle \boldsymbol{\alpha}_1, \boldsymbol{\beta}_2 \rangle & \cdots & \langle \boldsymbol{\alpha}_1, \boldsymbol{\beta}_n \rangle \\ \langle \boldsymbol{\alpha}_2, \boldsymbol{\beta}_1 \rangle & \langle \boldsymbol{\alpha}_2, \boldsymbol{\beta}_2 \rangle & \cdots & \langle \boldsymbol{\alpha}_2, \boldsymbol{\beta}_n \rangle \\ \vdots & \vdots & & \vdots \\ \langle \boldsymbol{\alpha}_m, \boldsymbol{\beta}_1 \rangle & \langle \boldsymbol{\alpha}_m, \boldsymbol{\beta}_2 \rangle & \cdots & \langle \boldsymbol{\alpha}_m, \boldsymbol{\beta}_n \rangle \end{bmatrix} \begin{bmatrix} t_1 \\ \vdots \\ t_n \end{bmatrix} \tag{1-53}$$

1.4.4 子空间

设 V 为 P 上的线性空间,W 为 V 的非空子集,如果 W 对于 V 所定义的加法和数乘也构成 P 上的线性空间,则称 W 为 V 的线性子空间,简称子空间。

单个零向量$\{\mathbf{0}\}$是 V 的子空间,称为零子空间。线性空间 V 自身也是 V 的子空间,称为全空间。这两个子空间,称为 V 的平凡子空间。

设$\{\boldsymbol{\alpha}_1, \boldsymbol{\alpha}_2, \cdots, \boldsymbol{\alpha}_s\}$为 P 中的任意向量集,则它们所有线性组合构成的集合,称为 $\boldsymbol{\alpha}_1$, $\boldsymbol{\alpha}_2, \cdots, \boldsymbol{\alpha}_s$ 张成的子空间,记作

$$\mathrm{span}[\boldsymbol{\alpha}_1, \boldsymbol{\alpha}_2, \cdots, \boldsymbol{\alpha}_s] = \{\boldsymbol{\alpha}_1 k_1 + \boldsymbol{\alpha}_2 k_2 + \cdots + \boldsymbol{\alpha}_s k_s \mid k_i \in R\} \tag{1-54}$$

这些向量不必是线性无关的,任意向量组均能张成一个子空间。

张成子空间是 V 中包含该向量组的最小子空间。

设 V 为 P 上的线性空间,T 为 V 的一个线性映射,W 为 V 的一个子空间,如果 $\forall \boldsymbol{\alpha} \in W, T\boldsymbol{\alpha} \in W$,即 $T(W) \subseteq W$,则称 W 是线性映射 T 的不变子空间。

设 V 为 P 的线性空间,T 为 V 的一个线性映射,对于 $\boldsymbol{\beta} \in V, \boldsymbol{\lambda} \in P, T\boldsymbol{\beta} = \boldsymbol{\beta}\boldsymbol{\lambda}$,则 $\mathrm{span}[\boldsymbol{\beta}]$ 构成最小的一维不变子空间。

1.4.5 标准正交基

设 V 为 P 上的子空间,如果存在线性无关的向量组$\{\boldsymbol{\alpha}_1, \boldsymbol{\alpha}_2, \cdots, \boldsymbol{\alpha}_r\} \in V$,使得

$$V = \mathrm{span}[\boldsymbol{\alpha}_1, \boldsymbol{\alpha}_2, \cdots, \boldsymbol{\alpha}_r] \tag{1-55}$$

则称$\{\boldsymbol{\alpha}_1, \boldsymbol{\alpha}_2, \cdots, \boldsymbol{\alpha}_r\}$为子空间 V 的一组基,称 r 为 V 的维数,记作 $r = \dim V$。

若$\{\boldsymbol{\alpha}_1, \boldsymbol{\alpha}_2, \cdots, \boldsymbol{\alpha}_r\}$为子空间 V 的一组基,则任意向量 $\boldsymbol{\alpha} \in V$ 可以唯一地表示为

$$\boldsymbol{\alpha} = \boldsymbol{\alpha}_1 k_1 + \boldsymbol{\alpha}_2 k_2 + \cdots + \boldsymbol{\alpha}_r k_r \tag{1-56}$$

称系数$\{k_1, k_2, \cdots, k_r\}$为向量 $\boldsymbol{\alpha}$ 对应于基$\{\boldsymbol{\alpha}_1, \boldsymbol{\alpha}_2, \cdots, \boldsymbol{\alpha}_r\}$的坐标。设 V 是 P 上的 n 维子空间,如果 V 的一个基向量组$\{\boldsymbol{\alpha}_1, \boldsymbol{\alpha}_2, \cdots, \boldsymbol{\alpha}_s\}$满足:

(1)标准性:$\boldsymbol{\alpha}_i = 1$。

(2)正交性:$\boldsymbol{\alpha}_i \perp \boldsymbol{\alpha}_j, \forall i \neq j$。

则称$\{\boldsymbol{\alpha}_i\}$为标准正交基。

例如,R^n 的标准正交基为

$$\boldsymbol{e}_1=\begin{bmatrix}1\\0\\0\\\vdots\\0\\0\end{bmatrix},\boldsymbol{e}_2=\begin{bmatrix}0\\1\\0\\\vdots\\0\\0\end{bmatrix},\cdots,\boldsymbol{e}_n=\begin{bmatrix}0\\0\\0\\\vdots\\0\\1\end{bmatrix} \tag{1-57}$$

正交基$\{\boldsymbol{e}_1,\boldsymbol{e}_1,\cdots,\boldsymbol{e}_n\}$也是 R^n 的标准基。

对于任意向量 $\boldsymbol{x}\in R^n$,均可以在标准正交基下表示为

$$\boldsymbol{x}=\begin{bmatrix}x_1\\x_2\\\vdots\\x_n\end{bmatrix}=\boldsymbol{e}_1x_1+\boldsymbol{e}_2x_2+\cdots+\boldsymbol{e}_nx_n \tag{1-58}$$

任何 n 维的复内积空间都可以通过 Schmidt 方法正交化和单位化得到标准正交基。

设 $\boldsymbol{\alpha}_1,\boldsymbol{\alpha}_2,\cdots,\boldsymbol{\alpha}_s$ 为矩阵 $\boldsymbol{A}\in C^{n\times n}$的基向量组,使用 Schmidt 方法:

(1)对$\{\boldsymbol{\alpha}_i\}$正交化:

$$\begin{aligned}\boldsymbol{\beta}_1&=\boldsymbol{\alpha}_1\\\boldsymbol{\beta}_2&=\boldsymbol{\alpha}_1-\boldsymbol{\beta}_2\blacklozenge\\&\vdots\\\boldsymbol{\beta}_n&=\boldsymbol{\alpha}_{n-1}-\cdots-\boldsymbol{\beta}_n\blacklozenge\end{aligned} \tag{1-59}$$

式中,$\blacklozenge=\dfrac{\langle\boldsymbol{\beta}_1,\boldsymbol{\alpha}_2\rangle}{\langle\boldsymbol{\beta}_1,\boldsymbol{\beta}_1\rangle}$

(2)对$\{\boldsymbol{\beta}_i\}$单位化:

$$\tilde{\boldsymbol{\beta}}_1=\frac{\boldsymbol{\beta}_1}{\boldsymbol{\beta}_1} \tag{1-60}$$

$$\begin{aligned}\tilde{\boldsymbol{\beta}}_2&=\frac{\boldsymbol{\beta}_2}{\boldsymbol{\beta}_2}\\&\vdots\\\tilde{\boldsymbol{\beta}}_n&=\frac{\boldsymbol{\beta}_n}{\boldsymbol{\beta}_n}\end{aligned} \tag{1-61}$$

则$\{\tilde{\boldsymbol{\beta}}_i\}$即为标准正交基。

标准正交基$\{\boldsymbol{\alpha}_i\}$的 Gram 矩阵是一个单位阵:

$$\boldsymbol{G}(\boldsymbol{\alpha}_1,\boldsymbol{\alpha}_2,\cdots,\boldsymbol{\alpha}_s)=[\langle\boldsymbol{\alpha}_i,\boldsymbol{\alpha}_j\rangle]=\begin{bmatrix}1&&&&\\&1&&&\\&&\ddots&&\\&&&\ddots&\\&&&&1\end{bmatrix}_{s\times t} \tag{1-62}$$

1.4.6 投影定理

设 $V=R^n$ 是 C 上的内积空间，W 为 V 的一个 s 维子空间，则对于任意 $\boldsymbol{\beta}\in V$ 存在唯一 $\boldsymbol{\alpha}$，使得

$$d(\boldsymbol{\beta},\boldsymbol{\alpha}) \leq d(\boldsymbol{\beta},\boldsymbol{\gamma}), \quad \forall \boldsymbol{\gamma} \in W \tag{1-63}$$

这称为投影定理。

如果 W 是 $V=R^n$ 的子空间，称

$$\{\boldsymbol{x} \mid \boldsymbol{w}^{\mathrm{T}}\boldsymbol{x} = \boldsymbol{0}, \forall \boldsymbol{w} \in W\} \tag{1-64}$$

为 W 的正交补，记作 $W^{\perp}$。

子空间 W 和 $W^{\perp}$ 可以共同张成 $V=R^n$，即任意 $\boldsymbol{x}\in V=R^n$ 可以唯一地表示成

$$\boldsymbol{x} = \boldsymbol{x}_1 + \boldsymbol{x}_2, \boldsymbol{x}_1 \in W, \boldsymbol{x}_2 \in W^{\perp} \tag{1-65}$$

式(1－65)称为向量 $\boldsymbol{x}$ 相对于子空间 W 的正交分解，$\boldsymbol{x}_1$ 和 $\boldsymbol{x}_2$ 称为 $\boldsymbol{x}$ 在子空间 W 和 $W^{\perp}$ 上的正交投影。

对于空间有 $V=R^n=W\oplus W^{\perp}$，可表示为 W 与 $W^{\perp}$ 的直和。

对于线性变换 P，如果对于任意 $\boldsymbol{x}\in V=R^n$，都有

$$P\boldsymbol{x} \in W \text{ 且 } \boldsymbol{x} - P\boldsymbol{x} \in W^{\perp} \tag{1-66}$$

则称线性变换 P 是 W 上的正交投影算子。

投影定理对于最佳逼近问题：

$$\alpha = \operatorname{argmin} d(\beta,\boldsymbol{w}) \tag{1-67}$$

可以解决最优解的存在性和唯一性，同时提供求解过程：

(1)参数化。

把待求 $\boldsymbol{\alpha}$ 沿着 s 维 W 子空间展开：

$$\boldsymbol{\alpha} = \boldsymbol{\beta}_1 k_1 + \boldsymbol{\beta}_2 k_2 + \cdots + \boldsymbol{\beta}_s k_s$$

(2)求距离。

$$d(\boldsymbol{\beta},\boldsymbol{\alpha}) = d(\boldsymbol{\beta}, \sum_{i=1}^{s} \boldsymbol{\beta}_i k_i)$$

(3)得结果。

$$\boldsymbol{k} = \begin{bmatrix} k_1 \\ k_2 \\ \vdots \\ k_s \end{bmatrix} = G(\{\boldsymbol{\beta}_i\})^{-1} \big|_{s\times s} G(\{\boldsymbol{\beta}_s,\boldsymbol{\beta}\}) \big|_{s\times 1}$$

向量 $\boldsymbol{\beta}$ 向向量组 $\boldsymbol{A}=\{\boldsymbol{a}_i\}$ 张成空间 span[$\boldsymbol{A}$]的投影向量为

$$P_A(\boldsymbol{\beta}) = \boldsymbol{A}(\bar{\boldsymbol{A}}^{\mathrm{T}}\boldsymbol{A})^{-1}\bar{\boldsymbol{A}}^{\mathrm{T}}\boldsymbol{\beta} \tag{1-68}$$

称矩阵 $\boldsymbol{P}_A$ 为投影矩阵：

$$\boldsymbol{P}_A = \boldsymbol{A}(\bar{\boldsymbol{A}}^{\mathrm{T}}\boldsymbol{A})^{-1}\bar{\boldsymbol{A}}^{\mathrm{T}}$$

投影矩阵具有如下性质。

(1)厄密特性。

(2)幂等性。

(3)秩等性。

1.4.7 Fourier 多项式

给定 $V=L^2([0,2\pi])$为$[0,2\pi]$上平方可积函数构成的线性空间,设映射$f\in V$为$[0,2\pi]\to R$的实值函数,可以证明,V构成无限维的内积空间。

由以下 $2n+1$ 维的向量组构成空间 V 的标准正交基:

$$\left\{\frac{1}{\sqrt{2\pi}},\frac{1}{\sqrt{\pi}}\sin x,\frac{1}{\sqrt{\pi}}\cos x,\frac{1}{\sqrt{\pi}}\sin 2x,\frac{1}{\sqrt{\pi}}\cos 2x,\cdots,\frac{1}{\sqrt{\pi}}\sin nx,\frac{1}{\sqrt{\pi}}\cos nx\right\}$$

则任意$f(x)$均可扩展成标准正交基的线性组合:

$$f(x)=c_0\frac{1}{\sqrt{2\pi}}+\sum_{n=1}^{N}a_n\frac{1}{\sqrt{\pi}}\sin nx+\sum_{n=1}^{N}b_n\frac{1}{\sqrt{\pi}}\cos nx \tag{1-69}$$

对式(1-69)两边用$\frac{1}{\sqrt{2\pi}}$作内积

$$\langle\frac{1}{\sqrt{2\pi}},f\rangle=c_0\langle\frac{1}{\sqrt{2\pi}},\frac{1}{\sqrt{2\pi}}\rangle$$

得系数 c_0:

$$c_0=\frac{1}{\sqrt{2\pi}}\int_0^{2\pi}f(x)\mathrm{d}x \tag{1-70}$$

对式(1-70)两边用$\frac{1}{\sqrt{\pi}}\sin nx$ 作内积

$$\langle\frac{1}{\sqrt{\pi}}\sin nx,f\rangle=a_n\langle\frac{1}{\sqrt{\pi}}\sin nx,\frac{1}{\sqrt{\pi}}\sin nx\rangle$$

得系数 a_n:

$$a_n=\frac{1}{\sqrt{\pi}}\int_0^{2\pi}f(x)\sin nx\mathrm{d}x \tag{1-71}$$

同理得

$$b_n=\frac{1}{\sqrt{\pi}}\int_0^{2\pi}f(x)\cos nx\mathrm{d}x \tag{1-72}$$

1.5 向量微积分

向量微积分是线性代数和分析学的结合,在数值分析、图像处理、模式识别等方面均有重要作用。

例如,对于两向量 $\boldsymbol{\alpha}\in R^n$ 和 $\boldsymbol{\beta}\in R^m$,求解正交矩阵 $\boldsymbol{A}\in R^{m\times n}$,使得

$$\min(\boldsymbol{A}\boldsymbol{\alpha}-\boldsymbol{\beta})$$

即目标函数 $J(\boldsymbol{A})=\boldsymbol{A}\boldsymbol{\alpha}-\boldsymbol{\beta}$ 在约束 $\boldsymbol{A}^{\mathrm{T}}\boldsymbol{A}=\boldsymbol{A}\boldsymbol{A}^{\mathrm{T}}=\boldsymbol{I}$ 下的优化问题。

该问题在低维 $J(x)=xa-b$ 时比较直观,通过求取偏导

$$\frac{\partial J(x)}{\partial x} \tag{1-73}$$

即可获解。但是在高维时,则需要求取矩阵变元的导数:

$$\frac{\partial J(\boldsymbol{A})}{\partial \boldsymbol{A}} \tag{1-74}$$

这需要结合矩阵和微积分,即将代数和分析联系起来。

1.5.1 向量与矩阵的范数

在许多场合,对于线性空间的向量需要引入大小的度量,以及对相似程度的比较,内积可以满足此类要求,但是无限维线性空间可能没有内积,因此更广阔地引入了范数概念。

1.5.1.1 向量范数

设 V 为 C 上的线性空间,映射 $\|\cdot\|:V\to R$ 称为 V 上的向量的范数,如果满足:

(1)非负性:$\forall\alpha\in V\neq 0,\alpha>0;\alpha=0\Rightarrow\alpha=0$。

(2)齐次性:$\forall\alpha\in V,k\in P,k\alpha=|k|\alpha$。

(3)三角不等式:$\forall\alpha,\beta\in V,\alpha+\beta\leq\alpha+\beta$。

赋予范数的线性空间,称为赋范线性空间,简称赋范空间,记作$(V,\|\cdot\|)$或 V,并称 $\|\boldsymbol{x}\|$ 为 V 中向量 $\boldsymbol{x}$ 的范数。

以下是一些常用的向量范数。

l_1 范数

$$\|\cdot\|_1:\boldsymbol{x}\mapsto\sum_{i=1}^{n}|x_i| \tag{1-75}$$

l_1 范数也称和范数,是一种曼哈顿度量。

l_2 范数

$$\|\cdot\|_2:\boldsymbol{x}\mapsto\sqrt{\sum_{i=1}^{n}|x_i|^2} \tag{1-76}$$

l_2 范数也称欧几里得范数。

l_p 范数

$$\|\cdot\|_p:\boldsymbol{x}\mapsto(\sum_{i=1}^{n}|x_i|^p)^{\frac{1}{p}},\quad p\geq 1 \tag{1-77}$$

l_p 范数也称 Holder 范数。

l_∞ 范数

$$\|\cdot\|_\infty:\boldsymbol{x}\mapsto\max\{|x_i|\} \tag{1-78}$$

l_∞ 范数也称最大范数。

上述的几种范数满足范数定义的第一、二条是显然的。满足范数定义第三条的三角不等式的证明,需要用到闵可夫斯基不等式。闵可夫斯基不等式的证明需要用到贺德尔不等式,贺德尔不等式的证明基于杨不等式。

闵可夫斯基不等式

设 $\boldsymbol{x}=(x_1,x_2,\cdots,x_n)^{\mathrm{T}},\boldsymbol{y}=(y_1,y_2,\cdots,y_n)^{\mathrm{T}}\in C^n$，有

$$\left(\sum_{i=1}^{n}|x_i+y_i|^p\right)^{\frac{1}{p}}\leq\left(\sum_{i=1}^{n}|x_i|^p\right)^{\frac{1}{p}}+\left(\sum_{i=1}^{n}|y_i|^p\right)^{\frac{1}{p}},\quad p\geq 1 \tag{1-79}$$

Holder 不等式

设 $\boldsymbol{x}=(x_1,x_2,\cdots,x_n)^{\mathrm{T}},\boldsymbol{y}=(y_1,y_2,\cdots,y_n)^{\mathrm{T}}\in C^n$，有

$$\sum_{i=1}^{n}|x_iy_i|\leq\left(\sum_{i=1}^{n}|x_i|^p\right)^{\frac{1}{p}}\left(\sum_{i=1}^{n}|y_i|^q\right)^{\frac{1}{q}},\quad p>1,q>1,\frac{1}{p}+\frac{1}{q}=1 \tag{1-80}$$

杨不等式

设 $\varphi(t)(t\geq 0)$ 为严格递增的单调函数，$\varphi(0)=0,\psi=\varphi^{-1}$，有

$$\int_0^a\varphi(x)\mathrm{d}x+\int_0^a\psi(y)\mathrm{d}y\geq ab,\quad a>0,b>0 \tag{1-81}$$

1.5.1.2　导出距离

设 S 为集合，称映射 $d:S\times S\to R$ 定义的二元函数为集合 S 中两个元素的距离：

(1) 非负性：$\forall\boldsymbol{\alpha},\boldsymbol{\beta}\neq 0,d(\boldsymbol{\alpha},\boldsymbol{\beta})>0$。

(2) 对称性：$d(\boldsymbol{\alpha},\boldsymbol{\beta})=d(\boldsymbol{\beta},\boldsymbol{\alpha})$。

(3) 三角性：$d(\boldsymbol{\alpha},\boldsymbol{\beta})\leq d(\boldsymbol{\alpha},\boldsymbol{\gamma})+(\boldsymbol{\beta},\boldsymbol{\gamma})$。

范数完全满足上述距离定义三个条件。

在赋范线性空间 V 中，可以由范数构造两点间的距离 $d(\cdot,\cdot):V\times V\to R$：

$$d(\boldsymbol{x},\boldsymbol{y})=\|\boldsymbol{x}-\boldsymbol{y}\| \tag{1-82}$$

称为由范数 $\|\cdot\|$ 决定的距离。

例如，C^n 上的集合 V 的 p – 范数由标准内积决定，以 2 – 范数为例：

$$\|\cdot\|_2:\boldsymbol{x}\mapsto\sqrt{\bar{\boldsymbol{x}}^{\mathrm{T}}\boldsymbol{x}}=\sqrt{\langle\boldsymbol{x},\boldsymbol{x}\rangle} \tag{1-83}$$

其满足距离定义的第三条，需要用到柯西 – 施瓦兹不等式。

柯西 – 施瓦兹不等式

设 $\boldsymbol{x}=(x_1,x_2,\cdots,x_n)^{\mathrm{T}},\boldsymbol{y}=(y_1,y_2,\cdots,y_n)^{\mathrm{T}}\in C^n$，有

$$\left(\sum_{i=1}^{n}x_iy_i\right)^2\leq\sum_{i=1}^{n}x_i^{\ 2}\sum_{i=1}^{n}y_i^{\ 2} \tag{1-84}$$

1.5.1.3　矩阵范数

矩阵属于特殊的向量，因此范数定义也适用于矩阵。

对 $V=C^{m\times n}$ 矩阵集合，称映射 $\|\cdot\|:V\to R$ 为矩阵范数，满足：

(1)非负性：$\forall A \in V \neq 0, A > 0, A = 0 \Rightarrow A = 0$。

(2)齐次性：$\forall \alpha \in V, k \in C, kA = |k| A$。

(3)三角不等式：$\forall \alpha, \beta \in V, A + B \leq A + B$。

(4)乘法相容性：$\forall \alpha, \beta \in V, AB \leq AB$。

以下为常用的矩阵范数。

富比尼范数

$$\| \cdot \|_F : \boldsymbol{x} \mapsto \left(\sum_{i=1}^{m} \sum_{j=1}^{n} |a_{ij}|^2 \right)^{\frac{1}{2}} = [\mathrm{tr}(\boldsymbol{A}^{\mathrm{H}} \boldsymbol{A})]^{\frac{1}{2}} \tag{1-85}$$

矩阵的富比尼范数是向量欧几里得范数的自然推广。

$\| \cdot \|_1{}'$范数

$$\| \cdot \|_1{}' : \boldsymbol{x} \mapsto \sum_{i=1}^{m} \sum_{j=1}^{n} |a_{ij}| \tag{1-86}$$

$\| \cdot \|_\infty{}'$范数

$$\| \cdot \|_\infty{}' : \boldsymbol{x} \mapsto \max_{i,j} |a_{ij}| \tag{1-87}$$

矩阵范数定义第四条称为相容性条件，即对于$\boldsymbol{A} \in C^{m \times n}, \boldsymbol{B} \in C^{n \times p}$有$\boldsymbol{AB} \leq \boldsymbol{AB}$。前述$\| \cdot \|_1{}'$和$\| \cdot \|_F$矩阵范数均满足相容性条件。

1.5.2 矩阵序列和矩阵级数

由于矩阵$\boldsymbol{A} = (a_{ij}) \in C^{m \times n}$可以视作$mn$维的向量，可以利用该点规定矩阵序列的收敛性。

1.5.2.1 矩阵序列

给定线性赋范空间$(V, \| \cdot \|)$，对于由元素$\boldsymbol{A}^{(k)} = (a_{ij}{}^{(k)}) \in V$构成的矩阵序列$\{\boldsymbol{A}^{(k)}\}$，称$\{\boldsymbol{A}^{(k)}\}$在$\| \cdot \|$范数意义下收敛于$\boldsymbol{A} \in C^{m \times n}$，如果

$$\lim_{k \to \infty} \| \boldsymbol{A}^{(k)} - \boldsymbol{A} \| = 0 \tag{1-88}$$

记作

$$\lim_{k \to \infty} \boldsymbol{A}^{(k)} = \boldsymbol{A} \tag{1-89}$$

称A为矩阵序列$\{\boldsymbol{A}^{(k)}\}$的极限。

矩阵序列的极限等价于

$$\lim_{k \to \infty} a_{ij}{}^{(k)} = a_{ij}, \quad 1 \leq i \leq m, 1 \leq j \leq n \tag{1-90}$$

矩阵序列具有以下性质。

(1)给定$C^{m \times n}$中的矩阵序列$\{\boldsymbol{A}^{(k)}\}$和$\{\boldsymbol{B}^{(k)}\}$，且$\lim\limits_{k \to \infty} A^{(k)} = \boldsymbol{A}$和$\lim\limits_{k \to \infty} \boldsymbol{B}^{(k)} = \boldsymbol{B}$，则

$$\lim_{k \to \infty} (a\boldsymbol{A}^{(k)} + b\boldsymbol{B}^{(k)}) = a\boldsymbol{A} + b\boldsymbol{B}, \quad \forall a, b \in C$$

(2)给定$C^{m \times n}$中的矩阵序列$\{\boldsymbol{A}^{(k)}\}$和$C^{n \times p}$中的矩阵序列$\{B^{(k)}\}$，且$\lim\limits_{k \to \infty} \boldsymbol{A}^{(k)} = \boldsymbol{A}$和

$\lim\limits_{k\to\infty}\boldsymbol{B}^{(k)}=\boldsymbol{B}$,则

$$\lim_{k\to\infty}\boldsymbol{A}^{(k)}\boldsymbol{B}^{(k)}=\boldsymbol{AB}$$

1.5.2.2　矩阵级数

可以证明,给定方阵 $\boldsymbol{A}\in R^{n\times n}$,序列$\{\boldsymbol{A}^{(k)}\}$收敛于 0 即$\lim\limits_{k\to\infty}\boldsymbol{A}^{(k)}=0$ 等价于

$$\rho(\boldsymbol{A})<1 \text{ 即 } \lambda_i(\boldsymbol{A})<1, i=1,2,\cdots \tag{1-91}$$

式中,λ_i 为 $\boldsymbol{A}$ 的所有特征值。因此,如果存在一种范数 $\|\cdot\|$ 使得 $\|\boldsymbol{A}\|\leq 1$,则对于 $\boldsymbol{A}\in R^{n\times n}$有$\lim\limits_{k\to\infty}\boldsymbol{A}^{(k)}=0$。

定义 $C^{m\times n}$中的矩阵序列$\{\boldsymbol{A}^{(k)}\}$的无穷和:

$$\boldsymbol{A}^{(1)}+\boldsymbol{A}^{(2)}+\cdots+\boldsymbol{A}^{(k)}+\cdots$$

为矩阵级数,记作

$$S=\sum_{k=1}^{\infty}\boldsymbol{A}^{(k)} \tag{1-92}$$

定义矩阵级数的部分和为

$$S^{(k)}=\sum_{k=1}^{k}\boldsymbol{A}^{(k)} \tag{1-93}$$

若序列$\{S^{(k)}\}$收敛且有极限

$$\lim_{k\to\infty}S^{(k)}=S \tag{1-94}$$

称矩阵级数 $\sum\limits_{k=1}^{\infty}\boldsymbol{A}^{(k)}$ 收敛于 S。

1.5.2.3　矩阵幂级数

对于方阵 $\boldsymbol{A}\in R^{n\times n}$,称以下级数为矩阵幂级数:

$$S_n=\sum_{k=1}^{\infty}c_k\boldsymbol{A}^k=c_0\boldsymbol{I}_{n\times n}+c_1\boldsymbol{A}+c_2\boldsymbol{A}^2+\cdots+c_k\boldsymbol{A}^k+\cdots \tag{1-95}$$

可以证明,对于方阵 $\boldsymbol{A}\in R^{n\times n}$,如果数量值级数 $\sum\limits_{k=1}^{\infty}|c_k|\boldsymbol{A}^k$ 收敛,则矩阵幂级数 S_n 收敛于

$$S_n=(\boldsymbol{I}-\boldsymbol{A})^{-1} \tag{1-96}$$

式中,矩阵 $\boldsymbol{I}-\boldsymbol{A}$ 是非退化的。

1.5.3　矩阵函数和矩阵值函数

1.5.3.1　矩阵函数

主要受到复变函数的影响而借鉴引入了矩阵函数的概念,矩阵函数即以矩阵为自变量的函数。

若一元数量值函数 $f(z)$ 能够展开为关于 z 的收敛半径为 R 的幂级数:

$$f(z) = \sum_{k=0}^{\infty} c_k z^k \tag{1-97}$$

则对 $\boldsymbol{A} \in R^{n \times n}$ 当 $\rho(\boldsymbol{A}) < R$ 时，将收敛的矩阵幂级数

$$\sum_{k=0}^{\infty} c_k A^k$$

定义为矩阵函数，记作

$$f(\boldsymbol{A}) = \sum_{k=0}^{\infty} c_k \boldsymbol{A}^k \tag{1-98}$$

特别地，有以下指数函数：

$$e^{\boldsymbol{A}} = \sum_{k=0}^{\infty} \frac{\boldsymbol{A}^k}{k!} \tag{1-99}$$

和

$$e^{\boldsymbol{A}t} = \sum_{k=0}^{\infty} \frac{(\boldsymbol{A}t)^k}{k!} \tag{1-100}$$

需要注意，在满足 $\boldsymbol{AB} = \boldsymbol{BA}$ 时，下式成立：

$$e^{\boldsymbol{A}} e^{\boldsymbol{B}} = e^{\boldsymbol{B}} e^{\boldsymbol{A}} = e^{\boldsymbol{A}+\boldsymbol{B}} \tag{1-101}$$

1.5.3.2 矩阵值函数

先考察 $f: C \to C^{n \times n}$ 的一元矩阵值函数。设 V 为 C 上的线性空间，将映射

$$A: [a,b] \to C^{n \times n}$$

$$t \mapsto A(t) \in C^{n \times n}$$

称为定义在区间 $[a,b]$ 的矩阵值函数。即实数的矩阵值函数为实变量的取值在 $C^{n \times n}$ 内的映射。

矩阵值函数适用分析学的极限等微积分概念，例如极限和连续。

如果 $A(x) = (a_{ij}(x))$ 的所有元素 $a_{ij}(x)$ 在 x_0 邻域处皆有极限，则称 $A(x)$ 在 x_0 处有极限，记作

$$\lim_{t \to t_0} A(t) = A \tag{1-102}$$

以及，如果 $A(x) = (a_{ij}(x))$ 的所有元素 $a_{ij}(x)$ 在 x_0 邻域处皆连续，则称 $A(x)$ 在 x_0 处连续，记作

$$\lim_{t \to t_0} A(t) = A(t_0) \tag{1-103}$$

相应地，导数和积分概念如下。

如果 $A(x) = (a_{ij}(x))$ 的所有元素 $a_{ij}(x)$ 在 x_0 处可导，则称 $A(x)$ 在 x_0 处可导，记作

$$A'(t_0) = \frac{\mathrm{d}A(t)}{\mathrm{d}t} \Big|_{t=t_0} \tag{1-104}$$

以及，如果 $A(x) = (a_{ij}(x))$ 的所有元素 $a_{ij}(x)$ 在区间 $[a,b]$ 上可积，则称 $A(x)$ 在区间 $[a,b]$ 上可积，记作

$$\int_a^b A(t)\,\mathrm{d}t = C = \left(\int_a^b a_{ij}(t)\,\mathrm{d}t\right) \tag{1-105}$$

将一元矩阵值函数扩展，可得多元矩阵值函数，即因变量和自变量皆为矩阵的

函数。

1.6　矩阵分解

矩阵分解,包括矩阵的加法分解和乘法分解。

矩阵的乘法分解即矩阵的因子分解:将给定矩阵分解为特殊类型矩阵的乘积。

例如 $\boldsymbol{A}=\boldsymbol{BC}$ 的满秩分解:对于任意矩阵 $\boldsymbol{A}_{m\times n}$,若 $\mathrm{rank}(\boldsymbol{A})=r$,则存在列满秩矩阵 $\boldsymbol{B}_{m\times r}$和行满秩矩阵 $\boldsymbol{C}_{r\times n}$,使得 $\boldsymbol{A}=\boldsymbol{BC}$。

在本节的矩阵分解中,三角分解只用到了上/下三角阵和对角阵,而 *QR* 分解和 *SVD* 分解需要用到酉矩阵。

1.6.1　三角分解

三角分解中,从 LU 分解过渡到 LDU 分解是容易的,只要提取对角线元素作为对角矩阵,同时其他部分除以对角线元素等比例缩放即可。

因此,在本质上,LDU 分解和 LU 分解没有显著差别。

1.6.1.1　LU 分解

任意非奇异矩阵 $\boldsymbol{A}\in C^{n\times n}$,都可以化为唯一的单位下三角阵 $\boldsymbol{L}$ 和唯一的单位上三角阵 $\boldsymbol{U}$ 之乘积,使得 $\boldsymbol{A}=\boldsymbol{LU}$ 成立的充要条件是 $\boldsymbol{A}$ 的所有顺序主子式均非零。

1.6.1.2　LDU 分解

任意的非异矩阵 $\boldsymbol{A}\in C^{n\times n}$ 都可以化为唯一的单位下三角阵 $\boldsymbol{L}$、唯一的对角阵 $\boldsymbol{D}=\{d_1,d_2,\cdots,d_n\}$、唯一的单位上三角阵 $\boldsymbol{U}$ 之乘积,使得 $\boldsymbol{A}=\boldsymbol{LDU}$ 的充要条件是 $\boldsymbol{A}$ 的所有顺序主子式均非零,且 $d_i=\dfrac{dk}{dk+1}$。

1.6.2　QR 分解

1.6.2.1　酉矩阵

给定矩阵 $\boldsymbol{A}\in C^{n\times n}$,如果 $\bar{\boldsymbol{A}}^{\mathrm{T}}\boldsymbol{A}=\boldsymbol{I}$,则称 $\boldsymbol{A}$ 为酉矩阵。

对酉矩阵 $\boldsymbol{A}$ 的以下陈述是等价的:

(1)$\boldsymbol{A}$ 是酉矩阵。

(2)$\boldsymbol{A}$ 作为线性变换保持内积$\langle \boldsymbol{Ax},\boldsymbol{Ay}\rangle=\langle \boldsymbol{x},\boldsymbol{y}\rangle$。

(3)$\boldsymbol{A}$ 作为线性变换保持长度 $\boldsymbol{Ax}=\boldsymbol{x}$。

根据定义 $\bar{\boldsymbol{A}}^{\mathrm{T}}\boldsymbol{A}=\boldsymbol{I}$,有

$$\{\bar{\boldsymbol{A}}^{\mathrm{T}}\boldsymbol{A}\}=\{\bar{\boldsymbol{a}}_i^{\mathrm{T}}\boldsymbol{a}_j\}=\{\langle \boldsymbol{a}_i,\boldsymbol{a}_j\rangle\}=\{\boldsymbol{\delta}_{ij}\}=\boldsymbol{I}_n \tag{1-106}$$

可见,酉矩阵 $\boldsymbol{A}$ 的列向量组 $\boldsymbol{\alpha}_1,\boldsymbol{\alpha}_2,\cdots,\boldsymbol{\alpha}_n$ 构成标准酉空间 $C^{n\times n}$ 的标准正交基。

反之,任意的非异矩阵 $\boldsymbol{A}=[\boldsymbol{\alpha}_1,\boldsymbol{\alpha}_2,\cdots,\boldsymbol{\alpha}_n]\in C^{n\times n}$,都可以通过 Schmidt 正交化过程改造为标准正交基:

$$\boldsymbol{A}=\boldsymbol{U}\begin{bmatrix} r_1 & & * \\ & \ddots & \\ 0 & & r_n \end{bmatrix} \tag{1-107}$$

1.6.2.2 QR 分解

上述 Schmidt 正交化的矩阵描述:

$$\boldsymbol{A}=\boldsymbol{U}\begin{bmatrix} r_1 & & * \\ & \ddots & \\ 0 & & r_n \end{bmatrix}=\boldsymbol{QR} \tag{1-108}$$

称为矩阵 $\boldsymbol{A}$ 的 QR 分解,即任意非异矩阵 $\boldsymbol{A}$ 可以化为唯一的酉矩阵 $\boldsymbol{Q}$ 和唯一的上三角矩阵 $\boldsymbol{R}$ 的积,且 $\boldsymbol{R}$ 的对角线元素 r_i 均为正的实数。

1.6.3 Schur 分解

1.6.3.1 动机

任意非异矩阵 $\boldsymbol{A}$ 都可以化为 Jordan 标准型,只要通过

$$\boldsymbol{AP}=\boldsymbol{PJ} \tag{1-109}$$

式中,对于可逆矩阵 $\boldsymbol{P}$ 没有限制。

如果把 $\boldsymbol{P}$ 限制为标准正交基矩阵即酉矩阵,那么 $\boldsymbol{A}$ 可以化成什么形状?答案为上三角阵,即 Schur 定理:任意矩阵 $\boldsymbol{A}\in C^{n\times n}$ 皆存在酉矩阵 $\boldsymbol{U}$,使得 $\bar{\boldsymbol{U}}^{\mathrm{T}}\boldsymbol{AU}=\boldsymbol{T}$(或者 $\boldsymbol{U}^{-1}\boldsymbol{AU}=\boldsymbol{T}$),其中 $\boldsymbol{T}$ 为上三角矩阵,其对角线元素为 $\boldsymbol{A}$ 的特征值。

1.6.3.2 正规矩阵

Schur 分解保证了任意的非异矩阵 $\boldsymbol{A}\in C^{n\times n}$ 均可以化为上三角阵:

$$\boldsymbol{R}=\begin{bmatrix} r_1 & & * \\ & \ddots & \\ 0 & & r_n \end{bmatrix} \tag{1-110}$$

但是,上三角阵中的一堆 * 仍然显得复杂,而对角阵的结构更为简单。那么对于任意矩阵 $\boldsymbol{A}\in C^{n\times n}$,是否只用标准正交基矩阵(酉矩阵)就可以化为对角阵?

答案是否定的,需要满足一定的条件:$\boldsymbol{A}$ 必须为正规矩阵才可以化为对角阵,即任意 $\boldsymbol{A}\in C^{n\times n}$ 存在酉矩阵 $\boldsymbol{U}$ 使得 $\boldsymbol{U}^{-1}\boldsymbol{AU}=\boldsymbol{A}$ 的充要条件是 $\bar{\boldsymbol{A}}^{\mathrm{T}}\boldsymbol{A}=\boldsymbol{A}\bar{\boldsymbol{A}}^{\mathrm{T}}$。

满足 $\bar{\boldsymbol{A}}^{\mathrm{T}}\boldsymbol{A}=\boldsymbol{A}\bar{\boldsymbol{A}}^{\mathrm{T}}$ 这样可交换条件的矩阵称为正规矩阵。

证明:

⇒方向：

根据 $\boldsymbol{U}^{-1}\boldsymbol{A}\boldsymbol{U}=\boldsymbol{\Lambda}$，即 $\boldsymbol{A}=\boldsymbol{U}\boldsymbol{\Lambda}\boldsymbol{U}^{-1}$，有 $\boldsymbol{A}=\boldsymbol{U}\bar{\boldsymbol{\Lambda}}\boldsymbol{U}^{\mathrm{T}}$，则可以

$$\bar{\boldsymbol{A}}^{\mathrm{T}}\boldsymbol{A}=\overline{\boldsymbol{U}\boldsymbol{\Lambda}\bar{\boldsymbol{U}}^{\mathrm{T}}}^{\mathrm{T}}\boldsymbol{U}\boldsymbol{\Lambda}\bar{\boldsymbol{U}}^{\mathrm{T}}=\boldsymbol{U}\bar{\boldsymbol{\Lambda}}\bar{\boldsymbol{U}}^{\mathrm{T}}\boldsymbol{U}\boldsymbol{\Lambda}\bar{\boldsymbol{U}}^{\mathrm{T}}=\boldsymbol{U}\boldsymbol{\Lambda}\bar{\boldsymbol{\Lambda}}\bar{\boldsymbol{U}}^{\mathrm{T}}=\boldsymbol{U}\boldsymbol{\Lambda}\bar{\boldsymbol{\Lambda}}\bar{\boldsymbol{U}}^{\mathrm{T}}=\boldsymbol{A}\bar{\boldsymbol{A}}^{\mathrm{T}}$$

得证。

⇐方向：

根据 Schur 定理，$\boldsymbol{A}$ 总是可以化为上三角阵

$$\boldsymbol{U}^{-1}\boldsymbol{A}\boldsymbol{U}=\boldsymbol{R}=\begin{bmatrix}\lambda_1 & * & * \\ 0 & \ddots & * \\ 0 & 0 & \lambda_r\end{bmatrix} \tag{1-111}$$

再由 $\boldsymbol{A}$ 和 $\bar{\boldsymbol{A}}^{\mathrm{T}}$ 可交换，可得 $\boldsymbol{R}$ 和 $\bar{\boldsymbol{R}}^{\mathrm{T}}$ 可交换，有

$$\boldsymbol{R}\bar{\boldsymbol{R}}^{\mathrm{T}}=\bar{\boldsymbol{R}}^{\mathrm{T}}\boldsymbol{R}$$

即

$$\begin{bmatrix}\lambda_1 & * & * \\ & \ddots & * \\ & & \lambda_r\end{bmatrix}\begin{bmatrix}\lambda_1 & & \\ * & \ddots & \\ * & * & \lambda_r\end{bmatrix}=\begin{bmatrix}\lambda_1 & & \\ * & \ddots & \\ * & * & \lambda_r\end{bmatrix}\begin{bmatrix}\lambda_1 & * & * \\ & \ddots & * \\ & & \lambda_r\end{bmatrix} \tag{1-112}$$

则有 $\lambda_i=\lambda_i, i=1,2,\cdots,r$，即 $\boldsymbol{R}$ 为对角阵 $\boldsymbol{\Lambda}$。

得证。

1.6.4　SVD 分解

1.6.4.1　特征值分解

给定酉矩阵 $\boldsymbol{A}\in C^{n\times n}$，其特征值为 $\lambda_1\leq\lambda_2\leq\cdots\leq\lambda_n$，对应特征向量为 $\boldsymbol{w}_1,\boldsymbol{w}_2,\cdots,\boldsymbol{w}_n$，矩阵 $\boldsymbol{A}$ 的特征值分解：

$$\boldsymbol{A}=\boldsymbol{W}\sum\boldsymbol{W}^{-1}$$

式中，$\boldsymbol{W}$ 为标准正交阵。

通过把向量组 $\{\boldsymbol{w}_i\}$ 正交化和单位化为 $\{\tilde{\boldsymbol{w}}_i\}$ 使得 $\tilde{\boldsymbol{w}}_i\tilde{\boldsymbol{w}}_i^{\mathrm{T}}=1$，则 $\tilde{\boldsymbol{W}}$ 为标准正交基矩阵（酉矩阵）满足 $\tilde{\boldsymbol{W}}\tilde{\boldsymbol{W}}^{\mathrm{T}}=\boldsymbol{I}_n$，因此 $\tilde{\boldsymbol{W}}^{-1}=\tilde{\boldsymbol{W}}^{\mathrm{T}}$，则

$$\boldsymbol{A}=\tilde{\boldsymbol{W}}\sum\tilde{\boldsymbol{W}}^{\mathrm{T}} \tag{1-113}$$

这称为矩阵 $\boldsymbol{A}$ 的特征分解（EVD 分解）。

1.6.4.2　奇异值分解

EVD 分解要求矩阵 $\boldsymbol{A}$ 为方阵，若 $\boldsymbol{A}\in C^{m\times n}$ 不是方阵，则由矩阵等价概念 $\boldsymbol{AP}=\boldsymbol{QB}$，存在 $\boldsymbol{P}\in C^{n\times n}$ 和 $\boldsymbol{Q}\in C^{m\times m}$ 使得

$$AP = Q\begin{bmatrix} I_r & O \\ O & O \end{bmatrix}_{m\times n}$$

即矩阵 A 可以分解为

$$A = Q\begin{bmatrix} I_r & O \\ O & O \end{bmatrix}_{m\times n} P^{-1} \tag{1-114}$$

进一步,如果把 P,Q 限制为标准正交基矩阵(酉矩阵),A 可以化简到何种程度?即寻找酉矩阵 $V \in C^{n\times n}$ 和 $U \in C^{m\times m}$ 使得下式中的矩阵♣尽量简单:

$$AV = U♣$$

结果是$(♣)_{ii} = \sigma_i$ 且其余位置的元素均为零:

$$♣ = \begin{bmatrix} \sigma_1 & 0 & 0 & 0 & 0 & \cdots & 0 \\ 0 & \sigma_2 & 0 & \vdots & 0 & \cdots & 0 \\ 0 & 0 & \ddots & 0 & 0 & \cdots & 0 \\ 0 & \cdots & 0 & \sigma_r & 0 & \cdots & 0 \\ 0 & 0 & 0 & 0 & 0 & \cdots & 0 \\ \vdots & \vdots & \vdots & \vdots & \vdots & & \vdots \\ 0 & 0 & 0 & 0 & 0 & \cdots & 0 \end{bmatrix}_{m\times n} = \begin{bmatrix} \Sigma_{r\times r} & O \\ O & O \end{bmatrix}_{m\times n} \tag{1-115}$$

式中,$\sigma_i = \sqrt{\lambda_i(\bar{A}^{\mathrm{T}}A)} \geq 0$ 且 $\sigma_1 \geq \sigma_2 \geq \cdots \geq \sigma_r$ 称为 A 的 r 个奇异值,$\mathrm{rank}(A) = r$ 为矩阵 A 的秩,即

$$AV = U\Sigma \tag{1-116}$$

改写为

$$A = U\Sigma V^{-1}$$

一般使用转置

$$A = U\Sigma V^{\mathrm{T}} \tag{1-117}$$

这称为矩阵 A 的奇异值分解(Singular Value Decomposition,SVD)。

直观形式如图 1-1 所示。

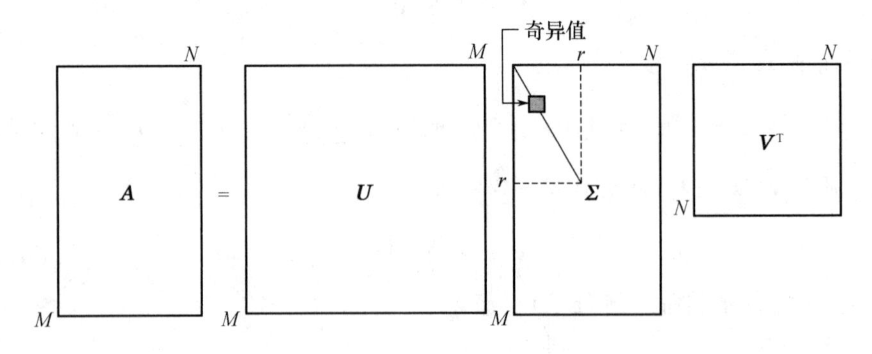

图 1-1 SVD 的矩阵

矩阵 A 奇异值分解的三个矩阵的意义:

(1)对方阵 $\boldsymbol{AA}^{\mathrm{T}}=\boldsymbol{I}_{m\times m}$ 作前述特征值分解 $(\boldsymbol{AA}^{\mathrm{T}})\boldsymbol{u}_i=\lambda_i\boldsymbol{u}_i$，则方阵 $\boldsymbol{AA}^{\mathrm{T}}$ 的特征值矩阵 $\{\boldsymbol{u}_i\}_{m\times m}$ 即为 $\boldsymbol{U}$，$\boldsymbol{U}$ 的列向量 $\boldsymbol{u}_i\in R^m$ 称为 $\boldsymbol{A}$ 的左奇异向量。

(2)方阵 $\boldsymbol{A}^{\mathrm{T}}\boldsymbol{A}=\boldsymbol{I}_{n\times n}$ 做前述特征值分解 $(\boldsymbol{A}^{\mathrm{T}}\boldsymbol{A})\boldsymbol{v}_i=\lambda_i\boldsymbol{v}_i$，则方阵 $\boldsymbol{A}^{\mathrm{T}}\boldsymbol{A}$ 的特征值矩阵 $\{\boldsymbol{v}_i\}_{n\times n}$ 即为 $\boldsymbol{V}$，$\boldsymbol{V}$ 中的每个特征向量 $\boldsymbol{v}_i\in R^n$ 称为矩阵 $\boldsymbol{A}$ 的右奇异向量。

(3)矩阵 $\boldsymbol{\Sigma}$ 除了对角线元素为奇异值 σ_i 之外均为零，则由 $\boldsymbol{AV}=\boldsymbol{U\Sigma}$ 即 $Av_i=\sigma_i\boldsymbol{u}_i$ 可得 $\sigma_i=\boldsymbol{A}\dfrac{\boldsymbol{v}_i}{\boldsymbol{u}_i}$，因此 $\boldsymbol{\Sigma}=\{\sigma_i\}$。

1.6.4.3　数据降维

利用 SVD 分解可以降低矩阵的秩(低秩逼近)。

对于矩阵 $\boldsymbol{A}\in R^{m\times n}$，$\mathrm{rank}(\boldsymbol{A})=r$，可求得低秩矩阵 $\boldsymbol{A}^*\in R^{m\times n}$，使得 $\mathrm{rank}(\boldsymbol{A}^*)=k<r$，即

$$\begin{gathered}\boldsymbol{A}^*=\underset{\boldsymbol{B}\in R^{m\times n}}{\operatorname{argmin}}\boldsymbol{A}-\boldsymbol{B}_2\\ \text{s. t. rank}(\boldsymbol{A}^*)\le k\end{gathered}\tag{1-118}$$

则奇异值分解提供了上述优化问题得解析解：对于矩阵 $\boldsymbol{A}$ 作 SVD 分解后，保留 r 个奇异值，其余元素置零后即得所求 $\boldsymbol{A}^*$，即 Eckart – Young – Mirsky 定理。

原矩阵 $\boldsymbol{A}_{m\times n}$ 分解后为 r 个 $m\times n$ 矩阵之和($r=\mathrm{rank}(\boldsymbol{A})<\min(m,n)$)：

$$\begin{aligned}\boldsymbol{A}_{m\times n}&=\boldsymbol{U}_{m\times m}\boldsymbol{\Sigma}_{m\times n}\boldsymbol{V}^{\mathrm{T}}{}_{n\times n}=\sum_{i=1}^{r}\sigma_i\,(\boldsymbol{u}_i\boldsymbol{v}_i^{\mathrm{T}})_{m\times n}\\&=\sigma_1\boldsymbol{u}_1\boldsymbol{v}_1^{\mathrm{T}}+\sigma_2\boldsymbol{u}_2\boldsymbol{v}_2^{\mathrm{T}}+\cdots+\sigma_r\boldsymbol{u}_r\boldsymbol{v}_r^{\mathrm{T}}\end{aligned}$$

降维思路如下。

由于奇异值矩阵 $\boldsymbol{\Sigma}$ 对角线 σ 从大到小排列而且快速降低，因此可用前 k 个奇异值及其对应左右奇异向量近似描述矩阵，使用部分和 $\tilde{\boldsymbol{A}}$ 代替全部 $\boldsymbol{A}$，数据由 n 维减低为 k 维，实现压缩。

降维的矩阵 $\tilde{\boldsymbol{A}}_{m\times k}$ 如图 1 – 2 所示。

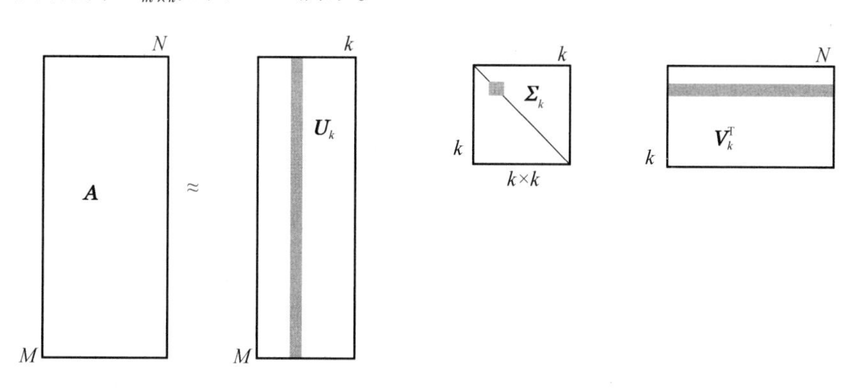

图 1 – 2　降维的矩阵

分解后为 k 个 $m\times n$ 矩阵之和：

$$\begin{aligned}\tilde{\boldsymbol{A}}_{m\times k} &= \boldsymbol{U}_{m\times k}\boldsymbol{\Sigma}_{k\times k}\boldsymbol{V}^{\mathrm{T}}{}_{k\times n} = \sum_{i=1}^{k}\sigma_i\left(\boldsymbol{u}_i\boldsymbol{v}_i^{\mathrm{T}}\right)_{m\times n} \\ &= \sigma_1\boldsymbol{u}_1\boldsymbol{v}_1^{\mathrm{T}} + \sigma_2\boldsymbol{u}_2\boldsymbol{v}_2^{\mathrm{T}} + \cdots + \sigma_k\boldsymbol{u}_k\boldsymbol{v}_k^{\mathrm{T}}\end{aligned} \tag{1-119}$$

应注意到,整体的 $\boldsymbol{A}_{m\times n} = \boldsymbol{U}_{m\times m}\boldsymbol{\Sigma}_{m\times n}\boldsymbol{V}^{\mathrm{T}}{}_{n\times n} = \sum_{i=1}^{r}\sigma_i\left(\boldsymbol{u}_i\boldsymbol{v}_i^{\mathrm{T}}\right)_{m\times n}$ 被降低为使用主要 k 个部分 $\tilde{\boldsymbol{A}}_{m\times k} = \boldsymbol{U}_{m\times k}\boldsymbol{\Sigma}_{k\times k}\boldsymbol{V}^{\mathrm{T}}_{k\times n} = \sum_{i=1}^{k}\sigma_i\left(\boldsymbol{u}_i\boldsymbol{v}_i^{\mathrm{T}}\right)_{m\times n}$ 代替,产生截断误差。

第2章　概率论与随机过程

2.1　测　度　论

测度是定义在特定集合 Ω 的子集 C 上满足完全可加性的非负函数 $\mu(A)$，$A \in C$，即：如果 A_n，$n=1,2,\cdots,N$ 为 C 中两两不交的元并且 $\bigcup\limits_{n \in N} A_n \in C$，则

$$\mu\left(\bigcup_{n \in N} A_n\right) = \sum_{n \in N} \mu(A_n) \tag{2-1}$$

构造测度关键是为 $\mu(A)$ 的定义域选择合适子集 C。

简单地，可以把测度定义为可测空间 (B,R) 的映射：

$$\begin{aligned} &\varphi: B \to [0,\infty) \\ &B \mapsto c \end{aligned} \tag{2-2}$$

2.1.1　集类

2.1.1.1　半集代数

由非空集合 Ω 的一些子集组成的类 S 称为 Ω 的一个半集代数，如果满足：

(1) $\Omega, \varnothing \in S$。

(2) $A,B \in S \Rightarrow A \cap B \in S$。

(3)若 $A,A_1 \in S$，$A \supset A_1$，则 $\exists \{A_2,A_3,\cdots,A_N\} \in S$ 且 $A_1,A_2,\cdots,A_N$ 两两不交，使得

$$A = \bigcup_{k=1}^{n} A_k \tag{2-3}$$

显然，半集代数对有限交是封闭的。

2.1.1.2　集代数

由非空集合 Ω 的一些子集组成的类 T 称为 Ω 的一个集代数或布尔(Borel)代数，如果满足：

(1) $\Omega \in T$。

(2) $A,B \in T \Rightarrow A \cup B, A \cap B \in T$。

(3) $A \in T \Rightarrow A^c \in T$。

显然，Ω 的一切子集构成的类是 Ω 的一个集代数，$\{\Omega,\varnothing\}$ 和 $\{\Omega,A,A^c,\varnothing\}$ 也是集代数。

可以证明，若 S 是 Ω 的半集代数，则 A 为包含 S 的最小集代数：

$$A = \left\{\bigcup_{k=1}^{n} A_k\right\}, A_1,A_2,\cdots,A_N \in S \tag{2-4}$$

即任一包含 S 的 Ω 的集代数都必然包含 A。

2.1.1.3 σ 代数

称非空集合 Ω 的子集类 F 为 Ω 的 σ 代数,其满足:

(1)$\Omega,\varnothing \in F$。

(2)$A \in F \Rightarrow A^c \in F$。

(3)$A_n \in F, n=1,2,\cdots \Rightarrow \bigcup\limits_{n=1}^{\infty} A_n \in F$。

上面的(3)也等价于

(4)$A_n \in F, n=1,2,\cdots \Rightarrow \bigcap\limits_{n=1}^{\infty} A_n \in F$。

可以证明,如果 C 是 Ω 的子集类,则存在唯一的 Ω 的 σ 代数 $\sigma(C)$,满足:

(1)$\sigma(C)$包含 C。

(2)$\sigma(C)$被包含 C 的任一个 σ 代数所包含。

则称 $\sigma(C)$为包含 C 的最小 σ 代数,或者由 C 生成的 σ 代数。

2.1.1.4 Borel 代数

设 $\Omega=R^d, d\geq 1$,S 为 Ω 的半集代数,称 $\sigma(S)$ 为 d 维 Borel 域或 Borel 代数,记作 $B(R^d)$或 B^d。当 $d=1$ 时,记作 $B(R)$或 B。

可以证明,B^d 包含了 R^d 的一切开集的类 O^d 和一切闭集的类,有

$$B^d = \sigma(O^d) \tag{2-5}$$

因此,设 B 为 R 上所有开集构成的最小 σ 域,则 B 称为实数 R 上的 σ 域。集合族 B 中的每一个集合,称为 Borel 可测集,简称 Borel 集。

常见集合均为 Borel 集,例如开区间、闭区间、有理数集和无理数集等。

2.1.2 测度

2.1.2.1 可加测度

设 C 是 Ω 的一个子集类,称 $\mu: C\to[0,\infty)$为 C 上的可加测度,其满足:

(1) $\exists A\in C, \mu(A)<\infty$。

(2) $\forall A,B\in C, A\cup B\in C, A\cap B\in\varnothing, \mu(A\cup B)=\mu(A)+\mu(B)$。

2.1.2.2 有限可加测度

设 $\forall n\in N, A_1,A_2,\cdots,A_N\in C$ 且$\{A_i\}$两两不交,并且 $\bigcup\limits_{k=1}^{n} A_k\in C$,则称 μ 为 C 上的有限可加测度:

$$\bigcup_{k=1}^{n} A_k = \sum_{k=1}^{n}\mu(A_k) \tag{2-6}$$

2.1.2.3　σ 可加测度

设 $A_1, A_2, \cdots \in C$ 且 $\{A_i\}$ 两两不交，并且 $\bigcup_{n=1}^{\infty} A_n \in C$，称 μ 为 C 上的 σ 可加测度，简称 C 上的测度：

$$\bigcup_{n=1}^{\infty} A_n = \sum_{k=1}^{\infty} \mu(A_k) \tag{2-7}$$

2.1.2.4　测度空间

如果 F 为 Ω 的一个 σ 代数，则称 (Ω, F) 为一个可测空间，$A \in F$ 称为（Ω 中关于 F 的）可测集。

如果称 μ 为 F 上的测度，则称 (Ω, F, μ) 为测度空间。

如果 μ 为 F 上的测度，并且 $\mu(\Omega) = 1$，则称 (Ω, F, μ) 为概率空间，称 μ 为 F 上的概率测度，简称概率。

2.1.2.5　可测函数

设 (Ω, F, μ) 为测度空间，定义实值函数 f：

$$f: \Omega \to R \tag{2-8}$$

其逆为

$$f^{-1}(B) = \{\omega \in \Omega \mid f(\omega) = B\} \tag{2-9}$$

若满足

$$\forall B \in B \Rightarrow f^{-1}(B) \in F \tag{2-10}$$

则称 f 为可测函数。

若 μ 为概率测度，即 (Ω, F, μ) 为概率空间，则可测函数 f 称为随机变量。

进一步，设 (Ω, F) 和 (E, G) 为可测空间，定义映射 f：

$$f: \Omega \to E \tag{2-11}$$

若满足

$$\forall B \in E \Rightarrow f^{-1}(B) \in F \tag{2-12}$$

则称 f 为 (Ω, F) 到 (E, G) 的可测映射。

若把映射 $f: \Omega \to E$ 的逆记为 $f^{-1}(G) = \{f^{-1}(B) \mid B \in E\}$，则 f 为 (Ω, F) 到 (E, G) 的可测映射即简单的 $f^{-1}(G) \subset F$。

2.1.2.6　Borel 测度

如果 F 是实数 R 上所有 Borel 可测函数构成的集合，则有以下结论。

(1) F 构成域，即：

① $\forall f, g \in F, f + g \in F$。

② $\forall f, g \in F, f \cdot g \in F$。

③ $\forall f \in F, a \in R, af \in F$。

(2)如果$f_n \in F, n=1,2,\cdots$,且对$\forall x \in R$,数列$\{f_n(x), n=1,2,\cdots\}$有界,则

$$\sup_{n\geq 1} f_n(x) \in F \tag{2-13}$$

$$\inf_{n\geq 1} f_n(x) \in F \tag{2-14}$$

(3)如果$f_n \in F, n=1,2,\cdots$,且对$\forall x \in R$,极限$f(x)=\lim_{n\to\infty} f_n(x) < \infty$,则

$$f(x) \in F \tag{2-15}$$

2.2 概 率 测 度

2.2.1 概率空间(Ω, F, P)

公理化概率空间包括以下三要素。

(1)非空的集合Ω,称为样本空间。

(2)样本空间Ω的某些子集构成的集类F。

①$\Omega, \varnothing \in F$。

②$A \in F \Rightarrow A^c \in F$。

③$A_n \in F, n=1,2,\cdots \Rightarrow \bigcup_{n=1}^{\infty} A_n \in F$。

则F称为Ω上的σ代数,(Ω, F)称为可测空间。

(3)一个自集合F到实数R的映射$P(\cdot): F \to [0,1]$,满足:

①非负性:

$$\forall A \in F, P(A) \in [0,1] \tag{2-16}$$

②规范性:

$$P(\varnothing)=0, P(\Omega)=1 \tag{2-17}$$

③可列可加性:

$$A_n \in F, n=1,2,\cdots; \forall i \neq j, A_i \cap A_j = \varnothing \Rightarrow P\left(\bigcup_{n=1}^{\infty} A_n\right) = \sum_{n=1}^{\infty} P(A_n) \tag{2-18}$$

则P称为可测空间(Ω, F)的一个概率测度,简称概率。

高度抽象的三要素(Ω, F, P)称为一个概率空间,F中的元素称为事件,$P(A)$称为事件A的概率。

概率空间关键的是概率测度P,不同的P代表了不同的概率模型。

2.2.2 概率空间示例

设$\Omega=\{\omega_1, \omega_2, \cdots, \omega_n\}$是离散样本空间,即有限或可列,$F=\{A \mid A \subset \Omega\}$为样本空间$\Omega$的全体子集,若为每一样本点$\omega \in \Omega$赋予一个非负实数$p(\omega)$且满足$\sum_{\omega \in \Omega} p(\omega)=1$,对任何$A \subset \Omega$定义:

$$P(A)=\sum_{\omega \in A} p(\omega)=\frac{|A|}{|\Omega|} \tag{2-19}$$

则(Ω,F,P)构成概率空间,即古典概型。

上述模型的连续形式为几何概型:设Ω为$R^d,d\geq 1$上可测区域,F为Ω中勒贝格可积子集的全体,则对任何$A\subset\Omega$定义

$$P(A)=\frac{|A|}{|\Omega|} \tag{2-20}$$

则(Ω,F,P)构成几何概率模型。

例如,设$\Omega=\{(x,y)\mid x^2+y^2<1\}$,$F=\{A\mid A\subset\Omega\}$,$A$为勒贝格可积,$P(A)=\frac{|A|}{|\Omega|}$,其中$|A|$为$A$的面积,则$(\Omega,F,P)$构成几何概型。

2.2.3　概率公式

2.2.3.1　条件概率

设(Ω,F,P)为一个概率空间,$A,B\in F$,$P(B)>0$,则称$P(A\mid B)$为给定B发生条件下A发生的条件概率:

$$P(A\mid B)=\frac{P(AB)}{P(B)} \tag{2-21}$$

式(2-21)等价于

$$P(AB)=P(A\mid B)P(B) \tag{2-22}$$

称为乘法公式。

相应地,把

$$P(A\cup B)=P(A)+P(B)-P(AB) \tag{2-23}$$

称为加法公式。

注意:条件概率$P(A\mid B)$可能比$P(A)$大,也可能比$P(A)$小。

如果有

$$P(A\mid B)=P(A) \tag{2-24}$$

则称事件A和B相互独立。

事件A和B相互独立,意味着事件B的发生对事件A发生的概率没有影响。

条件概率$P(x\mid y)$若伴随背景事件z,如果$P(y\mid z)>0$,则有

$$P(x\mid y,z)=\frac{P(y\mid x,z)P(x\mid z)}{P(y\mid z)} \tag{2-25}$$

显然,

$$\begin{aligned}P\{x\mid(y,z)\}&=\frac{P(y,z\mid x)P(x)}{P(y,z)}\\&=\frac{P(y\mid x,z)\dfrac{P(x)}{P(z)}}{\dfrac{P(y,z)}{P(z)}}\\&=\frac{P(y\mid x,z)P(x\mid z)}{P(y\mid z)}\end{aligned}$$

条件概率有时候表现为稍显复杂的 Chapman – Kolmogorov 公式：

$$P\{(x_1,x_2)\mid x_3\} = P\{x_1\mid(x_2,x_3)\}P\{x_2\mid x_3\} \tag{2-26}$$

显然，

$$\begin{aligned} P\{x_1\mid(x_2,x_3)\}P\{x_2\mid x_3\} &= \frac{P(x_1,x_2,x_3)}{P(x_2,x_3)}\frac{P(x_2,x_3)}{P(x_3)} \\ &= \frac{P(x_1,x_2,x_3)}{P(x_3)} \\ &= P\{(x_1,x_2)\mid x_3\} \end{aligned}$$

上述式子还可以进一步扩展：

$$P\{x_1\mid(x_2,x_3,x_4)\}P\{(x_2,x_3)\mid x_4\} \tag{2-27}$$

2.2.3.2 全概率公式

设(Ω,F,P)为一个概率空间，$\{B_i,i=1,2,\cdots\}\subset F$构成$\Omega$的一个划分，且$P(B_n)>0$，则对任意$A\in F$，有

$$P(A) = \sum_i P(A\mid B_i)P(B_i) \tag{2-28}$$

式中，$\{B_i\}$构成Ω的一个划分，意为B_i互不相容且$\sum B_i=\Omega$。

2.2.3.3 贝叶斯公式

如果已知事件B发生，则可以计算分类A_j的概率：

$$P(A_j\mid B) = \frac{P(B\mid A_j)P(A_j)}{P(B)} = \frac{P(B\mid A_j)P(A_j)}{\sum_{i=1}^{n}P(B\mid A_i)P(A_i)} \tag{2-29}$$

此式即贝叶斯公式，也称为逆概公式。

通常称$P(A_j)$为先验概率，$P(A_j\mid B)$为后验概率，$P(B\mid A_j)$为A_j发生后B发生的似然性。

贝叶斯公式可以变形为

$$P(A\mid B)P(B) = P(B\mid A)P(A) \tag{2-30}$$

2.3 随 机 变 量

设(Ω,F,P)为概率空间，$X(\Omega)$为Ω到R的映射（即定义在Ω上的实值单值函数），如果：

$$\forall x \in R,(\omega\mid X(\omega)\leq x) \in F \tag{2-31}$$

则称$X(\Omega)$是(Ω,F,P)上的随机变量，简称X是随机变量。

设X是概率空间(Ω,F,P)上的随机变量，

$$F(x) = P(\omega\mid X(\omega)\leq x) \tag{2-32}$$

称此一元实值函数为X的概率分布函数，简称分布函数。

常见的随机变量包括离散型随机变量和连续型随机变量。

若随机变量 X 的所有可能取值是有限的或可列的,则称 X 为离散型随机变量。

如果对于随机变量 X,存在非负可积函数 $p(x)$,使得

$$F(x) = \int_{-\infty}^{x} p(t)\mathrm{d}t$$

则称 X 为连续型随机变量,$p(x)$ 称为概率密度函数,简称密度函数。

2.3.1　数字特征

2.3.1.1　期望

设 X 是分布函数为 $F(x)$ 的随机变量,若

$$\int_{-\infty}^{\infty} |x|\mathrm{d}F(x) < \infty$$

则称

$$E[X] = \int_{-\infty}^{\infty} x\mathrm{d}F(x) < \infty \tag{2-33}$$

为 X 的数学期望,记作 $E[X]$,$E[\cdot]$ 称为期望算子。

可以证明,若 X 和 Y 独立,则有

$$E_{X,Y}[X \cdot Y] = E_X[X]E_Y[Y] \tag{2-34}$$

即乘积的期望为期望的乘积。

特别地,若 X 为离散型随机变量,

$$E[X] = \sum_k x_k p_k$$

当 X 为连续型随机变量且具有密度函数 $p(x)$ 时,

$$E[X] = \int_{-\infty}^{\infty} xp(x)\mathrm{d}x$$

相应地,称

$$E[f(X)] = \int_{-\infty}^{\infty} f(x)\mathrm{d}F(x)$$

为随机变量函数 $f(X)$ 的期望。

2.3.1.2　方差

设 X 为随机变量,$E[X^2] < \infty$,称

$$D(X) = E[(X - E[X])^2] \tag{2-35}$$

为 X 的方差,记作 $D(X)$ 或 $\mathrm{Var}(X)$。

方差常用性质如下。

(1) $D(X) = E[X^2] - (E[X])^2$。

(2) $D(aX + b) = a^2 D(X)$。

2.3.1.3　k 阶矩

称式(2-36)中的 m_k 为 X 的 k 阶矩:

$$m_k = E[x^k] \tag{2-36}$$

对于随机变量,其零阶矩是整个事件的概率,恒等于1。

一阶矩是如前所述的期望,二阶矩为协方差,三阶矩和四阶矩分别为偏度和峰度。

2.3.1.4 协方差

设 X,Y 是概率空间上的两个随机变量,称

$$\mathrm{Cov}(X,Y) = E_{X,Y}[(X-EX)(Y-EY)] \tag{2-37}$$

为随机变量 X,Y 的协方差,记作 $\mathrm{Cov}(X,Y)$。

从定义推导,可以得到协方差的常用性质

$$\mathrm{Cov}(X,Y) = E_{X,Y}[X \cdot Y] - E_X[X]E_Y[Y]$$

设 $(X_1,X_2,\cdots,X_n)$ 是概率空间上的 n 维随机变量,则称 n 阶方阵

$$\boldsymbol{\Sigma} = (\mathrm{Cov}_{X_iX_j})_{n\times n} \tag{2-38}$$

为随机变量 $(X_1,X_2,\cdots,X_n)$ 的协方差阵,一般记作 $\boldsymbol{\Sigma}$。

协方差阵具有性质:

$$\boldsymbol{\Sigma} = E_{X,Y}[(X-EX)(X-EX)^{\mathrm{T}}]$$

对于任意矩阵 $\boldsymbol{A}$ 和 $\boldsymbol{B}$,下式成立:

$$\mathrm{Cov}(\boldsymbol{A}X,\boldsymbol{B}^{\mathrm{T}}Y) = \boldsymbol{A}\mathrm{Cov}(X,Y)\boldsymbol{B} \tag{2-39}$$

式(2-39)的成立不依赖于 X 和 Y 的选择。

工程上,经常需要对随机向量自身作协方差 Σ:

$$\Sigma = \mathrm{Cov}(X,X) = E_X[XX^{\mathrm{T}}] - E_X[X]E_X[X]^{\mathrm{T}}$$

Σ 是个对称的半正定矩阵,满足:

$$\forall X \in R^n, X\Sigma X^{\mathrm{T}} \geq 0$$

2.3.1.5 相关系数

设 X,Y 是概率空间上的两个随机变量,$D(X)\neq 0$,$D(Y)\neq 0$,则称

$$\rho_{X,Y} = \frac{\mathrm{Cov}(X,Y)}{\sqrt{D(X)}\sqrt{D(Y)}} \tag{2-40}$$

为随机变量 X,Y 的相关系数,记作 $\rho_{X,Y}$。

相关系数表示了一对变量之间的线性相关程度,显然有 $\rho_{X,Y}\in[-1,1]$。当 $\rho_{X,Y}=1$ 时,X 和 Y 完全相关;当 $\rho_{X,Y}=0$ 时,X 和 Y 不相关。

注意:X 和 Y 不相关弱于 X 和 Y 独立。不相关仅表明 X 和 Y 不具有线性关系,但可以有其他关系,所以并不一定独立。即 X、Y 独立蕴含 X、Y 不相关,X 和 Y 不相关则未必有 X 和 Y 独立。

2.3.2 离散型随机变量

2.3.2.1 二点分布

若随机变量 X 的分布为

$$P(X=1)=p, P(X=0)=q \tag{2-41}$$

式中，$0<p<1$ 且 $p+q=1$，则称 X 服从参数为 p 的二点分布，记作 $X \sim \mathrm{Bern}(p)$。

其期望为

$$E[X]=1 \cdot p+0 \cdot q=p$$

其方差为

$$D(X)=pq$$

2.3.2.2　二项分布

若 X 的分布为

$$P(X=k)=C_n^k p^k q^{n-k} \tag{2-42}$$

式中，$p+q=1$，则称 X 服从参数为 (n,p) 的二项分布，记作 $X \sim \mathrm{Bin}(n,p)$。

其期望为

$$E[X]=\sum_k kP(X=k)=np$$

其方差为

$$D(X)=npq$$

独立重复一个二点分布实验 n 次即得到二项分布。

2.3.2.3　泊松分布

若 X 的概率分布为

$$P(X=k)=\frac{\lambda^k}{k!}\mathrm{e}^{-\lambda} \tag{2-43}$$

则称 X 服从参数为 λ 的泊松分布，记作 $X \sim \mathrm{Pois}(\lambda)$。

其期望为

$$E[X]=\sum_k k\frac{\lambda^k}{k!}\mathrm{e}^{-\lambda}=\lambda$$

其方差为

$$D(X)=\lambda$$

当二项分布的 n 较大时，二项分布接近泊松分布。

2.3.2.4　几何分布

若 X 的概率分布为

$$P(X=k)=pq^{k-1} \tag{2-44}$$

则称 X 服从几何分布，记作 $X \sim \mathrm{Geom}(p)$。

2.3.3　连续性随机变量

2.3.3.1　均匀分布

若随机变量 X 的概率密度函数为

$$p(x)=\begin{cases}\lambda, & a\le x\le b\\ 0, & \text{其他}\end{cases} \tag{2-45}$$

则称 x 服从区间 $[a,b]$ 上的均匀分布，记作 $X\sim \mathrm{Unif}(a,b)$。

其期望为

$$E(X)=\int_{-\infty}^{\infty}xp(x)\mathrm{d}x=\frac{a+b}{2}$$

其方差为

$$D(X)=\frac{1}{12}(b-a)^2$$

2.3.3.2 指数分布

若 X 的概率密度函数为

$$p(x)=\begin{cases}\lambda \mathrm{e}^{-\lambda x}, x\ge 0\\ 0, x<0\end{cases} \tag{2-46}$$

则称 X 服从参数为 λ 的指数分布，记作 $X\sim \mathrm{Exp}(\lambda)$。

其期望为

$$E(X)=\int_{-\infty}^{\infty}xp(x)\mathrm{d}x=\frac{1}{\lambda}$$

其方差为

$$D(X)=\frac{1}{\lambda^2}$$

2.3.3.3 正态分布

若 X 的概率密度函数为

$$p(x)=\frac{1}{\sqrt{2\pi}\sigma}\exp^{-\frac{1}{2}\frac{(x-\mu)2}{\sigma^2}} \tag{2-47}$$

则称 X 服从参数为 (μ,σ) 的正态分布，记作 $X\sim N(\mu,\sigma^2)$。

其期望为

$$E(X)=\int_{-\infty}^{\infty}xp(x)\mathrm{d}x=\mu$$

其方差为

$$D(X)=\sigma^2$$

2.3.3.4 伽马分布

若 X 的概率密度函数为

$$p(x)=\begin{cases}\dfrac{\beta^{\alpha}}{\Gamma(\alpha)}x^{\alpha-1}\mathrm{e}^{-\beta x}, x>0,\alpha>0,\beta>0\\ 0, x\le 0\end{cases} \tag{2-48}$$

则称 X 服从参数为 (α,β) 的伽马分布，记作 $X\sim\Gamma(\alpha,\beta)$。

其期望为

$$E(X)=\int_{-\infty}^{\infty}xp(x)\mathrm{d}x=\frac{\alpha}{\beta}$$

其方差为

$$D(X)=\frac{\alpha}{\beta^2} \tag{2-49}$$

2.4　随机向量

概率空间(Ω,F,P)上的 n 个随机变量 $X_1,X_2,\cdots,X_n$ 的整体 $\boldsymbol{X}=(X_1,X_2,\cdots,X_n)$称为 n 维随机向量。

2.4.1　分布函数

2.4.1.1　联合分布

设 $\boldsymbol{X}=(X_1,X_2,\cdots,X_n)$为 n 维随机向量,称 R^n 上的 n 元函数 F,为 X 的联合分布函数:

$$F(x_1,x_2,\cdots,x_n)=P(X_1\leq x_1,X_2\leq x_2,\cdots,X_n\leq x_n) \tag{2-50}$$

2.4.1.2　边缘分布

对于二维随机变量(X,Y),称其分量 X(或 Y)的分布函数为边缘分布函数:

$$F_X(x)=\lim_{y\to+\infty}F(x,y)=F(x,+\infty) \tag{2-51}$$

2.4.2　密度函数

2.4.2.1　联合密度

对 n 维随机向量$(X_1,X_2,\cdots,X_n)$,如果存在非负可积函数 $p(x_1,x_2,\cdots,x_n)$,对于任意的 n 维长方体 $D=\{(x_1,x_2,\cdots,x_n)\mid a_i<x_i\leq b_i\}$都有

$$P\{(X_1,X_2,\cdots,X_n)\in D\}=\int\cdots\int p(x_1,x_2,\cdots,x_n)\mathrm{d}x_1\mathrm{d}x_2\cdots\mathrm{d}x_n \tag{2-52}$$

则称 n 维随机向量$(X_1,X_2,\cdots,X_n)$为连续型随机向量,称函数 $p(x_1,x_2,\cdots,x_n)$为随机向量$(X_1,X_2,\cdots,X_n)$的联合密度函数。

2.4.2.2　边缘密度

对于二维随机变量(X,Y),其分量 X(或 Y)的密度函数

$$p_X(x)=\int_{-\infty}^{\infty}p(x,y)\mathrm{d}y \tag{2-53}$$

称为边缘密度函数。

2.4.3 随机向量示例

2.4.3.1 n 维正态分布

二维正态分布具有5个参数$(\mu_1,\mu_2,\sigma_1^2,\sigma_2^2,\rho)$，$n$ 维正态分布则具有 $n+\frac{n(n+1)}{2}$ 个参数，因此需要使用矩阵来表达该密度函数，以此避免烦琐。

设 $\boldsymbol{\Sigma}=(\sigma_{i,j})$ 为 n 阶对称正定矩阵，因此存在对称正定矩阵 $\boldsymbol{B}=(b_{i,j})$ 满足 $\boldsymbol{\Sigma}=\boldsymbol{B}^2$，即

$$\boldsymbol{\Sigma}^{-1}=(\boldsymbol{B}^{-1})^2$$

令 $\boldsymbol{y}=\boldsymbol{x}\boldsymbol{B}^{-1}$，即 $\boldsymbol{x}=\boldsymbol{y}\boldsymbol{B}$，有 $\mathrm{d}\boldsymbol{x}=|\boldsymbol{B}|\mathrm{d}\boldsymbol{y}$，则

$$\begin{aligned}\int_{\boldsymbol{x}\in R^n}\exp\left(-\frac{1}{2}\boldsymbol{x}\boldsymbol{\Sigma}^{-1}\boldsymbol{x}^{\mathrm{T}}\right)\mathrm{d}\boldsymbol{x}&=\int_{\boldsymbol{y}\in R^n}\exp\left(-\frac{1}{2}\boldsymbol{x}\boldsymbol{B}^{-1}\boldsymbol{B}^{-1}\boldsymbol{x}^{\mathrm{T}}\right)|\boldsymbol{B}|\mathrm{d}\boldsymbol{y}\\&=\int_{\boldsymbol{y}\in R^n}\exp\left(-\frac{1}{2}\boldsymbol{y}\boldsymbol{y}^{\mathrm{T}}\right)|\boldsymbol{B}|\mathrm{d}\boldsymbol{y}\\&=\sqrt{|\boldsymbol{\Sigma}|}\int_{-\infty}^{\infty}\cdots\int_{-\infty}^{\infty}\exp\left(-\frac{1}{2}\sum_{i=1}^{n}y_i^2\right)\mathrm{d}y_1\mathrm{d}y_2\cdots\mathrm{d}y_n\\&=\sqrt{|\boldsymbol{\Sigma}|}(\sqrt{2\pi})^n\end{aligned}$$

因此

$$\frac{1}{\sqrt{|\boldsymbol{\Sigma}|}(\sqrt{2\pi})^n}\int_{\boldsymbol{x}\in R^n}\exp\left(-\frac{1}{2}\boldsymbol{x}\boldsymbol{\Sigma}^{-1}\boldsymbol{x}^{\mathrm{T}}\right)\mathrm{d}\boldsymbol{x}=1$$

说明

$$\frac{1}{\sqrt{(2\pi)^n}\sqrt{|\boldsymbol{\Sigma}|}}\int_{\boldsymbol{x}\in R^n}\exp\left(-\frac{1}{2}\boldsymbol{x}\boldsymbol{\Sigma}^{-1}\boldsymbol{x}^{\mathrm{T}}\right)\mathrm{d}\boldsymbol{x},x=(x_1,x_2,\cdots,x_n)$$

这是一个密度函数。

如果随机向量 $\boldsymbol{X}=(X_1,X_2,\cdots,X_n)$ 具有联合密度

$$p(x_1,x_2,\cdots,x_n)=\frac{1}{\sqrt{(2\pi)^n}\sqrt{|\boldsymbol{\Sigma}|}}\exp\left[-\frac{1}{2}(\boldsymbol{x}-\boldsymbol{\mu})^{\mathrm{T}}\boldsymbol{\Sigma}^{-1}(\boldsymbol{x}-\boldsymbol{\mu})\right]\quad(2-54)$$

则称 $\boldsymbol{X}$ 服从 n 维正态分布，记作 $\boldsymbol{X}\sim N(\boldsymbol{\mu},\boldsymbol{\Sigma})$。

式(2－54)中的$(\boldsymbol{x}-\boldsymbol{\mu})^{\mathrm{T}}\boldsymbol{\Sigma}^{-1}(\boldsymbol{x}-\boldsymbol{\mu})$是一个标量数值，其平方根称为马氏距离。

对于 $\boldsymbol{X}$ 的协方差矩阵，由于 $\boldsymbol{x}$ 和 $\boldsymbol{x}-\boldsymbol{\mu}$ 显然具有相同的协方差，则令 $\boldsymbol{y}=\boldsymbol{x}\boldsymbol{B}^{-1}$，即 $\boldsymbol{x}=\boldsymbol{y}\boldsymbol{B}$，则 $x_j=\sum_{k=1}^{n}y_k b_{j,k}$，有

$$\begin{aligned}\mathrm{Cov}(X_i,X_j)&=\frac{1}{\sqrt{2\pi}^n\sqrt{|\boldsymbol{\Sigma}|}}\int_{R^n}x_i x_j\exp\left(-\frac{1}{2}\boldsymbol{x}\boldsymbol{\Sigma}^{-1}\boldsymbol{x}^{\mathrm{T}}\right)\mathrm{d}\boldsymbol{x}\\&=\frac{1}{(\sqrt{2\pi})^n}\int_{R^n}\left(\sum_{k=1}^{n}\sum_{l=1}^{n}y_k b_{i,k}y_l b_{j,l}\right)\exp\left(-\frac{1}{2}\boldsymbol{y}\boldsymbol{y}^{\mathrm{T}}\right)\mathrm{d}\boldsymbol{y}\\&=\frac{1}{(\sqrt{2\pi})^n}\sum_{k=1}^{n}\sum_{l=1}^{n}b_{i,k}b_{j,l}\int_{R^n}y_k y_l\exp\left(-\frac{1}{2}\boldsymbol{y}\boldsymbol{y}^{\mathrm{T}}\right)\mathrm{d}\boldsymbol{y}\end{aligned}$$

$$= \sum_{k=1}^{n}\sum_{l=1}^{n} b_{i,k}b_{j,l}1_{k=l}$$

$$= \sum_{k=1}^{n} b_{i,k}b_{j,l}$$

$$= \sigma_{i,j}$$

即协方差矩阵为 $\boldsymbol{\Sigma}=(\sigma_{ij})_{n\times n}$，$\boldsymbol{\Sigma}$ 是一个对称正定方阵。

2.4.3.2　二维正态分布

当 $n=2$ 时，$\boldsymbol{\mu}=\begin{pmatrix}\mu_1\\ \mu_2\end{pmatrix}$，协方差矩阵为 $\boldsymbol{\Sigma}=\begin{pmatrix}\sigma_1{}^2 & \rho\sigma_1\sigma_2\\ \rho\sigma_1\sigma_2 & \sigma_2{}^2\end{pmatrix}$，因此

$$\boldsymbol{\Sigma}^{-1} = \frac{1}{(1-\rho^2)\sigma_1{}^2\sigma_2{}^2}\begin{pmatrix}\sigma_2{}^2 & -\rho\sigma_1\sigma_2\\ -\rho\sigma_1\sigma_2 & \sigma_1{}^2\end{pmatrix} = \frac{1}{(1-\rho^2)}\begin{pmatrix}\frac{1}{\sigma_1{}^2} & -\frac{\rho}{\sigma_1\sigma_2}\\ -\frac{\rho}{\sigma_1\sigma_2} & \frac{1}{\sigma_2{}^2}\end{pmatrix}$$

联合密度函数为

$$f(x_1,x_2) = \frac{1}{\sqrt{2\pi}\sigma_1\sigma_2\sqrt{1-\rho^2}}\exp\left\{-\frac{1}{2(1-\rho^2)}\cdot\left[\frac{(x-\mu_1)^2}{\sigma_1{}^2}-\frac{2\rho(x-\mu_1)(x-\mu_2)}{\sigma_1\sigma_2}+\frac{(x-\mu_2)^2}{\sigma_2{}^2}\right]\right\} \tag{2-55}$$

即二维正态分布。

2.4.3.3　一维正态分布

当 $n=1$ 时，$\mu=(\mu)$，$\boldsymbol{\Sigma}=(\sigma^2)$，密度函数为

$$\frac{1}{\sqrt{2\pi}\sigma}\exp\left[-\frac{1}{2}\frac{(x-\mu)^2}{\sigma^2}\right] \tag{2-56}$$

即正态分布。

2.4.4　随机向量变换

2.4.4.1　线性变换

设 $\boldsymbol{x}\in R^n$ 为 n 维随机向量，其均值为 μ，协方差为 Σ_{xx}，$f(\cdot)$ 为线性映射：

$$f:\boldsymbol{x}\to\boldsymbol{y} = \boldsymbol{A}\boldsymbol{x},\boldsymbol{A}\in R^{m\times n} \tag{2-57}$$

则有：

(1)均值为

$$E[f(\boldsymbol{x})] = f(E[X])$$

(2)方差为

$$\boldsymbol{\Sigma}_{yy} = \boldsymbol{A}\boldsymbol{\Sigma}_{xx}\boldsymbol{A}^{\mathrm{T}}$$

注意：对于 $m \neq n$ 的 $\boldsymbol{A} \in R^{m \times n}$ 不一定成立，虽然 $\boldsymbol{y} \in R^{m}$。

特别地，若前述的随机向量是高斯的 $\boldsymbol{x} \in R^{n} \sim N(\mu_x, \Sigma_{xx})$，则有

$$\mu_y = E(Y) = \boldsymbol{A}\mu_x$$

$$\Sigma_{yy} = \mathrm{Cov}(Y) = \boldsymbol{A}\Sigma_{xx}\boldsymbol{A}^{\mathrm{T}}$$

即高斯分布的线性变换 $\boldsymbol{y} = \boldsymbol{A}\boldsymbol{x}$ 依然为高斯分布：

$$\boldsymbol{y} \in R^{m} \sim N(\boldsymbol{A}\mu_x, \boldsymbol{A}\Sigma_{xx}\boldsymbol{A}^{\mathrm{T}}) \tag{2-58}$$

2.4.4.2 非线性变换

更一般的，设 n 维高斯随机向量 $\boldsymbol{x} \in R^{n} \sim N(\mu_x, \Sigma_{xx})$，$g(\cdot)$ 为非线性映射：

$$g: \boldsymbol{x} \to \boldsymbol{y} \tag{2-59}$$

非线性变换后的随机向量为

$$\boldsymbol{y} = g(\boldsymbol{x})$$

因随机向量 $\boldsymbol{x}$ 可以表示为真值和误差：

$$\boldsymbol{x} = \tilde{\boldsymbol{x}} + \varepsilon$$

代入变换对随机向量作一阶泰勒展开得

$$\boldsymbol{y} = g(\boldsymbol{x}) = g(\tilde{\boldsymbol{x}} + \varepsilon) = g(\tilde{\boldsymbol{x}}) + \boldsymbol{J}\varepsilon \tag{2-60}$$

式中，$\boldsymbol{J}$ 为雅可比矩阵：

$$\boldsymbol{J} = \frac{\partial g(\boldsymbol{x})}{\partial \boldsymbol{x}}$$

$\boldsymbol{y}$ 的均值向量为

$$\boldsymbol{\mu}_y = E(\boldsymbol{y}) \approx E[g(\tilde{\boldsymbol{x}}) + \boldsymbol{J}\varepsilon] = E[g(\tilde{\boldsymbol{x}})] + E[\boldsymbol{J}\varepsilon]$$

由于 $\boldsymbol{x}$ 并不是随机变量，所以有

$$E[g(\tilde{\boldsymbol{x}})] = g(\tilde{\boldsymbol{x}})$$

由于误差 $\boldsymbol{\varepsilon}$ 是无偏的（即均值为零），所以有

$$E[\boldsymbol{J}\boldsymbol{\varepsilon}] = \boldsymbol{J}E[\boldsymbol{\varepsilon}] = 0$$

因此，利用一阶泰勒展开，在非线性不严重时，$\boldsymbol{y}$ 的均值为

$$\boldsymbol{\mu}_y = E(\boldsymbol{y}) = g(\boldsymbol{\mu}_x) \tag{2-61}$$

若令 $\tilde{\boldsymbol{y}} = g(\tilde{\boldsymbol{x}})$，则近似误差为 $\boldsymbol{y} - \tilde{\boldsymbol{y}} = \boldsymbol{J}\boldsymbol{\varepsilon}$，于是变换后的随机向量 $\boldsymbol{y}$ 的协方差为

$$\begin{aligned}\Sigma_{yy} &= E[(\boldsymbol{y} - \tilde{\boldsymbol{y}})(\boldsymbol{y} - \tilde{\boldsymbol{y}})^{\mathrm{T}}] \\ &= E[\boldsymbol{J}\boldsymbol{\varepsilon}\boldsymbol{\varepsilon}^{\mathrm{T}}\boldsymbol{J}^{\mathrm{T}}] = \boldsymbol{J}E[\boldsymbol{\varepsilon}\boldsymbol{\varepsilon}^{\mathrm{T}}]\boldsymbol{J}^{\mathrm{T}}\end{aligned}$$

即 $\boldsymbol{y}$ 的协方差为

$$\Sigma_{yy} = \boldsymbol{J}\Sigma_{xx}\boldsymbol{J}^{\mathrm{T}} \tag{2-62}$$

可见，如果把此处的雅可比矩阵 $\boldsymbol{J}$ 换为变换矩阵 $\boldsymbol{A}$，非线性变换退化为线性变化，因此线性变换只是非线性的特例。

2.4.4.3　常用变换

总和变换

设有 n 个随机向量 $\boldsymbol{x}_i$，其均值和方差分别为 μ_i 和 ${\sigma_{x_i}}^2$，对于新随机变量：

$$\boldsymbol{x} = \sum_{i=1}^{n} \boldsymbol{x}_i \tag{2-63}$$

其方差为

$${\sigma_y}^2 = \sum_{i=1}^{n} {\sigma_{x_i}}^2$$

特别地，若 x_i 的方差相同为 σ_x，则

$${\sigma_y}^2 = n{\sigma_x}^2$$

均值变换

设有 n 个随机向量 $\boldsymbol{x}_i$，其均值和方差分别为 μ_i 和 ${\sigma_{x_i}}^2$，对于新随机变量：

$$\boldsymbol{x} = \frac{1}{n}\sum_{i=1}^{n} \boldsymbol{x}_i \tag{2-64}$$

其方差为

$${\sigma_y}^2 = \frac{1}{n^2}\sum_{i=1}^{n} {\sigma_{x_i}}^2$$

特别地，若 x_i 的方差相同为 σ_x，则

$${\sigma_y}^2 = n{\sigma_x}^2$$

分块变换

设 $\boldsymbol{x} \in R^n$ 为 n 维随机向量，且有映射。其均值为 μ，协方差为 Σ_{xx}，$f(\cdot)$ 为线性映射：

$$f: \boldsymbol{x} \rightarrow \boldsymbol{y} = f(\boldsymbol{x})$$

则向量 $\boldsymbol{x}$ 可以视作两个低纬向量的分块：

$$\boldsymbol{x}_{1\cdots n} = [\boldsymbol{x}_1, \boldsymbol{x}_2]^{\mathrm{T}},\ + = \mathrm{rank}(n) \tag{2-65}$$

$\boldsymbol{x}$ 的雅可比矩阵可表示为

$$\boldsymbol{J}_x = [\boldsymbol{J}_1, \boldsymbol{J}_2]$$

$\boldsymbol{x}$ 的协方差矩阵可表示为

$$\Sigma_{xx} = \begin{bmatrix} \Sigma_{11} & \Sigma_{12} \\ \Sigma_{21} & \Sigma_{22} \end{bmatrix}$$

其中，

$$\Sigma_{ij} = E[\boldsymbol{x}_i \boldsymbol{x}_j^{\mathrm{T}}], i,j = 1,2$$

于是得 $\boldsymbol{y}$ 的协方差矩阵为

$$J_y = J_x \Sigma_{xx} J_x = [J_1, J_2] \begin{bmatrix} \Sigma_{11} & \Sigma_{12} \\ \Sigma_{21} & \Sigma_{22} \end{bmatrix} \begin{bmatrix} J_1^{\mathrm{T}} \\ J_2^{\mathrm{T}} \end{bmatrix}$$

可以理解为

$$J_y = J_1 \Sigma_{11} J_1^{\mathrm{T}} + J_1 \Sigma_{22} J_1^{\mathrm{T}} \tag{2-66}$$

即随机变量 $\boldsymbol{y}=f(\boldsymbol{x})$ 的总协方差简单地是两个随机变量 $\boldsymbol{x}_1$ 和 $\boldsymbol{x}_2$ 的协方差分量之和。

2.5 随机序列

一个概率空间上随机变量的序列，称为随机序列。

2.5.1 收敛性

实数上的数列，具有不同的收敛形式，例如点点收敛、一致收敛、几乎处处收敛等。概率空间的随机序列具有更广意义的收敛形式，例如以概率 1 收敛、以概率收敛、以范数收敛、以分布收敛等。

2.5.1.1 数列收敛

设 $\{a_n\}$ 为一个实数数列，a 为一个实数，称数列 $\{a_n\}$ 收敛于 a，如果有

$$\forall \varepsilon > 0, \exists N, n > N, |a_n - a| < \varepsilon$$

记作

$$\lim_{n\to\infty} a_n = a \tag{2-67}$$

2.5.1.2 以概率 1 收敛

设 $\{X_n\}$ 为一个不必独立的随机序列，X 为一个随机变量，称 $\{X_n\}$ 以概率 1 收敛于 X，如果有

$$P(\lim_n X_n = X) = 1$$

记作

$$X_n \xrightarrow{\text{a.s.}} X \tag{2-68}$$

以概率 1 收敛，也称为几乎处处收敛，或者几乎必然收敛。

可以证明，$X_n \xrightarrow{\text{a.s.}} X \Rightarrow X_n \xrightarrow{P} X$。

2.5.1.3 以概率收敛

设 $\{X_n\}$ 为一个随机序列，X 为一个随机变量，称 $\{X_n\}$ 以概率收敛于 X，如果有

$$\forall \varepsilon > 0, \lim_{n\to\infty} P(|X_n - X| \geq \varepsilon) = 0$$

记作

$$X_n \xrightarrow{P} X \tag{2-69}$$

2.5.1.4 以范数收敛

设$\{X_n\}$为一个随机序列，X为一个随机变量，称$\{X_n\}$以r－范数收敛于X，如果有

$$\lim_{n} E\ |X_n - X|^r = 0$$

记作

$$X_n \xrightarrow{L^r} X \tag{2-70}$$

随机序列$\{X_n\}$以r范数收敛于X，也称为$\{X_n\}$在L^r中强收敛于X。

当$r=2$时，称X_n均方收敛到X。

2.5.1.5 以分布收敛

设$\{X_n\}$为一个随机序列，X为一个随机变量，分布函数分别为$F_n(x)$和$F(x)$，则称$\{X_n\}$以分布收敛于X，如果对$F(x)$一切连续点x满足

$$\lim_{n\to\infty} F_n(x) = F(x)$$

记作

$$X_n \xrightarrow{d} X \tag{2-71}$$

随机序列$\{X_n\}$以分布收敛于X，也称其分布函数序列$F(x)$弱收敛于$F(x)$。

2.5.1.6 几种收敛关系

以概率 1 收敛 ⇒ 以概率收敛⇒以分布收敛

以r阶矩收敛⇒以概率收敛 ⇒以分布收敛

注意：以概率 1 收敛和以r阶矩收敛之间并不存在蕴含关系。

2.5.2 不等式

在随机变量的均值和方差容易计算但是分布信息不容易获取时，可以用随机变量的均值和方差构造不等式，从而获得随机事件的概率信息。

2.5.2.1 马尔可夫不等式

该不等式说明，若随机变量的均值很小，则随机变量取大值的概率也很小。

设随机变量X取非负值，则

$$\forall a > 0, P(X \geq a) \leq \frac{E[X]}{a} \tag{2-72}$$

2.5.2.2 切比雪夫不等式

该不等式说明，若随机变量的方差很小，则随机变量取偏离均值的值的概率也很小。

设随机变量的均值为μ，方差为σ^2，则

$$\forall c > 0, P(|X - \mu| \geq c) \leq \frac{\sigma^2}{c^2} \tag{2-73}$$

2.5.3 极限定理

设$\{X_n\}$为一个独立同分布的随机序列,公共分布的均值为μ,方差为σ^2,记随机序列$\{X_n\}$的前n项之和为$S_n = X_1 + X_2 + \cdots + X_n$,记其均值为

$$M_n = \frac{X_1 + X_2 + \cdots + X_n}{n} = \frac{S_n}{n}$$

根据随机变量序列之间相互独立性,有

$$E[M_n] = \mu$$

$$D[M_n] = \frac{\sigma^2}{n} \tag{2-74}$$

可见当$n \to \infty$时,均值M_n的方差$D[M_n]$趋于零,即M_n的分布大部分接近于均值μ,这是大数定理的主要内容:在样本量足够时,从X抽取的样本的均值接近$E[X]$。

进一步,$\{S_n - n\mu\}$是均值为0的随机序列,$Z_n = \frac{S_n - n\mu}{\sigma\sqrt{n}}$是均值为0、方差为1的随机序列,这是中心极限定理的主要内容:在n充分大时,Z_n的分布接近标准正态分布,即$Z_n \sim N(0,1)$。

2.5.3.1 弱大数定理

弱大数定理说明,样本足够时,独立同分布的随机序列的样本的均值,以很大概率收敛于随机变量的均值。

设$\{X_n\}$为一个独立同分布随机序列,公共分布的均值为μ、方差为σ^2,则称$\{X_n\}$服从弱大数定理,如果有

$$\forall \varepsilon > 0, \lim_{n\to\infty} P\left(\left| \frac{X_1 + X_2 + \cdots + X_n}{n} - \mu \right| \geq \varepsilon \right) = 0 \tag{2-75}$$

即$\left\{\frac{X_1 + X_2 + \cdots + X_n}{n} - \mu\right\}$以概率收敛于0。

弱大数定理又称大数定理。

2.5.3.2 中心极限定理

该定理说明在一定条件下,一个随机序列经过标准化后依分布收敛于标准正态分布。

设$X_1, X_2, \cdots, X_n, \cdots$为独立同分布随机序列,$E(X_k) = \mu$,$D(X_k) = \sigma^2 \neq 0$,$k = 1, 2, \cdots$,构造

$$Z_n = \frac{X_1 + X_2 + \cdots + X_n - n\mu}{\sigma\sqrt{n}}$$

则

$$\lim_{n\to\infty}P(Z_n \le x) = \int_{-\infty}^{x} \frac{1}{\sqrt{2\pi}} e^{-\frac{x^2}{2}} \tag{2-76}$$

即 Z_n 的分布函数的极限分布为标准正态分布 $N(0,1)$。

2.5.3.3　强大数定理

强大数定理类似于弱大数定理,说明在样本足够时独立同分布的随机序列的样本的均值收敛于随机变量的均值,但是收敛类型不同。

设 $X_1,X_2,\cdots,X_n$ 为独立同分布随机序列,则称 $\{X_n\}$ 服从强大数定理,如果有

$$P\left(\lim_{n\to\infty}\frac{X_1+X_2+\cdots+X_n}{n}-\mu=0\right)=1 \tag{2-77}$$

即 $\left\{\frac{X_1+X_2+\cdots+X_n}{n}-\mu\right\}$ 几乎处处(以概率 1)收敛于 0,或者 $\left\{\frac{X_1+X_2+\cdots+X_n}{n}\right\}$ 几乎处处(以概率 1)收敛于 μ。

2.6　随机过程

随机过程类似于随机序列,它是一族随机变量的全体,包括无穷多随机变量。

随机过程呈现动态性,构成概率论的动力学部分。

2.6.1　随机过程概念

设样本空间为 $\Omega=\{\omega\}$,参数集为 $T\subset R$,如果对于任意的 $t\in T$ 均有相应的定义在 Ω 上的随机变量 $X(\omega,t)$,则称随机变量族 $\{X(\omega,t)\}$ 为 Ω 上的参数集合 T 的随机过程:

$$X(\omega,t):\Omega\times T\to R$$

$$(\omega,t)\mapsto p \tag{2-78}$$

在不引起混淆时,参数集 T 的随机过程 $\{X(\omega,t)\}$ 可以简记为 $\{X(t)\}$。

若将 $X(\omega,t)$ 视作样本 ω 和参数 t(一般是时间)的二元单值函数 $X(\cdot,\cdot)$,则 $\{X(\omega,t)\}$ 可以从两个剖面理解。

(1)当 $t\in T$ 选定某个固定的 t_i 时,在每个时间截面 $t=t_i$ 上,$X(\omega,\cdot)$ 是一个随机变量,$\{X(\omega)\}$ 为一族随机变量。

(2)当 $\omega\in\Omega$ 选定 $\omega=\omega_i$ 时,$X(\cdot,t)$ 是一个自变量为 $t\in T$ 的普通函数,$X(t)$ 的一次实现为一个确定的数值,则 $\{X(t)\}$ 是一族样本函数。

(3)当 $t\in T$ 和 $\omega\in\Omega$ 选定,$X(\cdot,\cdot)$ 为一确定数值。

由 $X(\omega,t)$,$t\in T,\omega\in\Omega$ 的所有可能取值全体构成的集合 E,称为随机过程 $\{X(t)\}$ 的状态空间。

对于 $t=t_0\in T,x_0=X(t_0)\in E$,称随机过程 $\{X(t)\}$ 在时刻 t_0 处于状态 x_0。

2.6.2　马尔可夫过程

马尔可夫过程是具有马尔可夫性的随机过程:当已知过程时刻 t_0 的状态时,则过程

在时刻 $t(t>t_0)$ 的状态只与 t_0 的状态有关而与 t_0 以前的状态无关。

马尔可夫性意味着过程 $\{X(t)\}$ 的将来与过去无关，或者说，这种随机过程的将来只通过现在与过去发生联系：一旦现在已知，那么将来就与过去无关。

2.6.3 马尔可夫链

马尔可夫链是一种随机过程，其状态空间最多包含可数个状态。

设 $\{X_n\}$ 是随机序列，所有可能状态组成的有限集合称为状态空间，记作 $S=\{1,2,\cdots,k\}$，则称 $\{X_n\}$ 为马尔可夫链，如果对于任意的时间 n，对于任意的状态，$i,j\in S$，对于任意之前的状态 $i_0,i_1,\cdots,i_{n-1}$，均有

$$P(X_{n+1}=j\mid X_n=i,X_{n-1}=i_{n-1},\cdots,X_1=i_1,X_0=i_0)=P(X_{n+1}=j\mid X_n=i) \tag{2-79}$$

此性质即马尔可夫性，也称为无记忆性：下一状态的概率分布 X_{n+1}，只依赖于前一个状态 X_n。或者说，在知道现在状态的条件下，将来与过去独立。

习惯上，把 n 看作现在，把 $n+1$ 看作将来，把 $0,1,\cdots,n-1$ 看作过去。

进一步地，如果

$$P(X_{n+1}=j\mid X_n=i,X_{n-1}=i_{n-1},\cdots,X_1=i_1,X_0=i_0)=P(X_1=j\mid X_0=i) \tag{2-80}$$

称 $\{X_n\}$ 为齐次马尔可夫链，即齐次马尔可夫链不依赖于 n。

齐次马尔可夫链简称马氏链，本书后续内容只考虑马尔可夫链。

2.6.3.1 转移概率

设 $\{X_n\}$ 为马尔可夫链。

称 $p_{ij}^{(k)}(m)$ 为 $\{X_n\}$ 在时刻 m 从状态 i 出发经过 k 步到达 j 的转移概率：

$$p_{ij}^{(k)}(m)=P\{X_{m+k}=j\mid X_m=i\},i,j\in S,k\in Z^+,m\in N \tag{2-81}$$

称 $\boldsymbol{P}^{(k)}(m)$ 为 $\{X_n\}$ 从时刻 m 出发 k 步的转移概率矩阵：

$$\boldsymbol{P}^{(k)}(m)=[p_{ij}^{(k)}(m)] \tag{2-82}$$

转移概率 $p_{ij}^{(k)}(m)$ 满足：

(1) $p_{ij}^{(k)}(m)\geq 0$。

(2) $\sum\limits_{j\in S} p_{ij}^{(k)}(m)=1$。

进一步地，若 $\{X_n\}$ 为齐次马尔可夫链，则 $p_{ij}^{(k)}(m)$ 不再依赖 m 而记作 $p_{ij}^{(k)}$，称其为 $\{X_n\}$ 从状态 i 出发经过 k 步到达 j 的转移概率。

2.6.3.2 概率分布

设马尔可夫链 $\{X_n\}$ 在时刻 0 的 X_0 概率分布为

$$P\{X_0=i\}=q_i(0),i\in S \tag{2-83}$$

称 X_0 的分布列

$$\boldsymbol{q}(0)=\{q_0(0),q_1(0),\cdots\} \tag{2-84}$$

为$\{X_n\}$的初始分布。

$\{X_n\}$的初始分布$\boldsymbol{q}(0)$表示马尔可夫链$\{X_n\}$在时刻 0 时的分布情况。

设马尔可夫链$\{X_n\}$在时刻 n 的 X_n 概率分布为

$$P\{X_n = i\} = q_i(n), i \in S$$

记 X_n 的分布列为

$$\boldsymbol{q}(n) = \{q_0(n), q_1(n), \cdots\}$$

$\boldsymbol{q}(n)$表示马尔可夫链$\{X_n\}$在时刻 n 时的分布情况。

设$\{X_n\}$为马尔可夫链,一步转移概率矩阵为 $\boldsymbol{P} = [p_{ij}]$,$\{X_n\}$在时刻 0 初始分布为$\boldsymbol{q}(0)$,则可以证明,在时刻 n 概率分布为$\boldsymbol{q}(n)$。

$$q_j(n) = \sum_{i \in E} q_i(0) p_{ij}^{(n)} \tag{2-85}$$

矩阵形式为

$$\boldsymbol{q}(n) = \boldsymbol{q}(0)\boldsymbol{P}^n$$

第3章　最优化方法

3.1　矢量分析与场论

仅有大小的量，称为数量或标量，例如温度、面积等；既有大小又有方向的量，称为矢量或向量，例如位移、速度等。

矢量多用于物理概念，数学上一般称为向量，二者性质是相同的。

3.1.1　内积与外积

记向量 $\boldsymbol{A}$ 的模（或范数）为 $\|\boldsymbol{A}\|$，记非零向量 $\boldsymbol{A}$ 与 $\boldsymbol{B}$ 的较小夹角为 $\langle \boldsymbol{A},\boldsymbol{B}\rangle$，则向量 $\boldsymbol{A}$ 在向量 $\boldsymbol{B}$ 的投影为 $\|\boldsymbol{A}\|\ \|\boldsymbol{B}\|\cos\langle \boldsymbol{A},\boldsymbol{B}\rangle$，记作 $Prj_B A$，这是一个数量值。

给定向量 $\boldsymbol{A}=(a_1,a_2,a_3)$，若记其模为 $a=\|\boldsymbol{A}\|$，则向量 $\boldsymbol{A}$ 可亦可表示为 $\boldsymbol{A}=(a\cos\alpha,a\cos\beta,a\cos\gamma)$，角度 α、β、γ 称为向量 $\boldsymbol{A}$ 的方向角，$\cos\alpha$、$\cos\beta$、$\cos\gamma$ 称为向量 $\boldsymbol{A}$ 的方向余弦。

3.1.1.1　向量的内积

两个向量 $\boldsymbol{A}$ 与 $\boldsymbol{B}$ 的内积记作 $\boldsymbol{A}\cdot\boldsymbol{B}$，也称点积，定义为两向量的大小及两向量夹角余弦的积：

$$\boldsymbol{A}\cdot\boldsymbol{B}=\|\boldsymbol{A}\|\ \|\boldsymbol{B}\|\cos\theta \tag{3-1}$$

以下的代数定义是等价的。

给定两个向量 $\boldsymbol{A}=(a_1,a_2,a_3)$，$\boldsymbol{B}=(b_1,b_2,b_3)\in R^3$，其内积 $\boldsymbol{A}\cdot\boldsymbol{B}$ 为

$$\boldsymbol{A}\cdot\boldsymbol{B}=a_1b_1+a_2b_2+a_3b_3 \tag{3-2}$$

内积为零的两个非零向量 $\boldsymbol{A}$ 与 $\boldsymbol{B}$ 为垂直关系：

$$\boldsymbol{A}\perp\boldsymbol{B}\Leftrightarrow\boldsymbol{A}\cdot\boldsymbol{B}=0 \tag{3-3}$$

3.1.1.2　向量的外积

两个向量 $\boldsymbol{A}$ 与 $\boldsymbol{B}$ 的外积记作 $\boldsymbol{A}\times\boldsymbol{B}$，也称叉积，定义为垂直于包含两向量平面、方向由右手系决定的向量，其大小为两向量的大小及两向量夹角正弦之积：

$$\boldsymbol{A}\times\boldsymbol{B}=\|\boldsymbol{A}\|\ \|\boldsymbol{B}\|\sin\theta \tag{3-4}$$

以下的代数定义是等价的。

给定两向量 $\boldsymbol{A}=(a_1,a_2,a_3)$，$\boldsymbol{B}=(b_1,b_2,b_3)\in R^3$，其外积 $\boldsymbol{A}\times\boldsymbol{B}$ 为

$$\boldsymbol{A}\times\boldsymbol{B}=(a_2b_3-a_3b_2,a_3b_1-a_1b_3,a_1b_2-a_2b_1) \tag{3-5}$$

外积为零的两个非零向量 $\boldsymbol{A}$ 与 $\boldsymbol{B}$ 是平行的：

$$\boldsymbol{A}\ /\!/\ \boldsymbol{B}\Leftrightarrow\boldsymbol{A}\times\boldsymbol{B}=0 \tag{3-6}$$

3.1.2　多元函数与场论

对于函数 $F:R^n \to R^m$：

(1)如果 $m=1$,称函数 F 为数量值函数,一般表示为 $f(\cdot)$。

(2)如果 $m>1$,称函数 F 为向量值函数,一般表示为 $F(\cdot)$。

如果函数空间的每个点都对应一个确定的值,则称该空间确定了一个场:

(1)如果该值为数量,称该场为数量场,例如温度场。

(2)如果该值为向量,称该场为向量场,例如电磁场。

3.1.2.1　数量场及水平集

给定数量值函数 $f:R^n \to R$ 和常数 $c \in R$,满足 $f(x_1, x_2, \cdots, x_n) = c$ 的所有点 $(x_1, x_2, \cdots, x_n)$ 的集合称为函数 f 的 c 水平集。

二元数量值函数 $z=f(x,y)$ 的 c 水平集称为 $z=c$ 处的等高线,如图 3-1 所示。

图 3-1　水平集和等高线

一般地,对于 $R \to R$ 的单变量函数 $y=f(x)$,其图像为空间 R^2 中的 $(x,y(x))$ 点集。对于 $R^2 \to R$ 的二元函数 $z=f(x,y)$,其图像为空间 R^3 中由 $(x,y,z(x,y))$ 构成的曲线。对于 $R^3 \to R$ 的三元数量值函数,其图像为空间 R^4 中的曲面。

3.1.2.2　向量场及其矢量线

对于向量场中各点的向量 $\boldsymbol{A}$,不失一般性,以二元向量值函数为例,设 $\boldsymbol{A}$ 是场中坐标为 (x,y) 的点 M 的向量值函数:

$$\boldsymbol{A} = \boldsymbol{A}(x,y)$$

该向量值函数的坐标表达式为

$$\boldsymbol{A} = A_x(x,y,z)\boldsymbol{i} + A_y(x,y,z)\boldsymbol{j}$$

式中,A_x,A_y 为投影分量。

向量场的矢量线,是指曲线上的每一点的切线都平行于该点的向量 **A**,即

$$\frac{\mathrm{d}x}{A_x}=\frac{\mathrm{d}y}{A_y} \tag{3-7}$$

该矢量线如图 3-2 所示。

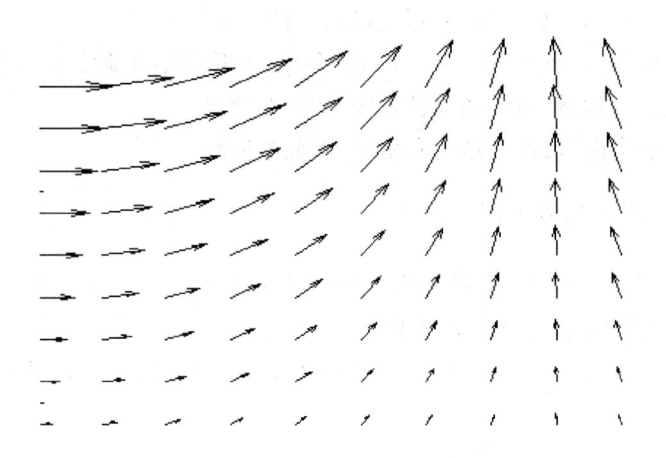

图 3-2　矢量线

3.1.3　多元函数的常用导数

3.1.3.1　偏导数与高阶偏导数

对于多元的数量值函数 $f:R^n \to R$,仅变化第 i 个变量 x_i 而其余变量固定不变,定义 f 对 x_i 的偏导数为

$$\lim_{h\to 0}\frac{f(x_1,\cdots,x_i+h,\cdots,x_n)-f(x_1,x_2,\cdots,x_n)}{h} \tag{3-8}$$

记作$\frac{\partial f}{\partial x_i}$或$f'_{x_i}$,在具体 M 点函数 f 对 x_i 的偏导数记作$\frac{\partial f}{\partial x_i}(M)$。

递归地,将函数 f 的 $m-1$ 阶偏导数的偏导数称为函数 f 的 m 阶偏导数。

以 $R^2\to R$ 的二元数量值函数 $z=f(x,y)$ 为例:

$$\begin{aligned}\frac{\partial^2 z}{\partial x\partial y}&=\frac{\partial z}{\partial y}\left(\frac{\partial z}{\partial x}\right)\\ \frac{\partial^2 z}{\partial y\partial x}&=\frac{\partial z}{\partial x}\left(\frac{\partial z}{\partial y}\right)\end{aligned} \tag{3-9}$$

可以证明,如果上述混合偏导数存在且在某 M 点处连续,则有

$$\frac{\partial^2 z}{\partial x\partial y}=\frac{\partial^2 z}{\partial y\partial x}$$

即混合偏导和求导顺序无关。

3.1.3.2　多元数量值函数的一阶导数

给定数量值函数 $f:R^n \to R$，其偏导数向量为

$$\frac{\partial f}{\partial \boldsymbol{x}} = \left(\frac{\partial f}{\partial x_1}, \frac{\partial f}{\partial x_2}, \cdots, \frac{\partial f}{\partial x_n}\right) \tag{3-10}$$

式(3－10)称为数量值函数 f 的梯度，记作 ∇f 或 $\mathrm{grad}f$，∇ 也称为哈密顿算子或向量微分算子。

注意：对于函数 f 的梯度 ∇f，部分资料定义为列向量，但多数定义是行向量，这点可以视具体上下文而确定，一般情况不会引起混淆。

3.1.3.3　多元向量值函数的一阶导数

给定向量值函数 $F:R^n \to R^m$，其(一阶)偏导数矩阵为

$$\frac{\partial F}{\partial \boldsymbol{x}} = \begin{bmatrix} \dfrac{\partial f_1}{\partial x_1} & \dfrac{\partial f_1}{\partial x_2} & \cdots & \dfrac{\partial f_1}{\partial x_n} \\ \dfrac{\partial f_2}{\partial x_1} & \dfrac{\partial f_2}{\partial x_2} & \cdots & \dfrac{\partial f_2}{\partial x_n} \\ \vdots & \vdots & & \vdots \\ \dfrac{\partial f_m}{\partial x_1} & \dfrac{\partial f_m}{\partial x_2} & \cdots & \dfrac{\partial f_m}{\partial x_n} \end{bmatrix} \tag{3-11}$$

式(3－11)称为向量值函数 F 的雅可比(Jacobian)矩阵，记作 $\boldsymbol{J}_F$。

雅可比矩阵的行列式称为雅可比行列式，该数值代表了函数 $\boldsymbol{F}$ 的体积伸缩率。

3.1.3.4　多元数量值函数的二阶导数

给定数量值函数 $f:R^n \to R$

梯度向量 ∇f 的雅可比矩阵 $\boldsymbol{J}_F$：

$$\boldsymbol{H} = \begin{bmatrix} \dfrac{\partial^2 f}{\partial x_1 \partial x_1} & \dfrac{\partial^2 f}{\partial x_2 \partial x_1} & \cdots & \dfrac{\partial^2 f}{\partial x_n \partial x_1} \\ \dfrac{\partial^2 f}{\partial x_1 \partial x_2} & \dfrac{\partial^2 f}{\partial x_2 \partial x_2} & \cdots & \dfrac{\partial^2 f}{\partial x_n \partial x_2} \\ \vdots & \vdots & & \vdots \\ \dfrac{\partial^2 f}{\partial x_n \partial x_n} & \dfrac{\partial^2 f}{\partial x_2 \partial x_n} & \cdots & \dfrac{\partial^2 f}{\partial x_n \partial x_n} \end{bmatrix} \tag{3-12}$$

式(3－12)称为海森(Hessian)矩阵。

3.1.3.5　标量与向量和矩阵导数汇总

表 3－1 中汇总了标量、向量、矩阵之间常用的一阶导数。

表 3－1　常用一阶导数

y ⋱ x	标量 1×1 $[y]$	向量 $m\times1$ $\begin{bmatrix} y_1 \\ y_2 \\ \vdots \\ y_m \end{bmatrix}$	矩阵 $m\times n$ $\begin{bmatrix} y_{11} & y_{12} & \cdots & y_{1n} \\ y_{21} & y_{22} & \cdots & y_{2n} \\ \vdots & \vdots & & \vdots \\ y_{m1} & y_{m2} & \cdots & y_{mn} \end{bmatrix}$
标量 1×1 $[x]$	$\frac{\mathrm{d}y}{\mathrm{d}x}$	$\begin{bmatrix} \frac{\partial y_1}{\partial x} \\ \frac{\partial y_2}{\partial x} \\ \vdots \\ \frac{\partial y_m}{\partial x} \end{bmatrix}$	$\begin{bmatrix} \frac{\partial y_{11}}{\partial x} & \frac{\partial y_{12}}{\partial x} & \cdots & \frac{\partial y_{1n}}{\partial x} \\ \frac{\partial y_{21}}{\partial x} & \frac{\partial y_{22}}{\partial x} & \cdots & \frac{\partial y_{2n}}{\partial x} \\ \vdots & \vdots & & \vdots \\ \frac{\partial y_{m1}}{\partial x} & \frac{\partial y_{m2}}{\partial x} & \cdots & \frac{\partial y_{mn}}{\partial x} \end{bmatrix}$
向量 $n\times1$ $\begin{bmatrix} x_1 \\ x_2 \\ \vdots \\ x_n \end{bmatrix}$	$\begin{bmatrix} \frac{\partial y}{\partial x_1} & \frac{\partial y}{\partial x_2} & \cdots & \frac{\partial y}{\partial x_n} \end{bmatrix}$	$\begin{bmatrix} \frac{\partial y_1}{\partial x_1} & \frac{\partial y_1}{\partial x_2} & \cdots & \frac{\partial y_1}{\partial x_n} \\ \frac{\partial y_2}{\partial x_1} & \frac{\partial y_2}{\partial x_2} & \cdots & \frac{\partial y_2}{\partial x_n} \\ \vdots & \vdots & & \vdots \\ \frac{\partial y_m}{\partial x_1} & \frac{\partial y_m}{\partial x_2} & \cdots & \frac{\partial y_m}{\partial x_n} \end{bmatrix}$	/
矩阵 $n\times p$ $\begin{bmatrix} x_{11} & x_{12} & \cdots & x_{1p} \\ x_{21} & x_{22} & \cdots & x_{2p} \\ \vdots & \vdots & & \vdots \\ x_{n1} & x_{n2} & \cdots & x_{np} \end{bmatrix}$	$\begin{bmatrix} \frac{\partial y}{\partial x_{11}} & \frac{\partial y}{\partial x_{12}} & \cdots & \frac{\partial y}{\partial x_{1n}} \\ \frac{\partial y}{\partial x_{21}} & \frac{\partial y}{\partial x_{22}} & \cdots & \frac{\partial y}{\partial x_{2n}} \\ \vdots & \vdots & & \vdots \\ \frac{\partial y}{\partial x_{p1}} & \frac{\partial y}{\partial x_{p2}} & \cdots & \frac{\partial y}{\partial x_{pn}} \end{bmatrix}$	/	/

规律是:导数的分子的微分,直接对应原始向量;导数的分母的微分,与原始向量转置。

3.1.4　方向导数

正如导数$\frac{\mathrm{d}y}{\mathrm{d}x}$可以描述函数 y 对自变量 x 的变化率,多元函数的偏导数$\frac{\partial f}{\partial x}$也可以反映函数 f 沿坐标轴 x 方向的变化率。但是,偏导数只能提供有限的 x、y、z 等几个特定坐标轴方向上的变化率,如果需要了解函数在某一个非坐标轴的特定方向的变化率,则需要引入方向导数概念。方向导数即函数在某任意给定方向上的变化率,是一个数量值。

方向导数作为偏导数的推广,可以描述函数沿任意给定方向的变化率。

3.1.4.1 二元函数的方向导数

不失一般性,简单地考虑二维平面场的方向导数。

给定 $R^2 \to R$ 的二元数量值函数 $z=f(x,y)$ 和点 $M_0(x_0,y_0)\in R^2$,自 M_0 引一条射线 L,记射线 L 与 x、y 轴正向夹角为 α 和 β,则射线 L 的单位向量为 $\hat{L}=\cos\alpha\,\boldsymbol{i}+\sin\beta\,\boldsymbol{j}$;在射线 L 上任取异于 M_0 的点 $M(x_0+\nabla x,y_0+\nabla y)$,令点 M 沿射线 L 趋近 M_0,将

$$\frac{f(M)-f(M_0)}{|\overrightarrow{MM_0}|}=\frac{\nabla z}{\sqrt{\nabla x^2+\nabla y^2}} \tag{3-13}$$

的极限定义为函数 f 在点 M_0 沿 $\hat{L}$ 的方向导数,记作 $\left.\frac{\partial f}{\partial L}\right|_{M_0}$ 或 $f'_L|_{M_0}$。

可以证明,如果 $R^2\to R$ 的函数 $z=f(x,y)$ 在点 $M_0(x_0,y_0)$ 可微,则函数 f 在 M_0 处沿任一方向 $\hat{L}$ 的方向导数都存在,并且有

$$\left.\frac{\partial z}{\partial L}\right|_{M_0}=\left.\frac{\partial z}{\partial x}\right|_{M_0}\cos\alpha+\left.\frac{\partial z}{\partial y}\right|_{M_0}\cos\beta \tag{3-14}$$

式中,α 和 β 为方向 $\hat{L}$ 与 x、y 轴的正向夹角。

借用前述梯度向量的哈密顿算子 $\nabla f=\left(\frac{\partial f}{\partial x_1},\frac{\partial f}{\partial x_2},\cdots\right)$,并使用方向余弦记射线 L 的单位向量为 $\boldsymbol{e}=(\cos\alpha,\cos\beta,\cdots)$,则方向导数即为梯度 ∇f 到方向 $\boldsymbol{e}$ 的投影:

$$\left.\frac{\partial z}{\partial \boldsymbol{L}}\right|_{M_0}=\nabla f\boldsymbol{e}\cos\langle\nabla f,\boldsymbol{e}\rangle \tag{3-15}$$

3.1.4.2 n 维函数的方向导数

上述结论推广到 n 维数量值函数 $f:R^n\to R$,即可得多元函数 f 的方向导数概念。

将函数 f 的梯度 ∇f 在某个方向 L 的单位投影,称为函数 f 在 M_0 沿 L 方向的方向导数,记为

$$\left.\frac{\partial f}{\partial L}\right|_{M_0}=D_L f(M_0)$$

或者

$$\left.\frac{\partial f}{\partial L}\right|_{M_0}=\mathrm{grad}_L f(M_0) \tag{3-16}$$

3.1.4.3 方向导数的性质

函数在某点的梯度向量的方向,即方向导数取得最大值的方向;此时梯度向量的模,即该点所有方向导数中的最大者。

即梯度向量方向是函数值的最速上升方向,反方向为最速下降方向,与梯度向量正交的方向上函数值变化率为零。

3.2 几何概念

3.2.1 凸组合与凸函数

给定集合 $C\subset R^n$，如果对于任意 $\boldsymbol{x}\in C$，均有

$$\boldsymbol{x}\lambda \in C,\lambda \geq 0 \tag{3-17}$$

则称集合 C 为锥。

给定空间 R^n 中的 s 个已知点 $\boldsymbol{x}_1,\boldsymbol{x}_2,\cdots,\boldsymbol{x}_s$，对于某点 $\tilde{\boldsymbol{x}}\in R^n$，如果存在常数 λ_1，$\lambda_2,\cdots,\lambda_s,\lambda_i\geq 0$，$\sum\lambda_i=1$，使得

$$\tilde{\boldsymbol{x}} = \sum_{i=1}^{s}\boldsymbol{x}_i\lambda_i \tag{3-18}$$

则称 $\tilde{\boldsymbol{x}}$ 是 $\boldsymbol{x}_1,\boldsymbol{x}_2,\cdots,\boldsymbol{x}_s$ 的凸组合。

如果 $\lambda_1,\lambda_2,\cdots,\lambda_s,\lambda_i>0$，$\sum\lambda_i=1$，式(3-18)依然成立，则称 $\tilde{\boldsymbol{x}}$ 是 $\boldsymbol{x}_1,\boldsymbol{x}_2,\cdots,\boldsymbol{x}_s$ 的严格凸组合。

给定集合 $C\subset R^n$，如果对于任意 $\boldsymbol{x}_1\in C$ 和 $\boldsymbol{x}_2\in C$，均有

$$\boldsymbol{x}_1\lambda+\boldsymbol{x}_2(1-\lambda)\in C,\lambda\in[0,1] \tag{3-19}$$

则称 C 为凸集。

特别地，规定空集为凸集。

可以证明，有限组凸集的交集仍然为凸集。

设函数 $f(x)$ 定义在凸集 C 上，如果存在常数 $a>0$，对于任意 $\boldsymbol{x}_1,\boldsymbol{x}_2\in C$ 和 $\lambda\in(0,1)$，满足

$$f(\lambda\boldsymbol{x}_1+(1-\lambda)\boldsymbol{x}_2)\leq\lambda f(\boldsymbol{x}_1)+(1-\lambda)f(\boldsymbol{x}_2)-a\lambda(1-\lambda)\boldsymbol{x}_1-\boldsymbol{x}_2 \tag{3-20}$$

则称 $f(\boldsymbol{x})$ 为凸函数。

给定非空凸集 C 和 $\boldsymbol{x}\in C$，如果 $\boldsymbol{x}$ 不能表示成 C 中两个不同点的凸组合，即

$$\boldsymbol{x}=\lambda\boldsymbol{x}_1+(1-\lambda)\boldsymbol{x}_2,\boldsymbol{x}_1,\boldsymbol{x}_2\in C,\lambda\in(0,1)\Rightarrow\boldsymbol{x}=\boldsymbol{x}_1=\boldsymbol{x}_2 \tag{3-21}$$

则称 $\boldsymbol{x}$ 是凸集 C 的极点。

给定 R^n 中的闭凸集 C 和非零向量 $\boldsymbol{p}$，如果对于任意 $\boldsymbol{x}\in C$，都有

$$\{\boldsymbol{x}\mid\boldsymbol{x}+\lambda\boldsymbol{p},\lambda\geq 0\}\subset C \tag{3-22}$$

则称向量 $\boldsymbol{p}$ 为凸集 C 的方向。

3.2.2 超平面与半空间

给定非零向量 $\boldsymbol{w}=[w_1,w_2,\cdots,w_n]^{\mathrm{T}}\in R^n$ 和常数 $b\in R$，称集合 H 为空间 R^n 的超平面：

$$H=\{\boldsymbol{x}\in R^n\mid\boldsymbol{w}^{\mathrm{T}}\boldsymbol{x}=b\} \tag{3-23}$$

超平面将 R^n 空间分为两部分。其中一半包含满足 $x_1w_1+x_2w_2+\cdots+x_nw_n\geq b$ 的所

有点，另一半包含满足 $x_1w_1+x_2w_2+\cdots+x_nw_n\leq b$ 的所有点。

将集合

$$H^+=\{\boldsymbol{x}\in R^n\mid \boldsymbol{w}^{\mathrm{T}}\boldsymbol{x}\geq b\} \tag{3-24}$$

称为 R^n 中的正半空间。

相应地，将集合

$$H^-=\{\boldsymbol{x}\in R^n\mid \boldsymbol{w}^{\mathrm{T}}\boldsymbol{x}\leq b\}$$

称为 R^n 中的负半空间。

3.2.3 凸集分割定理

给定 R^n 空间的一个超平面 $H=\{\boldsymbol{x}\in R^n\mid \boldsymbol{w}^{\mathrm{T}}\boldsymbol{x}=b\}$，则对于超平面 H 中的任意一点 $\boldsymbol{y}=[y_1,y_2,\cdots,y_n]^{\mathrm{T}}$，均有

$$\boldsymbol{w}^{\mathrm{T}}\boldsymbol{y}-b=0$$

而对于超平面 H 中任意一点 $\boldsymbol{x}$ 也有

$$\boldsymbol{w}^{\mathrm{T}}\boldsymbol{x}-b=0$$

因此对于任意 $\boldsymbol{x},\boldsymbol{y}\in H$，下式成立：

$$\boldsymbol{w}^{\mathrm{T}}(\boldsymbol{x}-\boldsymbol{y})=0$$

即

$$w_1(x_1-y_1)+w_2(x_2-y_2)+\cdots+w_n(x_n-y_n)=0$$

上式表明向量 $\boldsymbol{w}$ 和平面内的差向量 $(\boldsymbol{x}-\boldsymbol{y})$ 的内积为零：

$$\langle\boldsymbol{w},(\boldsymbol{x}-\boldsymbol{y})\rangle=0 \tag{3-25}$$

即 $\boldsymbol{w}$ 为正交于超平面 H 的法向量。

可以证明，对于 R^n 空间中的非空集合 C_1 和 C_2，必定存在超平面

$$H=\{\boldsymbol{x}\mid \boldsymbol{w}^{\mathrm{T}}\boldsymbol{x}=b\} \tag{3-26}$$

使得 C_1 位于 H 的一侧、C_2 位于 H 的另一侧，称为超平面 H 分割集合 C_1 和 C_2。

上述内容即凸集分割定理。

3.2.4 水平集与梯度

重述数量场中水平集概念，对于实值函数 $f:R^n\to R$，将集合

$$S=\{\boldsymbol{x}\mid f(\boldsymbol{x})=c,c\in R\} \tag{3-27}$$

称为在水平 c 上的水平集或等高线。

对于函数 $R^2\to R$ 水平集 S 为一条曲线，$R^3\to R$ 水平集 S 为一组曲面。

可以证明，给定水平集 $S=\{\boldsymbol{x}\mid f(\boldsymbol{x})=c\}$ 及水平集中的点 $\boldsymbol{x}_0$，对于水平集中任意的一条经过点 $\boldsymbol{x}_0$ 的光滑曲线，该光滑曲线在 $\boldsymbol{x}_0$ 处的切向量正交于 f 在该点的梯度向量 $\nabla f(\boldsymbol{x}_0)$。

该命题也可以表述为，梯度向量 $\nabla f(\boldsymbol{x})$ 在 $\boldsymbol{x}_0$ 点正交于水平集 S；或者说，梯度向量 $\nabla f(\boldsymbol{x})$ 是水平集 S 在 $\boldsymbol{x}_0$ 点的法向量。

如果梯度向量 $\nabla f(\boldsymbol{x})$ 不为零，集合

$$\{\boldsymbol{x} \mid \nabla f(\boldsymbol{x}_0)(\boldsymbol{x}-\boldsymbol{x}_0)=0\} \tag{3-28}$$

称为水平集在点 x_0 的切平面;对于低纬函数则是切线。

根据正交性质可知,梯度$\nabla f(\boldsymbol{x})$是函数f在$\boldsymbol{x}_0$处速度变化最快的方向。对于实值可微函数f,某点变化最快的方向正交于该点的水平集。

3.2.5 子空间与流形

给定 P 上的线性空间 V。

(1)对于给定集合 $C\subseteq V$,如果对于任意 $\boldsymbol{x},\boldsymbol{y}\in C$ 均有

$$\boldsymbol{x}\lambda+\boldsymbol{y}\mu\in C,\lambda,\mu\in R \tag{3-29}$$

则称 C 是 V 的一个线性子空间,简称子空间。

(2)对于给定集合 $C\subseteq V$,如果对于任意 $\boldsymbol{x},\boldsymbol{y}\in C$ 均有

$$\boldsymbol{x}\lambda+\boldsymbol{y}\mu\in C,\lambda,\mu\in R,\lambda+\mu=1 \tag{3-30}$$

则称 C 为 V 中的一个仿射流形,或者线性簇。

(3)对于给定集合 $C\subseteq V$,如果对于任意 $\boldsymbol{x},\boldsymbol{y}\in C$ 均有

$$\boldsymbol{x}\lambda+\boldsymbol{y}\mu\in C,\lambda+\mu=1,\lambda,\mu\in R^{+}\cup 0 \tag{3-31}$$

则称 C 是 V 中的凸集。

上述子空间、仿射流形、凸集三者的共同点是要求组合 $\boldsymbol{x}\lambda+\boldsymbol{y}\mu$ 仍属于本集合,区别在于对 λ,μ 的要求条件,需要注意。

例如,n 元线性齐次方程组 $\boldsymbol{y}=\boldsymbol{A}\boldsymbol{x}$ 的解构成 $n-r$ 维子空间,而 n 元线性非齐次方程组 $\boldsymbol{y}=\boldsymbol{A}\boldsymbol{x}+\boldsymbol{b}$ 的解则构成 $n-r$ 维仿射流形,其中 $r=\mathrm{rank}\boldsymbol{A}$。

3.3 一维搜索方法

最优化问题的一般求解流程如下。

(1)给定迭代点初始值 $x^{(k)}$,给定基本迭代公式 $x^{(k+1)}=x^{(k)}+t^{(k)}\boldsymbol{v}^{(k)}$。

(2)计算梯度向量,确定搜索方向 $\boldsymbol{v}^{(k)}$ 和步长 $t^{(k)}$,使得 $f(x^{(k+1)})<f(x^{(k)})$。

(3)得解。

上述流程的关键是构造搜索方向 $\boldsymbol{v}^{(k)}$ 和确定步长 $t^{(k)}$,而当给定迭代点 $x^{(k)}$ 和搜索方向 $\boldsymbol{v}^{(k)}$ 时,如何确定步长 $t^{(k)}$ 成为关键。

构造函数:

$$\varphi(t)=f(x^{(k)},t\boldsymbol{v}^{(k)}),t\in[0,+\infty) \tag{3-32}$$

则优化问题转化为求解 $t=t^{(k)}$ 使得 $f(x^{(k+1)})<f(x^{(k)})$ 的问题。

因此,给定迭代点 $x^{(k)}$ 和某一下降方向 $\boldsymbol{v}^{(k)}$ 求解步长 $t^{(k)}$ 的问题,实质是单变量函数 $\varphi(t)$ 在$[0,+\infty)$一维空间的搜索问题,称为一维搜索法或线性搜索法(Line Search Method,LS),这种方法确定的步长称为最优步长。

如果记下一个迭代点为

$$x^{(k+1)}=LS(x^{(k)},\boldsymbol{v}^{(k)}) \tag{3-33}$$

对式(3-33)求导得

$$\varphi'(t) = [\nabla f(x^{(k)}, t\boldsymbol{v}^{(k)})]^{\mathrm{T}}\boldsymbol{v}^{(k)} = [\nabla f(x^{(k+1)})]^{\mathrm{T}}\boldsymbol{v}^{(k)} \tag{3-34}$$

令 $\varphi'(t)=0$ 即

$$\nabla f(x^{(k+1)})\boldsymbol{v}^{(k)} = 0 \tag{3-35}$$

由式(3－35)可见：函数 $\varphi(t)$ 在 $x^{(k+1)}$ 点的梯度向量，与 k 点的方向向量 $\boldsymbol{v}^{(k)}$，呈正交关系。

由于梯度方向垂直于等高线的切平面，因此指向下一迭代点的搜索方向平行于等高线的切线。

即可以将式(3－35)改写为

$$\frac{\partial f(x_i)}{\partial \boldsymbol{v}} = [\nabla f(x_i)]^{\mathrm{T}}\boldsymbol{e}_v \tag{3-36}$$

式中，$\boldsymbol{e}_v$ 代表方向向量 $\boldsymbol{v}$ 的单位向量。

因此，为了获得最优化问题的最优解，搜索方向应沿着接近目标函数 f 的负梯度 $(-\nabla f(x))$ 方向。

3.4 优化方法

所谓优化，就是在一定约束下，使得目标函数取得极值。出于对偶性考虑，极值一般为极小值，对于追求目标函数极大的问题，可以通过取反转化为极小值。

最优化问题一般涉及两个主要要素，目标函数和约束条件。

根据约束条件的有无，优化问题可以分为无约束优化和带约束优化。

1. 无约束优化

无约束的优化问题其实就是函数极值问题：

$$x^* = \operatorname{argmin} f(x), \quad x \in D \tag{3-37}$$

式中，$f(x)$ 称为目标函数或代价函数，D 称为变量 x 的约束集或可行域，变量 $x \in D$ 称为参数。

一般情况下，$D=R^d$，$f:R^d \to R$，即 $f(x)$ 是一个多元连续实值函数。

2. 带约束优化

如果优化问题带有约束条件，则称为带约束优化：

$$x^* = \arg\min_{x} \underbrace{f(x)}_{\text{目标函数}}$$
$$\text{s.t.} \begin{aligned} &\underbrace{g_i(x) = 0, i = 1,2,\cdots,m}_{\text{等式约束}} \\ &\underbrace{h_j(x) \leq 0, j = 1,2,\cdots,n}_{\text{不等式约束}} \end{aligned} \tag{3-38}$$

带约束优化通常使用拉格朗日乘数法来进行求解。

根据目标函数的形态，优化问题可以分为线性优化和非线性优化。如果目标函数是线性的则称此类问题为线性规划问题，特别地，如果是二次称为二次规划，除此之外统称为非线性规划。

非线性规划适用于支持向量机、神经网络等机器学习问题，主要解法包括梯度下降法、牛顿法、拟牛顿法以及特殊的凸优化等。

从目标函数的输入变量的离散性看，如果是整数或有限集合中的元素，即目标函数不连续，则称此类问题为离散优化问题，主要包括组合优化和整数规划。组合优化，是从有限集合中找出目标函数最优的元素，例如旅行商问题、最小生成树问题、图着色问题等。整数规划，主要是指整数线性规划，通常可以去掉输入为整数的约束，把问题转换为连续的线性规划问题，然后将解圆整为最近的整数。至于离散优化，典型解法主要包括遗传算法、蚁群算法、模拟退火等。

优化问题类型如图 3-3 所示。

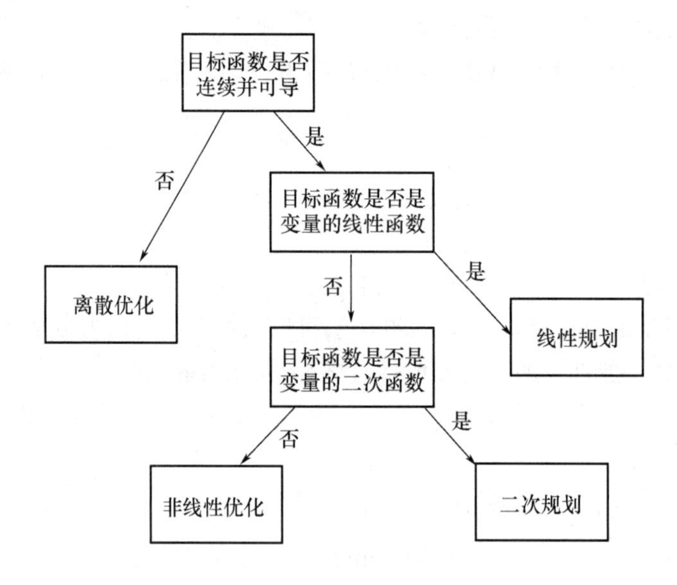

图 3-3　优化问题类型

本章主要讨论以下几种典型类型：带约束的线性规划、无约束的非线性优化，以及通用的带约束的非线性优化。

3.5　带约束的线性规划

3.5.1　线性规划的标准形式

线性规划是在线性约束条件下求解线性目标函数的极值问题，一个优化问题若满足以下条件，则称其为（带约束的）线性规划问题。

（1）问题的解决方案可以表示为 n 维决策向量：

$$\boldsymbol{x} = [x_1, x_2, \cdots, x_n]^{\mathrm{T}}$$

（2）问题的目标函数可以表示为线性形式：

$$f(\boldsymbol{x}) = c_1x_1 + c_2x_2 + \cdots + c_nx_n$$

(3)问题的等式或不等式约束可以表示成线性形式：

$$\sum_{j=1}^{n} a_{ij}x_{ij} \geq (=, \leq) b_i, i = 1,2,\cdots,m \tag{3-39}$$

式中，参数个数 n 称为问题的维，约束数量 m 称为问题的阶，例如上述即为 n 维 m 阶的线性规划问题。

目标函数中的系数 c_i 称为价值系数，约束条件中的常数 b_i 称为资源系数、系数 a_{ij} 称为约束系数。

线性规划标准形式为

$$\min f(x_1,x_2,\cdots,x_n) = c_1x_1 + c_2x_2 + \cdots + c_nx_n$$
$$\text{s.t.}\begin{cases}\sum_{j=1}^{n} a_{ij}x_{ij} = b_i, i = 1,2,\cdots,m\\ x_1,x_2,\cdots,x_n \geq 0\end{cases} \tag{3-40}$$

线性规划标准形式的矩阵形式为

$$\min f(x) = \boldsymbol{c}^{\mathrm{T}}x$$
$$\text{s.t.}\begin{cases}\boldsymbol{Ax} = \boldsymbol{b}\\ \boldsymbol{x} \geq 0\end{cases} \tag{3-41}$$

式中，$\boldsymbol{x}=[x_1,x_2,\cdots,x_n]^{\mathrm{T}}$，$\boldsymbol{c}=[c_1,c_2,\cdots,c_n]^{\mathrm{T}}$，$\boldsymbol{A}=[a_{ij}]_{m\times n}$，$\boldsymbol{b}=[b_1,b_2,\cdots,b_m]^{\mathrm{T}}$。

任意的线性规划问题都可以转化为上述标准形式。

(1)若目标函数为极大值，则可以通过取反转化为极小值。

(2)若约束条件为不等式，考虑两种情况：

①若不等式为≤，则可以在不等式左侧加上一个非负的松弛变量转化为等式。

②若不等式为≥，则可以在不等式左侧减去一个非负的剩余变量转化为等式。

(3)若存在无约束的变量 x_i，则可以转化该变量为 $x_i=x_i'-x_i''$，$x_i'\geq 0$，$x_i''\geq 0$。

3.5.2　线性规划的基本解

对于线性规划标准形式的约束条件

$$\boldsymbol{A}_{m\times n}\boldsymbol{x}_{n\times 1} = \boldsymbol{b}_{m\times 1}$$

满足 $\operatorname{rank}(\boldsymbol{A})=m<n$，因为：

(1)$m<n$，即 $\boldsymbol{A}$ 为满秩矩阵，这样才保证约束条件独立无冗余。

(2)$m\neq n$，若 $m>n$ 则为定解问题，不存在优化的余地。

对于约束矩阵 $\boldsymbol{A}$，通过操作列向量，可将矩阵 $\boldsymbol{A}$ 重排为以下 $\boldsymbol{B}$ 和 $\boldsymbol{D}$ 的分块矩阵：

$$\left(\underbrace{\begin{bmatrix} b_{11} & \cdots & b_{1m}\\ \vdots & & \vdots\\ b_{m1} & \cdots & b_{mm}\end{bmatrix}}_{\boldsymbol{B}_{m\times m}} \middle| \underbrace{\begin{bmatrix} d_{11} & \cdots & d_{1(n-m)}\\ \vdots & & \vdots\\ d_{m1} & \cdots & d_{m(n-m)}\end{bmatrix}}_{\boldsymbol{D}_{m\times(n-m)}}\right) \tag{3-42}$$

由 $\operatorname{rank}\boldsymbol{A}=m$，可知矩阵 $\boldsymbol{B}$ 是非退化的，称 $\boldsymbol{B}$ 为线性规划问题的基。

构造新的约束方程：

$$\boldsymbol{B}_{m\times m}\tilde{\boldsymbol{x}}_{m\times 1} = \boldsymbol{b}_{m\times 1}$$

由 $|\boldsymbol{B}| \neq 0$，逆矩阵 $\boldsymbol{B}^{-1}$ 存在，可以得解为

$$\tilde{\boldsymbol{x}}_{m\times 1} = \boldsymbol{B}_{m\times m}^{-1}\boldsymbol{b}_{m\times 1}$$

对此 m 维的向量 $\tilde{\boldsymbol{x}}$，补充 $(n-m)$ 个零元素，扩充为 n 维向量 $\boldsymbol{x}=[\tilde{\boldsymbol{x}}^{\mathrm{T}},\boldsymbol{0}^{\mathrm{T}}]^{\mathrm{T}}$，即

$$\boldsymbol{x} = \begin{bmatrix} \tilde{x}_1 \\ \vdots \\ \tilde{x}_m \\ 0 \\ \vdots \\ 0 \end{bmatrix} \tag{3-43}$$

式(3-43)中的 $\boldsymbol{x}$ 称为优化问题 $\boldsymbol{Ax}=\boldsymbol{b}$ 在基 $\boldsymbol{B}$ 下的基本解，基本解 $\boldsymbol{x}$ 的元素称为基变量。

如果基本解 $\boldsymbol{x}=[x_1,x_2,\cdots,x_n]^{\mathrm{T}}$ 满足 $x_i \geq 0$，则称 $\boldsymbol{x}$ 为基本可行解。

3.5.3 线性规划的单纯形法

单纯形法是求解线性规划问题的一种迭代算法。

其基本思路是，先从可行域的某个顶点（对应一个基本可行解）开始，转换到另外一个顶点，直到目标函数达到最优，则所得即为最优解。这对应一个凸多面体。

对于目标函数 $f(\boldsymbol{x})=\boldsymbol{c}^{\mathrm{T}}\boldsymbol{x}$，$\{\boldsymbol{x}\in R^n \mid \boldsymbol{c}^{\mathrm{T}}\boldsymbol{x}=\boldsymbol{c}\}$ 构成超平面：上部 $H^+ = \{\boldsymbol{x}\in R^n \mid \boldsymbol{c}^{\mathrm{T}}\boldsymbol{X}\geq \boldsymbol{c}\}$ 为正闭半空间，下部 $H^- = \{\boldsymbol{x}\in R^n \mid \boldsymbol{c}^{\mathrm{T}}\boldsymbol{X}\leq \boldsymbol{c}\}$ 为负闭半空间。

对约束函数 $\boldsymbol{A}_{m\times n}\boldsymbol{X}=\boldsymbol{b}_{m\times 1}$，集合 $S=\{\boldsymbol{x}\in R^n \mid \boldsymbol{A}_{m\times n}\boldsymbol{x}\leq \boldsymbol{b}_{m\times 1}\}$ 构成多面凸集，非空且有界的多面凸集构成凸多面体。

可以证明，线性规划的基本可行解 x，对应凸多面体的顶点。因此，借助单纯形表逐次遍历顶点，即可搜寻到线性规划的最优解。

3.6 无约束非线性优化

无约束非线性优化问题形式为

$$\begin{gathered} \min f(\boldsymbol{x}) \in R, \boldsymbol{x} \in R^n \\ \text{s.t.}\ \boldsymbol{x} \in D \end{gathered} \tag{3-44}$$

即在 D 中求解全局最优点 $\boldsymbol{x}^*$，使得对于任意 $\boldsymbol{x}\in R^n$，都有

$$f(\boldsymbol{x}^*) \leq f(\boldsymbol{x})$$

式中，n 维向量 $\boldsymbol{x}=[x_1,x_2,\cdots,x_n]^{\mathrm{T}}$ 称为决策变量，多元连续实值函数 $f:R^n\to R$ 称为目标函数，D 称为可行域或约束集。

特别地，可行域 $D=R^n$ 时即无约束。

无约束非线性优化在实践中一般求解得到的是局部最优点，常见方法主要包括最速下降法、牛顿-拉普森法、牛顿法等。

3.6.1 最速下降法

求取最优解的基本思路是从给定方程 $f(x)=0$ 和起始点 x_0 出发,通过迭代公式 $x_{t+1}=x_t+k_tp_t$,产生点集系列 $\{x_i\}$ 逼近最优解。

如果将每次迭代的方向 p_t 取为目标函数 $f(x)$ 的梯度反方向 $-\nabla f$,将迭代的步长 k_t 取为最优步长,则此算法称为最速下降法。

3.6.2 牛顿–拉普森方法

牛顿–拉普森(Newton–Raphson)方法是一种寻求近似解的数值计算方法,是牛顿法的基础。

该算法过程如下。

给定方程 $f(x)=0$ 和起始点 x_0。

循环

$$\triangle x=-\frac{f(x_t)}{f'(x_t)},x_{t+1}=x_t+\triangle x$$

直到 $|f(x)|<\varepsilon$。

对于一维 $y=f(x)$ 情况,迭代过程如图 3–4 所示。

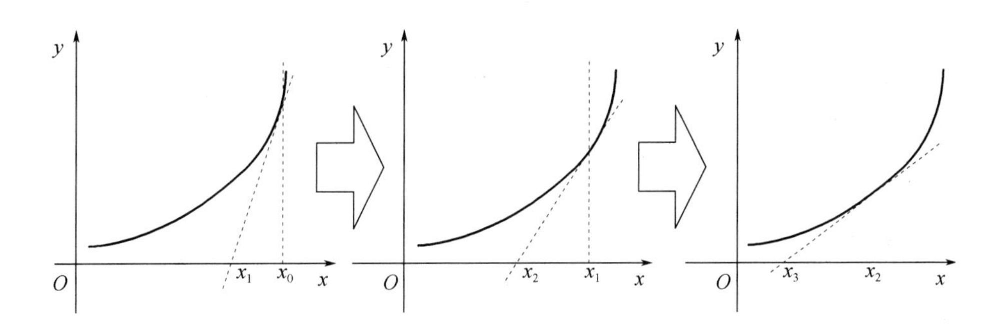

图 3–4 牛顿–拉普森方法

可见,牛顿–拉普森方法就是对给定函数 $f(x)$ 在给定位置进行一阶展开,然后取其一阶近似解作为下一个迭代位置。

3.6.3 牛顿法

在图 3–4 基础上,如果 f 的二阶偏导数存在、海森伯矩阵正定,则一阶导数 $f'(x)$ 取得零,自然 $f(x)$ 取得极值。因此,对 $f'(x)$ 应用牛顿–拉普森方法:

给定方程 $f(x)=0$ 和起始点 x_0。

循环:

$$x_{t+1}=x_t-\frac{f'(x_t)}{f''(x_t)}$$

直到$|f'(x)|<\varepsilon$。

图3-5中,上为函数$f(x)$,下为一阶导数$f'(x)$。

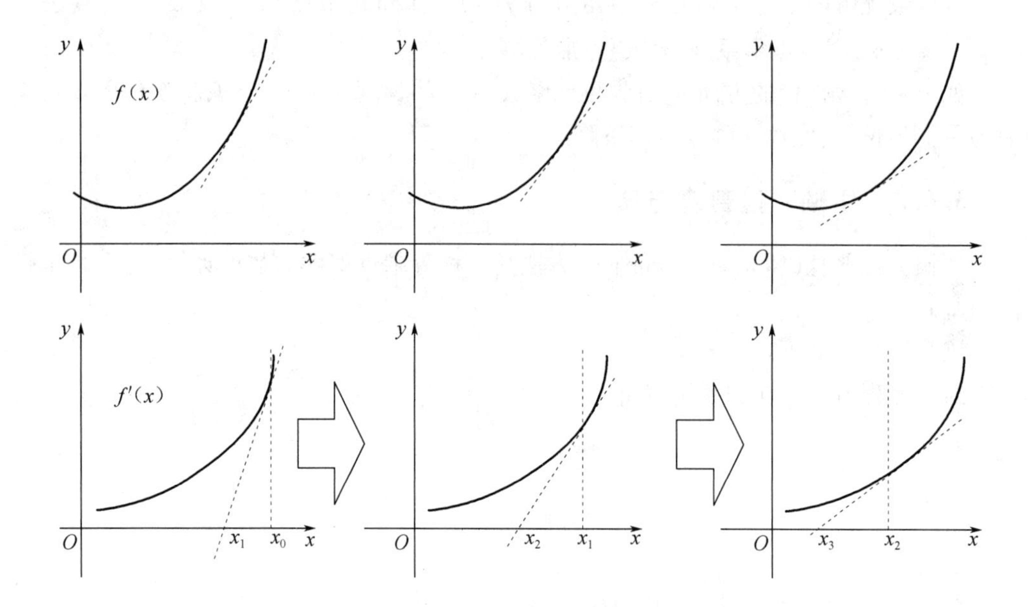

图3-5 牛顿法

将示例的一维扩展至高维时,导数扩展为梯度,即得高维的牛顿法。

给定方程$f(x)=0$和起始点x_0。

循环

$$x_{t+1}=x_t-\frac{\nabla f(x_t)}{Hf(x_t)}$$

直到$|\nabla f(x)|<\varepsilon$。

其中,$H(\cdot)$为$f(x)$的二阶偏导矩阵,即海森伯矩阵。

3.7 带约束非线性优化

带约束非线性优化的一般型为

$$\min f(\boldsymbol{x})$$
$$\text{s.t.}\begin{cases}g_i(\boldsymbol{x})=0, i=1,2,\cdots,m\\h_j(\boldsymbol{x})\geq 0, j=1,2,\cdots,p\end{cases}\tag{3-45}$$

式中,$\boldsymbol{x}\in R^n$,$f:R^n\to R$、$g_i:R^n\to R$、$h_i:R^n\to R$均为数量值函数,且$m\leq n$。

写成矩阵形式为

$$\min f(\boldsymbol{x})$$
$$\text{s.t.}\begin{cases}g(\boldsymbol{x})=0\\h(\boldsymbol{x})\geq 0\end{cases}\tag{3-46}$$

式中，$g:R^n \to R^m$、$h:R^n \to R^p$ 均为向量值函数。

带约束非线性优化问题常见解法主要包括拉格朗日乘子法和凸优化。

3.7.1　KKT 条件

对于仅含等式约束的优化型

$$\begin{cases}\min f(\boldsymbol{x})\\ \text{s.t.}\ g(\boldsymbol{x})=0\end{cases} \tag{3-47}$$

式中，$x \in R^n$，$f:R^n \to R$，$g:R^n \to R^m$、$\boldsymbol{g}=[g_1,g_2,\cdots,g_m]^{\mathrm{T}}$，$m \leq n$，且向量值函数 h 连续可微。

称满足约束条件 $g_i(\tilde{\boldsymbol{x}})=0, i=1,2,\cdots,m$ 的点 $\tilde{\boldsymbol{x}}$ 为可行点。

而且，如果该可行点的 m 个梯度向量 $\tilde{\boldsymbol{x}}=(\nabla g_1(\tilde{x}),\nabla g_2(\tilde{x}),\cdots,\nabla g_m(\tilde{x}))$ 是线性无关的，称可行点 $\tilde{\boldsymbol{x}}$ 为正则点。

可以证明，若 $\tilde{\boldsymbol{x}}$ 为正则点，则向量值函数 g 在 $\tilde{x}$ 点的雅可比矩阵的秩为 m；而且约束集 $g_i(\tilde{x})=0, i=1,2,\cdots,m$ 构成 $(n-m)$ 维的曲面，并且成立以下 KKT 条件：

若正则点 $\tilde{\boldsymbol{x}}$ 为 f 的极小点/极大点，则存在 $\tilde{\boldsymbol{\lambda}} \in R^m$，满足

$$Df(\tilde{\boldsymbol{x}})+\tilde{\boldsymbol{\lambda}}^{\mathrm{T}}Dg(\tilde{\boldsymbol{x}})=0 \tag{3-48}$$

式中，$\tilde{\boldsymbol{\lambda}}^{\mathrm{T}}$ 称为拉格朗日乘子向量，向量的元素称为拉格朗日乘子。

3.7.2　拉格朗日乘子法

拉格朗日乘子法可以最小化/最大化多元函数，解决给定约束 $g(\boldsymbol{x})=c$ 的函数 $f(x)$ 的极值问题：

$$\begin{gathered}\min f(\boldsymbol{x})\\ \text{s.t.}\ g(\boldsymbol{x})=0\end{gathered} \tag{3-49}$$

问题解决的关键是从方程

$$\nabla f=\lambda\,\nabla g$$

求解式中的常数 λ，即拉格朗日乘子。

当上述单个约束扩展为多约束的方程组时，不失一般性，以三变元为例：

$$\begin{gathered}\min f(x_1,x_2,x_3)\\ \text{s.t.}\ g_i(x_1,x_2,x_3)=0, i=1,2,\cdots,N\end{gathered} \tag{3-50}$$

可以构造拉格朗日函数为

$$\boldsymbol{F}(x_1,x_2,x_3,\lambda_1,\lambda_2,\cdots,\lambda_N)=f(x_1,x_2,x_3)+\sum_{i=1}^{N}\lambda_i g_i(x_1,x_2,x_3)$$

矩阵形式为

$$\boldsymbol{\lambda}(\boldsymbol{x},\boldsymbol{\lambda})=f(\boldsymbol{x})+\boldsymbol{\lambda}^{\mathrm{T}}g(\boldsymbol{x})$$

将 $\boldsymbol{F}$ 对 x_i 和 λ_i 求取偏导，即可得到拉格朗日条件。

进一步地，如果扩展为含有不等式约束：

$$\min f(\boldsymbol{x})$$
$$\text{s.t.}\begin{cases}g(\boldsymbol{x})=0\\h(\boldsymbol{x})\geq 0\end{cases}\tag{3-51}$$

则可以通过拉格朗日乘子 λ 和 μ 构造拉格朗日函数：

$$\boldsymbol{F}(\boldsymbol{x},\lambda,\mu)=f(x)+\lambda h(\boldsymbol{x})+\mu g(\boldsymbol{x})\tag{3-52}$$

然后类似前述偏导条件的过程。

3.8 二次型优化

有一种特殊类型的优化问题，称为二次型优化，典型的出现在最优控制应用中。

3.8.1 无约束二次型优化

常见的无约束二次型优化为

$$f(\boldsymbol{x})=\frac{1}{2}\boldsymbol{x}^{\mathrm{T}}\boldsymbol{Q}\boldsymbol{x},\boldsymbol{x}\in R^{n}\tag{3-53}$$

式中，$\boldsymbol{Q}$ 为对称的正定矩阵。

无约束的二次型优化一定存在闭式解。

二次型当导数为零时出现极值：

$$f_x{}'=\boldsymbol{x}^{\mathrm{T}}\boldsymbol{Q}=0$$

事实上，它的极值就是0：

$$\boldsymbol{x}^{*}=\boldsymbol{Q}^{-1}0$$

再一种无约束优化为抛物线：

$$f(\boldsymbol{x})=\frac{1}{2}\boldsymbol{x}^{\mathrm{T}}\boldsymbol{Q}\boldsymbol{x}+\boldsymbol{b}^{\mathrm{T}}\boldsymbol{x}+\boldsymbol{c}\tag{3-54}$$

其导数为零时出现极值：

$$f_x{}'=\boldsymbol{x}^{\mathrm{T}}\boldsymbol{Q}+\boldsymbol{b}^{\mathrm{T}}=0$$

极值位置：

$$\boldsymbol{x}^{*}=-\boldsymbol{Q}^{-1}\boldsymbol{b}$$

3.8.2 带约束二次型优化问题

不等式约束通过引入松弛变量，可以变为等式约束，如果是二次型：

$$f(\boldsymbol{x})=\frac{1}{2}\boldsymbol{x}^{\mathrm{T}}\boldsymbol{Q}\boldsymbol{x},\boldsymbol{x}\in R^{n}$$

额外附带等式约束：

$$\boldsymbol{C}(\boldsymbol{x})=\boldsymbol{b}\in R^{m}$$

则为约束优化问题。

此时，假设约束未能完全满足，则约束等式 $\boldsymbol{C}(\boldsymbol{x})=\boldsymbol{b}$ 的残差为

$$\boldsymbol{r}(\boldsymbol{x})=\boldsymbol{C}\boldsymbol{x}-\boldsymbol{b}$$

通过构造实值的代价函数

$$f^{*}(\boldsymbol{x}) = \boldsymbol{r}^{\mathrm{T}}\boldsymbol{r}$$

则 $f(\boldsymbol{x})$ 的约束优化即转为 $f^{*}(\boldsymbol{x})$ 的无约束优化问题。

如果必要，还可以用对称的正定矩阵 $\boldsymbol{R}$ 给残差进行加权，构造代价函数 f^{*}：

$$f^{*}(\boldsymbol{x}) = \boldsymbol{r}^{\mathrm{T}}\boldsymbol{R}\boldsymbol{r} \tag{3-55}$$

代价函数也称为罚函数，或者目标函数。

此时

$$f(\boldsymbol{x}) = \frac{1}{2}\boldsymbol{x}^{\mathrm{T}}\boldsymbol{Q}\boldsymbol{x} + \boldsymbol{r}(\boldsymbol{x})^{\mathrm{T}}\boldsymbol{R}\boldsymbol{r}(\boldsymbol{x}) \tag{3-56}$$

可以解得极值位置：

$$f^{*}(\boldsymbol{x}) = (\boldsymbol{Q} + \boldsymbol{G}^{\mathrm{T}}\boldsymbol{R}\boldsymbol{G})^{-1}\boldsymbol{G}^{\mathrm{T}}\boldsymbol{R}\boldsymbol{r}$$

式中，$\boldsymbol{R}$ 为权重矩阵，$\boldsymbol{Q}$ 为二次型矩阵。

第4章　状态估计理论

所谓估计,就是从带有噪声的观测中提取有用的数据。

进一步地,如果还要求这个估计在某种意义上是最好的,则称为最优估计,即按照某种估计准则,依据某种统计意义,使得估计达到最优。

解决最优估计问题一般包括三个主要步骤:首先,建立观测子样与估计量之间的数学关系;其次,根据实际目标确定估计准则;最后,提供数值求解方法。其中,合理地选取估计准则对于解决估计问题非常重要,可以说估计准则在很大程度上决定了估计的性能、计算的复杂程度以及数值解的性质。

4.1　估计准则

常用的估计准则主要有最小二乘估计、最小方差估计、极大后验估计、贝叶斯估计、极大似然估计、线性最小方差估计等。

4.1.1　最小二乘估计

最小二乘估计是针对观测量 Z 的,目的是使得观测的残差的平方和最小,即使得观测值 z_k 与依据状态量估计值 $\hat{x}_k$ 所计算的观测量估计值 $\hat{z}_k = H\hat{x}_k$ 的差的平方和最小:

$$\min (Z - H\hat{X})^{\mathrm{T}}(Z - H\hat{X}) \tag{4-1}$$

最小二乘估计不需要了解 X 和 Z 的统计特征。

但是,如果状态 X 和观测 Z 都是高斯的,则最小二乘估计与极大似然估计相同。

4.1.2　最小方差估计

最小方差估计是针对状态量 X 的,其目的是使得状态的均方误差最小,即使状态量的真实值 x_k 与状态量的估计值 $\hat{x}_k$ 之差的平方和的均值最小:

$$\min E_{X,Z}[(X - \hat{X})^{\mathrm{T}}(X - \hat{X})] \tag{4-2}$$

最小方差估计的典型代表是线性卡尔曼滤波。

最小方差估计有以下重要性质。

4.1.2.1　性质1

最小方差估计等于某一具体实现条件下的条件均值。

根据系统 $Z = f(X) + V$ 可知,状态量估计 $\hat{X}$ 取决于观测量 Z,因此 $\hat{X}$ 是 Z 的函数,即 $\hat{X} = \hat{X}(Z)$,从而估计指标 J 是关于状态量 X 和观测量 Z 的函数:

$$J = E_{X,Z}\{[X - \hat{X}(Z)]^{\mathrm{T}}[X - \hat{X}(Z)]\} \tag{4-3}$$

注意:式(4-3)的期望 $E_{X,Z}(\cdot)$ 是对 X 和 Z 同时进行的。

最小方差估计准则要求估计指标 J 最小:

$$\begin{aligned} J &= E_{X,Z}\{[X - \hat{X}(Z)]^{\mathrm{T}}[X - \hat{X}(Z)]\} \\ &= \iint [x - \hat{X}(z)]^{\mathrm{T}}[x - \hat{X}(z)]p(x,z)\mathrm{d}x\mathrm{d}z \\ &= \iint [x - \hat{X}(z)]^{\mathrm{T}}[x - \hat{X}(z)]p(x\mid z)p(z)\mathrm{d}x\mathrm{d}z \\ &= \iint p(z) \underbrace{\int\{[x - \hat{X}(z)]^{\mathrm{T}}[x - \hat{X}(z)]p(x\mid z)\mathrm{d}x\}}_{J^*}\mathrm{d}z \end{aligned} \tag{4-4}$$

式(4-4)中的密度函数 $p(z)$ 为非负,所以要求 J^* 最小即可,展开 J^* 为

$$\begin{aligned} J^* = &\int [x - E(X\mid z)]^{\mathrm{T}}[x - E(X\mid z)]p(x\mid z)\mathrm{d}x + \\ &\underbrace{[E(X\mid z) - \hat{X}(z)]^{\mathrm{T}}[E(X\mid z) - \hat{X}(z)]}_{J^{**}} \end{aligned} \tag{4-5}$$

J^* 的第一项是常值,因此要求 J^{**} 最小即可

$$J^{**} = [E(X\mid z) - \hat{X}(z)]^{\mathrm{T}}[E(X\mid z) - \hat{X}(z)] \tag{4-6}$$

式中,J^{**} 表现为向量内积的形式。

根据内积非负性质,J^{**} 取得最小值等价于向量为零:

$$E(X\mid z) - \hat{X}(z) = 0$$

得

$$\hat{X}(z) = E(X\mid z) \tag{4-7}$$

即状态量 X 的最小方差估计值 $\hat{X}(Z)$,是 Z 的某一具体实现 z 下的条件均值 $E(X\mid z)$。

可以证明,式(4-7)扩展到整个样本空间依然成立,即

$$\hat{X}(Z) = E(X\mid Z) \tag{4-8}$$

4.1.2.2　性质2

最小方差估计是无偏估计,即

$$E[\hat{X}(Z) - E(X)] = 0$$

或

$$E[\hat{X}(Z)] = E(X) \tag{4-9}$$

由于估计值 $\hat{X}(Z)$ 是 Z 的函数,所以均值 $E[\hat{X}(Z)]$ 也是 Z 的函数,求均值过程是对 Z 进行。

$$\begin{aligned} E[\hat{X}(Z)] &= E_Z[\hat{X}(Z)] = E_Z[E(X\mid Z)] \\ &= \iint xp(x\mid z)\mathrm{d}xp(z)\mathrm{d}z \end{aligned}$$

$$
\begin{aligned}
&= \iint xp(x,z)\mathrm{d}z\mathrm{d}x \\
&= \int x\{\int p(x,z)\mathrm{d}z\}\mathrm{d}x \\
&= \int xp(x)\mathrm{d}x \\
&= E[X\}
\end{aligned}
$$

4.1.2.3 性质3

最小方差估计的另一重要性质是：如果 X 和 Z 服从正态分布，则此时最小二乘估计是线性估计，即 $\hat{X}(Z)$ 是 Z 的线性函数。

假设状态 $X^{n\times1}$ 和观测 $Z^{m\times1}$ 为正态分布，均值为 M_X 和 M_Z，方差矩阵为

$$\mathrm{Var}[Z] = E[[Z-M_z][Z-M_z]^{\mathrm{T}}] = C_z$$

协方差矩阵为

$$\mathrm{Cov}[X,Z] = E[[X-M_X][Z-M_Z]^{\mathrm{T}}] = C_{XZ}$$

则状态 X 的最小方差估计为

$$\hat{X}(Z) = M_X + C_{XZ}C_Z^{-1}(Z-M_Z) \tag{4-10}$$

估计的均方误差为

$$\mathrm{Var}[X-\hat{X}(Z)] = = C_X - C_{XZ}C_Z^{-1}C_{ZX} \tag{4-11}$$

进一步地，如果观测 Z 和状态 X 具有线性关系

$$Z = HX + V \tag{4-12}$$

式中，V 为观测噪声，$E[V]=0$，$\mathrm{Var}[V]=C_V$，记 $E[X]=M_X$，$\mathrm{Var}[X]=C_X$，且 X 和 V 不相关，$\boldsymbol{H}$ 为一个确定的观测矩阵，则额外的有

$$
\begin{aligned}
M_Z &= E[Z] = E[\boldsymbol{H}X+V] = \boldsymbol{H}M_X \\
C_{XZ} &= C_X\boldsymbol{H}^{\mathrm{T}}, C_{ZX} = \boldsymbol{H}^{\mathrm{T}}C_X \\
C_Z &= \boldsymbol{H}C_X\boldsymbol{H}^{\mathrm{T}} + C_V
\end{aligned} \tag{4-13}
$$

代入普通最小二乘估计的均值和方差，可得此时 X 的最小方差估计为

$$\hat{X}(Z) = M_X + C_X\boldsymbol{H}^{\mathrm{T}}(\boldsymbol{H}C_X\boldsymbol{H}^{\mathrm{T}}+C_V)^{-1}(Z-\boldsymbol{H}M_X) \tag{4-14}$$

4.1.3 极大后验估计

极大后验估计是使得后验概率最大：

$$\max p(x\mid z) \tag{4-15}$$

式中，$p(x\mid z)$ 为观测 $Z=z$ 条件下状态 X 的条件概率密度函数。

如果状态 X 和观测 Z 均服从正态分布，则极大后验估计与最小方差估计相等。

4.1.4 贝叶斯估计

贝叶斯估计是使得贝叶斯风险最低：

$$\min E[L(X-\hat{X})] \tag{4-16}$$

式中，$L(X-\hat{X})$ 为数量值的代价函数，该代价函数的期望 $E[L(X-\hat{X})]$ 称为贝叶斯风险。

代价函数 $L(\cdot)$ 的设计满足：

(1) $\|\alpha\| \geq \|\beta\| \Rightarrow L(\alpha) \geq L(\beta)$。

(2) $\|\alpha\| = 0 \Rightarrow L(\alpha) = 0$。

(3) $L(\alpha) = L(-\alpha)$。

其中的 $\|\cdot\|$ 为范数。

最小方差估计和极大后验估计，都是贝叶斯估计的特殊情况。

例如，如果取代价函数为 $L(\tilde{\boldsymbol{X}}) = \tilde{\boldsymbol{X}}^{\mathrm{T}}\tilde{\boldsymbol{X}}$，则贝叶斯估计就是最小方差估计。

4.1.5　极大似然估计

极大似然估计是使得观测出现概率最大：

$$\max p(z \mid x) \tag{4-17}$$

式中，$p(z \mid x)$ 是 $X = x$ 条件下观测 Z 的条件概率密度函数，也称为似然函数。

如果状态 X 的先验信息是未知的，则极大似然估计与极大后验估计是相同的。

而如果满足以下条件，极大似然估计与加权最小二乘估计是相同的。

假设 $\boldsymbol{x} \in R^n$ 为状态向量，$\boldsymbol{z} \in R^m$ 为观测向量，$m > n$，$\boldsymbol{H} \in R^{m \times n}$ 为观测矩阵，$\boldsymbol{v} \sim N(0, \boldsymbol{R})$ 为无偏观测噪声、协方差为 $\boldsymbol{R}$，即

$$\boldsymbol{z} = \boldsymbol{Hx} + \boldsymbol{v} \tag{4-18}$$

则似然函数 $p(\boldsymbol{z} \mid \boldsymbol{x})$ 为

$$p(\boldsymbol{z} \mid \boldsymbol{x}) = \rho \exp\left\{-\frac{1}{2}(\boldsymbol{z} - \boldsymbol{Hx})\boldsymbol{R}^{-1}(\boldsymbol{z} - \boldsymbol{Hx})^{\mathrm{T}}\right\} \tag{4-19}$$

若要 $p(\boldsymbol{z} \mid \boldsymbol{x})$ 极大，等价于要求二次型 $(\boldsymbol{z} - \boldsymbol{Hx})\boldsymbol{R}^{-1}(\boldsymbol{z} - \boldsymbol{Hx})^{\mathrm{T}}$ 极小：

$$\boldsymbol{x}^* = argmin\{(\boldsymbol{z} - \boldsymbol{Hx})\boldsymbol{R}^{-1}(\boldsymbol{z} - \boldsymbol{Hx})^{\mathrm{T}}\} \tag{4-20}$$

这是加权最小二乘问题。

由于 $m > n$，系统超定，其解即左广义逆矩阵：

$$\boldsymbol{x}^* = \underbrace{(\boldsymbol{H}^{\mathrm{T}}\boldsymbol{RH}^{-1})^{-1}\boldsymbol{H}^{\mathrm{T}}\boldsymbol{R}^{-1}}_{J}\boldsymbol{z} \tag{4-21}$$

解的协方差为

$$\begin{aligned}
\sum\nolimits_{xx} &= \boldsymbol{J}\sum\nolimits_{zz}\boldsymbol{J}^{\mathrm{T}} = \boldsymbol{JRJ}^{\mathrm{T}} \\
&= (\boldsymbol{H}^{\mathrm{T}}\boldsymbol{RH}^{-1})^{-1}\boldsymbol{H}^{\mathrm{T}}\boldsymbol{R}^{-1}\boldsymbol{RR}^{-1}\boldsymbol{H}(\boldsymbol{H}^{\mathrm{T}}\boldsymbol{RH}^{-1})^{-1} \\
&= (\boldsymbol{H}^{\mathrm{T}}\boldsymbol{RH}^{-1})^{-1}\boldsymbol{H}^{\mathrm{T}}\boldsymbol{R}^{-1}\boldsymbol{H}(\boldsymbol{H}^{\mathrm{T}}\boldsymbol{RH}^{-1})^{-1} \\
&= (\boldsymbol{H}^{\mathrm{T}}\boldsymbol{RH}^{-1})^{-1}
\end{aligned} \tag{4-22}$$

4.1.6　线性最小方差估计

前述最小方差估计，如果 X 和 Z 都是高斯的，则最小二乘估计是线性估计，状态的

估计 $\hat{X}(Z)$ 可以表示为观测 Z 的线性函数。

进一步的,如果 X 和 Z 并非都是正态分布的,但是依然需要把 $\hat{X}(Z)$ 表示成 Z 的线性形式:

$$\hat{X}(Z) = A^*Z + b^* \tag{4-23}$$

估计指标同样为均方误差最小:

$$\min E_{X,Z}[(X - \hat{X})^{\mathrm{T}}(X - \hat{X})] \tag{4-24}$$

则线性估计的两个参数为

$$\begin{aligned} A^* &= CxzCz^{-1} \\ b^* &= Mx - CxzCz^{-1}Mz \end{aligned} \tag{4-25}$$

估计值为

$$\hat{X}(Z) = Mx + CxzCz^{-1}(Z - Mz) \tag{4-26}$$

估计的均方误差为

$$\mathrm{Var}[X - \hat{X}(Z)] = Cx - CxzCz^{-1}Czx \tag{4-27}$$

线性最小方差估计的典型代表为卡尔曼滤波器。

4.2 估 计 方 法

估计问题可以分为经典估计和状态估计。

经典估计,估计的量是参数,它不随时间变化,从子样估计总体分布所包含的参数,例如点估计和区间估计。状态估计,估计的量为状态,它随时间而变化,根据观测数据估计系统内部状态,依据是状态方程和观测方程。机器人的位姿估计属于状态估计问题。

状态估计主要包括统计方法和概率方法。

基于统计的方法简单实用,其核心思想是通过增加观测数量来降低估计误差,以残差的方差最小化为原则,典型代表为最小二乘估计。基于概率的方法,是计算基于观测数据的条件概率,然后依据极大似然来构建解析表示,典型代表为贝叶斯滤波。

贝叶斯滤波包括参数化滤波和非参数滤波。

非参数滤波不需要假设任何特定概率分布,典型代表如粒子滤波,使用蒙特卡罗方法进行暴力模拟。参数化滤波需要使用具体概率分布对贝叶斯滤波器进行实例化,然后求解模型的参数,典型代表如卡尔曼系列的滤波器。

参数化滤波可以分为线性模型和非线性模型。线性模型,典型的如卡尔曼滤波。非线性模型,典型的如扩展卡尔曼和无迹卡尔曼等。其中,前者逼近非线性系统函数,后者假设状态和噪声均为高斯的,从而求取均值和方差。

以上所述各种估计方法如图 4-1 所示。

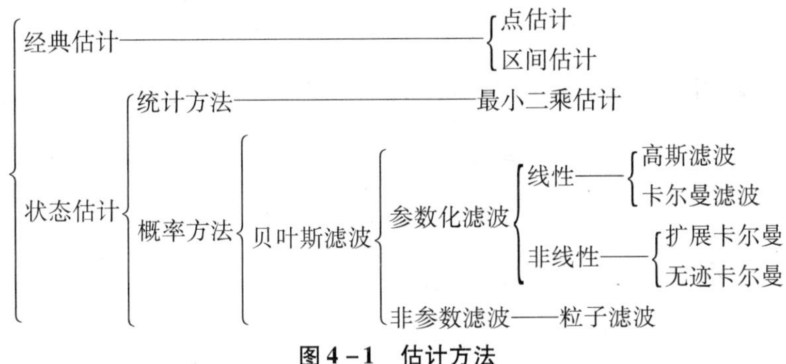

图 4－1　估计方法

从发展来看：

(1)状态估计是机器人状态估计的方向；

(2)状态估计中的统计方法，由于不考虑噪声随机性，使用场景较少；

(3)参数化滤波中的线性滤波器基本只具有理论意义，在实践中主要是非线性滤波。

4.3　统计方法

统计方法是在缺少状态方程情况下，使用一组状态的观测子样，对真实值进行估计。

最小二乘估计是统计方法中最早出现的最优估计法，它分为经典最小二乘和加权最小二乘，后期衍生出利于算法实现的递推最小二乘。

4.3.1　经典最小二乘

设有确定性的数量值的状态量 $\mathbf{X}=\{\mathbf{x}_1,\mathbf{x}_2,\cdots,\mathbf{x_n}\}$，其中 $\mathbf{X}$ 是无法直接测量的；但是存在一个可以直接测量的观测量 $\mathbf{Z}$，(假设) $\mathbf{Z}$ 是 $\mathbf{X}$ 各个分量的线性组合。

对观测量 $\mathbf{Z}$ 进行量测可得

$$\begin{cases} z_1 = h_{11}x_1 + h_{12}x_2 + \cdots + h_{1n}x_n + v_1 \\ z_2 = h_{21}x_1 + h_{22}x_2 + \cdots + h_{2n}x_n + v_2 \\ \cdots \\ z_m = h_{m1}x_1 + h_{m2}x_2 + \cdots + h_{mn}x_n + v_m \end{cases} \tag{4-28}$$

写成矩阵形式为

$$\boldsymbol{Z} = \boldsymbol{HX} + \boldsymbol{V} \tag{4-29}$$

式中，$\boldsymbol{X}^{n\times1}=[x_1,x_2,\cdots,x_n]$ 为状态向量，$\boldsymbol{Z}^{m\times1}=[z_1,z_2,\cdots,z_m]$ 为观测向量，$\boldsymbol{V}^{m\times1}=[v_1,v_2,\cdots,v_m]$ 为观测噪声，$\boldsymbol{H}^{m\times n}=(h_{ij})$ 为状态转移矩阵。

通常情况下，系统参数 $m>n$ 即矩阵 $\boldsymbol{H}$ 是窄的，说明超定、过约束。n 个未知量不能完全满足 m 个约束，意味着观测 Z 能够跟随状态 X 变化，但是观测存在噪声失真，原方程不能完全地得到满足。

记 $\hat{X}$ 为状态 X 的估计，定义观测量 z_i 与估计 $H_i\hat{X}$ 的差为残差 $\tilde{z}_i$：

$$\tilde{z}_i = z_i - H_i\hat{X} \tag{4-30}$$

得所有观测量 z_i 相对于估计值 $\hat{X}$ 的残差的平方和为 $J(\hat{X})$：

$$\begin{aligned} J(\hat{X}) &= \tilde{Z}^{\mathrm{T}}\tilde{Z} = \sum_{i=1}^{r}(z_i - H_i\hat{X})^2 \\ &= (Z - HX)^{\mathrm{T}}(Z - HX) \end{aligned} \tag{4-31}$$

则使得 J 最小的估计值 $\hat{X}$ 称为 X 的最小二乘估计，记为 $\hat{X}_{LS}$。

若要 $J(\hat{X})$ 取得极小，只需

$$\left.\frac{\partial J(\hat{X})}{\partial \hat{X}}\right|_{\hat{X}=\hat{X}_{LS}} = 0 \tag{4-32}$$

求得偏导为

$$-2H^{\mathrm{T}}(Z - HX)\big|_{\hat{X}=\hat{X}_{LS}} = 0$$

即

$$H^{\mathrm{T}}Z = H^{\mathrm{T}}H\hat{X}_{LS} \tag{4-33}$$

得解

$$\hat{X}_{LS} = \underbrace{(H^{\mathrm{T}}H)^{-1}H^{\mathrm{T}}}_{\text{左广义逆矩阵}}Z \tag{4-34}$$

可以验证

$$\begin{aligned} \left.\frac{\partial J^2(\hat{X})}{\partial \hat{X}^2}\right|_{\hat{X}=\hat{X}_{LS}} &= \left.\frac{\partial(-2H^{\mathrm{T}}(Z - HX))}{\partial \hat{X}}\right|_{\hat{X}=\hat{X}_{LS}} \\ &= 2H^{\mathrm{T}}H > 0 \end{aligned} \tag{4-35}$$

估计误差为

$$\begin{aligned} \tilde{X}_{LS} &= X - \hat{X}_{LS} = (H^{\mathrm{T}}H)^{-1}H^{\mathrm{T}}HX - (H^{\mathrm{T}}H)^{-1}H^{\mathrm{T}}Z \\ &= (H^{\mathrm{T}}H)^{-1}H^{\mathrm{T}}(HX - Z) \\ &= -(H^{\mathrm{T}}H)^{-1}H^{\mathrm{T}}V \end{aligned} \tag{4-36}$$

估计误差的均值为

$$E[\tilde{X}_{LS}] = E[-(H^{\mathrm{T}}H)^{-1}H^{\mathrm{T}}V] = -(H^{\mathrm{T}}H)^{-1}H^{\mathrm{T}}E[V] = 0 \tag{4-37}$$

估计误差的均值为零，表明状态的估计值 $\hat{X}_{LS}$ 的均值即状态 X：

$$E[\hat{X}_{LS}] = X \tag{4-38}$$

最小二乘估计是无偏估计，这符合最优估计的基本准则。

估计误差的方差矩阵为

$$\begin{aligned} D[\tilde{X}_{LS}] &= E[\tilde{X}_{LS}\tilde{X}_{LS}^{\mathrm{T}}] = E[(X - \hat{X}_{LS})(X - \hat{X}_{LS})^{\mathrm{T}}] \\ &= (H^{\mathrm{T}}H)^{-1}H^{\mathrm{T}}E[VV^{\mathrm{T}}]H\{(H^{\mathrm{T}}H)^{-1}\}^{\mathrm{T}} \\ &= (H^{\mathrm{T}}H)^{-1}H^{\mathrm{T}}RH\{(H^{\mathrm{T}}H)^{-1}\}^{\mathrm{T}} \end{aligned} \tag{4-39}$$

即估计误差的方差与观测误差的方差 R 成正比：观测越精确，估计越准确。

对于 $m<n$ 的情况,矩阵 $\boldsymbol{H}$ 形状是扁的,意味着约束小于未知量的欠定系统,所以一定存在可行解集。如果还要求唯一解,可以构造代价函数,增加约束,方法同上。

此时,解为

$$\tilde{X}_{LS} = \underbrace{H^{\mathrm{T}}\left(HH^{\mathrm{T}}\right)^{-1}}_{\text{右广义逆矩阵}}Z \tag{4-40}$$

4.3.2　加权最小二乘

经典最小二乘假设每次观测对于估计的影响程度相同。但是实践中,各次观测的数据不应一致对待,需要加权处理。

定义加权最小二乘的残差为 $J_W(\hat{X})$:

$$J_W(\hat{X}) = (Z-HX)^{\mathrm{T}}\boldsymbol{W}(Z-HX) \tag{4-41}$$

式中,$\boldsymbol{W}$ 为待定的正定矩阵。

同样方法求导可得加权最小二乘的估计值为

$$\hat{X}_{LSW} = \underbrace{(H^{\mathrm{T}}\boldsymbol{W}H)^{-1}H^{\mathrm{T}}\boldsymbol{W}H^{\mathrm{T}}\boldsymbol{W}}_{\text{左广义逆矩阵}}Z \tag{4-42}$$

权重矩阵 $\boldsymbol{W}$ 一般取为对称正定矩阵,即满足 $\boldsymbol{H}^{\mathrm{T}}=\boldsymbol{H}^{-1}$,保证分解 $\boldsymbol{W}=\boldsymbol{C}^{\mathrm{T}}\boldsymbol{C}$ 成立,其中的 $\boldsymbol{C}$ 为可逆矩阵。

矩阵 $\boldsymbol{W}$ 可以通过使估计误差的方差最小解得。

$$\begin{aligned}D[\tilde{X}_{LSW}] &= (H^{\mathrm{T}}WH)^{-1}H^{\mathrm{T}}WRWH\,(H^{\mathrm{T}}WH)^{-1}\\ &= (H^{\mathrm{T}}WH)^{-1}H^{\mathrm{T}}WC^{\mathrm{T}}CWH\,(H^{\mathrm{T}}WH)^{-1}\\ &= \{\underbrace{CWH\,(H^{\mathrm{T}}WH)^{-1}}_{B}\}^{\mathrm{T}}\underbrace{CWH\,(H^{\mathrm{T}}WH)^{-1}}_{B}\\ &= B^{\mathrm{T}}B\end{aligned} \tag{4-43}$$

根据 $\boldsymbol{W}=\boldsymbol{C}^{\mathrm{T}}\boldsymbol{C}$ 可记 $A=H^{\mathrm{T}}C^{-1}$,根据柯西施瓦兹不等式,有

$$D[\tilde{X}_{LSW}] = B^{\mathrm{T}}B \geq (AB)^{\mathrm{T}}(AA^{\mathrm{T}})^{-1}(AB) = (H^{\mathrm{T}}R^{-1}H)^{-1} \tag{4-44}$$

显然,$D[\tilde{X}_{LSW}]$取得最小时等号成立:

$$\boldsymbol{W} = R^{-1} \tag{4-45}$$

这种权重矩阵 $\boldsymbol{W}=R^{-1}$ 的加权最小二乘估计,也称为马尔可夫估计。

马尔可夫估计赋予观测权重矩阵 $\boldsymbol{W}$ 反比于观测误差的方差:观测越不精确,权重越低。

由

$$\hat{X}_{LSW} = (H^{\mathrm{T}}RH)^{-1}H^{\mathrm{T}}RZ \tag{4-46}$$

可得估计误差为

$$\begin{aligned}\tilde{X}_{LS} &= X-\hat{X}_{LSW} = (H^{\mathrm{T}}R^{-1}H)^{-1}H^{\mathrm{T}}R^{-1}HX-(H^{\mathrm{T}}R^{-1}H)^{-1}H^{\mathrm{T}}R^{-1}Z\\ &= -(H^{\mathrm{T}}R^{-1}H)^{-1}H^{\mathrm{T}}R^{-1}Z\end{aligned} \tag{4-47}$$

估计误差的均值为

$$E[\tilde{X}_{LSW}] = E[-(H^{\mathrm{T}}H)^{-1}H^{\mathrm{T}}V] = -(H^{\mathrm{T}}R^{-1}H)^{-1}H^{\mathrm{T}}R^{-1}E[V] = 0 \quad (4-48)$$

估计误差的方差矩阵为

$$D[\tilde{X}_{LSW}] = E[\tilde{X}_{LSW}\tilde{X}_{LSW}^{\mathrm{T}}] = (H^{\mathrm{T}}R^{-1}H)^{-1} \quad (4-49)$$

相较于经典最小二乘,线性最小二乘不仅是线性估计,而且是最小方差估计。

可以证明,以下关系成立

$$D[\tilde{X}_{LS}] \geq D[\tilde{X}_{LSW}] \quad (4-50)$$

即 $\boldsymbol{W}=\boldsymbol{R}^{-1}$ 的马尔可夫估计,比其他任何加权最小二乘估计的均方误差都要小。

4.4 概率方法

对于随机变量的最精确描述是概率密度函数,贝叶斯滤波的基本思想就是把观测后的条件概率作为最优解。贝叶斯滤波最优解的解析式一般很难获得,通常需要进行各种逼近。

逼近一般从以下两个方向展开。

一个方向是对分布函数进行近似,通常把过程噪声和观测噪声视为高斯分布,例如高斯滤波和卡尔曼滤波。

另一方向是对系统函数进行近似,把非线性不强的非线性系统视作线性系统。例如扩展卡尔曼滤波,使用泰勒级数的一阶截断来逼近观测函数,近似为线性高斯系统,从而只需要均值和方差的参数估计。再如,对于强非线性的非线性系统,则是利用蒙特卡罗模拟的粒子滤波,对状态的后验概率分布进行近似。

常见基于概率的估计方法如图 4-2 所示

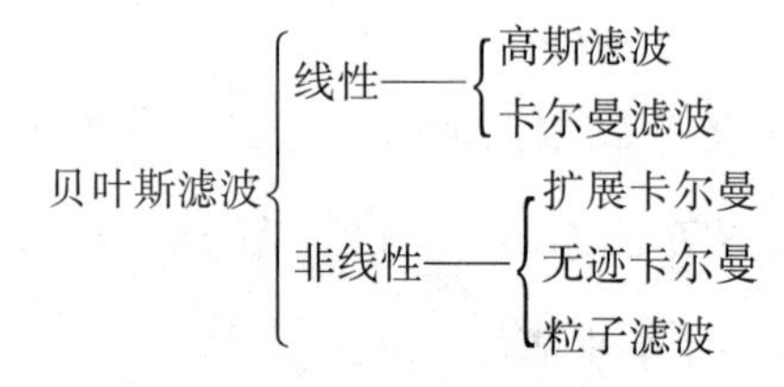

图 4-2　概率估计方法

对状态方程和观测方程组成的随机系统,由于连续系统可以容易地转化为离散系统,因此不失一般性考虑离散系统即可。

4.4.1 线性卡尔曼滤波

给定线性离散随机系统,其状态方程和观测方程为

$$x_k = \boldsymbol{A}_{k\leftarrow k-1}x_{k-1} + \boldsymbol{\Gamma}_{k\leftarrow k-1}w_k z_k = \boldsymbol{H}_k x_k + v_k \quad (4-51)$$

式中,k 为时间索引;$x_k \in R^n$ 为状态量,$z_k \in R^m$ 为观测量,皆为随机变量;$w_k \in R^p$ 为过程噪声,$v_k \in R^m$ 为观测噪声,皆为随机变量;$\boldsymbol{A}_{k\leftarrow k-1}^{n\times n}$ 为一步转移矩阵,$\boldsymbol{\Gamma}_k^{n\times p}$ 为过程噪声驱动矩阵,$\boldsymbol{H}_k^{m\times n}$ 为观测矩阵,均为常值矩阵。

且有

$$E[w_k]=0, Cov[w_k,w_j]=W_k\delta_{kj}$$
$$E[v_k]=0, Cov[v_k,v_j]=V_k\delta_{kj}$$
以及过程噪声方差矩阵 $\boldsymbol{W}_k$ 为非负定的，观测噪声方差矩阵 $\boldsymbol{V}_k$ 为正定的；过程噪声 w_k 和观测噪声 v_k 无关，初始状态 x_0 与 w_k 和 v_k 也彼此无关。

则卡尔曼滤波器可以实现：在已知 $k-1$ 时刻的最优状态 $\hat{x}_{k-1|k-1}$ 后，可以根据已知信息(初始状态 x_0、噪声 w_k 和 v_k)的统计特征、观测值 $z_{1\cdots k}$，在最小方差准则下，确定 k 时刻的状态 x_k 的估计 $\hat{x}_{k|k}$。

线性卡尔曼滤波的具体实现过程，包括预测和更新两个步骤。

4.4.1.1　预测/估计

(1)状态 X 的预测。

预测时，观测 z_k 尚未到达。

在 $k-1$ 时刻，依赖 $k-1$ 时刻的量，预测 k 时刻的状态 x_k。

根据过程方程

$$x_k=A_{k\leftarrow k-1}x_{k-1}+\Gamma_{k\leftarrow k-1}w_{k-1}$$

有

$$\begin{aligned}E[x_k]&=E[A_{k\leftarrow k-1}x_{k-1}+\Gamma_{k\leftarrow k-1}w_{k-1}]=A_{k\leftarrow k-1}E[x_{k-1}]+\Gamma_{k\leftarrow k-1}E[w_{k-1}]\\&=A_{k\leftarrow k-1}E[x_{k-1}]\end{aligned}\tag{4-52}$$

由最小方差估计准则的性质①，状态的最小方差估计值，是给定观测条件下的状态的条件均值，即得 x_k 的预测值：

$$\hat{x}_{k|k-1}=A_{k\leftarrow k-1}\hat{x}_{k-1|k-1}\tag{4-53}$$

(2)观测 Z 的计算。

将状态的预测值 $\hat{x}_{k|k-1}$ 代入观测方程

$$z_k=H_kx_k+v_k$$

同理有

$$E[z_{k|k-1}]=E[H_k\hat{x}_{k-1|k-1}+v_k]=H_kE[\hat{x}_{k-1|k-1}]=H_k\hat{x}_{k-1|k-1}\tag{4-54}$$

即得 Z_k 的预测值为

$$\hat{z}_{k|k-1}=H_k\hat{x}_{k|k-1}\tag{4-55}$$

关于预测的准确性，状态 x_k 的预测误差为

$$\begin{aligned}\tilde{x}_{k|k-1}&=x_k-\hat{x}_{k|k-1}=A_{k\leftarrow k-1}x_{k-1}+\Gamma_{k\leftarrow k-1}w_{k-1}-A_{k\leftarrow k-1}\hat{x}_{k-1|k-1}\\&=A_{k\leftarrow k-1}\tilde{x}_{k|k-1}+\Gamma_{k\leftarrow k-1}w_{k-1}\end{aligned}\tag{4-56}$$

根据初始状态 x_0 和 w_k 及 v_k 彼此无关，以及 $\{w_k\}$ 为白噪声序列，有

$$E[\tilde{x}_{k|k-1}\tilde{x}_{k|k-1}^{\mathrm{T}}]=0$$

状态 x_k 预测误差的方差矩阵为

$$\boldsymbol{P}_{k|k-1}=E[\tilde{\boldsymbol{x}}_{k|k-1}\tilde{\boldsymbol{x}}_{k|k-1}^{\mathrm{T}}]=\boldsymbol{A}_{k\leftarrow k-1}\boldsymbol{P}_{k-1}\boldsymbol{A}_{k\leftarrow k-1}^{\mathrm{T}}+\boldsymbol{\Gamma}_{k\leftarrow k-1}\boldsymbol{W}_{k-1}\boldsymbol{\Gamma}_{k\leftarrow k-1}^{\mathrm{T}}\tag{4-57}$$

式(4-57)说明，k 时刻状态 x_k 的估计精度，决定于上一时刻的状态估计精度 $\boldsymbol{P}_{k-1}$，

以及状态方程的精度 $\boldsymbol{W}_{k-1}$。

4.4.1.2 更新/修正

更新时,观测 z_k 已经到达。

因此,可以利用新到达的 k 时刻的观测值 z_k,对估计的 k 时刻观测值 z_k 的估计值 $\hat{z}_{k|k-1}$,作进一步修正。

将真实的观测值 z_k 和预测的观测值 $\hat{z}_{k|k-1}$的残差,定义为新息:

$$\tilde{z}_{k|k-1} = z_k - \hat{z}_{k|k-1} = z_k - H_k\hat{x}_{k|k-1} \tag{4-58}$$

新息代表了新观测所带来的新的信息。

首先,使用新息 $\tilde{z}_{k|k-1}$对状态 x_k 的预测 $\hat{x}_{k|k-1}$进行修正:

$$\hat{x}_{k|k} = \hat{x}_{k|k-1} + \boldsymbol{K}_k\tilde{z}_{k|k-1} \tag{4-59}$$

式中,$\boldsymbol{K}_k$ 为待定的数值矩阵,称为增益矩阵,负责平衡预测 $\hat{x}_{k|k-1}$和新息 $\tilde{z}_{k|k-1}$两者的关系。

根据卡尔曼滤波的最小方差准则,可以求解得到增益矩阵。

新观测 z_k 到达之前,状态 x_k 的估计误差为

$$\tilde{x}_{k|k-1} = x_k - \hat{x}_{k|k-1} \tag{4-60}$$

新观测 z_k 到达之后,状态 x_k 的估计误差为

$$\tilde{x}_{k|k} = x_k - \hat{x}_{k|k} \tag{4-61}$$

联系修正方程

$$\hat{x}_{k|k} = \hat{x}_{k|k-1} + \boldsymbol{K}_k\tilde{z}_{k|k-1}$$

即得

$$\begin{aligned}
\tilde{x}_{k|k} = x_k - \hat{x}_{k|k} &= x_k - (\hat{x}_{k|k-1} + \boldsymbol{K}_k\tilde{z}_{k|k-1}) \\
&= \tilde{x}_{k|k-1} - \boldsymbol{K}_k(z_k - H_k\hat{x}_{k|k-1}) \\
&= \tilde{x}_{k|k-1} - \boldsymbol{K}_k(H_kx_k + v_k - H_k\hat{x}_{k|k-1}) \\
&= \tilde{x}_{k|k-1} - \boldsymbol{K}_k(H_k\tilde{x}_{k|k-1} + v_k) \\
&= (I - \boldsymbol{K}_kH_k)\tilde{x}_{k|k-1} - \boldsymbol{K}_kv_k
\end{aligned} \tag{4-62}$$

根据最小方差准则无偏估计性质,估计误差的协方差就是估计误差的均方值:

$$\begin{aligned}
&E\{(\tilde{x}_{k|k} - E[\tilde{x}_{k|k}])(\tilde{x}_{k|k} - E[\tilde{x}_{k|k}])^{\mathrm{T}}\} = E[\tilde{x}_{k|k}\tilde{x}_{k|k}^{\mathrm{T}}] = \\
&E[\{(I - K_kH_k)\tilde{x}_{k|k-1} - K_kv_k\}\{\tilde{x}_{k|k-1}^{\mathrm{T}}(I - K_kH_k)^{\mathrm{T}} - v_k^{\mathrm{T}}K_k^{\mathrm{T}}\}^{\mathrm{T}}]
\end{aligned} \tag{4-63}$$

由初始状态 x_0 和 w_k 及 v_k 彼此无关,以及$\{v_k\}$为白噪声序列,有

$$E[\tilde{x}_{k|k-1}\tilde{x}_{k|k-1}^{\mathrm{T}}] = 0 \tag{4-64}$$

得 k 时刻估计误差的协方差 $P_{k|k}$:

$$\boldsymbol{P}_{k|k} = E[\tilde{x}_{k|k}\tilde{x}_{k|k}^{\mathrm{T}}] = (I - \boldsymbol{K}_kH_k)P_{k|k-1}(I - \boldsymbol{K}_kH_k)^{\mathrm{T}} + \boldsymbol{K}_kV_k\boldsymbol{K}_k^{\mathrm{T}} \tag{4-65}$$

式(4－65)说明,k 时刻状态 x_k 的修正估计精度,决定于上一时刻的预测估计精度 $\boldsymbol{P}_{k|k-1}$,和观测精度 V_k。

最后,根据最小方差估计准则,要求矩阵 $\boldsymbol{P}_{k|k}$最小,可解得增益矩阵:

$$\boldsymbol{K}_k = \boldsymbol{P}_{k|k-1}H_k^{\mathrm{T}}(H_k\boldsymbol{P}_{k|k-1}H^{\mathrm{T}} + V_k)^{-1} \tag{4-66}$$

此时估计误差协方差具有更简单形式:

$$P_{k|k} = (I - K_kH_k)P_{k|k-1} \tag{4-67}$$

4.4.2　非线性卡尔曼滤波

大多数系统,虽然初始状态和噪声可以假设服从正态分布,但是变换却呈现非线性。

给定非线性离散随机系统,设其状态方程和观测方程为

$$\begin{aligned} x_k &= f(x_{k-1}) + w_k \\ z_k &= h(x_k) + v_k \end{aligned} \tag{4-68}$$

其中,状态 $x_k \in R^n$,观测 $z_k \in R^m$,为随机变量;过程噪声 $w_k \in R^n$,观测噪声 $v_k \in R^m$,为零均值高斯白噪声。

而且

$$E[w_k] = 0, Cov[w_k, w_j] = \boldsymbol{W}_k\delta_{kj}$$
$$E[v_k] = 0, Cov[v_k, v_j] = \boldsymbol{V}_k\delta_{kj}$$

式中,过程噪声方差矩阵为 $\boldsymbol{W}_k$ 为非负定,观测噪声方差矩阵为 $\boldsymbol{V}_k$ 正定;噪声 w_k 和 v_k 无关,初始状态 x_0 与噪声 w_k 和 v_k 也彼此无关。

以及,零初始时刻的状态估计和估计误差方差矩阵分别为

$$\boldsymbol{x}_{0|0} = \mu_x(0)$$
$$\boldsymbol{P}_{0|0} = P(0)$$

则即可使用扩展卡尔曼滤波器:

(1)先对过程函数和观测函数泰勒展开后一阶截断;

(2)然后直接利用线性卡尔曼滤波器的结果。

4.4.3　贝叶斯滤波

还有些系统,不但变换是非线性的,而且状态的分布也不能近似成高斯的,这时 KF 和 EKF 均无能为力。此时需要回到原始方法求取概率密度函数,以获得完全解。

贝叶斯滤波是这类非线性估计中的最精确的方法。

给定非线性离散随机系统,其状态方程和观测方程为

$$\begin{aligned} x_k &= f_k(x_{k-1}, u_k, w_k) \\ z_k &= h_k(x_k, v_k) \end{aligned} \tag{4-69}$$

通常假设过程噪声和观测噪声是加性的,而且暂不考虑控制输入,则系统简化为

$$\begin{aligned} x_k &= f_k(x_{k-1}) + w_k \\ z_k &= h_k(x_k) + v_k \end{aligned} \tag{4-70}$$

式中,k 为时间索引;$f_k(\cdot)$ 和 $h_k(\cdot)$ 为形式已知的时变的非线性系统的过程函数和观测函数;$x_k \in R^n$ 为状态量,$z_k \in R^m$ 为观测量,皆为随机变量;$w_k \in R^n$ 是过程噪声,$v_k \in R^m$ 是观测噪声,均为加性零均值高斯白噪声,其概率密度为已知的 $P_w(w_k)$ 和 $P_v(v_k)$,且噪声 w_k、v_k 和初始状态 x_0 三者彼此两两无关。

由于零时刻需要初始化,假设初始状态概率密度为 $p(x_0)$,形式地将其记为 $p(x_0 \mid Z_0) = P_x(x_0)$。所以称为形式地是因为直到时刻 $k=1$ 才有第一个观测 z_1 到达。

通常作如下约定:$p(x_k \mid Z_{1\cdots k-1})$ 称为先验概率密度,$p(x_k \mid Z_{1\cdots k})$ 称为后验概率密度;$p\{x_k \mid x_{k-1}\}$ 称为转移概率密度,$p\{z_k \mid z_{k-1}\}$ 称为显示概率密度;$p(z_k \mid x_k)$ 称为似然密度函数。

则对于上述系统 $0 \sim k$ 时刻的状态 $X_{0\cdots k} = \{x_0, x_1, \cdots, x_k\}$,采用贝叶斯滤波器,可以在给定 $1\cdots k$ 时刻的观测 $Z_{1\cdots k} = \{z_1, z_2, \cdots, z_k\}$ 后,估计处状态 x_k 的条件概率密度函数 $p(x_k \mid Z_{1\cdots k})$,从而得到状态 x_k 的最小方差估计量 $\hat{x}_k = E[x_k \mid Z_{1\cdots k}]$。

根据最小方差估计准则的性质①,最小方差估计是某一具体实现条件下的条件期望:

$$\hat{x}_k = E[x_k \mid Z_{1\cdots k}] = \int x_k p(x_k \mid Z_{1\cdots k}) \mathrm{d}x_k$$

对应的估计误差 $\tilde{X}_k = x_k - \hat{x}_k$ 的条件协方差矩阵为

$$\begin{aligned} P_k &= Cov[\tilde{X}_k \mid Z_{1\cdots k}, \tilde{X}_k \mid Z_{1\cdots k}] \\ &= \int (x_k - \hat{x}_k)(x_k - \hat{x}_k)^{\mathrm{T}} p(x_k \mid Z_{1\cdots k}) \mathrm{d}x_k \end{aligned} \tag{4-71}$$

贝叶斯滤波器的具体实现过程,主要包括两个步骤:

(1)时间更新先验概率。

$$\underbrace{p(x_k \mid Z_{1\cdots k-1})}_{\text{先验概率密度}} = \int \underbrace{p\{x_k \mid x_{k-1}\}}_{\text{状态转移概率}} \underbrace{p\{x_{k-1} \mid Z_{1\cdots k-1}\}}_{\text{上步测量更新的后验概率}} \mathrm{d}x_{k-1} \tag{4-72}$$

这是预测。

(2)观测更新后验概率。

$$\overbrace{p(x_k \mid Z_{1\cdots k})}^{\text{后验概率密度}} = \eta \overbrace{p(z_k \mid x_k)}^{\text{似然密度函数}} \overbrace{p(x_k \mid Z_{1\cdots k-1})}^{\text{先验概率密度}} \tag{4-73}$$

这是更新。

4.4.3.1 时间更新预测先验概率

时间更新时,新观测 z_k 尚未到达,因此基于时间预测的先验概率为

$$\begin{aligned} p(x_k \mid Z_{1\cdots k-1})(\text{全概率公式}) &= \int p\{(x_k, x_{k-1}) \mid Z_{1\cdots k-1}\} \mathrm{d}x_{k-1}(\text{联合概率密度}) \\ &= \int p\{(x_k, x_{k-1}) \mid Z_{1\cdots k-1}\} p\{x_{k-1} \mid Z_{1\cdots k-1}\} \mathrm{d}x_{k-1}(\text{保证积分变量 } x_{k-1}) \\ &= \int p\{x_k \mid x_{k-1}, Z_{1\cdots k-1}\} p\{x_{k-1} \mid Z_{1\cdots k-1}\} \mathrm{d}x_{k-1}(x_k \text{ 只决定于 } x_{k-1} \text{ 和 } w_{k-1}) \\ &= \int p\{x_k \mid x_{k-1}\} p\{x_{k-1} \mid Z_{1\cdots k-1}\} \mathrm{d}x_{k-1} \end{aligned}$$

解得先验概率为

$$\underbrace{p(x_k \mid Z_{1\cdots k-1})}_{\text{先验概率密度}} = \int \underbrace{p\{x_k \mid x_{k-1}\}}_{\text{状态转移概率}} \underbrace{p\{x_{k-1} \mid Z_{1\cdots k-1}\}}_{\text{上步测量更新的后验概率}} \mathrm{d}x_{k-1} \tag{4-74}$$

积分内层第二项 $p(x_{k-1} \mid Z_{k-1})$，是上一步的测量更新的后验概率，呈现递推的形态，由已知初始的 $p(x_0 \mid Z_0)$ 可以递推求解。

积分内层第一项 $p(x_k \mid x_{k-1})$，是已知 $k-1$ 时刻状态 x_{k-1} 时 k 时刻状态 x_k 的概率密度函数，它可以根据过程函数 $f_k(\cdot)$ 和 x_{k-1} 的概率密度函数及过程噪声 w_k 的概率密度函数 $P_w(w_k)$ 求得为 $=P_w\{x_k - f(x_{k-1})\}$。

例如对于简单的状态 $x_{k-1}=1$、过程函数为 $x_k = x_{k-1} + w_{k-1}$、过程噪声 w_k 为 $[-1,1]$ 的均匀分布，则可以解得 $p(x_k \mid x_{k-1})$ 为 $[0,2]$ 上的均匀分布。

时间更新预测的理论依据是状态的马尔可夫性，根据过程方程，状态 x_k 只依赖于 x_{k-1} 和 w_k。而 w_k 与 $x_{k-1}, x_{k-2}, \cdots, x_0$ 相互独立，所以状态 x_i 构成马尔可夫序列。因此：

(1) 对于状态有

$$\begin{aligned} p(x_k \mid x_{k-1}) &= \int p\{(x_k, w_{k-1}) \mid x_{k-1}\} p(w_{k-1} \mid x_{k-1}) \mathrm{d}w_{k-1} \\ &= \int \underbrace{p\{x_k \mid (x_{k-1}, w_{k-1})\}}_{\text{过程方程}} \underbrace{p(w_{k-1} \mid x_{k-1})}_{w_i \text{条件独立} x_j} \mathrm{d}w_{k-1} \\ &= \int \delta\{x_k - f(x_{k-1})\} P_w(w_{k-1}) \mathrm{d}w_{k-1} \\ &= P_w\{x_k - f(x_{k-1})\} \end{aligned} \tag{4-75}$$

式(4-75)说明，系统状态的条件概率 $p(x_k \mid x_{k-1})$ 是以 $f(x_{k-1})$ 为中心均值，分布形状与 P_w 相同的概率密度函数。

类似的，根据观测方程，观测 z_k 只依赖 x_k 和 v_k，而 v_k 与 $v_{k-1}, v_{k-2}, \cdots, v_0$ 相互独立，所以状态 z_i 构成马尔可夫序列。

(2) 对于观测有

$$\begin{aligned} p(z_k \mid x_k) &= \int p\{(z_k, v_k) \mid x_k\} \mathrm{d}v_k \\ &= \int \underbrace{p\{z_k \mid (x_k, v_k)\}}_{\text{观测方程}} \underbrace{P_v(v_k)}_{v_i \text{条件独立} x_j} \mathrm{d}v_k \\ &= P_v\{z_k - h(x_k)\} \end{aligned} \tag{4-76}$$

式(4-76)说明，观测的条件概率 $p(z_k \mid x_k)$ 即似然密度函数，是以 $h(x_k)$ 为中心均值、分布形状与 P_v 相同的概率密度函数。

4.4.3.2 观测更新修正后验概率

观测更新时新观测 z_k 已经到达。

根据定义，后验概率为

$$p(x_k \mid Z_{1\cdots k}) = \frac{p(Z_{1\cdots k} \mid x_k) p(x_k)}{p(Z_{1\cdots k})} = \underbrace{\frac{p(Z_{1\cdots k} \mid x_k)}{p(Z_{1\cdots k})}}_{Z_k \text{表示为} z_k \text{和} Z_{k-1} \text{组合}} \underbrace{p(x_k)}_{\text{见说明}}$$

$$
\begin{aligned}
&= \frac{p\{(z_k, Z_{1\cdots k-1}) \mid x_k\}}{p(z_k, Z_{1\cdots k-1})} \frac{p(x_k \mid Z_{1\cdots k-1}) p(Z_{1\cdots k-1})}{p(Z_{1\cdots k-1} \mid x_k)} \\
&= \frac{p\{(z_k, Z_{1\cdots k-1}) \mid x_k\} p(x_k)}{p(x_k) p(z_k, Z_{1\cdots k-1})} \frac{p(x_k \mid Z_{1\cdots k-1}) p(Z_{1\cdots k-1})}{p(Z_{1\cdots k-1} \mid x_k)} \\
&= \frac{p(x_k, z_k, Z_{1\cdots k-1})}{p(x_k) p(z_k, Z_{1\cdots k-1})} \frac{p(x_k \mid Z_{1\cdots k-1}) p(Z_{1\cdots k-1})}{p(Z_{1\cdots k-1} \mid x_k)} \frac{p(x_k, z_k)}{p(x_k, z_k)} \\
&= \frac{p(z_k, Z_{1\cdots k-1}, x_k)}{p(x_k, z_k)} \frac{p(z_k, x_k)}{p(x_k)} \frac{p(Z_{1\cdots k-1})}{p(z_k, Z_{1\cdots k-1})} \frac{p(x_k \mid Z_{1\cdots k-1})}{p(Z_{1\cdots k-1} \mid x_k)} \\
&= \underbrace{p\{Z_{k-1} \mid (x_k, z_k)\}}_{z_k\text{是}x_k\text{的函数}} p(z_k \mid x_k) \frac{1}{\dfrac{p(z_k, Z_{1\cdots k-1})}{p(Z_{1\cdots k-1})}} \frac{p(x_k \mid Z_{1\cdots k-1})}{p(Z_{1\cdots k-1} \mid x_k)} \\
&= p\{Z_{1\cdots k-1} \mid x_k\} p(z_k \mid x_k) \frac{1}{p(z_k \mid Z_{1\cdots k-1})} \frac{p(x_k \mid Z_{1\cdots k-1})}{p(Z_{1\cdots k-1} \mid x_k)} \\
&= p(z_k \mid x_k) \frac{1}{p(z_k \mid Z_{1\cdots k-1})} p(x_k \mid Z_{1\cdots k-1}) \\
&= \frac{p(z_k \mid x_k) p(x_k \mid Z_{1\cdots k-1})}{p(z_k \mid Z_{1\cdots k-1})}
\end{aligned} \tag{4-77}
$$

说明如下。

由

$$
\begin{aligned}
p(Z_{1\cdots k-1}, x_k) &= p(Z_{1\cdots k-1} \mid x_k) p(x_k) \\
p(x_k, Z_{1\cdots k-1}) &= p(x_k \mid Z_{1\cdots k-1}) p(Z_{1\cdots k-1})
\end{aligned}
$$

有

$$
p(Z_{1\cdots k-1} \mid x_k) p(x_k) = p(x_k \mid Z_{1\cdots k-1}) p(Z_{1\cdots k-1})
$$

所以

$$
p(x_k) = \frac{p(x_k \mid Z_{1\cdots k-1}) p(Z_{1\cdots k-1})}{p(Z_{1\cdots k-1} \mid x_k)} \tag{4-78}
$$

解得后验概率为

$$
p(x_k \mid Z_{1\cdots k}) = \frac{\overbrace{p(z_k \mid x_k)}^{\text{似然密度函数}} \overbrace{p(x_k \mid Z_{1\cdots k-1})}^{\text{先验概率密度}}}{p(z_k \mid Z_{1\cdots k-1})} \tag{4-79}
$$

右侧三项均可得：似然密度函数 $p(z_k \mid x_k)$ 如前述可以从观测函数 $h_k(\cdot)$ 得到为 $P_v\{z_k - h(x_k)\}$；预测先验概率密度 $p(x_k \mid Z_{k-1})$ 从前述上一步骤的时间更新已经得到；分母的 $p(z_k \mid Z_{1\cdots k-1})$ 容易解出。

$$
\begin{aligned}
& p(z_k \mid Z_{1\cdots k-1}) \text{（全概率公式）} \\
&= \int p\{(z_k, x_k) \mid Z_{1\cdots k-1}\} \mathrm{d}x_k \text{（条件概率 Chapman - Kolmogorov 公式）} \\
&= \int p\{z_k \mid (x_k, Z_{1\cdots k-1})\} p\{x_k \mid Z_{1\cdots k-1}\} \mathrm{d}x_k \text{（}z_k\text{ 决定于 }x_k\text{ 和 }v_k\text{）} \\
&= \int \overbrace{p(z_k \mid x_k)}^{\text{似然密度函数}} \overbrace{p(x_k \mid Z_{1\cdots k-1})}^{\text{先验概率密度}} \mathrm{d}x_k
\end{aligned} \tag{4-80}
$$

代入得

$$\overbrace{p(x_k \mid Z_{1\cdots k})}^{\text{后验概率密度}} = \frac{\overbrace{p(z_k \mid x_k)}^{\text{似然密度函数}} \overbrace{p(x_k \mid Z_{1\cdots k-1})}^{\text{先验概率密度}}}{p(z_k \mid Z_{1\cdots k-1}) = \int p(z_k \mid x'_k) p(x'_k \mid Z_{1\cdots k-1}) \mathrm{d}x'_k}$$

$$= \eta \overbrace{p(z_k \mid x_k)}^{\text{似然密度函数}} \overbrace{p(x_k \mid Z_{1\cdots k-1})}^{\text{先验概率密度}} \tag{4-81}$$

式中,分母 $p(z_k \mid Z_{1\cdots k-1})$ 是不依赖于 x 的归一化的量,需要时可以代以 η。

4.4.4　粒子滤波

贝叶斯滤波是非线性估计中最精确的方法,而粒子滤波器则是贝叶斯滤波最理想的近似。

该滤波器基于蒙特卡罗积分方法,蒙特卡罗方法也称为随机采样法或统计试验法,其原理是对于一个分布而言,如果需要知道此分布的期望,可以通过撒粒子采样实现。

例如,要计算一个稀奇古怪的平面形状的面积,但没有解析的表达方法。通过蒙特卡罗方法,在包裹此形状的大的图形例如外接圆或外接正方形内随机撒点,然后统计落进图形的点的个数,在撒的点足够多时有

$$\frac{\text{待求小面积}}{\text{已知大面积}} \to \frac{\text{落入图形内的点的个数}}{\text{撒出的点的总数}}$$

则形状面积可由下式计算:

$$\text{待求小面积} = \frac{\text{落入图形内的点的个数}}{\text{撒出的点的总数}} \times \text{已知大面积}$$

粒子滤波器基于蒙特卡洛随机模拟发展而来,其原理是,如果可以从后验概率 $p(x_k \mid Z_{1\cdots k})$ 中抽取 N 个独立同分布随机样本 $\{x_k^i, i=1,2,\cdots,N\}$,那么可以使用子样逼近后验概率:

$$\frac{1}{N}\sum_{i=1}^{N}\delta(x_k - x_k^i) \to p(x_k \mid Z_{1\cdots k}) \tag{4-82}$$

于是对于状态 x_k 的函数 $f(\cdot)$,其条件期望也就可以使用求和逼近:

$$E[f(x_k \mid Z_{1\cdots k})] = \int f(x_k) p(x_k \mid Z_{1\cdots k}) \mathrm{d}x_k \approx \frac{1}{N}\sum_{i=1}^{N} f(x_k^i) \tag{4-83}$$

关于逼近的问题关键是获得服从后验概率分布的随机样本,据此有不同的采样方法。

4.4.4.1　重要性采样

选取某个易于采样的概率密度函数作为重要性函数:

$$q(x_k \mid Z_{1\cdots k}) \tag{4-84}$$

从重要性函数采集样本:

$$\{x_k^i, i = 1,2,\cdots,N\}$$

定义第 i 样本点 x_k^i 落入 $p(x_k \mid Z_{1\cdots k})$ 的概率为重要性权值:

$$\omega_k^i = \frac{p(x_k^i \mid Z_{1\cdots k})}{q(x_k^i \mid Z_{1\cdots k})} \tag{4-85}$$

当样本数目足够大时真实后验概率 $p(x_k \mid Z_{1\cdots k})$ 可以利用重要性权值加权求和逼近：

$$p(x_k \mid Z_{1\cdots k}) \cong \frac{1}{N}\sum_{i=1}^{N} \omega_k{}^i \delta(x_k - x_k{}^i) \tag{4-86}$$

对于状态 x_k 的任意函数 $f(\cdot)$ 其条件期望可以逼近为

$$E[f(x_k \mid Z_{1\cdots k})] = \int f(x_k) p(x_k \mid Z_{1\cdots k}) \mathrm{d}x_k \cong \sum_{i=1}^{N} \omega_k{}^i f(x_k{}^i) \tag{4-87}$$

重要性函数 $q(x_k \mid Z_{1\cdots k})$ 的选取准则是使得重要性权值 $\{\omega_k{}^i\}$ 方差最小。可以证明最优的重要性函数为

$$q\{x_k \mid (X_{1\cdots k-1}, Z_{1\cdots k})\} = p\{x_k \mid (X_{1\cdots k-1}, Z_{1\cdots k})\} \tag{4-88}$$

因此通常根据马尔可夫性使用以下函数作为重要性函数：

$$q(x_k \mid (X_{1\cdots k-1}, Z_{1\cdots k})) = p(x_k \mid x_{k-1}) \tag{4-89}$$

4.4.4.2 序贯重要性采样

前述重要性权值 $\omega_k{}^i$ 在每次新观测值到达时均需要重新计算。

实践中，采用具有递推形式的序贯重要性采样。

人为构造具有递推形式的重要性函数：

$$q(x_k \mid Z_{1\cdots k}) = q\{x_k \mid (x_{k-1}, Z_{1\cdots k})\} \underbrace{q\{x_{k-1} \mid Z_{1\cdots k-1}\}}_{\text{递推项}} \tag{4-90}$$

根据 z_k 的马尔可夫性，似然概率具有递推形式：

$$p(Z_{1\cdots k} \mid x_k) = p(z_k \mid x_k) \underbrace{p(Z_{1\cdots k-1} \mid x_{k-1})}_{\text{递推项}} \tag{4-91}$$

根据相互独立性 z_k 仅取决于 x_k，有

$$\begin{aligned}
\omega_k &= \frac{p(x_k \mid Z_{1\cdots k})}{q(x_k \mid Z_{1\cdots k})} = \frac{p(Z_{1\cdots k} \mid x_k) p(x_k)}{q(x_k \mid Z_{1\cdots k})} = \frac{p(z_k \mid x_k) p(Z_{1\cdots k-1} \mid x_{k-1})}{q\{x_k \mid (x_{k-1}, Z_k)\} q\{x_{k-1} \mid Z_{k-1}\}} \\
&= \frac{p(z_k \mid x_k) p(Z_{1\cdots k-1} \mid x_{k-1}) p(x_k \mid x_{k-1}) p(x_{k-1})}{q\{x_k \mid (x_{k-1}, Z_k)\} q\{x_{k-1} \mid Z_{k-1}\}} \\
&= \underbrace{\frac{p(Z_{1\cdots k-1} \mid x_{k-1}) p(x_{k-1})}{q\{x_{k-1} \mid Z_{k-1}\}}}_{\omega_{k-1}} \frac{p(z_k \mid x_k) p(x_k \mid x_{k-1})}{q\{x_k \mid (x_{k-1}, Z_k)\}}
\end{aligned} \tag{4-92}$$

如此，可以利用贝叶斯滤波的时间更新先验和观测更新后验，实现递推计算：在 $k-1$ 时刻，根据概率密度 $p(x_{k-1} \mid Z_{1\cdots k})$，利用重采样方法获得 N 个随机样本点 $\{x_{k-1}{}^i, i=1, 2, \cdots, N\}$，逼近为

$$p(x_{k-1} \mid Z_{1\cdots k-1}) \cong \frac{1}{N}\sum_{i=1}^{N} \omega_{k-1}{}^i (x_{k-1} - x_{k-1}{}^i) \tag{4-93}$$

在 k 时刻，更新概率密度为

$$p(x_k \mid Z_{1\cdots k}) \cong \frac{1}{N}\sum_{i=1}^{N} \omega_k{}^i (x_k - x_k{}^i) \tag{4-94}$$

而重要性权值满足

$$\omega_k{}^i = \omega_{k-1}{}^i \frac{p(z_k{}^i \mid x_k{}^i)p(x_k{}^i \mid x_{k-1}{}^i)}{q\{x_k{}^i \mid (x_{k-1}{}^i, Z_k)\}} \tag{4-95}$$

同时，根据 $p(x_k \mid Z_{1\cdots k}) \approx \frac{1}{N}\sum_{i=1}^{N}\delta(x_k - x_k{}^i)$，由 $\{x_{k-1}{}^i\}$ 更新样本 $\{x_k{}^i, i=1,2,\cdots,N\}$。

4.4.4.3　重采样

重采样技术主要解决粒子退化问题，基本思想是繁殖重要性权值高的粒子，淘汰低重要性权值的粒子。

针对离散逼近：

$$p(x_k \mid Z_{1\cdots k}) \cong \frac{1}{N}\sum_{i=1}^{N}\omega_k{}^i(x_k - x_k{}^i) \tag{4-96}$$

重采样是对每个粒子 $x_k{}^i$ 按其权值 $\omega_k{}^i$ 生成个 N_i 副本，其中 $\sum N_i = N$，得到新的独立同分布的粒子集合 $\{x_k^{*\,i}, i=1,2,\cdots,N\}$。

这样，高权值的粒子得以繁衍，而 $N_i = 0$ 的粒子被淘汰。

4.4.4.4　流程

（1）初始化。

时刻 $t=0$：初始化重要性函数 $q(x_0)$，选取粒子集合 $\{x_0{}^i, i=1,2,\cdots,N\}$，归一化重要性权值 $\omega_0{}^i$。

（2）时间更新。

时刻 $t=k+1>0$：按重要性函数 $q(x_k{}^i \mid x_{k-1}{}^i, Z_{1\cdots k-1})$ 选取更新后的粒子集合 $\{x_k{}^i, i=1,2,\cdots,N\}$，其中 $x_k{}^i = f(x_{k-1}{}^i)$。

（3）观测更新。

时刻 $t=k$：根据到达的 z_k，计算重要性权值 $\omega_k{}^i = \omega_{k-1}{}^i \frac{p(z_k{}^i \mid x_k{}^i)p(x_k{}^i \mid x_{k-1}{}^i)}{q\{x_k{}^i \mid (x_{k-1}{}^i, Z_k)\}}$，作归一化。

（4）重采样。

根据重要性权值 $\omega_k{}^i$ 执行相应的繁殖和淘汰操作，重新产生新的 N 个粒子的集合 $\{x_k{}^i, i=1,2,\cdots,N\}$，归一化权重 $\omega_k{}^i = \frac{1}{N}$。

（5）最优状态估计。

$$x_k = \sum_{i=1}^{N}\omega_k{}^i x_k{}^i q(x_k \mid Z_{1\cdots k}) = \sum_{i=1}^{N}\omega_k{}^i\delta(x_k - x_k{}^i) \tag{4-97}$$

第5章　模式识别与机器学习

机器学习起着承前启后的重要作用:向前,继承和发扬各类模式识别技术;向后,引导着神经网络和深度学习等技术。

先看模式识别,它研究的是通过输入特征对样本分类;而机器学习,关注的是如何利用输入样本提取出合适特征进而实现分类。即模式识别是明确给出了某些特征,而机器学习是先找特征再作判断。因此:

(1)模式识别,是根据已有特征,通过参数或者非参数等方法,给定模型中参数,从而达到判别目的。

(2)机器学习,是在特征不明确情况下,用某种具有普适性的算法给定分类规则。

因此,模式识别的概念可以类比为分类,类是确定的和可检验的;机器学习可以类比为聚类,类的定义尚不明确,也谈不上检验。

就人工智能而言,模式识别和机器学习都是人工智能领域辉煌一时的流派。不过模式识别这名元老有些过气的征兆,而机器学习越来越有人气。但是从应用范围看,机器学习目前阶段应用主要集中在人工智能领域,但是模式识广的应用广度更为宽广,例如信号处理、计算机图视觉、自然语言分析等经典领域。

人工智能图谱如图5-1所示。

模式识别

1. 贝叶斯决策方法
2. 概率密度估计
3. 线性分类器
   a. Fisher线性判别分析
   b. 线性SVM
4. 非线性分类器
   a. 多层感知器
   b. 支持向量机
   c. 核函数
5. 近邻法
6. 决策树
7. 特征提取
   a. 主成分分析PCA
   b. K-L变换
   c. 多维尺度法MDS
8. 非监督模式识别
   a. 动态聚类:C均值算法
   b. 模糊聚类

机器学习

1. 线性模型
2. 决策树
3. 神经网络
   a. 随机梯度下降
4. 支持向量机
5. 贝叶斯分类器
6. 半监督学习
   a. 主成分分析
   b. 聚类算法
7. 聚类
8. 降维
9. 概率图模型

深度学习

1. 深度前馈网络
2. 正则化
3. 优化算法
4. 卷积网络
5. 循环和递归网络
6. 自编码器
7. 表示学习
8. 结构化概率模型
9. 玻尔兹曼机

图5-1　人工智能图谱

本书主要讨论机器学习的常用方法。机器学习按照数据有无标签主要分为监督学习和无监督学习。对于有监督学习，一般把连续输出称为回归（Regression），把离散输出称为分类（Classification）即寻求最佳的分割超平面。

结合回归、分类、聚类、降维和数据关联的应用场景，机器学习算法体系如图5-2所示。

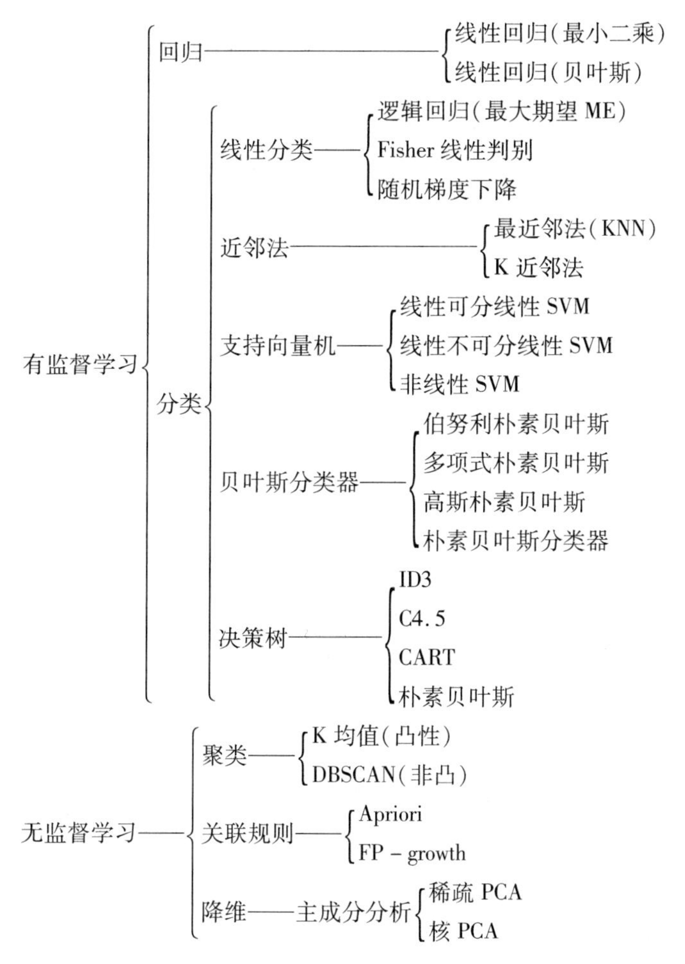

图5-2　机器学习算法体系

5.1　线性回归

线性回归是对拟合观测数据的拟合。给定一组输入向量集：

$$X = \{\boldsymbol{x}_1, \boldsymbol{x}_2, \cdots, \boldsymbol{x}_n\}, i = 1,2,\cdots,n, \boldsymbol{x}_i \in R^m \tag{5-1}$$

每一个输入向量 $\boldsymbol{x}_i$ 均关联一个 $y_i \in R$：

$$Y = \{y_1, y_2, \cdots, y_n\}, i = 1,2,\cdots,n \tag{5-2}$$

则线性模型假设通过以下的回归过程来近似输出值：

$$\tilde{y}_i = a_0 + \sum_{k=1}^{m} a_i x_{ik} \tag{5-3}$$

式中，a_0 称为截距。

写成矩阵形式为

$$\tilde{y}_i = A\boldsymbol{x}_i \tag{5-4}$$

式中，$A = \{a_0, a_1, \cdots, a_m\}$。

上述模型，假设数据集和其他未知点位于超平面上。如果数据集显示为非线性，必须考虑其他非线性模型，例如支持向量机、神经网络等。

有些时候，自变量 x 未必采用原始特征，而是经过加工，此时可以用非线性函数 $\varphi(x)$ 表示此加工过程，此函数称为基函数。

这样，获得线性回归的一般形式为

$$\tilde{y}_i = A\varphi(x_i) \tag{5-5}$$

常用的基函数 $\varphi(x)$ 为 S – 基函数：

$$\varphi(t) = \frac{1}{1 + e^{-x}} \tag{5-6}$$

S – 基函数的图像如图 5 – 3 所示

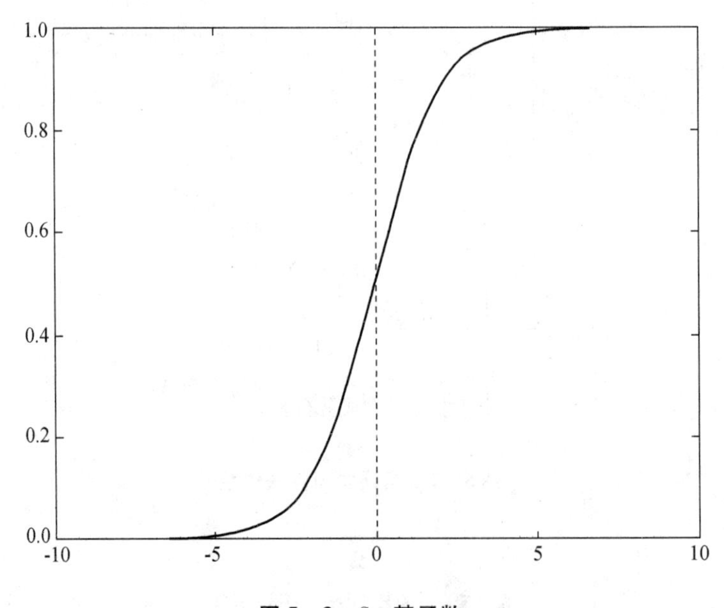

图 5 – 3　S – 基函数

由图 5 – 3 可见，S – 基函数具有以下特点：①函数连续光滑而且严格单调，是非常良好的阈值函数；②函数值域为(0,1)，这样可以关联一个概率分布；③函数导数为其自身，非常方便计算。

以二维平面为例，此时模型只包含两个参数：

$$\tilde{y}_i = \alpha + \beta x \tag{5-7}$$

对此可以使用最小二乘方法,需要最小化的损失函数为

$$L = \frac{1}{2}\sum_{i=1}^{n} \tilde{y}_i - y_i \tag{5-8}$$

即

$$L = \frac{1}{2}\sum_{i=1}^{n} \alpha + \beta x - y_i \tag{5-9}$$

即得条件

$$\begin{cases} \dfrac{\partial L}{\partial \alpha} = 0 \\ \dfrac{\partial L}{\partial \beta} = 0 \end{cases} \tag{5-10}$$

对于高维线性回归,最小二乘方法同上。

5.2　逻辑回归

逻辑回归并不是回归算法,实际上,是基于概率的线性分类方法。

简单起见,以二分类为例。二分类的目标是寻找最优超平面把两类数据分割,再多类的问题也可以采用一对多策略转化为多个二分类问题。

给定以下数据集:

$$X = \{\boldsymbol{x}_1, \boldsymbol{x}_2, \cdots, \boldsymbol{x}_n\}, i = 1,2,\cdots,n, \boldsymbol{x}_i \in R^m \tag{5-11}$$

每一个输入向量 $\boldsymbol{x}_i$ 关联一个 y_i:

$$Y = \{y_1, y_2, \cdots, y_n\}, i = 1,2,\cdots,n, y_i \in \{0,1\} \tag{5-12}$$

定义权重系数为

$$W = \{w_1, w_2, \cdots, w_m\}, w_i \in R \tag{5-13}$$

同时定义

$$z = xw = \sum_{i=1}^{m} \boldsymbol{x}_i w_i \tag{5-14}$$

由式(5-14)可见,若 x 为自变量,则 z 是由超平面方程所确定的实数值。因此,如果能找到正确的系数 W,就应该有

$$\text{sign}(z) = \begin{cases} +1, x \text{ 属于类 } 1 \\ -1, x \text{ 属于类 } 2 \end{cases} \tag{5-15}$$

若数据集是线性可分的,则上述的 W 存在。

由于 Sigmoid 函数:

$$\varphi(t) = \frac{1}{1+\mathrm{e}^{-t}} \tag{5-16}$$

值域(0,1)符合概率的要求,可以将其定义数据集(x,y)属于类 0 或类 1 的概率。

$$p(y \mid x) = \frac{1}{1+\mathrm{e}^{-x_i w_i}} \tag{5-17}$$

构造最优参数 w 的对数似然:

$$L(w,y) = \log p(y \mid w) \tag{5-18}$$

则分类问题就转化为损失函数的最小化：

$$J(W) = -\sum_{i} \log p(y \mid x,w) \tag{5-19}$$

5.3 支持向量机

支持向量机(SVM)主要用于分类，也可以回归，可以同时处理线性以及非线性情况。对于小样本、非线性和高纬度这种不容易寻找到合适的分割平面(超平面)的场景，支持向量机几乎是最佳选择。

5.3.1 线性可分性

线性可分，是指可以用一个线性函数把数据集的两个样本没有误差地分割开来。对于二维空间是直线，对三维空间是平面，对于高维空间则是线性函数。

现实中很多情况并非线性可分的。所谓线性不可分，就是指不能通过一个线性分类器例如直线或平面来对数据集进行分类。

在图5-4中，图左的数据集为线性可分，图右的环则是线性不可分的。

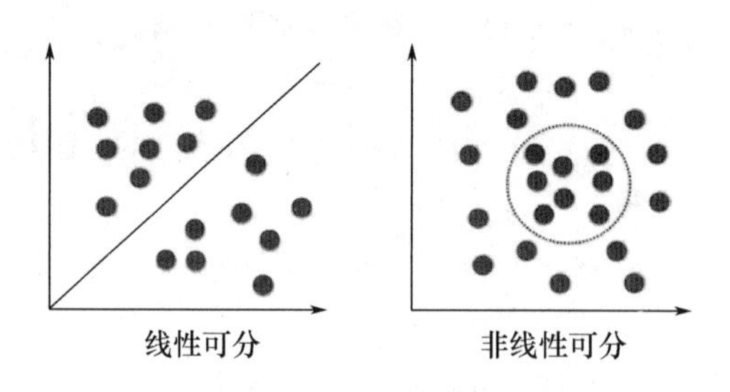

图5-4 线性可分性

线性不可分问题可以通过核函数(Kernel Function)转化为线性可分。核函数的思路是将原始样板提升到高维空间，使其在高维空间是线性可分的，然后应用线性分类器。

例如图5-5中，图左是线性不可分的二维空间的两组圆环，图右是通过核函数转化之后线性可分的高维空间的两条带状分布。

5.3.2 核函数

设 X 为欧氏空间的子集，Y 为高维的希尔伯特空间，τ 为 X 到 Y 的 H 映射。

则存在一个函数 $K(x,z)$，满足

$$K(x,z) = \tau(x_i)\tau(x_j), \forall x,z \in X \tag{5-20}$$

式中，$K(x,z)$ 称为核函数。

有了核函数之后，对于支持向量机来说，就无须再区分线性可分和线性不可分了，从而可以构造统一的支持向量机算法。

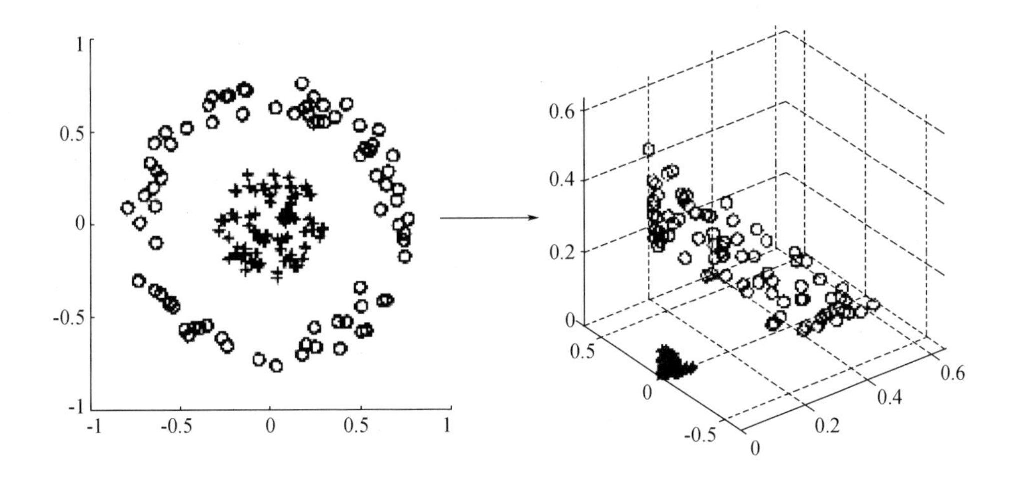

图 5-5　核函数核作用

5.3.3　问题描述

简单起见，以二分类为例。

特征向量的数据集为 $X=\{(x_1,y_1),(x_2,y_2),\cdots,(x_m,y_m)\}$，$x_i\in R^d$，$y_i\in\{-1,1\}$，目标是寻找分割超平面把两类样本分割，如图 5-6 所示。

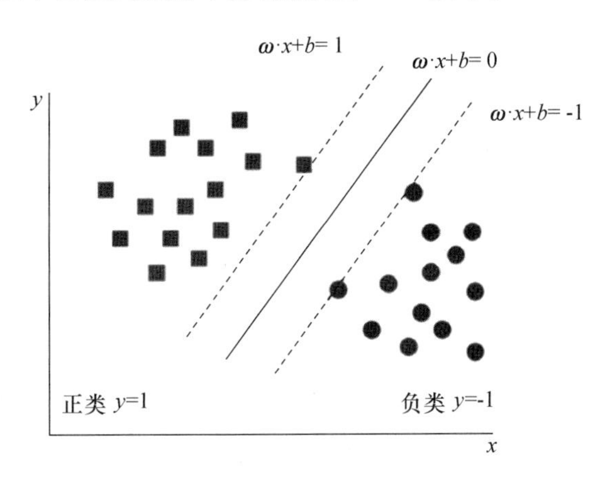

图 5-6　分割超平面

但是，存在很多分割超平面时如何选择？

直觉上，应该选择靠近中间位置的，其方程为

$$\boldsymbol{w}^{\mathrm{T}}x+b=0 \tag{5-21}$$

式中，$\boldsymbol{w}=\{w_1,w_2,\cdots,w_d\}$ 为法向量，决定超平面的方向；b 是位移，决定超平面与原点之间的距离，$\boldsymbol{w}$ 和 b 完全地确定了超平面。

根据该超平面，对于任意 (x_i,y_i)，若 $y_i>0$ 则有 $\boldsymbol{w}^{\mathrm{T}}x_i+b>0$，若 $y_i<0$ 则有 $\boldsymbol{w}^{\mathrm{T}}x_i+b<0$，当然若 $y_i=0$ 则 $\boldsymbol{w}^{\mathrm{T}}x_i+b=0$ 即 (x_i,y_i) 恰好位于超平面。

由此可以归一化，令

$$\begin{cases} y_i = +1, \boldsymbol{w}^{\mathrm{T}} x_i + b > 0 \\ y_i = -1, \boldsymbol{w}^{\mathrm{T}} x_i + b < 0 \end{cases} \tag{5-22}$$

这样，方程 $y_i = \boldsymbol{w}^{\mathrm{T}} x_i + b = +1$ 和 $y_i = \boldsymbol{w}^{\mathrm{T}} x_i + b = -1$ 确定了两个超平面，称为边界超平面。

样本集中，靠近两个边界的样本称为支持向量，如图 5－7 所示。

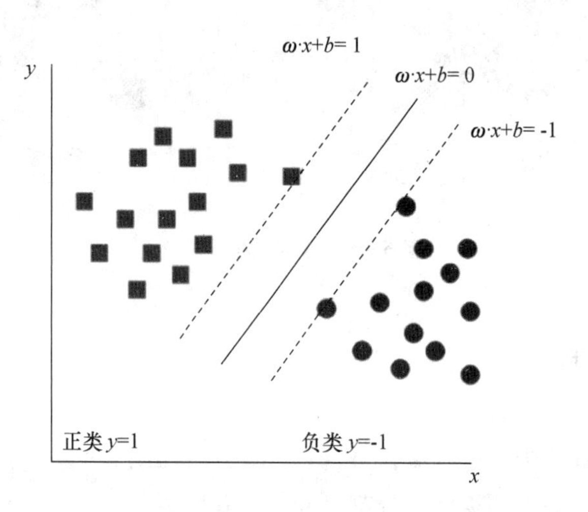

图 5－7 支持向量

下面考虑两个边界超平面的距离。

对于边界点 x_1 和 x_2，有

$$x_2 = x_1 + t\boldsymbol{w} \tag{5-23}$$

根据边界超平面的方程

$$\begin{aligned} 1 &= \boldsymbol{w}^{\mathrm{T}} x_2 + b = \boldsymbol{w}^{\mathrm{T}}(x_1 + t\boldsymbol{w}) + b = \boldsymbol{w}^{\mathrm{T}} x_1 + \boldsymbol{w}^{\mathrm{T}} t\boldsymbol{w} + b \\ &= \boldsymbol{w}^{\mathrm{T}} x_1 + b + t\boldsymbol{w}^2 \\ &= -1 + t\boldsymbol{w}^2 \end{aligned}$$

得

$$t = \frac{2}{\boldsymbol{w}^2}$$

定义边界超平面之间的宽度为间隔 γ：

$$\gamma = |x_2 - x_1| = t\boldsymbol{w} = \frac{2}{\boldsymbol{w}^2}\boldsymbol{w} = \frac{2}{\boldsymbol{w}} \tag{5-24}$$

因此，寻找最大间隔的分割超平面，即寻找参数 $(\boldsymbol{w}, b)$ 使得 γ 最大。

5.3.4 算法流程

简单起见，以二分类为例，算法流程如下。

(1) 特征向量的数据集为 $X = \{x_1, x_2, \cdots, x_n\}$，$x_i \in R^m$，类标签为 $Y = \{y_1, y_2, \cdots, y_n\}$，

$y_i \in \{-1,1\}$，

(2)选择适当的核函数 $K(x,z)$ 和惩罚系数 C，构造带约束优化问题。

通过 SMO 方法求解最小值时的向量 $\boldsymbol{\alpha}$。

(3)计算 $w^* = \sum_{i=1}^{m} \boldsymbol{\alpha}_i y_i \boldsymbol{\tau}(x_i)$。

(4)计算 $b^* = \frac{1}{s}\sum_{i=1}^{s} b_s$。

(3)获得超平面 $\sum_{i=1}^{m} \boldsymbol{\alpha}_i^* y_i k(x,x_i) + b^* = 0$。

得决策函数 $f(x) = \mathrm{sign}\left(\sum_{i=1}^{m} \boldsymbol{\alpha}_i^* y_i k(x,x_i) + b^*\right)$。

5.4 神经网络

神经网络(Neural Network,NN)也称人工神经网络(ANN)，通过人工神经元连接输入层与输出层，构成有向网络结构，可以用于大多数的回归和分类。其核心功能是实现有监督学习场景下多项式函数的拟合：

$$\boldsymbol{y} = f(\boldsymbol{x}) \tag{5-25}$$

式中，$\boldsymbol{x} = [x_1, x_2, \cdots, x_n]^{\mathrm{T}} \in R^n$，$\boldsymbol{y} = [y_1, y_2, \cdots, y_m]^{\mathrm{T}} \in R^m$。

层数决定了神经网络的规模，单层神经网络即感知机，二层神经网络即多层的感知机，而超过二层的多层神经网络即深度学习。

神经网络的输入层与输出层的节点数量一般是是固定的、事先既定的，而中间的隐藏层则可以自由指定，是设计的关键。神经网络的典型结构如图 5-8 所示。

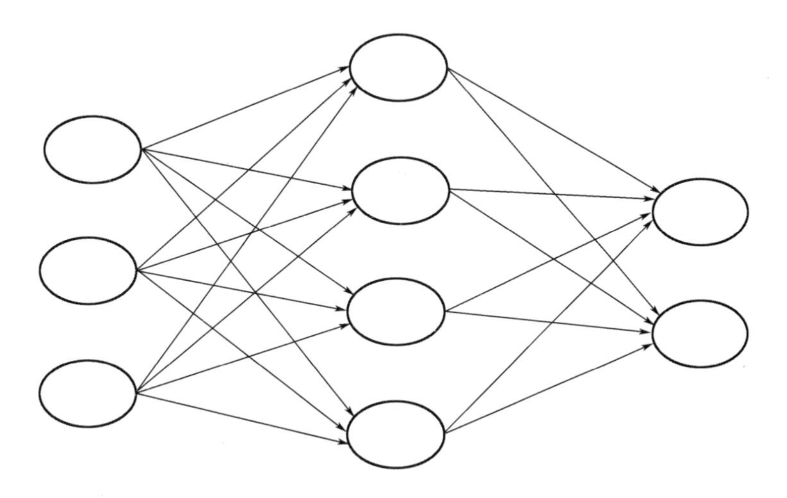

图 5-8　神经网络典型结构

图 5-8 中，起到关键作用的不是代表神经元的圆圈，而是各个圆圈之间的有向连接线。每个连接线对应了一个不同的权重，权重是经由训练获得的。连接线的箭头方向代表训练或预测时的数据流向。

一个神经网络的训练算法就是让权重的值调整到最佳，以使得整个网络的预测效果最好。

5.4.1　神经元结构

神经元是一个包含输入、输出和计算功能的模型。输入类似于神经元的树突，输出类似于神经元的轴突，计算则类似于细胞核。

图 5－9 为典型的神经元模型，它包含：3 个输入，第 i 个输入通道的突触权重为 w_i；求和与激活 2 个计算；1 个输出。

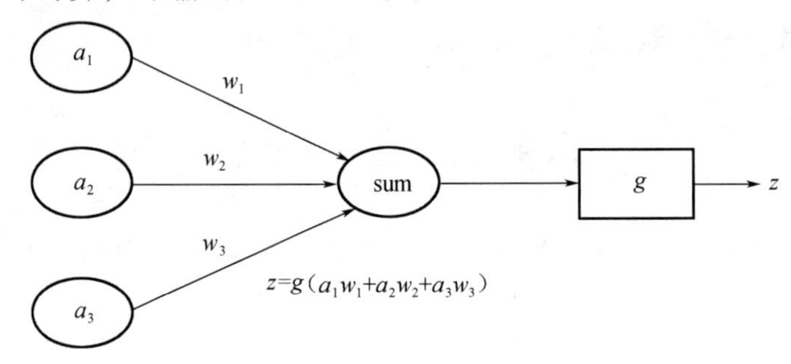

图 5－9　典型的神经元模型

由图 5－9 可见求和与激活这 2 个计算：输出 z 是在输入 a_i 和权值 w_i 的线性加权求和基础上，又叠加了一个激活函数 g。

通常，激活函数是符号函数 sgn( )，即输入大于 0 时输出 1、否则输出 0。具体的激活函数有很多类型，比较常见的如图 5－10 所示。

函数	图形	公式
阶跃函数		$f(x)=\begin{cases}0, & x<0\\1, & x\geq 0\end{cases}$
逻辑函数	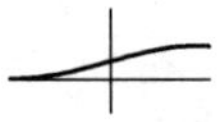	$f(x)=\dfrac{1}{1+e^{-x}}$
双曲正切		$f(x)=\tanh(x)=\dfrac{2}{1+e^{-2x}}-1$
反正切		$f(x)=\tan^{-1}(x)$
线性整流		$f(x)=\begin{cases}0, & x<0\\1, & x\geq 0\end{cases}$
含参线性整流	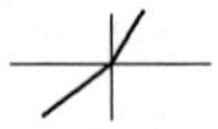	$f(x)=\begin{cases}0, & x<0\\1, & x\geq 0\end{cases}$
指数线性整流	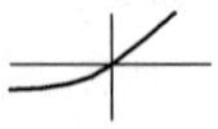	$f(x)=\begin{cases}0, & x<0\\1, & x\geq 0\end{cases}$
SftfPlus		$f(x)=\log_e(1+e^x)$

图 5－10　激活函数

再一个常用激活函数是平滑函数 Sigmoid，也称为 Logistic 函数，就是上节逻辑回归的模型函数。

注意：如果神经元的激活函数是线性函数，那么构建的 *NN* 就只能拟合线性函数。如果激活函数是非线性的，则由它构建的 *NN* 可以用于拟合复杂的线性或非线性函数。因此实际使用中，一般都选用非线性函数作为激活函数。

最后，在神经网络结构图中，一般把神经元的两个运算标识为一个整体 f，称神经元为节点（Node），如图 5 – 11 所示。

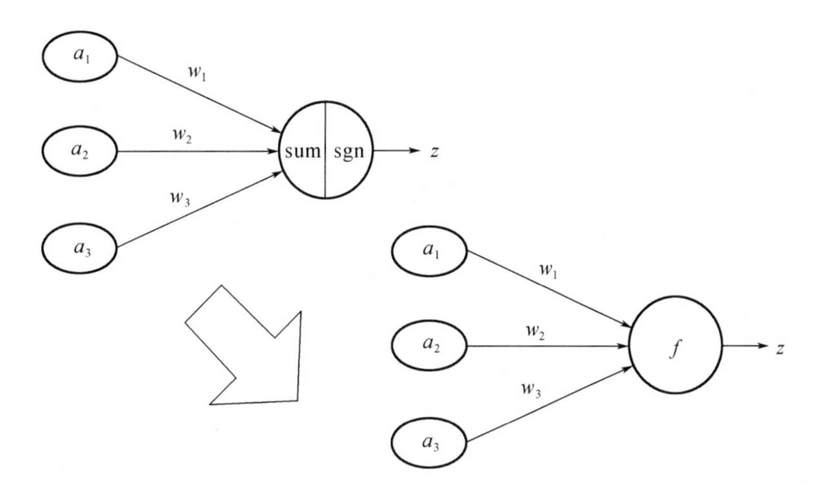

图 5 – 11　神经网络基础节点

5.4.2　神经网络类型

按照惯例，对于神经网络的输入层、隐含层和输出层，最左侧的输入层不纳入网络层数的计算。

5.4.2.1　单层神经网络

单层神经网络（图 5 – 12）是一个无隐藏层的、只有输入和输出层的神经网络。

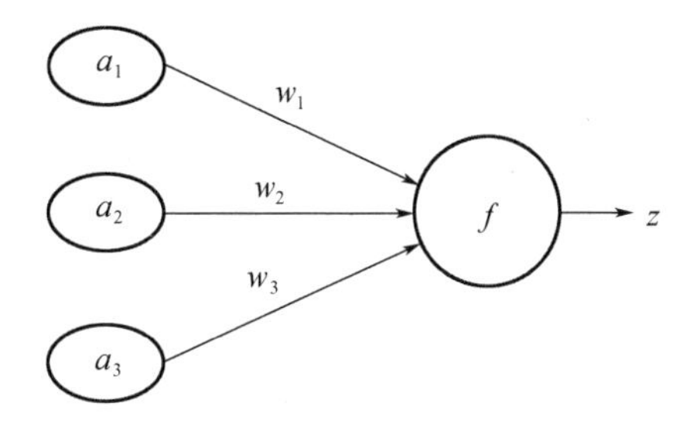

图 5 – 12　单层神经网络

图 5 – 12 中，输入层负责传输数据，输出层对前一层的输入进行计算。单层神经网

络与神经元模型的不同之处，在于感知机的权值是通过训练得到的。

如果预测目标不是数量值，而是向量值（图 5－13），那么可以在输出层再增加输出单元。

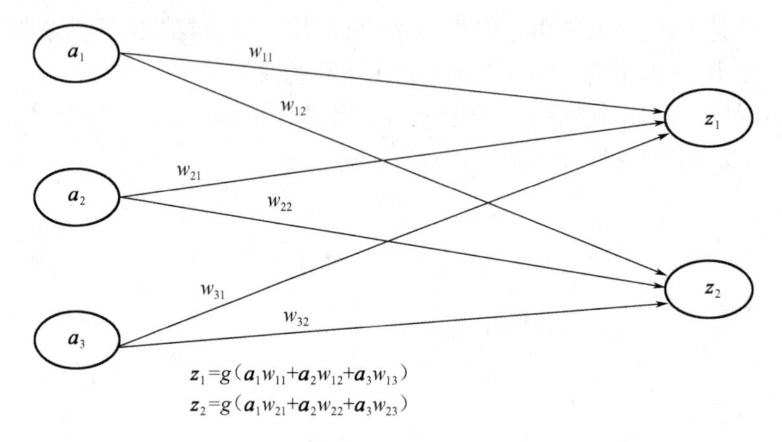

图 5－13　输出为向量的单层神经网络

图 5－13 中，w_{ij}下标 i 代表后一层神经元序号，j 代表前一层神经元序号，例如 w_{12}，代表后层第 1 个神经元与前层第 2 个神经元的连接的权值。

则输出向量的单层神经网络的输出，用矩阵表示为

$$g(\boldsymbol{Wa})=z \tag{5-26}$$

式（5－26）代表神经网络从前一层计算后一层的矩阵运算，其中，输入为向量 $\boldsymbol{a}=\begin{bmatrix}\boldsymbol{a}_1\\\boldsymbol{a}_2\\\boldsymbol{a}_3\end{bmatrix}$，输出为向量 $\boldsymbol{z}=\begin{bmatrix}z_1\\z_2\end{bmatrix}$，系数为 2×3 的矩阵向量 $\boldsymbol{W}=\begin{bmatrix}w_{11} & w_{12} & w_{13}\\w_{21} & w_{22} & w_{23}\end{bmatrix}$。

单层神经网络又称感知机，类似上节所述的逻辑回归模型，实质是一种二分类的线性分类器。

给定 d 维输入 $x\in R^d$ 和标签 $y\in\{-1,+1\}$，特征向量的数据集为 $X=\{(x_1,y_1),(x_2,y_2),\cdots,(x_m,y_m)\}$，$x_i\in R^d$，$y_i\in\{-1,1\}$，目标是寻找分割超平面把两类样本分割。

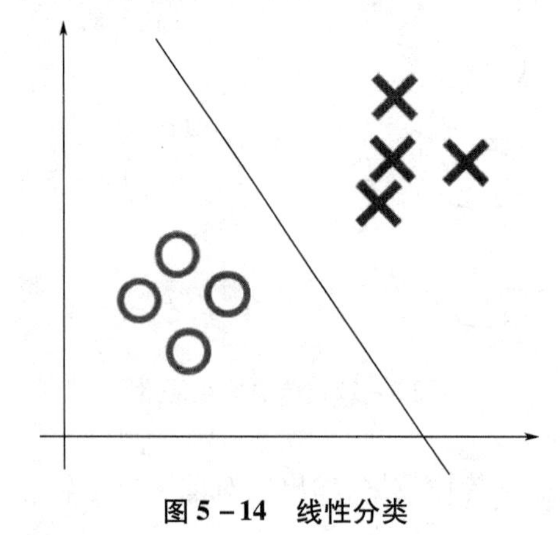

图 5－14　线性分类

5.4.2.2　二层神经网络

二层神经网络除了包含一个输入层、一个输出层以外，还增加了一个中间层。此时，中间层和输出层都是计算层，共二层。

例如，如图5-15所示，扩展前文的输出向量的那个单层神经网络，在其右边新加一个层次，简单起见使其只包含一个节点。（同样，如果预测为向量，那么只需在输出层再增加若干节点）

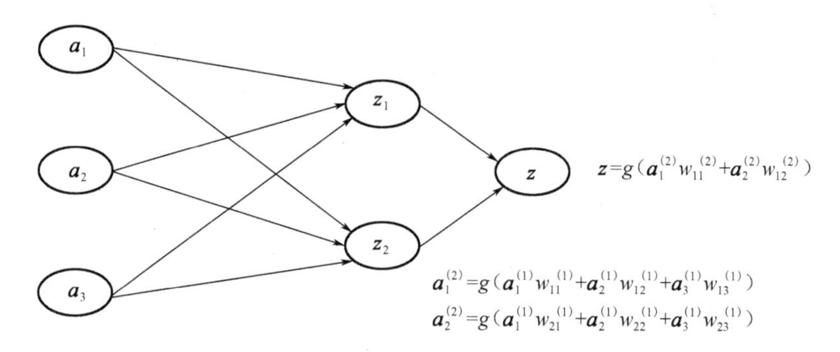

图5-15　二层神经网络

此时，计算最终输出 $\boldsymbol{z}$ 需要利用中间层的 $\boldsymbol{a}_1^{(2)}$、$\boldsymbol{a}_2^{(2)}$ 和第二个权值矩阵 $\boldsymbol{W}^{(2)}$：

$$\begin{cases} g(\boldsymbol{W}^{(1)}\boldsymbol{a}^{(1)}) = \boldsymbol{a}^{(2)}, \boldsymbol{a}^{(1)} = \{\boldsymbol{a}_1^{(1)}, \boldsymbol{a}_2^{(1)}, \boldsymbol{a}_3^{(1)}\} \\ g(\boldsymbol{W}^{(2)}\boldsymbol{a}^{(2)}) = \boldsymbol{z}, \boldsymbol{a}^{(2)} = \{\boldsymbol{a}_1^{(2)}, \boldsymbol{a}_2^{(2)}\} \end{cases} \tag{5-27}$$

另外，如果包含偏置，则可以增加参数值为向量 $\boldsymbol{b}$ 的偏置项，从而变为

$$\begin{cases} g(\boldsymbol{W}^{(1)}\boldsymbol{a}^{(1)}) + \boldsymbol{b}^{(1)} = \boldsymbol{a}^{(2)}, \boldsymbol{a}^{(1)} = \{\boldsymbol{a}_1^{(1)}, \boldsymbol{a}_2^{(1)}, \boldsymbol{a}_3^{(1)}\}, \boldsymbol{b}^{(1)} \in R \\ g(\boldsymbol{W}^{(2)}\boldsymbol{a}^{(2)}) + \boldsymbol{b}^{(2)} = \boldsymbol{z}, \boldsymbol{a}^{(2)} = \{\boldsymbol{a}_1^{(2)}, \boldsymbol{a}_2^{(2)}\}, \boldsymbol{b}^{(2)} \in R \end{cases} \tag{5-28}$$

在结构图中，偏置节点也很好认，因为它没有输入，即前一层没有箭头指向偏置节点。

可以证明，二层神经网络可以无限逼近任意的连续函数，即对于任意非线性分类任务，二层神经网络可以分类。例如，如图5-16所示。

从图5-16中可以看出，该二层神经网络决策分界非常平滑，分类效果很好，这主要归因于良好的网络结构和模型训练。

在设计神经网络结构时，输入层节点数要与特征维度匹配，输出层节点数要与目标维度匹配，而中间层的节点数则是重点对象，一般根据经验设置。其中：已知的属性，称为特征；未知的属性，称为目标。

机器学习模型的训练，目的是使参数尽可能与真实模型接近，一般做法是先给所有参数赋随机值，然后用该随机参数值预测训练数据的样本，并对真实目标为 y、预测为 z 的样本定义损失函数：

$$\text{loss} = (z - y)^2 \tag{5-29}$$

通过设置目标为所有训练数据的损失和尽量小，使之转化为前几节的优化问题。

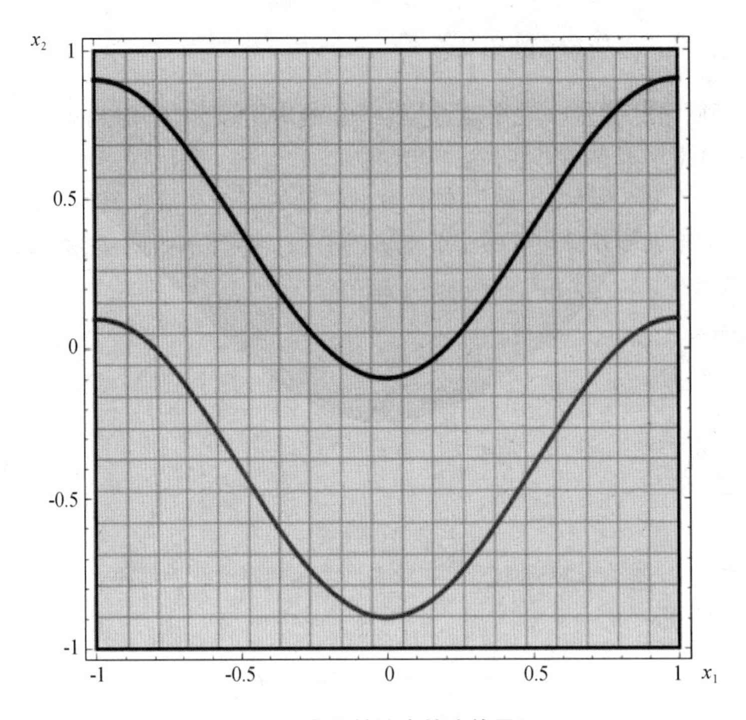

图 5－16　非线性分类的决策界面

优化问题常用方法是求导,但是运算量大,一般会使用梯度下降算法:每次计算参数在当前的梯度,然后让参数向着梯的反方向行进,不断重复直到梯度接近零,此时所有参数恰好使得损失函数达到最低值状态。

不过神经网络的每次梯度计算也很复杂,为此引入了反向传播算法。该算法利用神经网络的结构进行计算,并不一次计算所有参数的梯度,而是从后往前。先计算输出层的梯度,然后是第二个参数矩阵的梯度,接着是中间层的梯度,再然后是第一个参数矩阵的梯度,最后是输入层的梯度。计算结束以后,所要的两个参数矩阵的梯度就都有了,如图 5－17 所示。

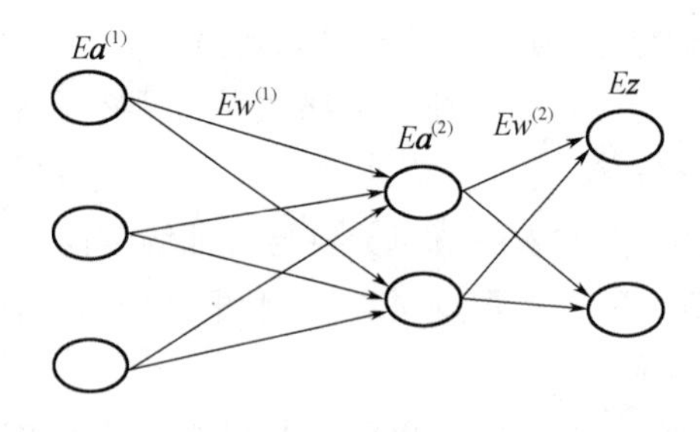

图 5－17　反向传播

从图 5－17 中可见,梯度计算是从后往前的逐层反向传播的。而输出则是从最左的外层开始逐层向右推进的,称为正向传播。

5.4.2.3　多层神经网络

多层神经网络即深度学习,广泛应用于语言、图像处理及自动驾驶和机器人领域,具有代表性的有卷积神经网络(Conventional Neural Network,CNN)和递归神经网络(Recurrent Neural Network,RNN)等架构。

在上节的二层神经网络输出层之后再添加层次,则原输出层变成隐藏层,新加层次为新的输出层,这样得到如图5-18所示的三层神经网络。

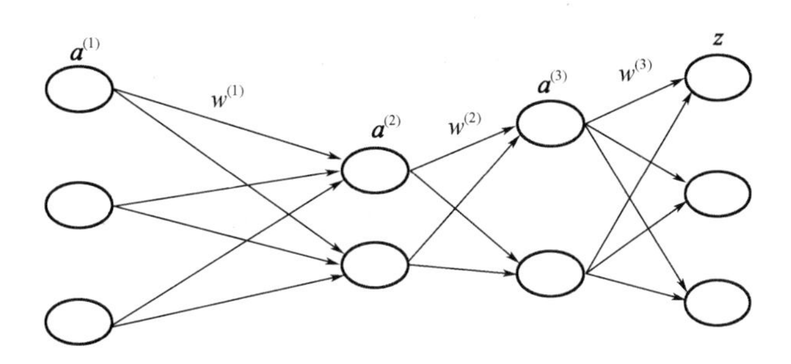

图5-18　三层神经网络

图5-18中三层神经网络不带偏置节点的矩阵计算为

$$\begin{cases} g(\boldsymbol{W}^{(1)}\boldsymbol{a}^{(1)}) = \boldsymbol{a}^{(2)}, \boldsymbol{a}^{(1)} = \{\boldsymbol{a}_1^{(1)}, \boldsymbol{a}_2^{(1)}, \boldsymbol{a}_3^{(1)}\} \\ g(\boldsymbol{W}^{(2)}\boldsymbol{a}^{(2)}) = \boldsymbol{a}^{(3)}, \boldsymbol{a}^{(2)} = \{\boldsymbol{a}_1^{(2)}, \boldsymbol{a}_2^{(2)}\} \\ g(\boldsymbol{W}^{(3)}\boldsymbol{a}^{(3)}) = \boldsymbol{z}, \boldsymbol{a}^{(3)} = \{\boldsymbol{a}_1^{(3)}, \boldsymbol{a}_2^{(3)}\} \end{cases} \tag{5-30}$$

可以按照这样的方式不断添加,从而得到更多层的神经网络。

图5-18所示三层神经网络一共包含16个参数:$\boldsymbol{W}^{(1)}$的6个参数、$\boldsymbol{W}^{(2)}$的4个参数和$\boldsymbol{W}^{(3)}$的6个参数。一个神经网络的参数越多,其表示能力越强:更深入的特征表示能力和更强的函数模拟能力。

对于神经网络的层次,实践表明在参数数量相同情况下,更深的网络往往比浅层网络具有更好的识别效率。对于神经网络的识别函数,单层神经网络使用的是符号函数gn,二层神经网络使用的是平滑函数sigmoid,而多层神经网络一般使用ReLU,训练更容易收敛而且预测性能更好。

第6章 机器视觉

机器视觉是工程界的词汇，在学术界一般称为计算机视觉。机器视觉偏重工程应用，其构成主要包括视觉系统和图像系统。视觉系统由相机、镜头和光源构成，其中技巧性较高的是光源照明。图像系统按照抽象的层次，主要包括图像处理、图像分析和图像理解。

6.1 颜色工程

6.1.1 光的描述

光是一种电磁波，也称为光波或光辐射。根据麦克斯韦理论，如果在空间某区域存在变化电场 E 或变化磁场 H，那么邻近区域将产生变化的磁场或变化的电场，这种变化的电场和变化的磁场不断交替产生，从而以有限的速度由近及远地在空间传播，形成电磁波。

现代物理认为光波具有波动性和粒子性，不同波长的光波按照产生以及与物质相互作用的形式不同，分别具有各自的特点。

(1)短波段($\lambda < 1$ nm) 在基本粒子相互作用中产生，主要显示粒子性。

(2)长波端($\lambda > 1\,000$ μm) 在电路结构中产生，主要显示波动性。

(3)中间区(1 nm $< \lambda < 1\,000$ μm) 由外层电子跃迁或者分子运动产生，此时具有明显的波粒二相性。

6.1.1.1 光的探测

根据能量转换的方式，探测器主要有热探测器和光子探测器两大类。

热探测器利用的是入射辐射的热效应，该热效应通过换能过程可以引起探测器某一个电特性的变化，主要有热阻效应、热伏效应、热释电效应等，例如常见的热敏电阻和热电偶。

光子探测器利用的是入射光子流与探测器材料之间相互作用所产生的光电效应，光电效应又分为外光电效应和内光电效应，区别在于外光电效应发射光电子而内光电效应不发射电子，主要有光电导效应、光生伏特效应、光电磁效应等。

常见的光电效应应用包括如下几种。

(1)光电管和光电倍增管(Photo Multiplier Tube，PMT)，利用的是外光电效应，也就是通常意义上的光电效应，吸收光子而真实地向外发射电子(光电子)。

(2)光电池(Photo Detector，PD)，利用的是内光电效应的光生伏特效应，吸收光子但是并不向外发射电子而是引起电动势的变化，属于少数载流子导电。光电池的开路电压与光强呈现非线性，而短路电流与光强呈现良好线性关系，所以光电池一般作为电流源使用。

(3)光敏电阻，利用的也是内光电效应，具体为光导效应(Photo Conductive，PC)，吸收光子但是并不发射电子而是引起电导率的变化，属于多数载流子导电。

(4)CCD和CMOS，利用的也是光电效应，具体为内光电效应的光生伏特效应，两者主要区别在于工艺，CCD工艺复杂而且能耗高，CMOS响应速度快。

探测器及其原理如图6-1所示。

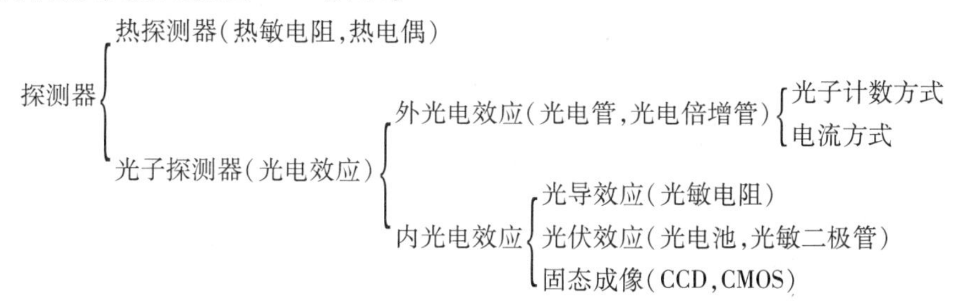

图6-1　探测器及其原理

热探测器和光子探测器这两种探测器最重要的区别是，热探测器的响应正比于所吸收的辐射能量，光子探测器的响应正比于吸收的光子数量，前者是能量，而后者是数量。

根据量子理论，光子数目和辐射能量并非线性关系，而是与光波的频率有关。如果以横坐标表示光波波长，纵坐标表示探测器响应，则光谱响应曲线表示每单位波长间隔内恒定辐射功率产生的信号(电压或电流)，如图6-2所示。

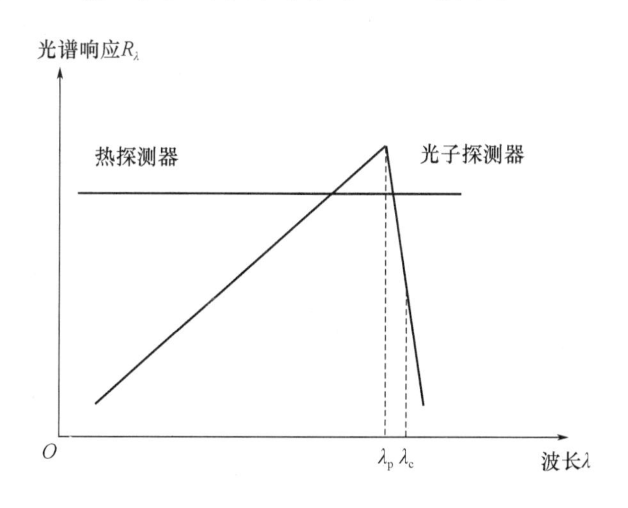

图6-2　光谱响应曲线

可见，光子探测器和热探测器的主要不同，可以归结为光谱响应不同。

热探测器的响应，具有平坦的光谱响应特性，它只与吸收的辐射功率有关，而与辐射光波的波长无关，因为热探测器的温度变化只取决于吸收的辐射能量，所以热探测器也称为能量探测器，主要应用于红外领域，因为红外光具有较好的热效应。

对于光子探测器而言，首先入射光子的能量必须大于某一极小值 $h\upsilon_c$ 才能产生光电效应，也就是说探测器仅对频率大于 υ_c（波长小于 λ_c）的光有响应，从响应曲线上看就是存在一个极点，超过该极点之后理论上就应该没有响应了。

其次，光子探测器吸收光子，产生光电子，光电子形成光电流 I，这个光电流 I 与每秒入射的光子数量成正比。而如果辐射功率一定，由于单个光子能量与频率 υ 成正比，所以光子流的数量就与频率 υ 成反比，即与波长成正比，根据统计光学理论形成公式为

$$I = \frac{\eta e}{h\upsilon}P \tag{6-1}$$

因此，光子探测器的响应在有效范围内是随波长而线性上升的，也就是曲线总体上在前段是线性上升的，在到达某一截止波长 λ_c（理论上应该是峰值波长 λ_p）后，突然下降为零。

实际的响应曲线稍有偏离，过了拐点之后是迅速下降但并不是突然下降。一般将响应下降到峰值响应50%位置处的波长定义为截止波长 λ_c。

图 6－3 为光电倍增管（PMT）和光电池（PD）的响应曲线。

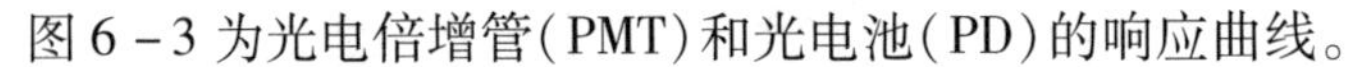

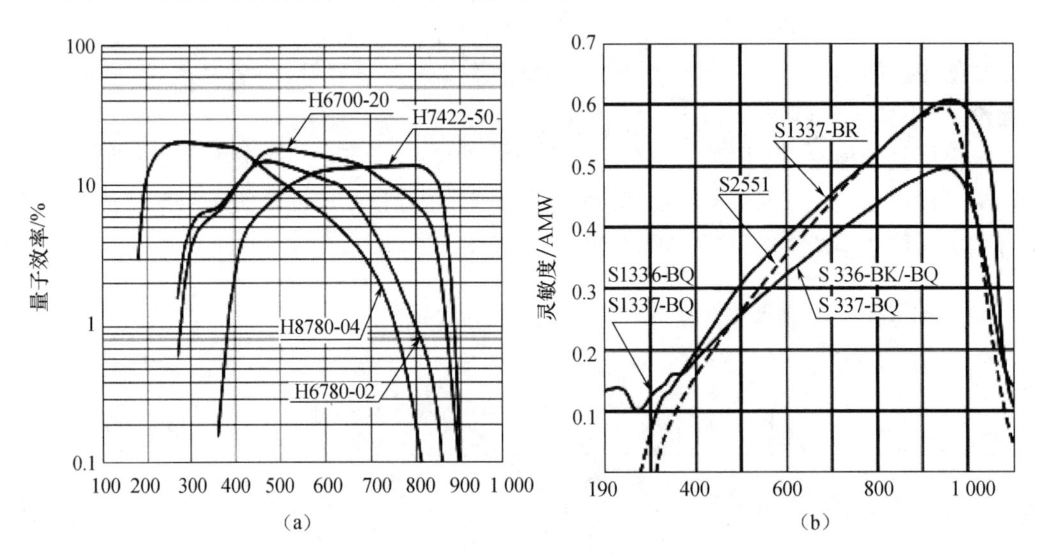

图 6－3　光子探测器响应曲线

图 6－4 为不同材质（硅和锗）的光电池的响应曲线。

6.1.1.2　度量空间

对于光的度量主要有光谱、辐射、光度、色度等几个维度。

（1）从能量角度，包含了从 0 ~ ∞的全部波长的能量就是辐射度量，也称为全辐射量。

（2）从量子角度，由于光辐射具有量子性，相应地用光子数量代替能量就是光子辐

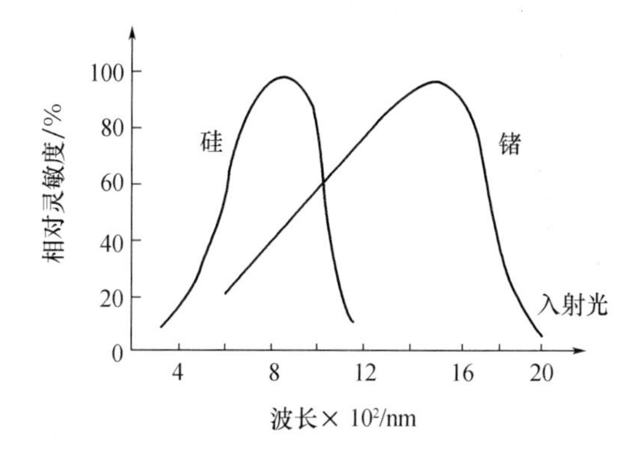

图 6-4　光电池的响应曲线

射度的概念。

(3)从生理角度,对于可见光部分,人眼对于光的强度/亮度等幅值方面的度量,就是光度度量。

(4)从生理角度,对于可见光部分,人眼对于光的光谱分布的描述(即颜色),就是色度度量。

为了区分前述这几个度量空间,通常给对应物理量符号加不同下标,例如用 e、p、v 来分别代表辐射的度量、光子的度量、光度的度量的概念。

6.1.1.3　度量转换

光的度量转换关系见表 6-1。

表 6-1　光的度量转换关系

辐射度(e)	符号	单位	光度(v)	符号	单位	量子(p)	符号	单位
辐射能量 (Radiant Energy)	Q_e	J	发光能量 (Luminous Energy)	Q_v	lm · s	光子能量 (Photon Energy)	N_p	
辐射功率 (Radiant Power)	Φ_e	W	光通量 (Luminous Flux)	Φ_v	lm	光子通量 (Photon Flux)	Φ_p	$\frac{1}{s}$
辐射强度 (Radiant Intensity)	I_e	$\frac{W}{sr}$	发光强度 (Luminous Intensity)	I_v	$\frac{lm}{sr}$	光子强度 (Photon Intensity)	I_p	$\frac{1}{s \cdot sr}$
辐射照度 (Irradiance)	E_e	$\frac{W}{m^2}$	光照度 (Illuminance)	E_v	$\frac{lm}{m^2}$	光子照度 (Photon Irradiance)	E_p	$\frac{1}{s \cdot m^2}$
辐射亮度 (Radiance)	L_e	$\frac{W}{sr \cdot m^2}$	亮度 (辉度) (Luminance)	L_v	$\frac{lm}{sr \cdot m^2}$	光子亮度 (Photon Radiance)	L_p	$\frac{1}{s \cdot sr \cdot m^2}$

注意：

(1)在量子光学里面，是以光子个数来计的，能量就是光子的数目，所以光子通量$\Phi_p=\frac{dN_p}{dt}$也就是每秒的光子数。

(2)对于连续光谱，需要关注波长，一般用单位波长内的密度作为指标，例如光谱密度分布曲线上的辐射照度常用单位是$\frac{mW}{m^2\cdot nm}$(例如这样的表述：灯珠光源正前方0.5 m处的照度为12.2 $\frac{mW}{m^2\cdot nm}$)。

(3)对于光电二极管或工作于电流模式的光电倍增管等探测器，不需要波长参与转换，但是对于光子计数型的探测器，每个点与波长有关(关系是乘波长)。

常用度量的相互转换见表6-2。

表6-2 常用度量的相互转换

波长 (Wavelength)	波数 (Wavenumber)	频率 (Frequency)	光子能量 (Photon Energy)
λ/ nm	u/cm^{-1}	v/Hz	E_p/eV
λ	$10^7/\lambda$	$3\times1\ 017/\lambda$	$1\ 240/\lambda$
$10^7/u$	u	$3\times10^{10}\times u$	$1.24\times10^{-4}\times u$
$3\times10^{17}/v$	$3.33\times10^{-11}\times v$	v	$4.1\times10^{-15}\times v$
$1\ 240/E_p$	$8\ 056E_p$	$2.42\times10^{14}\times E_p$	E_p
500 nm	2×10^4 cm^{-1}	6×10^{14} Hz	2.48 eV

注意：

(1)波数在SI单位制中的单位是1/m，但是工程人员尤其是红外领域习惯使用1/cm。

(2)量子领域常用的能量单位是电子伏特(eV)而不是焦耳(J)，因为eV更方便。

1. 每光子的能量

焦耳(J)和电子伏特(eV)的关系如下。

假设某光波波长为λ(nm)，则频率为

$$v=\frac{3\times10^8}{\lambda\times10^{-9}}=\frac{3\times10^{17}}{\lambda}(\text{Hz}) \tag{6-2}$$

每光子的能量为

$$E_p=hv=6.626\ 196\times10^{-34}\times\frac{3\times10^{17}}{\lambda}=\frac{1.987\ 858\ 8\times10^{-16}}{\lambda}(\text{J}) \tag{6-3}$$

而每电子伏特能量为

$$1\text{eV}=1.602\ 176\ 5\times10^{-19}(\text{J}) \tag{6-4}$$

所以用电子伏特表示的每光子能量为

$$E_p = \frac{1.987\,858\,8 \times 10^{-16}/\lambda}{1.602\,176\,5 \times 10^{-19}} = \frac{1\,240}{\lambda}(\text{eV}) \tag{6-5}$$

例如表6-6最末行的例子，某光波长为500 nm，则光子的能量是$\frac{1\,240}{500}=2.48$ eV。

2. 每焦耳的光子数

对于单色光，每焦耳的光子数目是多少个，也就是辐射能量与光子数量的关系。

每库伦的电子数目为

$$\frac{1}{1.602\,176\,5 \times 10^{-19}} = 6.241\,5 \times 10^{18} \tag{6-6}$$

每焦耳(库伦×伏特)为

$$1 \times 6.241\,5 \times 10^{18} = 6.241\,5 \times 10^{18}(\text{eV}) \tag{6-7}$$

由前述可知，对于波长为λ(nm)的光波其每光子的能量为E_p。因此，每焦耳的光子数目为

$$N_p = \frac{6.241\,5 \times 10^{18}}{1\,240/\lambda} = 5.03 \times 10^{15}\lambda \tag{6-8}$$

对于功率为P(W)的光波，每秒的光子数目为

$$\frac{\mathrm{d}N_p}{\mathrm{d}t} = 5.03 \times 10^{15}\lambda P \tag{6-9}$$

例如，某2 mW的HeNe激光器(632.8 nm)，每秒发送的光子数量为

$$\frac{\mathrm{d}N_p}{\mathrm{d}t} = 5.03 \times 10^{15} \times 632.8 \times 2 \times 10^{-3} = 6.37 \times 10^{15}\ \text{photon/s} \tag{6-10}$$

再如，某2 mW的波长为555 nm的单色光光源，每秒发送的光子数量为

$$\frac{\mathrm{d}N_p}{\mathrm{d}t} = 5.03 \times 10^{15} \times 555 \times 4 \times 10^{-3} = 5.58 \times 10^{15}\ \text{photon/s} \tag{6-11}$$

6.1.1.4 辐射度和量子度量

辐射度和量子度量之间的关系，是通过光波的频率(或波长)联系起来的。

功率方面，辐射度的量是辐射功率W，也就是J/s，这个可以通过波长转化为量子光学的光子通量1/s，例如前述示例中的2 mW即2 mJ/s和6.37×10^{15} photons/s的对应关系。

在工程实践中一般采用照度，即单位面积上的功率，对应辐射度的量是辐射照度$\frac{\text{W}}{\text{m}^2}$，也就是$\frac{\text{J}}{\text{s}\cdot\text{m}^2}$，这个同样可以根据波长转化为量子光学的光子照度$\frac{1}{\text{s}\cdot\text{m}^2}$。

上面讨论的是波长恒定的单色光，对于光波含有多种波长成分的宽带复合光，只要引入光谱密度，也就是单位波长上的功率或照度，然后进行积分或求和即可。关于积分或求和的具体计算过程演示，在以后的辐射度和光度部分。

例如在图6-5中，右侧的纵坐标对应辐射度，左侧的纵坐标对应光子，这两个轴的

单位,左侧是$\frac{1}{s \cdot m^2 \cdot nm}$,右侧是$\frac{mW}{s \cdot m^2 \cdot nm}$,都是分光之后的密度的概念。(分光,就是分配到每个波长的 nm 上,也就是波长密度的概念)

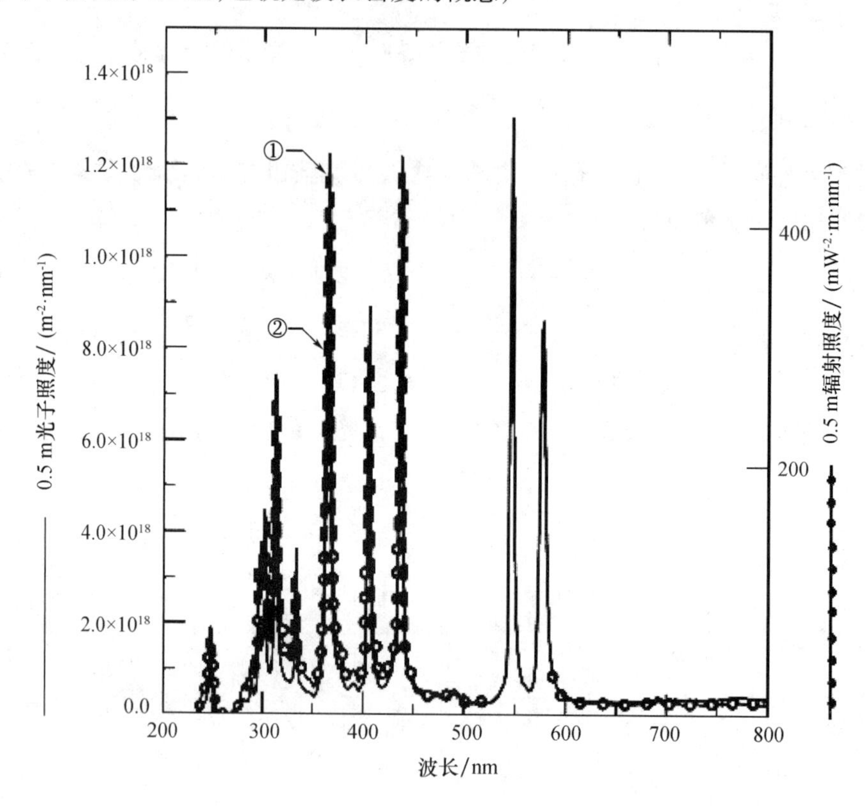

图 6-5　复合色光光谱密度

6.1.1.5　辐射度和光度度量

辐射度的功率(W)和光度的流明(lm)之间的关系,是通过视效函数的加权积分联系起来的。因为光度是个生理方面的概念,这个视效函数的数据是由 CIE 协会给出的。

对于宽带复合光,只要知道光谱功率密度分布曲线,辅助视效函数曲线即可完成从辐射度量到光度度量的转换。例如,图 6-6 为某颗 Xe 灯正前方 0.5 m 处的辐照度曲线,如何求解距离该灯正前方 1 m 处的光照度?

首先,图 6-6 所示辐照度曲线是光源前方 0.5 m 位置处的,而需要计算的是距离光源 1 m 处的光照度,所以根据照度的平方反比率,根据该表计算所得结果需要除以 4 才是所求位置的照度。

实心的珠线所代表的视效函数,把点点线所表示的辐照度密度曲线,进行加权积分即可获得用粗实线表示的光照度密度曲线,也就是把 $W \cdot m^{-2} \cdot nm^{-1}$的辐射照度,转化为 $LW \cdot m^{-2} \cdot nm^{-1}$或 $lm \cdot m^{-2} \cdot nm^{-1}$的光照度,然后积分或求和即可。这里 LW 称为光瓦(Light Watt),光瓦与 683 相乘即可转换为流明(lm)。光瓦不是标准单位,但是,光瓦和流明都是光度单位。

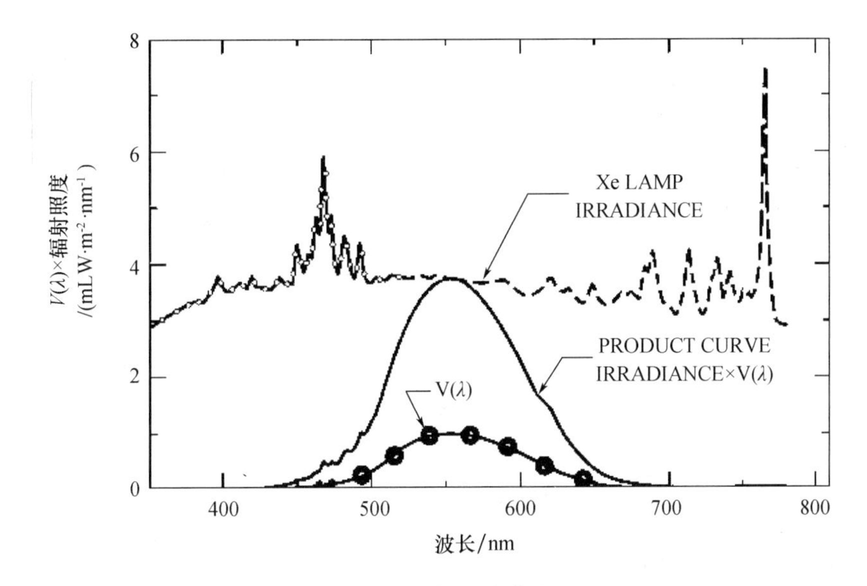

图 6－6　辐照度曲线

实际求和结果：

(1) 如果用 10 nm 间隔，光照度是 396 mW/m^2。

(2) 如果用 50 nm 间隔求和，光照度则为 392 mLW/m^2。

(3) 用流明(lm)表示，即 $392\times683=267.7\ lm/m^2$，亦即 267.7 勒克斯(Lx)。

6.1.1.6　辐射度和色度度量

辐射度和色度之间的关系，是通过观察者函数联系起来的。通过把光谱密度分布函数分别对观察者曲线加权积分，可以得到三激励值，从而得到色度坐标，以此获得色度的度量。

6.1.2　度量指标

6.1.2.1　辐射度量

辐射度量，最基本的理论基础是基尔霍夫定律：

$$\frac{M_{\text{发射的辐射度}}}{\alpha_{\text{吸收的吸收率}}}=M'_{\text{等温黑体的辐射度}} \tag{6-12}$$

辐射度量涉及的量主要包括：辐射能量 Q、辐射功率 Φ_e、辐射强度 I、辐射照度 E、辐射亮度 L。

1. 辐射能量

辐射能量 Q 指的是在某个给定时间段内向整个空间辐射的全部能量，单位为 J(焦耳)。这个是 $t_1\sim t_2$ 时间内的区间量，不是某时刻 t_0 的量，必须给定时间段的长度才有意义。

2. 辐射通量

这个量是最基本的物理量,很多辐射量均由此派生出来,表示的是光源在单位时间内发射的电磁能量,即光源在空间 4π 立体角范围内所发出的功率,单位为瓦特(W),一般用 Φ_e 表示。

如果辐射通量随波长而改变,则光源的某个特定波长的辐射通量称为单色辐射通量,用 $\Phi_e(\lambda)$ 表示,表示这是一个波长 λ 的函数,单位为 W/nm,且有 $\Phi_e = \int \Phi_e(\lambda)\mathrm{d}\lambda$ 成立。辐射通量对应光度度量的光通量。

辐射强度

辐射强度指的是在给定方向上的单位立体角内的辐射功率,单位为 W/Sr(瓦每球面度)。该值对应光度度量的发光强度。

3. 辐射照度

辐射照度指的是单位面积上的辐射量,单位为 W/m^2。这个量可以消除面积的影响,对于表面辐射不均匀的辐射源,这个量是空间位置的函数。

辐射照度这个量满足平方反比率。该值对应光度度量的光照度。

4. 辐射亮度

辐射亮度指的是光源在垂直其辐射传输方向上单位表面积单位立体角内发出的辐射能量,单位为 $W/Sr/m^2$(瓦每球面度平方米)。

辐射亮度就是单位面积上的辐射强度,表征辐射源在给定方向上辐射强度沿表面的分布情况。该值对应光度学中的亮度。

6.1.2.2 光度度量

光度度量是与辐射度量相关的概念,一般情况下标为 e 的物理量表示的是辐射度量,而下标为 v 的物理量表示的是光度度量。主要的光度量有:光通量 Φ_e、发光强度 I,光照度 E、亮度 L。

1. 光通量

光通量 Φ_e,有时直接的记作 Φ,是指光源发射的辐射通量中能引起人眼视觉的部分,通常就是可见光范围。

光通量 Φ_v 与光的辐射通量 Φ_e 概念类似,只不过它是光源在单位时间向周围空间辐射的并能为视觉部分所感应到的能量。

具体的,就是点光源或非点光源在单位时间内所发出的辐射能量中可产生视效者(人能感觉出来的辐射通量),称为光通量,单位是流明(lm),有时也用光瓦(LW)。

明视觉条件下,辐射通量向光通量的转化表达式可以表示为

$$\Phi_v = 683\int_{380}^{780}\Phi_e(\lambda)V(\lambda)\mathrm{d}\lambda \tag{6-13}$$

暗视觉条件下,辐射通量向光通量的转化表达式可以表示为

$$\Phi_{\mathrm{v}} = 1\,700 \int_{380}^{780} \Phi_{\mathrm{e}}(\lambda) V'(\lambda) \mathrm{d}\lambda \tag{6-14}$$

2. 发光强度

发光强度 I_{v} 单位为坎德拉(cd),是点光源在单位立体角内发出的光通量,也就是光源所发出的光通量在某个空间选定方向上的分布密度,如1单位立体角度内发出1 lm的光称为1坎特拉(1 cd)。

如前所述,所谓点光源是指相对于观察距离而言,重点是张角。例如天上的星星虽然绝对尺寸并不小,但是相对于与地球观测者之间的距离来说,它的体积尺寸算小的,所以可以认为是点光源。又例如一个普通的100 W白炽灯泡点亮时,在1 000 m之外来观察它可以认为是点光源,但如果在10 m之内来观察它就不能认为是点光源。

3. 光照度

光照度是单位面积上接收的光通量,单位为勒克斯(lx):

$$\mathrm{lx} = \frac{\mathrm{lm}}{\mathrm{m}^2} \tag{6-15}$$

经过推导可知,一个发光强度为 I 的点光源,在距离 L 处的平面上产生的光照度与这个光源的发光强度成正比、与距离的平方成反比。

也就是说,光照度满足平方反比率。

4. 亮度

光度学上的亮度,也称为辉度,指的是光源在垂直其辐射传输方向上的单位面积单位立体角内的光通量,单位为尼特(nit):

$$\mathrm{nit} = \mathrm{lm/sr/m^2} \tag{6-16}$$

亮度就是单位面积上的发光强度,表征光源在给定方向上发光强度沿表面的分布情况。

5. 发光强度细节

发光强度的单位是7个基本物理单位之一,它是光度度量、辐射度量、色度量的基础。发光强度用来表示点光源的发光能力,在给发光强度下定义的时候,首先要假定辐射源是个点光源。其他的一些光度度量单位,例如光通量、光照度、亮度等,都是由发光强度直接或间接推导出来的。

历史上,坎德拉的确定经历过多次变化,这种变化正说明了光学的进步与发展,但也在许多文献资料里造成混乱甚至含糊不清。

(1)最早坎德拉(cd)的确定,是1支标准蜡烛的发光能力。坎德拉旧时称烛光,因为早期缺乏对光发射能力的测定技术,所以定义为使用鲸鱼油脂制成的蜡烛以每小时120格冷(grain,1 grain为0.064 8 g)的速度燃烧时所发出的光度。随着技术的进步,这种做法很难进行定量化。国际标准烛光(candela)与旧标准烛光(candle)的转换关系为1 candela =0.981 candle。

(2)后来,使用一个相当于标准蜡烛的电灯泡发光,其强度作为1 cd的单位标准。这种做法准确度和稳定性也都很差。

(3)以黑体作为坎德拉的标准发光体。1967 年国际计量大会做出规定,在标准大气压(101 325 N/m^2)的压力条件下,使黑体内的纯铂金处于凝固温度(1 769 ℃)下,在 1 cm^2 表面垂直方向上铂金发出光的发光强度为 1 cd。所谓理想黑体是指物体的放射率等于 1,物体所吸收的能量可以全部放射出去,使温度一直保持均匀固定。这种方法定出来的 cd,是比较稳定也精确了。但它更多的是从绝对量的度量系统出发的,不能很直接地反映眼睛感觉的定量度量。

(4)最新对 cd 的标准定义出现于 1979 年,在巴黎举行的第十六届国际度量衡会议上,对 cd 做出决定:若一个单色光的点光源,其波长 $\lambda = 555$ nm,在单位立体角内的辐射功率为$\frac{1}{683}$ W,则该点光源的发光强度为 1 cd。这样的定义,精确而且有可测的数量表达,同时与眼睛的主观感觉联系在一起了。其中点光源,$\lambda = 555$ nm,单位立体角,辐射功率等,都是明确可测的数量。

(5)实用的定义是,点光源在其出光方向上单位立体角内发出 1 流明(lm)的光通量时,则称该发光体在该方向上的发光强度为 1 cd。

如果用第三个定义,光强坎德拉就是人眼从 2 045 K(1 769 ℃)温度的黑体表面的 1 cm^{2}面积在$\frac{1}{60}$时间内所接收的能量。那么结合第五个定义,光通量就通过光强坎德拉定义,1 lm 就是光强为 1 cd 的光源在单位的立体角内辐射的光通量。

其中,辐射功率(W)和光功率(lm)是通过视效函数转换的。

例如,图 6-7 为 2 045 K 黑体的辐射照度曲线 $L_e(\lambda)$ 和视效函数曲线 $K(\lambda)$,由两者的窗口卷积可得光通量 L_v 为 6.00×10^5 lm · sr · m^2。

按照上述 1 cm^2 的$\frac{1}{60}$的定义乘起来,可得光强为 1.00 lm/Sr = 1.00 cd。

6.1.2.3 色度度量

人感知的颜色,主要与进入人眼光辐射的波长成分也就是光谱能量分布有关,当进入眼睛的光谱辐射波长发生变化即光谱能量分布发生改变时,人眼的颜色感受也随着发生变化。

不同波长的光对于人眼的颜色刺激是不同的,例如波长为 700 nm 的辐射所引起的感觉是红色,波长为 580 nm 的辐射引起的感觉是黄色,波长为 510 nm 的辐射引起的感觉是绿色,波长为 450 nm 的辐射引起的感觉是蓝色,等等。

不同波长的颜色见表 6-3。

表 6-3 波长与颜色

光色	波长 λ/nm	代表波长/nm
红(Red)	780 ~ 630	700
橙(Orange)	630 ~ 600	620

续表 6－3

光色	波长 λ/nm	代表波长/nm
黄(Yellow)	600～570	580
绿(Green)	570～ 500	550
青(Cyan)	500～470	500
蓝(Blue)	470～420	470
紫(Violet)	420～380	420

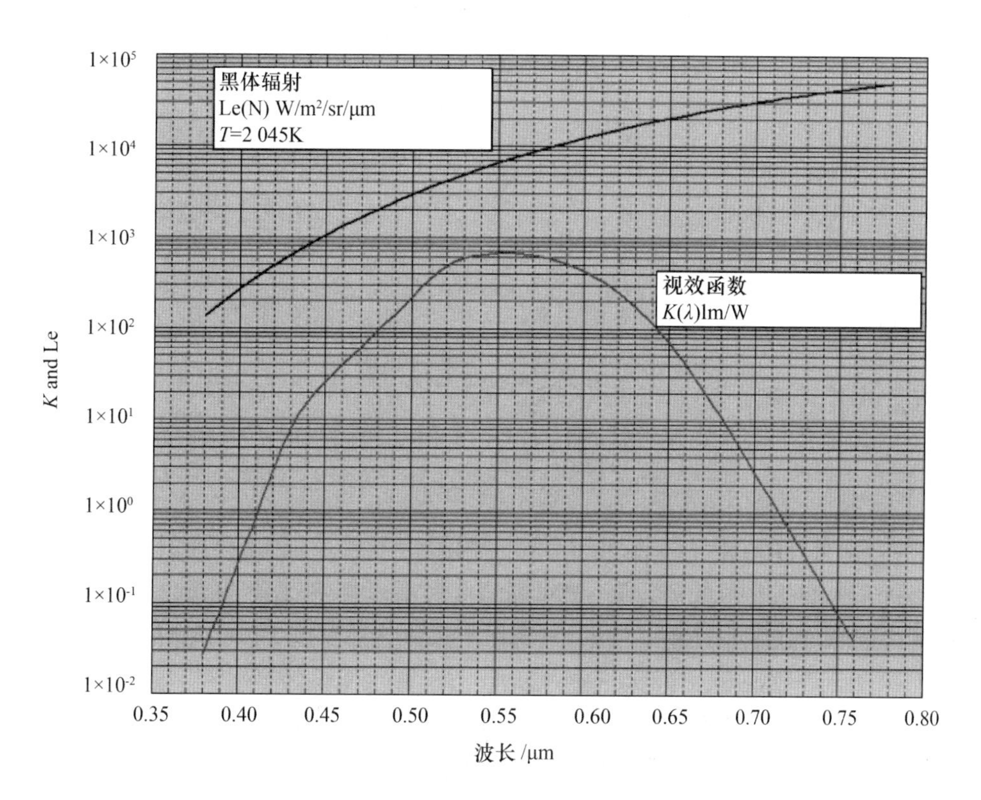

图 6－7 黑体辐照度曲线和视效函数

1. 色坐标

色坐标反映被测光的颜色在色品图中所处位置，如图 6－8 所示。

色坐标是一种利用数学参数来表征颜色的方法。

2. 色纯度

色纯度在使用主波长描述颜色时，可以作为辅助参数，定义为待测光源的色度坐标与 E 光源的色度坐标之间的直线距离，与 E 光源至该待测物的主波长之光谱轨迹(Spectral Locus)色度坐标距离的百分比。

色纯度愈高，代表待测件的色度坐标愈接近该主波长的光谱色，所以纯度愈高的颜色，愈适合以主波长来描述其颜色特性，例如单色 LED。

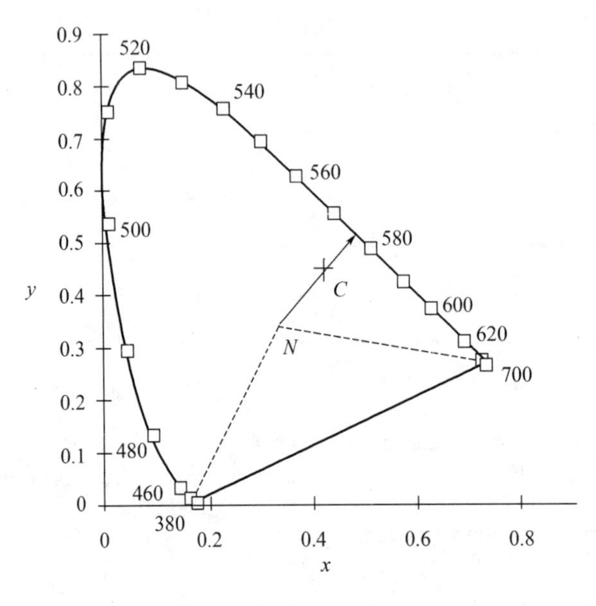

图 6-8　色坐标

3. 色温

色温 T_c 指光辐射所呈现出来的颜色，标准黑体（Black Body Radiator）在逐渐受热温度逐渐上升时，颜色也会逐渐按深红—浅红—橙红—黄—黄白—白—蓝白—蓝而变化，最简单的表述就是红、黄、白、蓝。例如，当黑体加热到温度 550 ℃即绝对温度 823 K 时，呈现的是深红色。

因此色温可以用黑体作为参照，当光的光谱能量分布与黑体的辐射能量分布相同时，光源的颜色与黑体的颜色相同，即称黑体此时的温度 T_c 为该光源色温（Color Temperature），用绝对温度 K 表示。例如，某光源与黑体绝对温度 2 700 K 时所呈现的颜色最相近，则此光源色温即为 2 700 K。

黑体的温度愈高，其辐射出的光线对人眼产生蓝色刺激成分越多，红色刺激成分越少。所以，色温越高，光源显现的颜色就愈趋向于蓝色；色温越低，光源显现的颜色就愈趋向于红色。

在色度图上（例如 CIE-1960），当黑体的温度从较低的值逐渐升温至较高温度时，对应的色坐标就在 CIE-1960 里面形成一段连续的曲线，该曲线称为黑体轨迹，或者普朗克线 PL（图 6-9），有时也称为黑体轨迹线 BBL。

图 6-9 中，除黑体轨迹（普朗克线）之外的是等温线，等温线是由色温相同的色坐标点所组成的曲线，图中与每一条普朗克线相垂直的线都是等温线。

6.1.3　主要函数

6.1.3.1　光谱分布函数

一般而言，光源的光辐射往往由许多不同波长的光所组成，而且不同波长的光所占

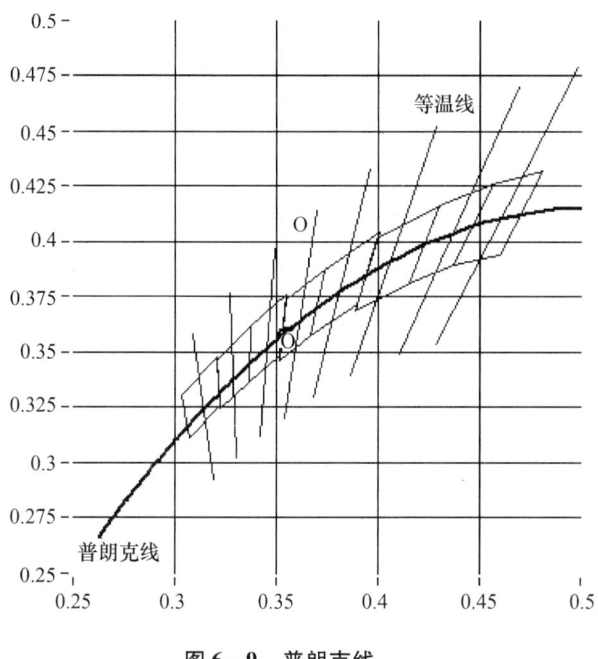

图 6-9 普朗克线

的比例也不同。如果以 Φ_e 表示光的辐射能量，λ 表示光的波长，则可以定义光谱密度为：在以波长 λ 为中心的微小波长范围内的辐射能量与该波长的宽度的比值，表达成数学形式为 $\Phi_e(\lambda)=\mathrm{d}\lambda\Phi_e/\mathrm{d}\lambda$（W/nm），这是分光的概念。

通常，由于照明体或光源中不同波长的单色光的辐射能量是随波长的变化而变化的，所以光谱密度是波长的函数。这种光谱密度与波长之间的关系，称为光谱能量分布，简称光谱分布，绘成的曲线就是相对光谱能量分布曲线，主要表征在光辐射波长范围内各个波长的辐射能量分布情况。

在实用层面上，更多的是将各波长单色光能量相对某一特定波长单色光的能量进行归一化，特定波长可选任意值，但通常是取波长 $\lambda=555$ nm 处的辐射能量为 100 作为参考点。使用光谱密度的归一化相对值与波长之间的函数关系来描述光谱分布，称之为相对光谱能量分布（Spectral Power Distribution，SPD），简称相对光谱分布，记作 $P(\lambda)$ 或 $S(\lambda)$。

若以光谱波长 λ 为横坐标，相对光谱能量分布 $S(\lambda)$ 为纵坐标，就可以绘制出光源的相对光谱能量分布曲线。得到该曲线之后，光源的有关主波长、纯坐标等相关色度学参数也就随之确定。

例如图 6-10 为某 LED 光源的相对光谱能量分布曲线。

6.1.3.2 光效函数

该函数通常用于光度度量，例如光通量（lm）、发光强度（cd）、照度（lx）、亮度（nit）等。

视效函数 $V(\lambda)$ 考虑了人眼对不同波长的可见光的感觉程度是不同的这一事实，

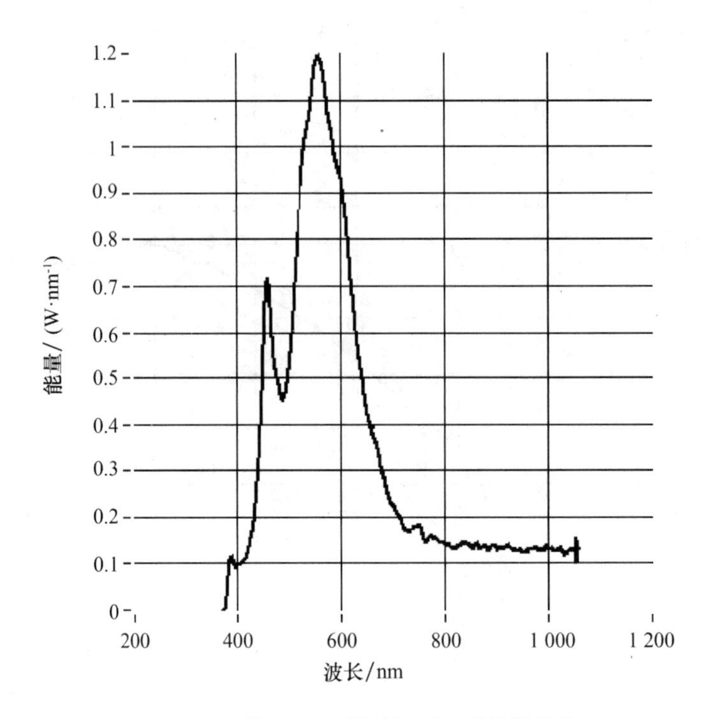

图 6-10　某 LED 光源的相对光谱能量分布

CIE 为人眼对不同波长单色光的灵敏度作了总结,在明视觉条件(亮度高于 3 cd/m^2)下,归结出人眼标准光度观测者光谱光效率函数 $V(\lambda)$,它在 555 nm 上有最大值,此时 1 W辐射通量相当于683 lm。暗视觉条件(亮度低于0.001 cd/m^2)下的光谱光视效率函数 $V'(\lambda)$ 也是如此定义,如图 6-11 所示。

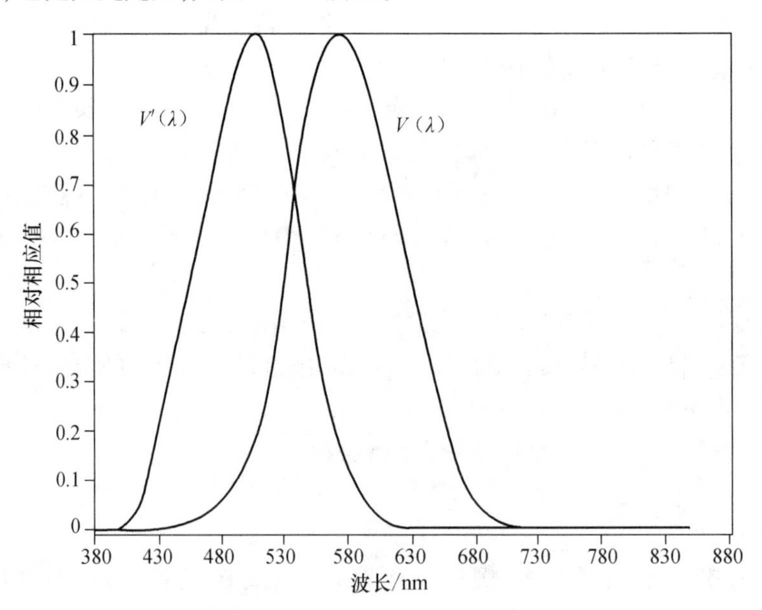

图 6-11　视效函数曲线

在 $\Phi_v = 683\int_{380}^{780}\Phi_e(\lambda)V(\lambda)\mathrm{d}\lambda$ 这个式子中，光谱分布函数 $\Phi_e(\lambda)$ 与视效函数 $V(\lambda)$ 相乘，也就是求取光谱分布和视效函数的卷积，380 ~ 780 的范围是卷积窗口。

卷积过程如图 6 – 12 所示，其中上部为原始分布，下部是加权之后的分布。

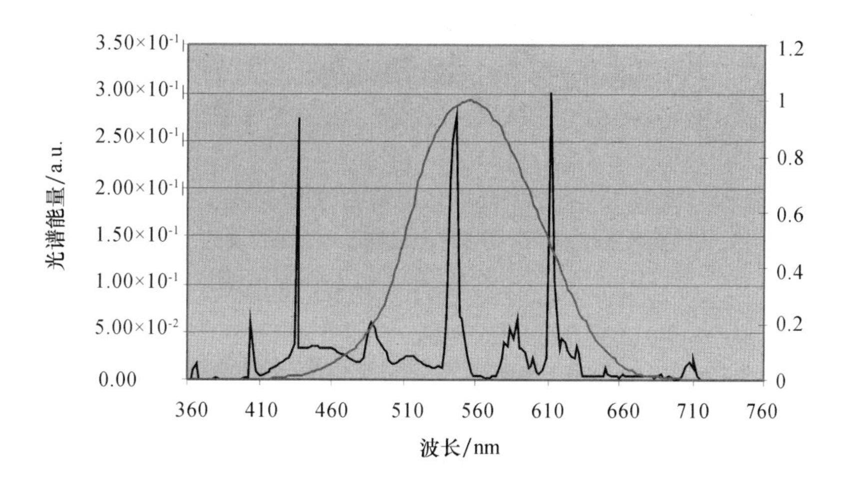

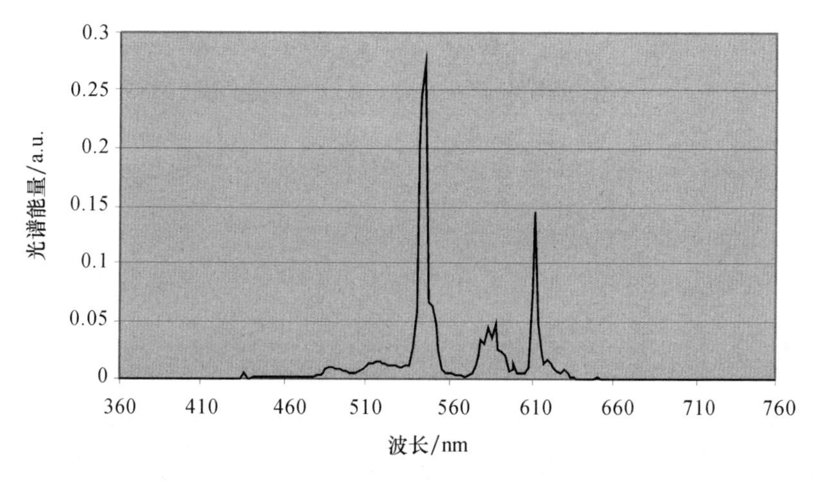

图 6 – 12　卷积过程

6.1.3.3　颜色匹配函数

该函数就是指特定波长 λ 的单色光与人眼对 RGB 或 XYZ 三种原色的匹配程度，主要用于色度度量，例如色品坐标、主波长等的计算。

CIE – RGB 系统的三原色的匹配曲线如图 6 – 13 所示，数据可以从 cie. co. au 的官方网站下载。

CIE – XYZ 系统的三原色的匹配曲线如图 6 – 14 所示，数据可以从 cie. co. au 的官方网站下载。

不过，虽然 CIE 有 5 nm 和 1 nm 为间隔的数据，但是大部分时候还是需要更细小的间隔，因此需要对其进行插值以获得更小的间隔。

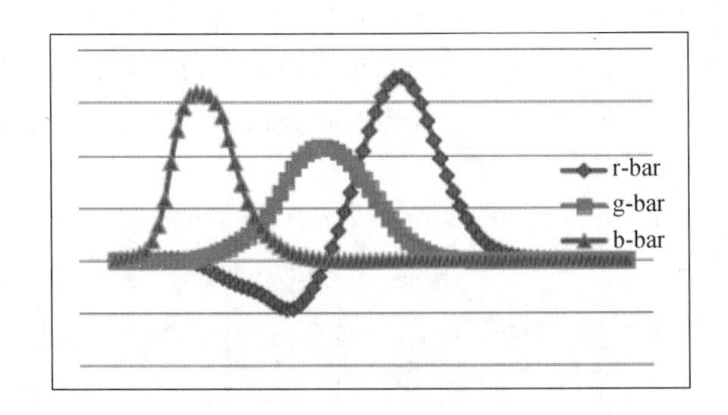

图 6－13　CIE－RGB 系统的三原色匹配曲线

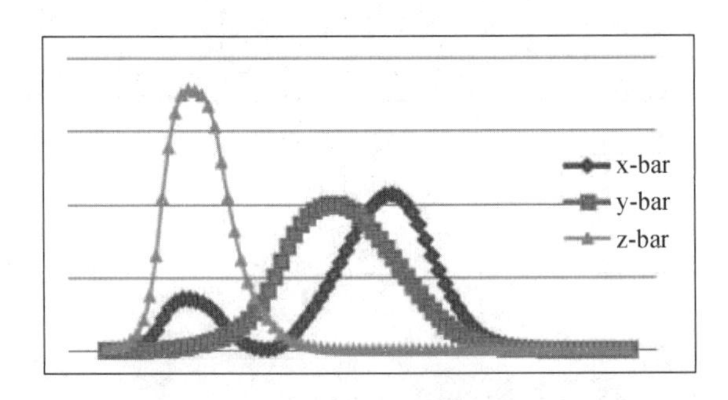

图 6－14　CIE－XYZ 系统的三原色匹配曲线

按照 GB/T 26180—2010《光源显色性的表示和测量方法》规定，推荐的是线性插值法，根据情况也可以使用样条、多项式、拉格朗日等插值方法。例如图 6－15 所示是进行插值之后的匹配函数的曲线，曲线形状没变化，但是间隔更小。

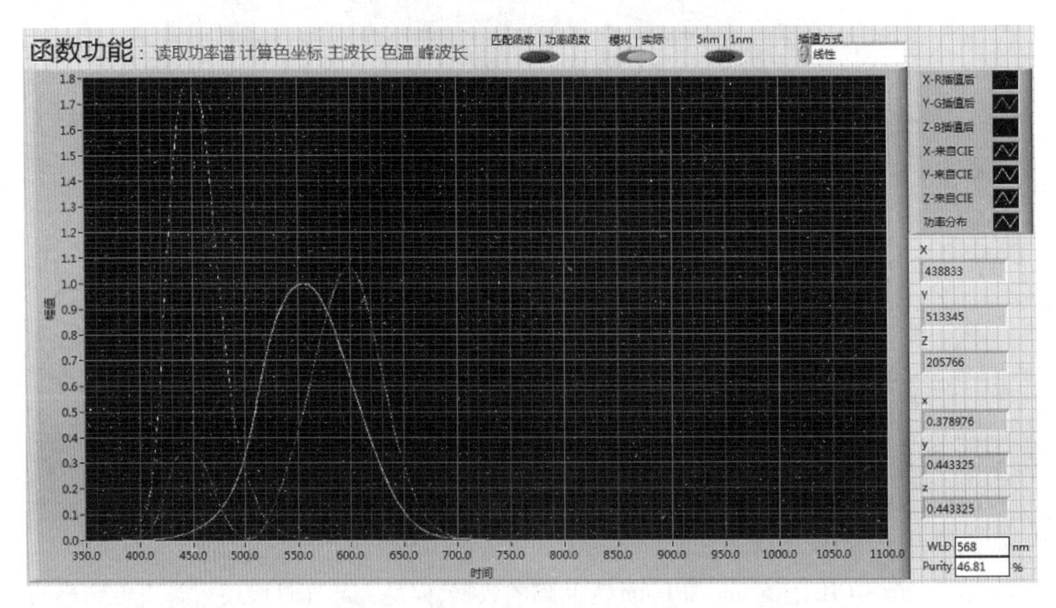

图 6－15　插值间隙

6.1.4　主要色度系统

6.1.4.1　颜色匹配

按照三色学说原理，任何一种颜色都可以通过混合不同比例的红绿蓝三原色而得到。

CIE 色度学系统，就是以色光的三原色 RGB 为基准，以光源或物体的反射和配色函数来计算得到三激励值（Tristimulus Values）。一般用 RGB 表示三激励值，而且允许红色激励值为负值。

把两个颜色调整到视觉相同的方法叫颜色匹配（Matching），颜色匹配是利用色光加色来实现的。具体的匹配实验方法是利用一块白屏幕，在上方投射 GRB 三原色光，在下方为所需要的待配色光 C，三原色光照射白屏幕的上半部，待配色光照射白屏幕的下半部，上下两部分由一个黑挡屏隔开，白屏幕反射出来的光可以通过小孔抵达观察者眼内，人眼的视场在 2°左右，如图 6－16 所示。

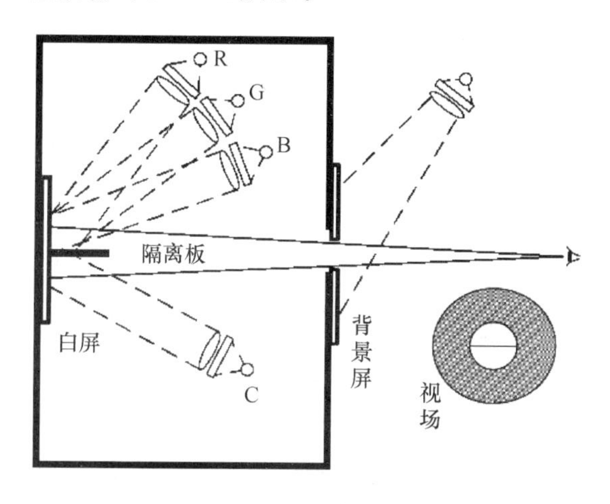

图 6－16　颜色匹配实验

此实验装置可以进行一系列的颜色匹配实验，下方的任何待配色光 C 可以通过调节上方的 RGB 三原色的强度来混合得到，当视场中上下两部分色光相同也就是视场中分界线消失时，就认为此时待配色光与三原色光的混合光达到了色匹配。

不同的待配色光 C 达到匹配时所需三原色光 RGB 的亮度是不同的，可以用颜色方程表示：

$$C \equiv \bar{r}(R) + \bar{g}(G) + \bar{b}(B) \tag{6-17}$$

图 6－16 中颜色匹配实验的结果，适用格拉斯曼定律解释。

6.1.4.2　CIE－RGB 系统

CIE 规定波长为 700 nm、546.1 nm、435.8 nm 的单色光为 RGB 三原色，也称为参照激励色，三原色中的任何一种原色不能由另外两种色光混合得到（正交概念）。当三原色光的亮度比例为 1.000 0∶4.590 7∶0.060 1 时,匹配出来的是等能白光。

这里三原色的三个波长,是采用汞弧光谱中经过滤波之后的单一谱线作为标准的,这样比较容易获取并且稳定,而且配出的颜色也比较丰富。

CIE - RGB 的光谱三激励值 $\bar{r}_{(\lambda)}$,$\bar{g}_{(\lambda)}$,$\bar{b}_{(\lambda)}$,是通过 317 位正常视觉者,用 CIE 规定的红绿蓝三原色光,对等能光谱色,从 380 nm 到 780 nm 的每一波长(不一定是 1 nm 的步进,存在不同的步进值),进行专门性颜色混合匹配实验而得到的。

CIE 于 1931 年采用实验平均值给出了匹配等能光谱色每个波长单色光的 $\bar{r}$,$\bar{g}$,$\bar{b}$ 三激励值(以及 RGB 色坐标)数据,数据文件可以从网站下载,CIE 称之为"CIE1931 RGB 系统标准色度观察者激励值",简称"CIE1931 RGB 系统标准色度观察者"。

这一套系统称为 CIE1931 - RGB 色度系统。

6.1.4.3 CIE - XYZ 系统

在 CIE - RGB 的光谱三激励值 $\bar{r}$,$\bar{g}$,$\bar{b}$ 线中,部分三激励值出现了负数,这说明不可能仅靠混合红绿蓝三种色光匹配出对应的光,而需要在给定的色光叠加曲线中负值对应的原色,也就是匹配方程 $C \equiv \bar{r}(R) + \bar{g}(G) + \bar{b}(B)$ 中的权值出现了负数。由于实际上不存在负的光,这非常不容易理解,为此希望找出另外一组原色,可以代替 CIE - RGB 系统中的 RGB。

在 1931 年,CIE - XYZ 系统提出了三种假想的标准原色 XYZ,以便使得颜色匹配函数的三激励值全部是正值。

注意:这里 XYZ 标准原色已经是虚拟的原色了,不再是可以实验的物理量。

该系统选用 XYZ 为三原色,用此三原色匹配等能光谱色,可以保证三激励值均为正值。该系统的光谱三激励值在标准化之后,定名为"CIE1931 标准色度观察者光谱三激励值",简称"CIE1931 标准色度观察者",它是在 1931CIE - RGB 系统的基础上,经过重新选定三原色和一系列数据变换而确定的。

6.1.4.4 不同系统转换

不同系统的转换其实是坐标变换问题,以 CIE - RGB 和 CIE - XYZ 为例,老系统三原色为 (R),(G),(B),新系统三原色为 (X),(Y),(Z),根据格拉斯曼定律,每单位的新的三原色可以通过老的三原色相加混合得到,即

$$\begin{cases} (X) = R_x(R) + G_x(G) + B_x(B) \\ (Y) = R_y(R) + G_y(G) + B_y(B) \\ (Z) = R_z(R) + G_z(G) + B_z(B) \end{cases} \tag{6-18}$$

式中,9 个参数 $R_i, G_i, B_i (i = x, y, z)$ 分别代表为了匹配新的单位原色 (X),(Y),(Z) 所需要的老的单位原色的三激励值(份额)。

6.2 视觉系统

6.2.1 相机

对于相机,主要考虑以下项目。

6.2.1.1 传感器类型

相机的传感器主要有CCD和CMOS两种。

从精度方面考虑,在需要获取高质量图像的场合例如尺寸测量,应该首先考虑CCD,因为在小尺寸传感器里面CCD的成像质量要优于CMOS。而且,人眼只能看到1 lx照度以下的目标,而CCD传感器能感应的照度范围为0.1~0.3 lx,大概是人眼的10倍,也是CMOS传感器的3倍多。

目标状态也需要考虑到,对于静态不动的物体,出于成本考虑可以选用CMOS相机,对于运动目标应该首选CCD相机,因为卷帘曝光的CMOS无法应对运动目标。不过,全局曝光方式的CMOS相机可以用于拍摄运动目标。

6.2.1.2 传感器尺寸

相机传感器的尺寸,有时也称作像方视场,表示相机成像芯片的尺寸,也就是有效的像素区域的大小。

像方视场是影响成像表现力的最重要指标之一,传感器面积越大,捕获的光子越多,感光性越好,信噪比越高。

传感器的尺寸通常用英寸表示,一般标识为1/3"、1/2"等,这是什么意思呢?

现在传感器尺寸的表示方法,遵循的是光学格式(Optical Format,OF)规范,其数值称为OF值。OF值计算的是对角线长度,其单位为英寸。但是需要注意,对于相机而言,1英寸的长度是16 mm,而不是工业上的25.4 mm,这是由历史原因造成的。

在二十世纪的五六十年代,电子成像技术刚刚开始发展,现在常见的CCD/CMOS都还没有出现。那时的摄像机,是利用一种称作光导摄像管(Vidicon Tube)的成像器件来进行感光从而成像的。这种光导摄像管是一种特殊设计的电子管,其直径的大小决定了成像面积的大小。不过早期的管子还在外面安装了一个玻璃罩,计算管子直径时一并包括了玻璃罩的厚度。因此,1英寸(25.4 mm)的管子在扣除玻璃罩之后的实际成像区域,也就只有16 mm左右了,从而有了1英寸与16 mm的对应关系。虽然这种成像技术现在已经不再使用,但这种标示方式却被保留下来,16 mm也成为相机行业约定俗成的度量单位,用来标识CCD/CMOS。

所以,相机传感器中提到的英寸,不是按工业标准的1英寸=25.4 mm来计算,而需要按照1英寸=16 mm来计算。例如,1/2"的CCD/CMOS,其成像面积与一根直径为$\frac{1}{2}$英寸的光导摄像管的成像靶面的面积相似,即相机传感器的对角线长度为$\frac{1}{2}\times 16\ \text{mm}=$

8 mm。

传感器的业界通用规范形状是4∶3的矩形，所以得到对角线长度也就知道了长短边的尺寸。对于1英寸的传感器，其长短边和对角线的尺寸分别为12.8 mm、9.6 mm和16 mm。因此，无须给出完整的尺寸参数，只要给定对角线尺寸，就可以通过简单的4∶3∶5比例关系得到所有尺寸数据。

常见面阵CCD尺寸如图6-17所示。

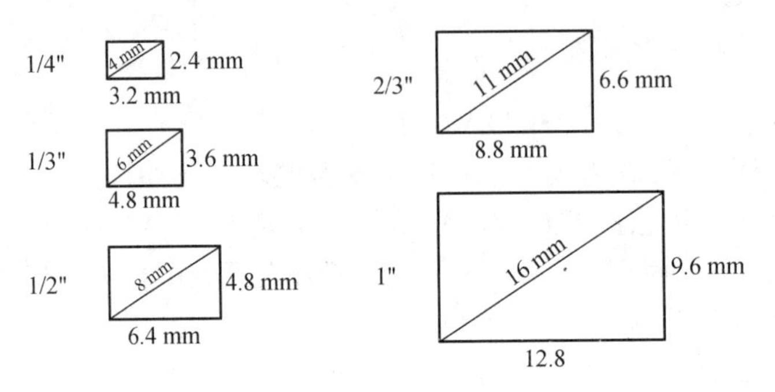

图6-17 常见面阵CCD尺寸

6.2.1.3 曝光时间

相机的曝光时间(Exposure Time)控制相机传感器的曝光时间长短，从而决定相机传感器上每个像元持续吸收光子的时间。相机的最小曝光时间，称为快门速度(Shutter)。

一般的，镜头的光圈大小和相机的快门速度，两者直接决定了最终的曝光量大小。

快门直接决定所能拍摄目标的最大运动速度，反过来说，目标的运动速度对相机的快门速度提出了要求。例如当工业相机拍摄动态目标时，采集到的图像往往有一定程度的模糊。解决这一问题最常用的方法就是减少曝光时间。工程上认为，当运动目标在相机曝光时间内移动的距离不超过相机的空间分辨率(或测量精度要求)时，相机是分辨不出来的，图像中的模糊也就可以忽略不计。

假设，目标运动速度是1 mm/s，测量精度是0.01 mm/pixel，那么物体的运动所引起的拖影要小于精度0.01 mm，而目标移动0.01 mm需要用时0.01/1=0.01 s=10 ms，这就要求相机的曝光时间小于10 ms。如果曝光时间超过10 ms，那么仅仅物体运动引起的模糊就会大于0.01 mm，此时无法达到0.01 mm的精度。

通常，物体运动引起的模糊应该比要求的测量精度小一个数量级，这样可以减少其对系统的影响。例如上面的例子，就需要将曝光时间降低到1 ms或以下。

一般工业相机最小曝光时间可以达到10 μm，如此短的曝光时间，对光的能量要求比较高，因此需要选择合适的光源与光源控制器。因为目标照明不好时，需要快门速度慢些以增加曝光时间，所以照明不好的话只好降低目标的运动速度。

在电路上，如果拍摄目标运动超快的话，那么就要求很高的快门速度以获得极小的曝光时间，结果导致1 V的视频信号幅度很可能达不到，此时需要提高相机增益来放大信号。相机最大增益通常为1∶10或1∶20，如果还不够，只有使用长时间积分。

6.2.1.4 像素分辨率

根据不同的使用习惯,相机的分辨率存在像素分辨率和空间分辨率两种表述方式。

像素分辨率指的是一帧图像的行数和列数,单位为有效像素。

例如,支持 CCIR 制式的相机能够提供 768 ×576 有效像素的图像输出,支持 EIA 制式的相机能够提供640 ×480 有效像素的图像输出,常见的百万像素相机可以提供1 280 × 1 024 以及其他更高的有效像素。

6.2.1.5 空间分辨率

相机的空间分辨率,指的是每个像素所对应成像物体的物理长度。

一般视觉系统的设计规划需要重点关注空间分辨率,这个参数可以更加合理地反映相机对于目标的放大倍数。

例如1 280 ×1 024 的 130 万像素相机,如果靶面尺寸是 1/2"即相机传感器尺寸为 6.4 mm ×4.8 mm,则每个像元占据尺寸是 6.4 mm/1 280 pixel =5 μm/pixel,这也就是相机的硬件精度的误差大小(不是分辨力)。

在进行视觉系统规划时,该指标可以结合最小特征的尺寸以及识别最小特征需要的像素数量来确定。假如,对 0.3 mm 的元件进行可靠定位需要 6 个像素,则空间分辨率为 0.3 mm/6 pixel =0.05 mm/pixel。

注意:这只是相机的精度,不是视觉系统的精度,更不是设备系统的精度。

6.2.1.6 灵敏度

灵敏度,指的是相机传感器对入射光线的敏感程度。相机的灵敏度越高,在输出相同幅度视频信号的情况下,所需要入射光的功率即照度就越小。

或者可以说,灵敏度高的相机,在相同光照条件下可以获得更大幅度的视频信号。

6.2.1.7 帧率

帧率是相机每秒采集图像的数量,用来衡量相机采集图像的速度。

标准制式工业相机的帧率基本是固定的,EIA 制式是 30 帧/s,CCIR 制式是 25 帧/s。目前广泛使用的大部分是非标准相机,可以达到更高的帧率。

6.2.1.8 总线

同等像素条件下,各种接口的其相机帧率是不一样的。

一般来说,传输速度从高到低依次是 Camera Link、USB3、GIGE、1394B、USB2、1394A。

现在最快的是 Camera Link 总线,目前像素可以做到400 万,带宽可以达到400 FPS。USB3 理论上速度可以达到 5 Gbps 即 640 MB,实际一般只有 80% 的有效带宽,即 500 MB左右的带宽可供实际传输。对于 500 万像素的相机,每幅图像 5 MB,理论上也可以达到 100 FPS,速度看起来也很快。对于 GIGE 千兆网相机,500 万像素的相机,较快的可以做到 23 FPS。

1394B 的 500 万像素相机可以做到 13 FPS。USB2 和 1394A，一般为 5～6 FPS。

相机的选型主要是确定相机的重要参数，如物方视场、像素分辨率、空间分辨率、快门速度、帧率，等等。具体过程，按照先定性后定量的原则进行。

6.2.2 镜头

镜头的结构，常见的有四片三组式天塞镜头以及六片四组式双高斯镜头，这些透镜组合都可以简化为如图 6－18 所示的结构。

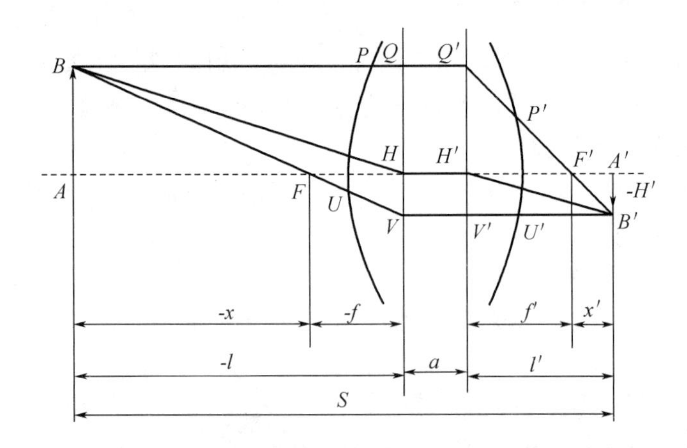

图 6－18 镜头透镜结构

镜头的参数包括内部参数和外部参数。

镜头的内部参数，主要有焦距、像方视场（对应成像芯片大小）、光圈（相对孔径）、像差（比如畸变、场曲等）。镜头的外部参数，主要有视场（FOV）、分辨率（Resolution）、工作距离（WD）、景深（DOF）。

通常，搭建视觉系统最需要关心的是三个参数，包括两个内部参数和一个外部参数。内部参数，一个是焦距，一个是光圈，这两个通常是可调的。外部参数是工作距离，在某些镜头上也是可以调节的。

6.2.2.1 焦距

焦距用来描述镜头屈光能力，是镜头成像质量的重要参考。

一般在镜头上都可以看到两个刻有刻度的调节圈，其中一个环是用来调节光圈的，另外的一个就是调节焦距的环，在调焦的刻度圈上一般会标明镜头的工作距离，从多近到多远。

即使在一些非变焦（Zoom）镜头上面，也会设置有这样一个环，同样叫作调焦环，不过这个调焦并不能改变镜头的焦距，它改变的是镜头光心到相机成像传感器的距离。所以，这个环虽然不能改变焦距，但是可以调节镜头的放大倍率。

通常来讲，镜头失真随着焦距的减小（视场角增大）而增大。因而在测量场合，通常不会选择8 mm以下焦距(大视场角)的镜头。

一般的,镜头最好是变焦倍数可调。例如对于1/3"的相机,靶面尺寸为4.8 mm×3.6 mm,如果使用镜头的0.75倍率,则物方视场就是6.4 mm×4.8 mm;如果使用镜头的3.6倍率,则物方视场就是1.33 mm×1 mm,因此具有较大的灵活性。

覆盖景物镜头的焦距可用下述公式计算:

$$\frac{f}{D}=\frac{u}{U}$$

或

$$\frac{f}{D}=\frac{h}{H} \tag{6-19}$$

式中,f为镜头焦距;D为镜头至被检目标距离;u为靶面图像高度;U为被检目标高度;h为靶面图像宽度;H为被检目标宽度。

例如,选择1/2"的镜头,靶面图像尺寸为4.8 mm×6.4 mm即$u=4.8$ mm,$h=6.4$ mm,如果镜头距离某个景物例如大树的距离为3.5 m即$D=3.5$ m,大树高度为2.5 m即$H=2.5$ m,则可以算出焦距:

$$f=\frac{4.8\ \text{mm}}{2.5\ \text{m}}\times 3.5\ \text{m}=6.72\ \text{mm} \tag{6-20}$$

这样,就可以就近选择6 mm的定焦镜头。(这里隐含大树的高度是$H=1.333\,33U$,即4∶3这个比例关系。)

焦距这个参数有时也用等效的视场角来描述,视场角简单说来就是镜头能看多宽,计算公式为

$$2\omega=2\arctan\left(\frac{y_{max}}{f}\right) \tag{6-21}$$

式中,y_{max}是镜头某个维度的长度,例如宽度方向上;f为焦距。

当使用视场角来代替焦距描述镜头时,摄取景物的镜头视场角就代替焦距成为极重要的参数。

例如,最常用的三种镜头,就是按照焦距50 mm/25 mm/16 mm划分的。如果按照视场角的不同,也可以把镜头分为远距/标准/广角等几种类型。

6.2.2.2 像方视场

镜头的像方视场,即镜头所能支持的相机成像芯片的大小,同样是镜头的重要内部参数。相机的芯片尺寸指的是芯片对角线长度,主要有1"、1/2"、2/3"、1/3"这4种大小。因此需要注意,不同芯片规格的相机应该匹配相应的镜头。

镜头的像方视场,与镜头本身的设计和生产有关,自然是越大越好。可是有些镜头由于设计或生产上达不到技术要求,所以成像面就会比较小。这就是为什么有些镜头不能支持1/2"或1"的相机,而有些却可以。因为这些镜头的成像面小过相机的芯片尺寸,所以不能用在这种相机上。

因此,选择镜头需要注意的第一点,就是镜头与相机是否匹配。原则上,镜头的规

格必须等于或大于相机的规格。特别是在测量中,最好使用稍大规格的镜头,因为镜头往往在其边缘处失真最大。如果相机芯片大过镜头像方视场,就会出现图 6 - 19 所示的结果,在相机视场边缘会出现黑边,四方的窗口中圆形以外的地方都是黑色。

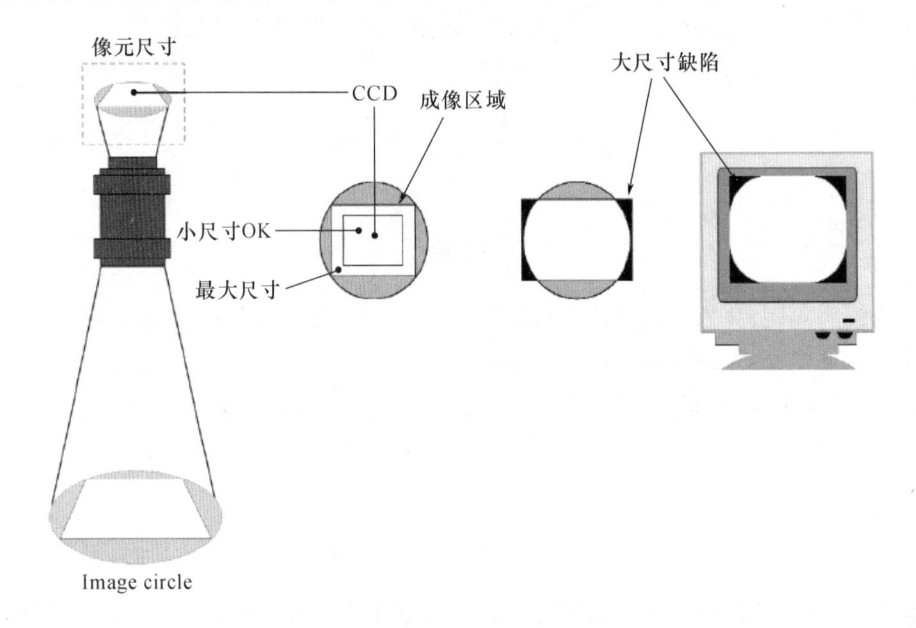

图 6 - 19　镜头失真

6.2.2.3　约束极限

在物体上的很接近的两点如果本来是能够分辨的,经过光学系统成像之后就有可能变成不能够分辨了,就是说引起了像的模糊。

与此相关的有两个约束条件。

(1)阿贝极限。

阿贝极限有时也称为绕射极限、半波长极限,由德国的 Abbe 提出,指的是光线在远场(远大于一个波长)范围内观察目标时,必然无法避免由光的波动性所造成的干涉和绕射效应,而仅仅只能获得半个波长($\lambda/2$)的分辨力。

(2)瑞利判据。

这是由瑞利(Rayleigh)提出的,按照瑞利判据,图 6 - 20 中两点之间位置的光强如果比最大光强的 81.1% 还要低的话,那么是可以分辨出来两点中间存在一个暗区的,也就是说这两点还是可以分辨出来的。但如果中间位置的光强再增大的话,这两点就会连成一片,从而导致无法分辨这是两点还是一点,也就是不能分辨。

首先,由于任何镜头都存在像差,因此目标物体上的一个点,在通过镜头成像后就不再保持为一个点,而是一个分布的圆,这个圆称为弥散圆。弥散圆的大小取决于镜头的像差大小,好的镜头像差较小,分辨率就高,反之分辨率就低。

其次,需要指出,即使在没有像差的理想状况下,由于光的衍射现象的存在,目标物

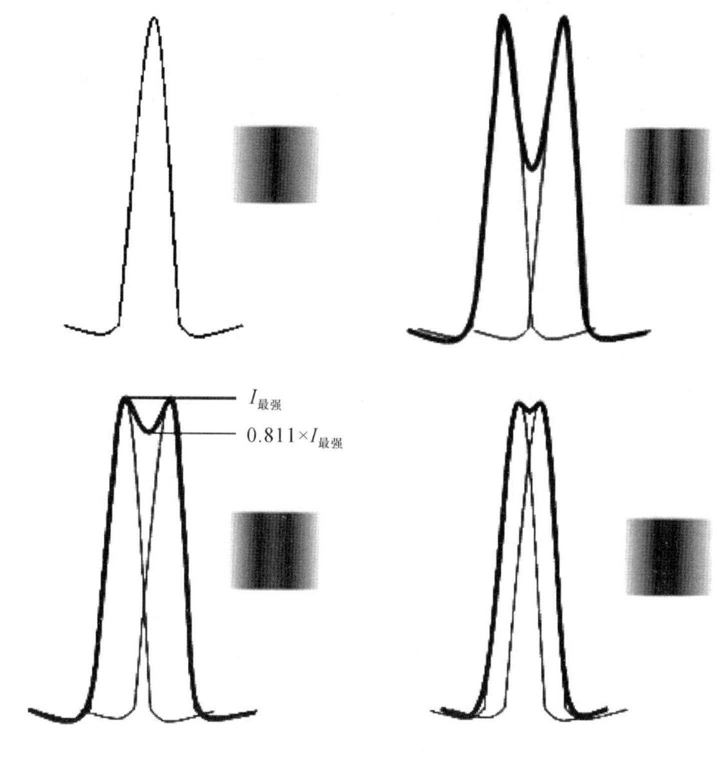

图 6-20　极限约束

上的一个点所成的像，也同样是一个光斑。不过此时不叫弥散圆，而是称作爱里斑。

按照瑞利判据，爱里斑的大小与光的波长和通光口径有关，可以通过理论推演而得到，物镜的光学极限分辨距离（爱里斑直径）为

$$d = \frac{1.22\lambda}{2\mathrm{NA}} = \frac{0.61\lambda}{\mathrm{NA}} = \frac{0.61\lambda}{n\sin\theta} \tag{6-22}$$

式中，d 为远场光学所能达到的极限分辨距离；λ 为所使用光的波长；NA 为镜头组的物方数值孔径；n 为物方介质折射率（空气 $n=1$）；θ 为镜头组的物方部分的半孔径角。

所以，制约镜头分辨率的原因主要是光的衍射现象，即衍射光斑——爱里斑。

在某些特定的场合下，对分辨率要求非常高的情况下，爱里斑对分辨率的影响就不可忽视。例如在亚微米大规模集成电路制版光刻工艺中，采用的曝光波长越来越短，就是出于这个考虑。

6.2.2.4　像素分辨率

表征镜头成像质量的内在指标是镜头的光学传递函数与各种畸变，但是从使用角度看，最直观的是镜头分辨率。

镜头分辨率（Resolution）又称鉴别率、解像力，表征镜头清晰分辨被摄物体细节的能力，是判断镜头好坏的一个重要指标，一定程度上决定了被摄物通过镜头成像后的清晰程度。

镜头分辨率一般用成像平面上 1 mm 间距内能分辨开的黑白相间的线条对数表示,单位是线对/毫米(lp/mm),直观理解就是每毫米能够分辨的黑白条纹数。

视觉系统里面镜头分辨率 N 可以通过相机靶面计算得到:

$$N = \frac{180}{\text{相机靶面高度}} \tag{6-23}$$

由式(6-23)可见,相机靶面尺寸越小,要求的镜头分辨率越高,所以选择小尺寸的相机时,需要注意,这样对于镜头的要求就提高了。

对于镜头分辨率的指标设计,最重要的是结合相机一起考虑。

(1)通过相机靶面尺寸得到。

可以决定镜头的最低分辨率。例如 1/2"相机,相机靶面尺寸是 6.4 mm×4.8 mm,因此对 1/2"规格的相机靶面,所需镜头的最低分辨率应为 180/4.8 =38 lp/mm。

(2)通过相机像素数量得到。

可以确定镜头的合适分辨率。例如,对于上述靶面面尺寸 1/2"的相机,如果是 200 M像素,即分辨率为 1 600×1 200,则相机水平像素密度为 1 600/6.4 =250 pixel/mm、垂直像素密度为 1 200/4.8 = 250 pixel/mm,即水平像素密度和垂直像素密度都是 250 pixel/mm,考虑黑白两条线需要除 2,所以如果考虑相机像素的话镜头分辨率应选 125 lp/mm。

对于同样前述靶面面尺寸 1/2"的相机,如果是 2 592×1 944 的 500 M 像素,则相机的像素密度为 2 592/6.4 = 400 pixel/mm,从而需要镜头的分辨率总得不低于 200 lp/mm。

6.2.2.5 空间分辨率

相机的空间分辨率 = FOV/相机靶面像素数

这是一个与镜头分辨率根本没关系的量,它们两者按 Nyquist 的采样理论联系起来才有关系。

至于视觉系统的分辨率应该按哪个公式计算也很简单,系统分辨率应该是两者中小的那个指标。

一般的,镜头的分辨率都比相机分辨率高,因此绝大多数视觉系统都是按 FOV/CCD 像素的比值来计算视觉系统的分辨率。

以下是可能使用的外部参数。

6.2.2.6 视场

视场可以这样计算:

$$\text{FOV} = \frac{\text{CCDsize(V or H)}}{M}$$

或

$$\frac{f}{\text{WD}} = \frac{\text{CCDsize(V or H)}}{\text{FOV(V or H)}} \tag{6-24}$$

式中,V 和 H 分别为垂直和水平方向;M 为光学放大倍率;f 为焦距;WD 为工作距离。

6.2.2.7 放大率

放大率分为物理放大率和系统放大率,物理放大率基本取决于镜头,系统放大率指最终显示环节上的目标尺寸与实际目标尺寸的比值,取决于物理放大率和显示系统的参数。

镜头决定了光学系统的物理放大率。

对于自动测量和检测系统而言,物理放大率具有关键的意义。对于镜头厂家,更多是用光学放大倍率、数字放大倍率、总放大倍率这几个概念。

光学放大倍率 = CCD 接头倍率 × 附加物镜倍率 × 变倍主体放大倍率

例如 CCD 接头为 1×,无附加物镜(乘数为 1),变倍主体的变倍环刻度位于 2 的位置,则光学放大倍率 = 1×1×2 = 2×。

数字放大倍率更多地表示了显示环节,计算方式是:显示器的显示屏对角线尺寸/CCD 摄像头靶面对角线尺寸,例如使用对角线长度 6 mm 的 1/3 inch 相机,则 14 inch 监视器配 1/3 inch CCD 摄像头的数字放大倍率 = 14×25.4/6 = 59.27,17 inch 监视器配 1/3 inch CCD 摄像头的数字放大倍率 = 17×25.4/6 = 71.97。

最后,

$$\text{总放大倍率} = \text{光学放大倍率} \times \text{数字放大倍率} \tag{6-25}$$

6.2.2.8 工作距离

工作距离(WD),也称为物距,顾名思义就是被摄物体到镜头的距离。

一般的,镜头可以看到无穷远处,所以不存在最大的工作距离,但是镜头却存在最小的工作距离。如果镜头在最小距离再往里工作,将得不到清晰的图像。在镜头上有一个可以调节工作距离的调节圈(一般很大),上面就清晰地标出了镜头的工作距离。

工作距离在视觉应用中也是至关重要,从公式可以看出它与视场大小成正比,有些系统工作空间很小因而需要镜头有小的工作距离,但有的系统在镜头前可能需要安装光源或其他工作装置因而必须有较大的工作距离保证空间。

通常,FA 镜头与监控镜头相比,FA 镜头的工作距离较小是一个重要特征。

6.2.2.9 参数关系

前述几个镜头的概念是相互有着关联和约束的,也是有计算公式甚至可以相互换算,不过是光学的范畴,此处只是定性描述,例如,焦距越小,视角越大。

以最常用的三种镜头(50 mm/25 mm/16 mm)为例,50 mm 的镜头焦距是最大的,所以视角最小、视野最小、最小工作距离最远;25 mm 的镜头焦距是中间的,所以视角居中、视野中等、最小工作距离中等;16 mm 的镜头焦距是最小的,所以视角最大、视野最大、最小工作距离最近。

镜头的畸变也与焦距成反比,仍以上述三种镜头为例,50 mm 的镜头畸变是最小的,16 mm 的镜头畸变是最大的。与系统设计需求的关系也很简单,如果系统是用来测量的(如长度),自然是畸变越小越好。因此就不宜用50 mm焦距以下的镜头;如果系统只是用来字符识别,那么畸变大小就关系不大,用什么镜头都可以。

镜头与光源的关系呢?光线的强度符合平方反比率,也就是距离增加一倍光线减弱四倍。物距方面,工作距离越长,镜头距被测物越远,成像受环境光噪声影响越大。例如,机器放在室内运行,假设系统的工作距离很远,而视觉系统上方又刚好就有一盏灯的话(其实这常常会发生),那么就很危险,因为灯开还是没开,甚至灯的电压稳定程度,都会直接影响系统运行结果。

因此,为了获得预期的摄像效果,在选配镜头时应着重注意六个基本要素。

(1)被摄目标大小;

(2)被摄目标细节尺寸;

(3)物距;

(4)焦距;

(5)相机靶面尺寸;

(6)镜头及摄像系统分辨率。

6.2.2.10 分辨率细节

1. 光学传递函数

光学系统传递的是亮度沿着空间的分布信息。光学系统在传递被摄目标物信息时,被传递的各空间频率的正弦波信号,其调制度和位相在成实际像时的变化,均为空间频率的函数,该函数称为光学传递函数(Optical Transfer Function,OTF),可以用来综合评价成像质量。

OTF一般由调制传递函数(Modulation Transfer Function,MTF)和位相传递函数(Phase Transfer Function,PTF)两部分组成,一般比较关注MTF,俗称馒头函数。

2. 调制传递函数

MTF主要用来表征相机或镜头的空间分辨率,单位是lp/mm。

每个光学或光电成像器件都有各自的MTF,镜头有MTF,相机也有MTF。光学器件或光电成像器件的MTF越好,或MTF对应的空间截止频率(极限空间分辨率)越高,就表明器件自身的空间分辨率越高,可以看清的细节更小。

图6-21为某镜头的MTF曲线。

图6-21中,S10代表每毫米10条黑白线对,S30代表每毫米30条黑白线对;实线为径向设置黑白线对,虚线为切向设置黑白线对;横坐标是距离镜头圆心的位置,纵坐标是黑白的对比度。

先看横坐标,它代表距离镜头中心的距离。一般来讲,镜头都是中心比较锐,边缘比较钝。横坐标0位置,就是镜头正中心的圆心;横坐标10位置,就是距离中心10 mm的位置(一个圆环)。

再看纵坐标,是反差或者对比度,就是深浅差别是否大。例如一对斑马线是一黑一白很明显的,但是经过镜头成像,就变成了深灰和浅灰了,对比度变小了,这说明镜头不

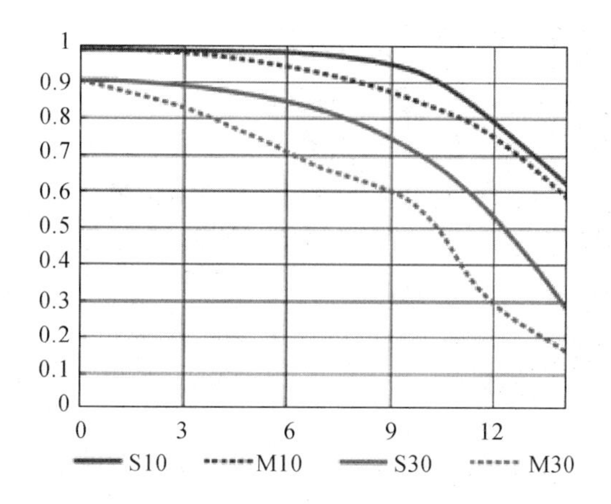

图 6－21　某镜头的 MTF 曲线

够完美。但到底不完美到多大程度，例如图 6－22 中，在横坐标 0.6 的地方，纵坐标大概为 0.65。就是原来的黑白分别减弱了 35%，只有原来的 65% 了。例如，原来黑是－1，白是 1，那么这个相机成像之后下来，就成了－0.65 和 0.65 了，没有原来的斑马线那么大的反差了。

3. 分辨率的影响

解析度与 MTF 的关系是，首先解析度是指两点之间怎样被分离认识的间隔。一般由解析度的值可以判断出镜头的好坏，但是实际是 MTF 与解析度有很大的关系。

图 6－22 显示了两个不同镜头的 MTF 曲线。镜头 a 解析度低但是对比度高；镜头 b 对比度低但是解析度高。

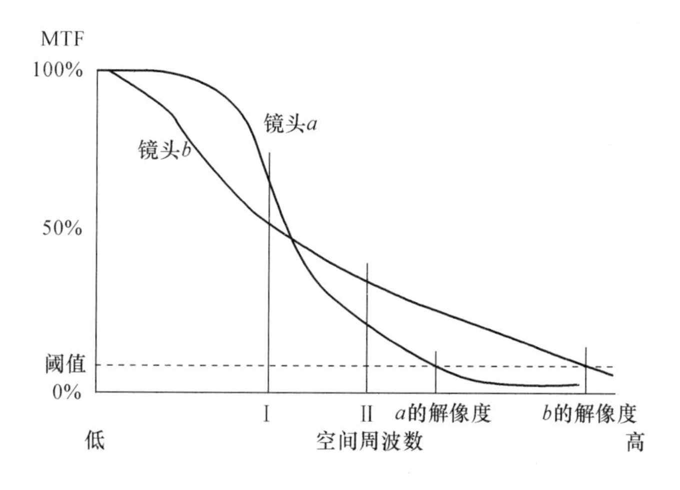

图 6－22　MTF 曲线对比

图 6－23 左边是高分辨率镜头，毛发可见；右边是低分辨率，细节分辨不清。

图 6－23　镜头对比

6.2.2.11　空间分辨率细节

注意:此时的分辨率是空间分辨率而不是像素分辨率,像素分辨率是后面要说到的像素数量。

1. 相机的空间分辨率

相机的空间分辨率极限,不是由相机自身的分辨率决定的,而是由相机芯片的单个像元尺寸决定的,具体计算公式为

$$相机空间分辨率 = \frac{1\ \text{mm}}{像元尺寸}/2 \tag{6-26}$$

式(6－26)的单位是线对/毫米(lp/mm),式中除以 2 是因为要用线对,所以 1 mm 上安排多少个像元需要除 2,减少一半。

相机的分辨率,直观上是表示靶面上 1 mm 的空间可以安排多少颗传感器像元。

例如某 130 万相机使用 Sony ICX445 的相机,靶面为 1/3 英寸,像元尺寸是 3.75 μm × 3.75 μm,则该相机极限空间分辨率为

$$1\ \text{mm}/3.75\ \mu\text{m}/2 = 133.33\ \text{lp/mm} \tag{6-27}$$

2. 镜头的空间分辨率

分辨率为两点间在无法识别之前所能靠近的最近距离,例如 1 μm 的分辨率代表两点间在无法识别前能靠近的最近距离为 1 μm。图 6－24 中,分辨率就是 1/2 的 d(d 为线宽)。

镜头分辨率的正规含义,是在像平面处每毫米内能分辨开的黑白相间的线条对数,单位是 线对/毫米(lp/mm)。按照我国相机检测标准(JB745－65),一般 135 相机的镜头中心视场达到 37 lp/mm,边缘视场达到 22 lp/mm,就可以是一级品。

图6-24 镜头分辨率

按目前公开的性能指标来说,百万像素镜头对应的极限空间分辨率是90 lp/mm,两百万像素镜头对应的空间分辨率是110 lp/mm,五百万像素镜头对应的空间分辨率是160 lp/mm。

对于显微类镜头,分辨率就是爱里斑的半径,是指两个点在不能分辨之前的最小距离,公式为

$$分辨率 = 0.61\lambda/NA = 0.335\,5/NA(\mu m)$$

或

$$分辨力 = 1\,000/(0.61\lambda/NA) = 1\,500NA(lp/mm) \tag{6-28}$$

式(6-28)中,0.61是瑞利判据的常数,波长一般为550 nm,NA为镜头组物镜的数值孔径。

镜头的数值孔径是镜头的一个本征指标,计算公式为

$$NA = N\sin\theta \tag{6-29}$$

式中,N为介质折射率 ,为物镜镜口角。

对于一个NA=0.07的镜头,有

$$分辨率 = 0.335\,5/0.07 = 4.79\ \mu m$$

或

$$分辨力 = 1\,500 \times 0.07 = 104\ lp/mm \tag{6-30}$$

3. 系统的空间分辨率

用于验证的目的,视觉系统的分辨率可以采用式(6-31)计算。

$$镜头所需分辨率 = \frac{相机视野里所成像的总线数}{相机靶面尺寸}/2 \tag{6-31}$$

例如对于1/2"的500万相机,镜头分辨率需要为

$$分辨率 = 2\,592/6.4/2 = 200\ lp/mm \tag{6-32}$$

再如对于2/3"的500万相机,镜头分辨率需要为

$$分辨率 = 2\,448/8.8/2 = 139\ lp/mm \tag{6-33}$$

以上的例子再次说明,相机的靶面尺寸越小,则要求镜头的分辨率越高。这也是有些200M像素相机反而比500M像素相机的价格还要高的原因,因为相机传感器不同。

6.2.2.12 像素分辨率细节

1. 相机的像素分辨率

相机像素是指在一定面积的靶面上有多少个像元,即长边上的像素值与短边上的

像素值的乘积，单位是像素（pixel）。

例如，在某相机的靶面上长边的像素数量为 3 088，短边上的像素数量为 2 056，则这个相机的像素为 3 088 ×2 056 =6 348 928，即 630 万像素。

再如，某相机使用 MT9P031，该传感器的规格数显示其靶面尺寸为 5. 70 mm × 4. 28 mm，像元尺寸为 2. 2 μm ×2. 2 μm，则宽度上的像素数量为 5 700/2. 2 =2 591，高度上的像素数量为 1 945，因此该相机的像素数量为 2 591 ×1 945 =5 039 495，即 500 万像素。

2. 镜头的像素分辨率

镜头的像素，这个概念并不是很科学，但由于镜头必须配合相机使用，为了方便记忆匹配关系，才采用镜头像素的概念。

但这也给新接触视觉系统的人带来了很多误解，经常机械套用百万像素分辨率相机对应百万像素镜头，二百万像素分辨率相机对应二百万像素镜头，而五百万像素分辨率相机则对应五百万像素镜头。

其实镜头与相机需要对应的并不是相机自身的像素分辨率（像素数），而是各自的极限空间分辨率，镜头中的 100 万像素、200 万像素、500 万像素，同样是指镜头的空间分辨率，计算演示如下。（注意：乘 2 是因为线对的一黑一白需要分别对应一个像素。）

例如，空间分辨率 100 pl/mm 的镜头，如果是 1/2” 尺寸，即 6. 4 mm ×4. 8 mm，则长边为 100 ×2 ×6. 4 =1 280，短边为 100 ×2 ×4. 8 =960，即 1 152 ×864 =1 228 800，也就是 120 万像素的镜头。

再如，空间分辨率为 10 lp/mm 的镜头，用于 135 相机，该相机靶面尺寸是 36 mm × 24 mm，则相机成像后横向最多容纳 360 条竖线、纵向最多容纳 240 条横线，这就可以计算像素数量了。计算时候，黑色和白色都占有靶面的位置，所以横向和纵向分别乘 2，于是相机成像后的图像就是 720 ×480，也就是就是 34 万像素，或者表示为 0. 34MP（百万像素），这是二十世纪的指标。如果镜头是每毫米 30 线的分辨率，计算一下，相机就需要 30 ×2 ×36（横向）和 30 ×2 ×24（纵向），也就是 300 万像素。

按目前公开的性能指标来说，100 万像素镜头对应的极限空间分辨率是 90 lp/mm，200 万像素镜头对应的空间分辨率是 110 lp/mm，500 万像素镜头对应的空间分辨率是 160 lp/mm。

6.2.2.13 分辨率和分辨力

1. 分辨率到分辨力

如果分辨率是 8 μm，则分辨力大概是

$$1\,000/8/2 = 62 \text{ lp/mm} \tag{6-34}$$

之所以除 2，是因为空间分辨率 8 μm 是两点在无法识别之前所能靠近的最小距离，类似一个像素或一条线宽的概念；而线对分辨率是一对线，即两条。

$$\text{分辨力(线对)} = 1\,000/\text{分辨率}(\mu m)/2 \tag{6-35}$$

2. 分辨力到分辨率

如果线对分辨力是 60 lp/mm，则可以分辨间隔为 1/60 =16.7 μm 的两条线；而这个 16.7 μm 是两条线的宽度，分辨率（尺寸）就是 16.7/2 =8.3 μm。

$$分辨率(尺寸) = 1\ 000/分辨力/2 \tag{6-36}$$

3. 数值孔径 NA 换算

根据定义镜头空间分辨率（也就是爱里斑的半径）=0.61λ/NA =0.335 5/NA（μm），可以得到

$$分辨力(线对) = 1\ 000/0.335\ 5NA/2 = 1\ 500NA(lp/mm) \tag{6-37}$$

例如，NA =0.03 则为 90 lm/mm 的分辨力（线对），其空间率（尺寸）为

$$1\ 000/90/2 = 5.5\ \mu m \tag{6-38}$$

再如，NA =0.08，则可以具备 240 lp/mm 的分辨力（线对），分辨率（尺寸）为

$$1\ 000/240/2 = 2.1\ \mu m \tag{6-39}$$

4. 相机镜头配套原则

最主要的配套原则是，镜头的极限空间分辨率必须高于相机的极限空间分辨率，才能让相机实现最佳成像性能。

也就说镜头与相机需要对应的，不是像素分辨率（像素数量），而是各自的空间分辨率（每毫米线对）。

其实镜头与相机对应的并不是相机自身的像素分辨率（像素数），而是各自的极限空间分辨率（即传递函数 MTF 对应的空间截止频率）。

如果不匹配的话，在有些场合使用起来也不一定会产生非常大的影响，例如一个 500 万像素相机配备一个 100 万像素的镜头，也可以使用。

6.3　图像处理

图像处理主要是对图像进行操作，包括预处理、图像滤波、图像分割、特征提取和模式匹配等。

6.3.1　预处理

图像预处理作为图像处理的重要部分，目的是突出图像中有用的信息，减弱或消除不需要的信息。

预处理主要有空域法和频域法，空域法的算法简单，运行速度快；频域法先对图像傅里叶变换后在频域处理后反变换到空域，过程复杂，速度较慢。对于在线类检测应用一般使用空域法，主要的有直方图均衡和灰度变换。

6.3.1.1　直方图均衡

直方图横轴从左到右表示亮度的增加，亮度范围 0 ~255，0 表示黑，255 表示白。纵轴从下到上表示像素多少，如果某个地方的峰较高，表示该亮度的像素较多。

两个直方图完全一样的图片,画面就一定是一样的吗?答案是否定的。因为直方图它记录的是像素的亮度信息,换言之,我们把上面所有的像素都不改变,只是改变它们的相对位置,对应的直方图一点儿都不会改变,但画面内容可能就脱胎换骨了。理解上面这一点很重要,对于理解直方图的本质有很大帮助。

以图 6-25 为例。

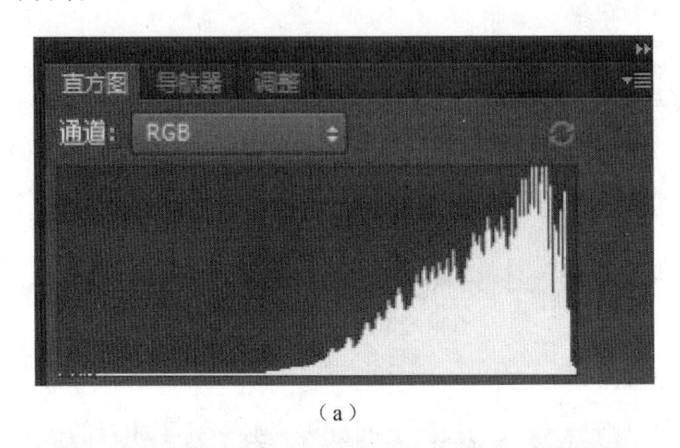

(a)

(b)

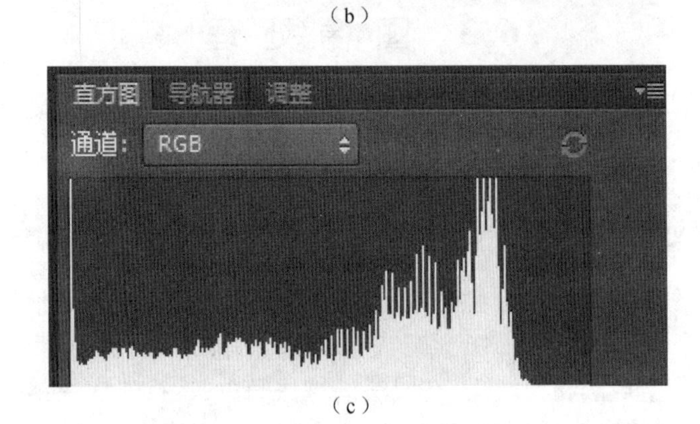

(c)

图 6-25　直方图理解

图 6-25(a)明显曝光过度,图 6-25(b)明显欠曝,图 6-25(c)高光低光合理,是正确的曝光,这些似乎是可以首先获取的信息。

但是,直方图记录的是像素的亮度信息,并无其他信息内容。曝光准确与否和亮度分布是否均匀并无必然联系。

其实图 6－25 中三幅直方图的对应图片是图 6－26 中三幅图片。

因此，这就是直方图的局限性：直方图只反映亮度信息，不代表其他含义。当然，如果结合场景是可以得出图片质量的，但这需要额外的辅助信息。

图像系统对图像质量的要求，是层次分明、细节清晰、背景反差大。如图 6－27 所示，右侧灰度直方图曲线分布在左侧，表明图像偏暗，图像对比度不高，背景和目标灰度级过于接近，图像识别难度大。

直方图均衡的思路，是对图像中像素个数多的灰度级进行展宽，对像素个数少的灰度级进行缩减，从而达到清晰图像的目的，即输出图像直方图是平的。

用图像的灰度直方图代替其灰度分布密度函数 $p(f)$，$T[\cdot]$ 是求累积分布函数的函数，则直方图均衡化后的图像 g 为

$$g = T[f] = \int_0^f p(u)\mathrm{d}u \tag{6-40}$$

对式(6－40)离散近似，假设原图像在像素点 $f(x,y)$ 处的灰度值为 r_k，那么进行直方图的均衡化后图像在点 (x,y) 处的灰度 s_k 为

$$s_k = T[r_k] = \sum_{i=0}^{k} \frac{n_i}{N} \tag{6-41}$$

式中，N 为像素总数，n_i 为灰度值累计数。

6.3.1.2　灰度变换

灰度值变换，是通过变换使图像各灰度值均匀分布在设定的动态范围内来增强图像，因此有时也被称为图像的对比度拉伸，目的就是增大灰度值分布范围，提高对比度，使图像清晰，特征明显。

假设原图像的灰度值范围为 $[a,b]$，希望增强后的图像 的灰度值范围为 $[c,d]$，转换关系为

$$g(x,y) = \frac{(d-c)[f(x,y)-a]}{b-a} + c \tag{6-42}$$

灰度值变换曲线如图 6－28 所示。

灰度值变换可被视为一种点处理。这意味着变换后的灰度值 $g(x,y)$ 仅仅依赖于输入图像上同一位置的原始灰度值 $f(x,y)$，可表示为 $g(x,y) = T[f(x,y)]$。这里 $T[\ ]$ 表示进行灰度值变换的函数。

为了提高变换的速度，灰度值变换通常通过一个查找表(LUT)来进行，即将每个输入灰度值变换后得到的输出值保存在一个查找表内。如果用 T_k 表示(LUT)，则 $g(x,y) = T_t[f(x,y)]$，此处符号[ ]表示的是查找表的操作。

图像中大部分像素的灰度分布在区间 $[a,b]$ 上，小部分像素的灰度级强度超出此区间。为改善增强效果，可以令

$$g(x,y) = \begin{cases} c, 0 \le f(x,y) < a \\ (d-c)/(b-a)f(x,y) + c, a \le f(x,y) < c \\ d, b \le f(x,y) < M_f \end{cases} \tag{6-43}$$

(a)

(b)

(c)

图 6-26　直方图原图

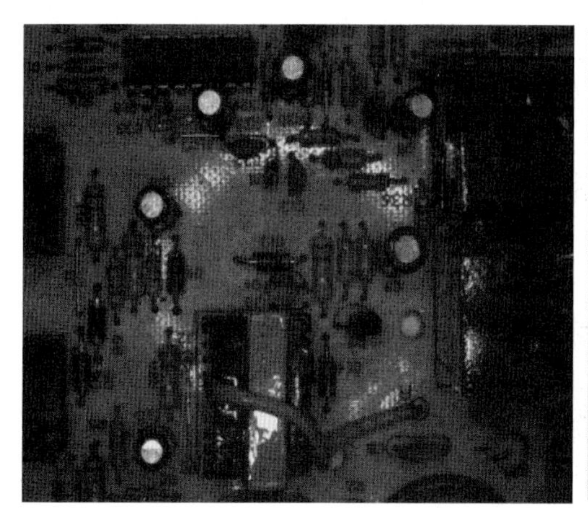
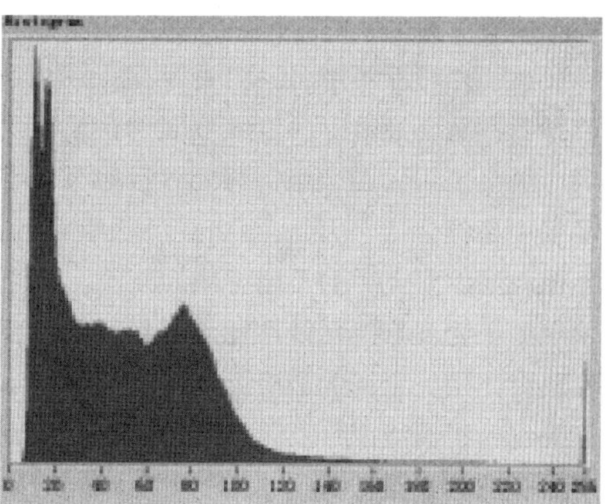

图 6 – 27　直方图均衡

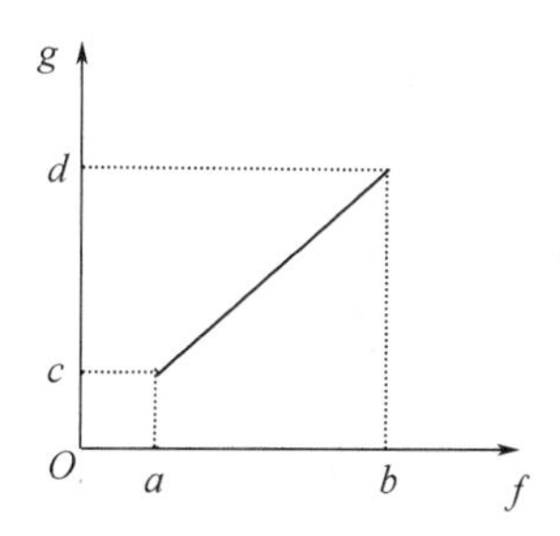

图 6 – 28　灰度值变换曲线

运用灰度值变换,可以实现图像均匀变亮、暗区增强、亮区变暗等。

此外,也可以采用非线性变换对灰度值进行处理,例如指数变换、对数变换等。

6.3.2　图像滤波

摄取图像的过程中,不可避免地存在某种噪声的干扰。例如在获取和传输过程中目标物体和透镜本身的灰尘、图像采集的量化误差等,都会在最终获得的图像中形成噪声,使图像质量下降,甚至掩盖特征。

这种噪声,常见的有高斯白噪声和椒盐脉冲噪声:①高斯噪声亮度服从高斯正态分布的形态,例如摄像机得到的电子干扰噪声;②脉冲噪声只含有随机正脉冲或负脉冲噪声。

为了抑制噪声、改善图像质量,需要对图像进行滤波处理。根据不同噪声的产生机理不同,滤波算法也各有差异。

图像滤波技术主要用来滤除图像中的噪声信号,出于识别图像的目的,可以将噪声看作由多种原因造成的灰度值的随机变化。图像的滤波,就是让噪声与图像上每个像素的位置无关,也就是,对于图像上的每个像素,噪声都是同样的分布。例如:目标物体和透镜上的灰尘、图像采集中的量化误差等,都会在最终获得的图像中形成噪声。

滤波主要方法是平滑。图像平滑是利用图像数据的冗余性来抑制图像噪声,可以有效地消除脉冲噪声。一般来说,噪声在图像中都表现为高频信号,因此一般的滤波器都是通过减弱或消除傅里叶空间中的高频分量来达到滤波的目的。然而,在平滑噪声时应尽量不损害图像中边缘和各种细节,因为图像中的各种结构细节例如边缘和角,也都属于高频分量。因此,如何在滤除噪声的同时,最大限度地保留图像中的结构,一直是图像滤波研究中的重要方向。

图像滤波器包括线性滤波器和非线性滤波器两种。线性滤波器主要包括均值滤波器及由此衍生出来的适应不同需求的改进滤波器例如高斯滤波器等。而非线性滤波器主要包括中值滤波器及其适应不同需求的改进滤波器。

线性滤波对平滑高斯噪声有非常好的效果,但是会模糊图像的高频细节,导致边缘不清晰,此时可以选择中值滤波器。对晶圆的图片使用中值滤波前后对比如图 6－29 所示。

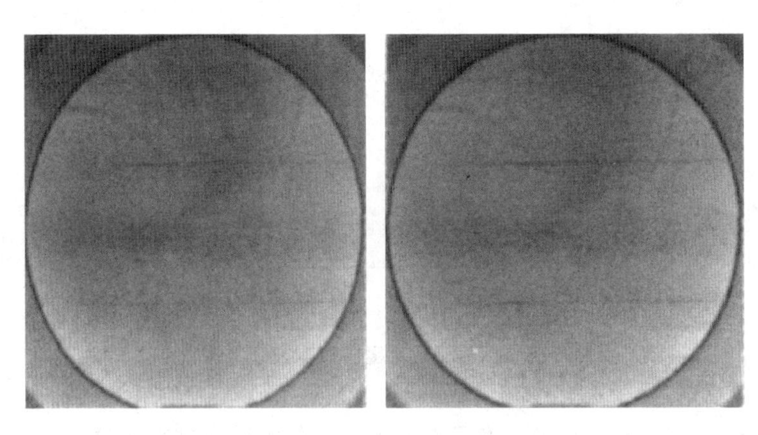

图 6－29　晶圆图像的中值滤波

6.3.2.1　非线性中值滤波

中值滤波是非线性方法,也是一种排序滤波方法,可以有效过滤噪声同时不破坏图像轮廓信息,即中值滤波既可以去除噪声,又可以保护图像的边缘。其做法是将选用窗口内的所有像素点按灰度值从小到大进行排序,取窗口灰度值的中值代替原值。中值的定义如下。

给定一组数 X:

$$\{x_1, x_2, \cdots, x_n\}$$

假设其排序为

$$x_{i,1} \leq x_{i,2} \leq \cdots \leq x_{i,n}$$

则定义 X 的中值 Y 为

$$Y = \mathrm{Med}(X) = \begin{cases} x_{i,(1+n)/2} \\ \frac{1}{2}(x_{i,n/2} + x_{i,(1+n)/2}) \end{cases} \tag{6-44}$$

称一个点的特定长度或形状的邻域为窗口。在一维时,中值滤波器是奇数个像素的滑动窗口,窗口正中间的值使用各个像素的中值代替。对二维最常用的窗口是方形或十字形。一般对于有缓变的较长的轮廓线物体的图像,采用方形或圆形窗口为宜。对于包含有尖顶物体的图像,用十字形窗口,而窗口大小以不超过图像中最小有效物体的尺寸为宜。如果图像中点、线、尖角细节较多,则说明基本上不宜采用中值滤波。

如果将大小为 $M \times N$,灰度级为 L 的灰度图像 ,表示为

$$I_{M\times N}^{L} = \begin{bmatrix} f(0,0) & f(0,1) & \cdots & f(0,N-1) \\ f(1,0) & f(1,1) & \cdots & f(1,N-1) \\ \vdots & \vdots & & \vdots \\ f(M-1,0) & f(M-1,1) & \cdots & f(M-1,N-1) \end{bmatrix} \tag{6-45}$$

则中值滤波的处理步骤如下。

(1)窗口模板在图中滑动,将模板中心与图像某个像素重合。

(2)读取模板下所有像素点的灰度值。

(3)将取得的所有点的灰度值从小到大排序,找出中间值。

(4)将对应模板中心位置的像素用这个中间值代替。

由以上步骤可以看出,中值滤波器的主要功能就是让与周围像素灰度值的差比较大的像素改取与周围像素值接近的值,从而可以消除孤立的噪声点。由于它不是简单的取均值,所以产生的模糊比较少。

中值滤波,窗口的大小和形状与滤波效果都有着密切关系。一般说来,小于滤波器面积一半的亮的或暗的物体基本上会被滤除,比较大的物体或被保存下来。因此,滤波器的大小要根据所处理的图像进行选择。具体选取什么样形状的滤波模板也要根据图像内容选取。

中值滤波对脉冲干扰及椒盐噪声的抑制效果好,而且可以保护图像中的一维边缘信息,在抑制随机噪声的同时能有效保护边缘少受模糊。中值滤波在图像处理中,可用来保护边缘信息,是比较经典的平滑噪声的方法。缺点是,会平滑图像的二维角特征,并且在椒盐噪声密度较大的情况下容易失效。

由此派生出来的有自适应中值滤波算法。它是在中值滤波算法基础上,根据不同的应用对象发展起来的一类滤波算法的统一称呼,它可以在其适合的场合内取得较好的效果。

6.3.2.2　线性均值滤波

算数均值滤波器是一种线性空域滤波技术,它利用模板卷积实现滤波。处理过程的主要步骤是选取一个窗口,对于图像内的每一像素,把窗口中心像素点原值用该像素周围像素灰度的均值来代替。

在进行均值滤波时,一般需要根据图像的特点来选择窗口 S 的形状和大小。实际

应用中,一般选取矩形、正方形或十字形等形状,处理过程中窗口的大小和形状可以保持不变,也可以根据图像的局部统计特性而有所变化。原则上,窗口的中心落在被处理点上。例如:选取窗口 S 为 3×3 的正方形,S 的中心为点(m,n),为保证输出均值仍在 0~255 的范围内把系数设定为 1/9,如此则有

$$f(m,n) = \frac{1}{9}\sum_{i=-1}^{1}\sum_{j=-1}^{1} f(m+i,n+j) \tag{6-46}$$

假设噪声 n 是期望为 0、方差为 0、标准差为 σ 且空间各点互不相关的加性噪声,g 是不含噪声的图像。那么,含噪声的图像 f 经过均值滤波后为

$$f(m,n) = \frac{1}{M}\sum f(i,j) = \frac{1}{M}\sum n(i,j) + \frac{1}{M}\sum g(i,j) \tag{6-47}$$

经均值滤波后,噪声的均值不变,但方差变小,表明噪声强度有了一定程度的减弱,达到了抑止噪声的效果。

可见均值滤波可以平滑图像,对于高斯白噪声有很好的滤除效果,而且算法简单,计算速度快。

算数均值滤波算法的特点是可以平滑图像的局部变化,但缺点也是图像的细节会遭到破坏,容易造成图像模糊,滤波后图像边界和噪声被冲淡了,不利于边界检测。而且,应用均值滤波算法,对于待处理图像的质量要求也比较高,因此使用场合并不十分广泛。

在此基础上派生出来的还有以下两种滤波器。

高斯滤波器,是在均值滤波器的基础上改进的图像滤波算法。它利用二维的高斯分布给模板中不同位置的系数赋予了不同的值,因此具有更好的滤波效果,从而得到广泛应用。高斯滤波常用的模板有 3×3 模板、5×5 模板。高斯滤波器可以很好地滤出图像中的高斯噪声,但不能滤出图像的椒盐噪声,同时也会造成图像一定程度的模糊。

SUSAN 滤波器是一种加权平均的均值滤波器。它根据 SUSAN 原理,使用圆形模板对图像滤波,得到像素点与其模板覆盖下邻域中其他像素点相似度测度,作为像素点新的灰度的加权因子,邻域中相似度大的像素的权重大,对滤波结果的影响就大,相反则影响小。SUSAN 滤波算法中,当前像素点不参与计算,因此可有效地滤出图像的椒盐噪声,并可以保护图像的边缘和角,但计算相对较为复杂。

6.3.2.3 信噪比细节

为什么通过多次拍摄取平均值的方法,可以降低噪声?

图像的代数运算是对两幅图像进行点对点的加、减、乘、除计算,其中的加运算一个重要应用就是对同一场景的多幅图像求平均值,它可以有效地降低加性随机噪声的影响,获取高质量的单幅图像。

至于为什么可以提高信噪比,可以看均值滤波部分,这里也会说明一下。但是如果要检测边界,一般使用中值滤波而不是均值滤波进行降噪。

为什么重复采样可以提高信噪比呢?

假定同一目标在相同的条件下做 M 次重复采集,每幅图像 $S_i(X,Y)$ 中含有的噪声 $G_i(x,y)$ 是非相关的具有零均值的随机噪声,因此,$S_i(X,Y)$ 可以看作由原始无噪声的本

真图像 $F(x,y)$ 和随机噪声 $G_i(x. y)$ 叠加而成,即

$$S_i(X,Y) = F(x,y) + G_i(x,y) \tag{6-48}$$

由于假定每幅图像中的随机噪声 $G_i(X,Y)$ 都是不相关的噪声,均值为 0,就有

$$E\{G_i(x,y)\} = 0 \tag{6-49}$$

式中,$E[\ ]$ 为期望算子。

对于图像中的任意点,可以定义其功率信噪比为

$$P_i(x,y) = F^2(x,y)/E\{G_i^2(x,y)\} \tag{6-50}$$

那么对于 M 张取均值后的图像有

$$\bar{S}_i(X,Y) = \frac{\Sigma[F(x,y)]}{M} + G_i(x,y) \tag{6-51}$$

则均值后的图像的功率信噪比为

$$\bar{P}(x,y) = M \cdot P(x,y) \tag{6-52}$$

可见,通过对同一图像重复 M 次然后取平均,功率信噪比提高了 M 倍,也就是幅度信噪比提高了 $\sqrt{M}$ 倍。

理论上,采用 16 次重复拍照后,图像信噪比应该是单幅图像的 4 倍。

6.3.3 图像分割

图像分割是图像处理的主要内容之一。例如,在图像的模板匹配之前预处理工作中,要对图像进行分割及边界信息的提取,把整体图像分割成不同的区域,对区域进行分析,减少工作量。同时,用简洁精确的方法表示图像,根据区域重新组织二维矩阵,则图像可以更为精确、简便、高质量地表示出来,也可为模板匹配工作奠定良好基础。

图像分割可以分为基于区域生长的分割、基于前述边缘检测的分割、基于灰度差异的阈值分割,等等。

基于区域生长的分割是将图像中的全部像素根据某种共性划归为区域子集的像素集合;基于前述边缘检测的分割是检测图像中目标物体的边缘,将边缘像素连接从而形成子集区域。对于芯片测试等视觉系统,可以采用基于区域生长的分割。

基于区域生长的分割的实质,是在图像中把具有某种共同特性的像素点连接起来,形成区域子集。区域生长有两种方式:区域生长和区域分裂合并,区域生长指的是从一个单一的像素值开始,按照某种特性的相似性,把相似的像素点合并起来,组建形成分割区域;分裂合并是指将整幅图像按照某种规定先分裂后合并从而形成区域子集。

区域生长是从图像的某一个像素开始,将区域向外扩展的一个过程。从始像素坐标开始,这些像素点区域的扩展是通过比较每个像素点的相似属性如像素的灰度级和色彩差异等,然后将相似的点合并到一个区域里,这是通过迭代算法来完成的。区域分裂合并的基本思想是先确定一个分裂合并的准则即区域特征一致性的测度,当图像中某个区域的特征不一致时就将该区域分裂成 4 个相等的子区域,当相邻的子区域满足一致性特征时则将它们合成一个大区域,直至所有区域不再满足分裂合并的条件为止。当分裂到不能再分的情况时分裂结束,然后它将查找相邻区域有没有相似的特征,如果

有就将相似区域进行合并,最后达到分割的作用。

在一定程度上区域生长和区域分裂合并有异曲同工之妙,是互相促进、相辅相成的,区域分裂到极致就是分割成单一像素点,然后按照一定的测量准则进行合并,在一定程度上可以认为是单一像素点的区域生长。区域生长相较于区域分裂合并节省了分裂的过程,而区域分裂合并可以在较大的一个相似区域基础上再进行相似合并,而区域生长只能从单一像素点出发进行生长(合并)。

6.3.4 特征提取

前述区域分割,是一个区域子集划分合并的过程,只是把相同属性区域合并在一起,这样得到的结果依然存在大量的冗余信息。

为了得到更为适宜的图像效果,需要提取图像中关注区域的感兴趣的信息,既要使目标物体的轮廓和形状更为清晰,也要消除图像中冗余信息的干扰。提取关注信息可以根据区域面积、轮廓像素精度、灰度范围等特征来提取;通过对关注信息的提取,可以得到更为精确的直方图,为模板匹配奠定了基础。

图像定位中,为了提高图像的匹配速度,常要对图像信息进行分类提取,提取出可代表图像的特征,利用这些特征进行图像的匹配。

边缘和特征点是图像中常用的特征,边缘和角点可以表示图像的轮廓,是图像中的显著特征,常作为图像匹配的特征信息。

6.3.4.1 一阶边缘检测

边缘是图像最基本的特征,边缘即明暗变化最大的点,也就是所谓的梯度最大的点,根据这特性可以找出边界。在这个过程中,需要选取一种合适的梯度算法,来计算图像边界的梯度,简单的是一阶微分边缘检测算子。

边缘检测一阶微分的边缘检测算子从整体上说对噪声比较敏感,由于噪声也是突变信号,在存在噪声的图像中,一阶微分算子容易失效。一阶微分常见四种算子是 Kirsch 算子、Prewitt 算子、Roberts 算子和 Sobel 算子。

Roberts 算子有两个 2×2 模板,利用局部差分检测比较陡峭的边缘,但对于噪声比较敏感,经常会出现孤立点。Prewitt 算子、Sobel 算子在求梯度之前,首先进行邻域平均或加权平均,然后进行微分,适当抑制了噪声,但容易出现边缘模糊现象。Kirsch 算子用不等权的 8 个 3×3 循环平均梯度算子分别与图像进行卷积,取其中的最大值输出,它可以检测各个方向上的边缘,减少了由于平均而造成的细节丢失,但增加了计算量,而且放大噪声。各自效果如图 6-30 所示。

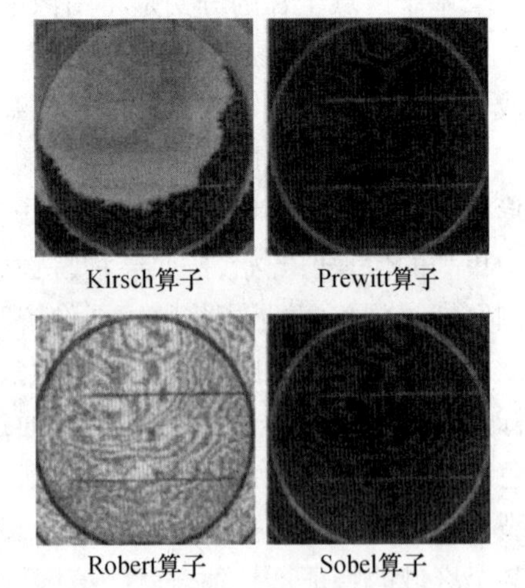

图 6-30 算子效果

从图 6－30 中可以看出，Kirsch 算子查找边缘的效果不是很明显，并且它有放大噪声的作用，处理过的梯度图形有很多白噪点；Prewitt 算子的加强噪声作用没有 Kirsch 算子强，但是仍然带来了一定程度的噪声，边缘轮廓不是很清晰；Robert 算子做出的边界比较清楚细小；Sobel 算子计算的梯度结果和 Prewitt 算子差不多，边缘轮廓也不够清晰。

1. Kirsh 算子

Kirsh 算子使用 8 个卷积模板来确定梯度的幅值和方向：

$$\underbrace{\begin{bmatrix} 5 & 5 & 5 \\ -3 & 0 & -3 \\ -3 & -3 & -3 \end{bmatrix}}_{M0},\underbrace{\begin{bmatrix} -3 & 5 & 5 \\ -3 & 0 & 5 \\ -3 & -3 & -3 \end{bmatrix}}_{M1},\underbrace{\begin{bmatrix} -3 & -3 & 5 \\ -3 & 0 & 5 \\ -3 & -3 & 5 \end{bmatrix}}_{M2},\underbrace{\begin{bmatrix} -3 & -3 & -3 \\ -3 & 0 & 5 \\ -3 & 5 & 5 \end{bmatrix}}_{M3}$$

$$\underbrace{\begin{bmatrix} -3 & -3 & -3 \\ -3 & 0 & -3 \\ 5 & 5 & 5 \end{bmatrix}}_{M4},\underbrace{\begin{bmatrix} -3 & -3 & -3 \\ 5 & 0 & -3 \\ 5 & 5 & -3 \end{bmatrix}}_{M4},\underbrace{\begin{bmatrix} 5 & -3 & -3 \\ 5 & 0 & -3 \\ 5 & -3 & 5 \end{bmatrix}}_{M5},\underbrace{\begin{bmatrix} 5 & 5 & -3 \\ 5 & 0 & -3 \\ -3 & -3 & -3 \end{bmatrix}}_{M6}$$

2. Roberts 算子

Roberts 算子的卷积模板为

$$\boldsymbol{G}_x = \begin{bmatrix} 1 & 0 \\ 0 & -1 \end{bmatrix},\boldsymbol{G}_y = \begin{bmatrix} 0 & -1 \\ 1 & 0 \end{bmatrix} \tag{6-53}$$

3. Sobel 算子

Sebel 算子的卷积模板为

$$\boldsymbol{G}_x = \begin{bmatrix} -1 & 0 & 1 \\ -2 & 0 & 2 \\ -1 & 0 & 1 \end{bmatrix},\boldsymbol{G}_y = \begin{bmatrix} 1 & 2 & 1 \\ 0 & 0 & 0 \\ -1 & -2 & 1 \end{bmatrix} \tag{6-54}$$

4. Prewitt 算子

Prewitt 算子的卷积模板为

$$\boldsymbol{G}_x = \begin{bmatrix} -1 & 0 & 1 \\ -1 & 0 & 1 \\ -1 & 0 & 1 \end{bmatrix},\boldsymbol{G}_y = \begin{bmatrix} 1 & 1 & 1 \\ 0 & 0 & 0 \\ -1 & -1 & 1 \end{bmatrix} \tag{6-55}$$

6.3.4.2　二阶边缘检测

Laplace 算子对二元函数 $f(x,y)$ 的 Laplacian 变换为二阶偏导数和，由于该算子是二阶导数算子，与方向无关，对取向不敏感，因而计算量要小。

根据边缘的特性，Laplacian 算子可以作为边缘提取算子，但是它对噪声相当敏感，相当于高通滤波，常会出现一些虚假边缘。因此 Marr 提出，首先对图像用 Gauss 函数进行平滑，然后利用 Laplacian 算子对平滑的图像求二阶导数，得到的二阶导数零交叉点作为候选边缘，这就是一个新的滤波器，LOG 滤波器。

LOG 算子就是对图像进行滤波和微分的过程，是利用旋转对称的 LOG 模板与图像做卷积,确定滤波器输出的零交叉位置。LOG 算子具有人眼的特性,但它的检测效果并不好,图像中出现太多的虚假特征。于是 John Canny 在 1986 年提出了边缘检测的三条准则,在此基础上提出了 Canny 边缘检测算法。

Canny 算子的三个检测原则分别是:①低失误率,即检测出图像的实际边缘,避免图像边缘的丢失和误判;②高定位精度,检测的边缘与其实际位置接近;③边缘唯一响应。

Canny 算子通过对弱边缘进行非最大抑制和对边缘进行双阈值提取,可提取出最强的单像素边缘,具有低失误率,高定位精度,边缘唯一响应的优点。Canny 算子设计的难点是边缘双阈值的选取,选择合适的阈值可以从图像中提取出完整的边缘特征。

1. Laplace 算子

Sebel 算子常用的卷积模板为

$$\begin{bmatrix} 0 & 1 & 0 \\ 1 & -4 & 1 \\ 0 & 1 & 0 \end{bmatrix} \tag{6-56}$$

或

$$\begin{bmatrix} 1 & 4 & 1 \\ 4 & -20 & 4 \\ 1 & 4 & 1 \end{bmatrix} \tag{6-57}$$

2. LOG 算子

LOG 算子又称马尔算子,其图像呈现为轴对称的草帽状,形状略。

3. Canny 算子

前述方法思路比较简单,但在实际中可能存在困难,原因在于噪声,尤其是高频噪声,这样边缘检测出来的可能很多是假的边缘点。因此希望可以先对信号进行平滑滤波,以去除噪声,然后再作边缘检测。其中的平滑,采用的即 Laplace 算子,然后再对该一阶微分算子求取导数。

6.3.5 模式匹配

模式匹配,大概可以分为参考比较法、规则校验法、混合法。

参考比较法,一般是将待测图像与标准图像进行点对点或特征对特征的比较,算法简单,容易实现,但是运算速度慢,对系统照明和图像定位的要求比较高。规则校验法,是根据预先定义的规则来判断待检图像是否有缺陷,不需要参考图像。混合法,是前述两者综合,目前的算法主要有模板匹配加形态学分析。

模板匹配,是在检测之前先定义一幅较小的标准模板图像,然后将此模板与待检图像进行比较,由此确定待检图像中是否存在与模板相同或相似的区域,若存在还可以确定其位置并提取该区域。模板匹配的算法有图像灰度匹配算法、金字塔匹配算法、动态模板匹配算法、特定精确模板匹配算法,常用灰度匹配算法。

灰度匹配算法,是将图像分割成许多的图像单元或通过改变的图像的大小来确定感兴趣信息的区域。它以基准图的待匹配点为坐标点来创建一个矩形窗体,用邻域像素的亮度值来表示中心点的灰度;然后,在匹配图中也寻找一个相似的像素点,用同样的方法选择合适的邻域,也用邻域中各个点的灰度值来表示该点的像素,当相似度最高时则相似最优。

第7章　运动控制

运动控制在工业领域应用广泛,是大部分自动化设备的基础,主要实现若干个自由度的位置、速度、加速度以及加加速度的控制,其组成如图7-1所示。

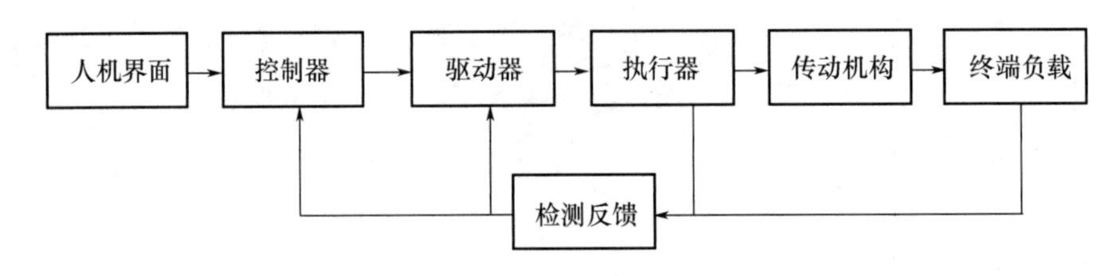

图7-1　运动控制组成

其中各模块功能:①人机界面,主要为界面交互,负责发送高级指令到控制器并接收反馈信号;②控制器,接收上位机的指令,以数字或模拟信号传给驱动器;③驱动器,进行功率变换,驱动执行器动作;④执行器,作为最终控制对象,实现机械结构动作,一般是伺服电机、步进电机等;⑤传动机构,完成物理动作的机械装置,⑥反馈装置,将检测反馈到驱动器和/或控制器,构成半闭环、闭环或双闭环。

运动控制系统作为自动控制系统的一部分,属于自动控制的范畴。自动控制主要包括经典控制、现代控制和智能控制。在经典控制中常用的是并联控制和串联控制。串联控制中常用的是PID控制。

7.1　PID控制

根据美国专利局1936年授权的温度控制系统PID控制器,其函数为

$$K_{\mathrm{p}}\theta + K_{\mathrm{i}}\sum \theta \mathrm{d}t + K_{\mathrm{d}}\frac{\mathrm{d}\theta}{\mathrm{d}t} \tag{7-1}$$

式中,K_{p}、K_{i}、K_{d}为比例、积分、微分系数,θ为控制量,t为时间。

基于其中系数右下角标的p、i和d,称为PID控制。

PID的时域形式为

$$u(t) = K_{\mathrm{p}}e(t) + K_{\mathrm{i}}\int e(t)\mathrm{d}t + K_{\mathrm{d}}\frac{\mathrm{d}e(t)}{\mathrm{d}t} \tag{7-2}$$

时域形式有时使用时间常数:

$$u(t) = K\left[e(t) + \frac{1}{T_{\mathrm{i}}}\int e(t)\mathrm{d}t + T_{\mathrm{d}}\frac{\mathrm{d}e(t)}{\mathrm{d}t}\right] \tag{7-3}$$

PID的传递函数为

$$G(s) = \frac{U(s)}{E(s)} = K_p + \frac{K_i}{s} + K_d s \tag{7-4}$$

传递函数有时使用变形形式：

$$G(s) = K_1 + \frac{K_2}{s} + K_3 s = \frac{K_3 s^2 + K_1 s + K_2}{s} = \frac{K_3(s - z_1)(s - z_2)}{s} \tag{7-5}$$

7.1.1 控制方式

7.1.1.1 比例控制

比例控制(图 7-2)是最常用的控制手段之一,也是最符合人类感知的控制手段。例如设定加热器目标 100 ℃,则开始加热时反馈温度距离设定温度相差很远,此时电流大,当温度接近设定值时则电流小,当温度达到目标时则电流为零。

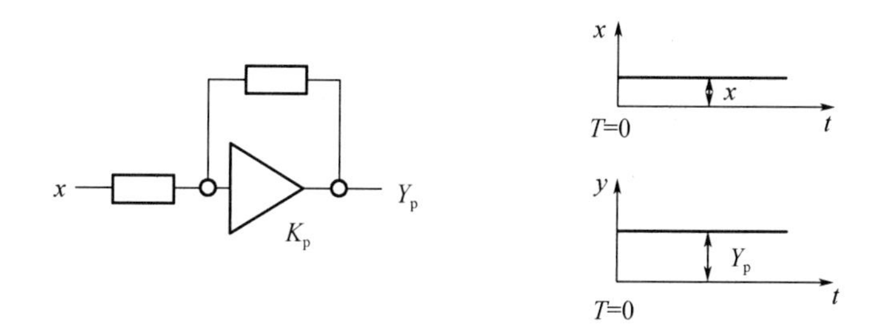

图 7-2　比例控制

比例控制函数为

$$\begin{aligned} u(t) &= e(t)K_p \\ e(t) &= \mathrm{SP} - y(t) \end{aligned} \tag{7-6}$$

式中,$u(t)$为输出值,$e(t)$为设定和反馈之间的误差值,K_p 为比例系数;SP 为设定值(Set Point,SP),$y(t)$为反馈值。

对于滞后性不大的控制对象,比例控制方式就可以满足控制要求,但是很多受控对象存在滞后性。

例如塑胶机,设定目标 200 ℃,采用比例控制。若增益 K_p 选择较大,则会出现温度达到 200 ℃输出关闭但温度依然爬升,而当温度低于设定值时,尽管输出已经启动加热但是温度依然回落一段时间再止跌回升;最后就是,系统温度维持在一定的区间反复振荡。相反,如果增益 K_p 过小,则会出现未达到目标就平衡停止的情况,此时的误差称为静态误差,简称静差。

7.1.1.2 积分控制

为改进比例控制的振荡和静差情况,出现了积分控制。

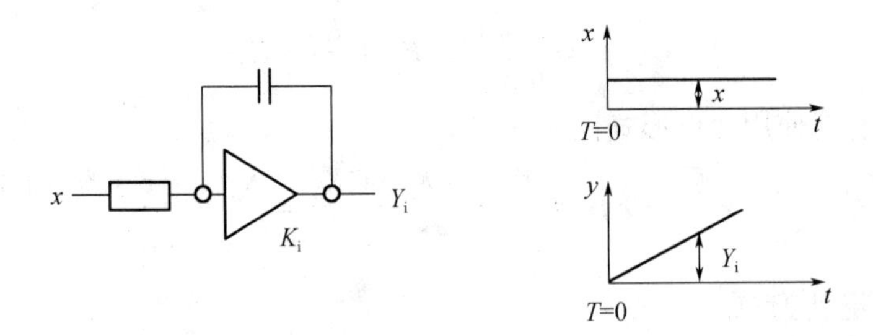

图 7－3　积分控制

7.1.1.3　比例积分控制

积分与比例一起进行控制,称为 PI 控制。

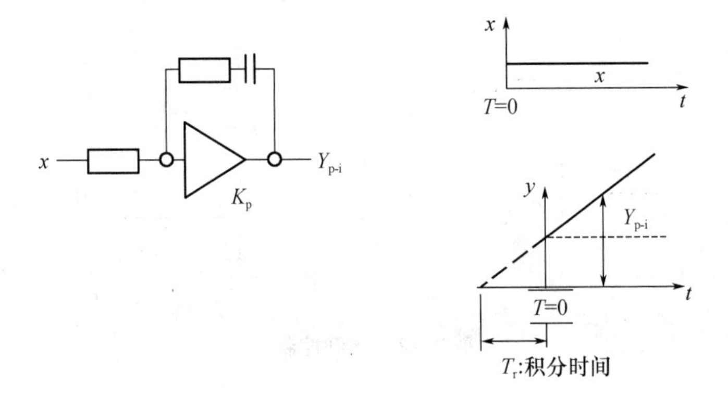

图 7－4　比例积分控制

PI 控制函数为

$$u(t) = K_p e(t) + K_i \sum e(t) \tag{7-7}$$

可以看出,积分项是历史误差的累积,这个累积值乘上积分增益 K_i 后在输出中占比越来越大,从而使得输出 $u(t)$ 越来越大,达到最终消除静态误差的目的。

PI 常规调整方式:①先将 K_i 值设 0,将 K_p 值放至较大;②当出现稳定振荡时,减小 K_p 值,直到不振荡或振荡很小;③加大 K_i,直到输出达到设定值。

以上过程也说明,K_p 主要用来调整系统的响应速度,K_i 主要用来减小静态误差。

7.1.1.4　比例积分微分控制

因为 PI 控制中积分项会影响控制系统的响应速度,为解决此问题可在控制中增加微分项(D)。

微分项主要解决系统响应速度问题,其函数为

$$u(t) = K_p e(t) + K_i \sum e(t) + K_d [e(t) - e(t-1)] \tag{7-8}$$

微分项在控制中起到减少超调、降低振荡的作用,但是对于干扰敏感,使用时需要

慎重。

7.1.2　控制示例

以图 7－5 所示常见质量－弹性－阻尼($M-k-b$)机械系统为例。

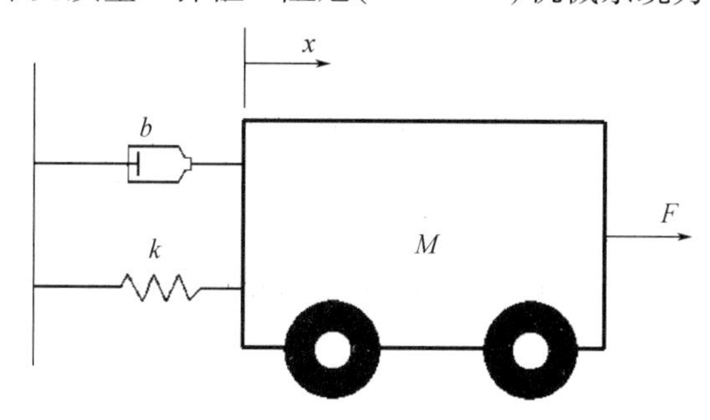

图 7－5　质量－弹性－阻尼机械系统

设系统质量为 M,胡克系数为 k,阻尼为 b,输入项(强迫项)为 F,输出为位移 x。根据牛顿第二定律,可得二阶线性常系数微分方程:

$$M\ddot{x}+b\dot{x}+kx=F \tag{7-9}$$

以 F 为输入、以 x 为输出的传递函数为

$$G(s)=\frac{X(s)}{F(s)}=\frac{1}{Ms^2+bs+k} \tag{7-10}$$

加上控制器 G_c,控制系统框图如图 7－6 所示。

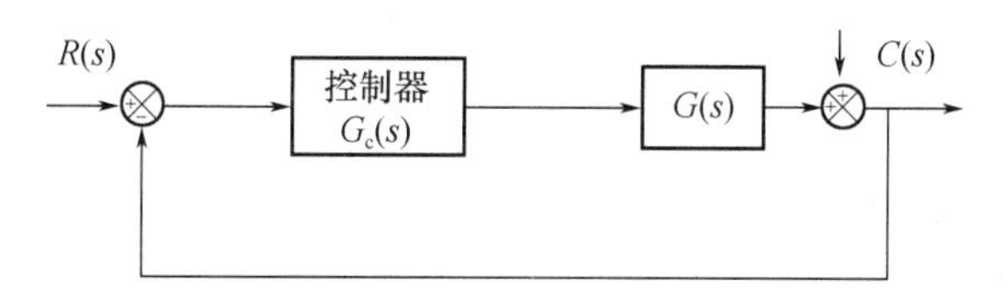

图 7－6　控制系统框图

若 G_c 采用 PID 控制器,系统框图如图 7－7 所示。

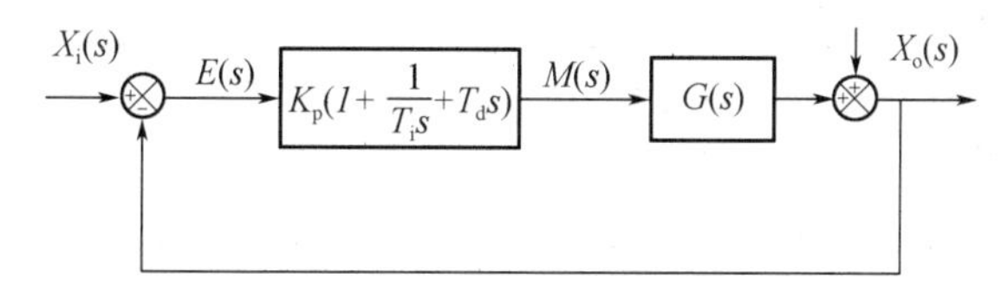

图 7－7　PID 控制框图

如果上述系统模型的原型为玩具车,则关注的是速度响应而非位移,因此可以忽略弹簧简化为质量－阻尼系统,假设:小车质量 $M=1.5$ kg,摩擦系数 $b=2$ N·s/m,电机牵引力 $F=1$ N,则有

$$F-bv=Ma \tag{7-11}$$

可得

$$M\frac{\mathrm{d}v}{\mathrm{d}t}+bv=F \tag{7-12}$$

拉普拉斯变换：

$$G(s)=\frac{V(s)}{U(s)}=\frac{1}{Ms+b}=\frac{\frac{1}{b}}{\frac{M}{b}s+1}=\frac{K}{Ts+1} \tag{7-13}$$

可见，该小车为一阶惯性系统，质量 M 相当于惯性环节的时间常数。

因此如果施加一个调整环节来减小该时间常数，则相当于减轻了车体质量，从而更加便于控制，具体方案如下。

7.1.2.1 比例控制

采用比例控制（图7-8）：

$$G_{\mathrm{c}}(s)=\frac{K_{\mathrm{c}}}{ms+bK_{\mathrm{c}}}$$

$$G_{\mathrm{p}}(s)=\frac{K_{\mathrm{c}}}{ms+bK_{\mathrm{c}}}=\frac{\frac{1}{b}}{\frac{m}{bK_{\mathrm{c}}}s+1}=\frac{K}{T_{\mathrm{p}}s+1} \tag{7-14}$$

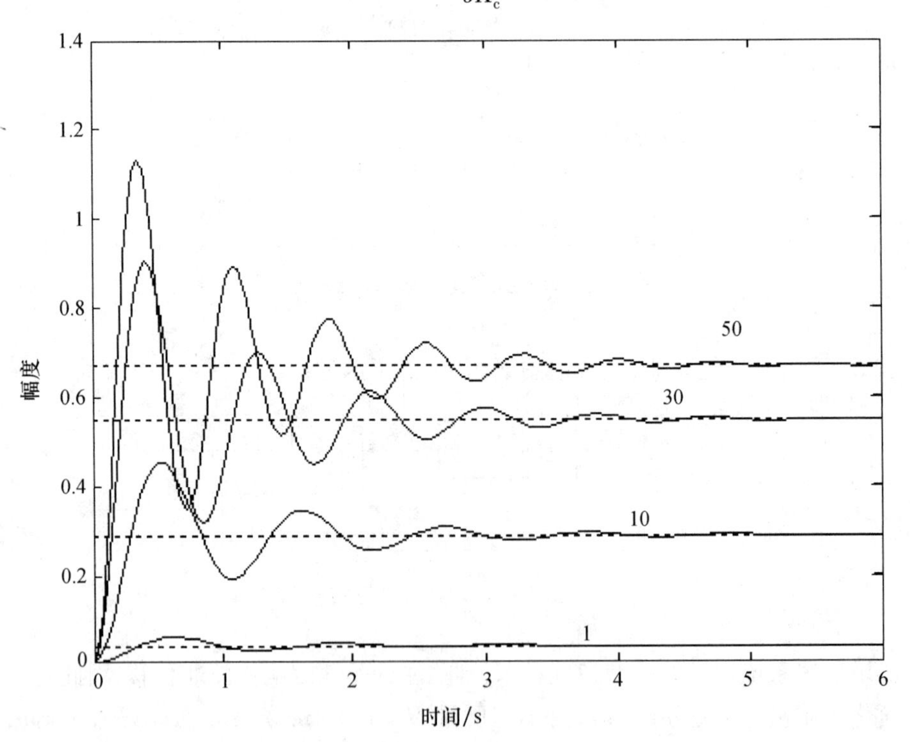

图7-8 比例控制

可见,比例控制可以提高开环增益,而且不影响相位,能够减少稳态误差但并不能最终消除;以及,K_p 越大,超调越大,响应越快,系统越不稳定。

7.1.2.2　比例积分控制

采用比例积分控制(图 7－9):

$$G_c(s) = \frac{K_c(1+\tau s)}{\tau s}$$

$$G_{pi}(s) = \frac{\dfrac{K_c(1+\tau s)}{\tau sms}}{1+b\dfrac{K_c(1+\tau s)}{\tau sms}} = \frac{K_c(1+\tau s)}{\tau sms+\tau bK_c s+bK_c} = \frac{(1+\tau s)/b}{\dfrac{\tau m}{bK_c}s^2+\tau s+1} \tag{7-15}$$

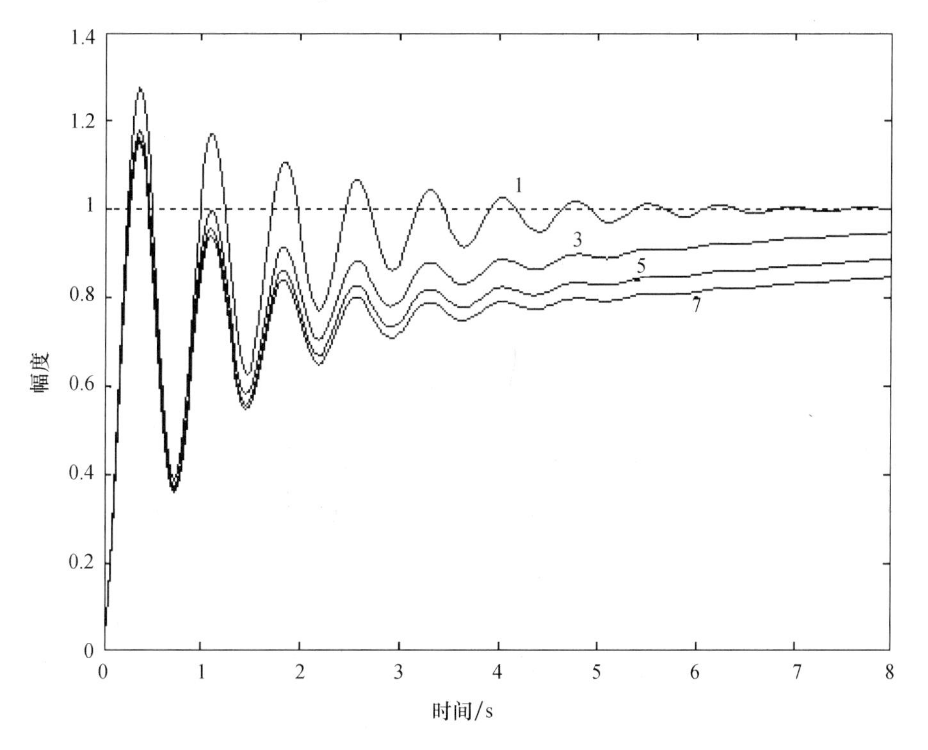

图 7－9　比例积分控制

可见,比例积分控制会降低相位裕度,稳定性会变差,以及,积分时间常数越小,超调越大,响应越快。

7.1.2.3　比例积分微分控制

采用比例积分微分控制(图 7－10):

$$
\begin{aligned}
G_c(s) &= K_c\left(1+\frac{1}{T_i s}+T_d s\right) \\
G_{pid}(s) &= \frac{T_i T_d K_c s^2 + T_i K_c s + K_c}{(mT_i + bT_i T_d K_c)s^2 + bT_i K_c s + bK_c}
\end{aligned}
\tag{7-16}
$$

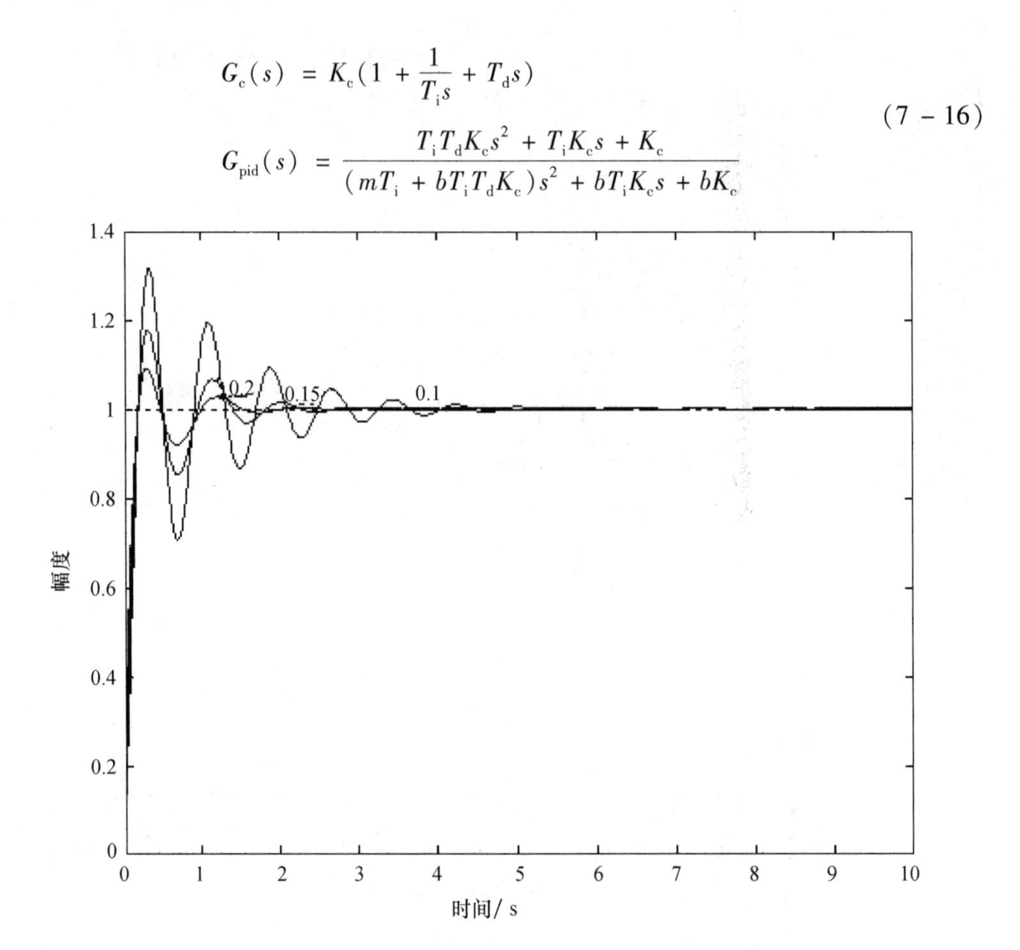

图 7-10　比例积分微分控制

此时 PID 全部用上，期望的最好效果是：积分可以作用于低频段，以提高稳定性；微分作用在高频段，以改进动态性能。此方案的缺点是需要整定三个参数。

7.2　电　　机

电机，也称电动马达(Electric Machinery)，是依靠电磁感应实现电能转换及传递的电磁装置。

随着便携电源例如干电池及可充电电池的普及，以直流电源为动力的直流电机应用非常广泛。与直流电机相对的是交流电机。

直流电机可分为有刷直流电机和无刷直流电机两种。有刷直流电机需要碳刷换向，其定子一般为永磁体，定子上没有励磁绕组。无刷直流电机一般动子采用永磁体，定子为绕组。

无刷直流电机又包括永磁同步电机(Permanent Magnet Synchronous Motor，PMSM)和无刷直流电机(Brushless Direct Current，BLDC)这两种存在细微区别的类型。

其实二者区别不大。

7.2.1 有刷直流电机的电枢控制

有刷直流电机主要包括定子和转子部分，定子上有电刷，转子上有换向片，电机转动时，转子的换向片交替地与定子的电刷导通。

有刷直流电机的定子，可以含励磁绕组，也可以以永磁代励磁，都是利用磁体的同性相斥、异性相吸使得电机运转。

有刷直流电机是电机的基础，值得仔细讨论。

7.2.1.1 电枢控制的模型

控制直流电机的电枢电流即可改变电机的速度，这称为直流电机电枢控制，模型如图 7－11 所示。

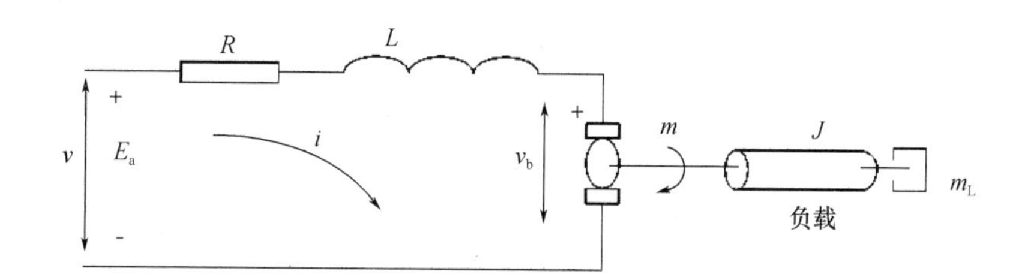

图 7－11 有刷直流电机模型

图 7－11 中，记 v 为电枢电压［伏特］，R 为电枢电阻［欧姆］，L 为电枢电感［亨］，i 为电枢电流［安培］，v_b 为反电动势［伏特］，J 为等效转动惯量［千克・米^2］，m 为电机转矩［牛・米］，m_L 为负载转矩［牛・米］，C 为等效摩擦系数［牛・米・秒］，同时记电机轴角位移为 θ［弧度］，电机轴角速度为 ω［弧度/秒］。

则有以下结论。

（1）电机转矩 m 正比于电枢电流 i：

$$m = K_1 i \tag{7-17}$$

式中，K_1 为力矩常数。

（2）反电动势 v_b 正比于电机轴角速度 ω：

$$v_b = K_2 \frac{d\theta}{dt} = K_2 \omega \tag{7-18}$$

式中，K_2 为反电动势常数。

7.2.1.2 电枢控制的状态方程

继续讨论前述直流电机的控制模型。

（1）根据基尔霍夫电压定律，可得电压方程：

$$v = Ri + L\frac{di}{dt} + v_b \tag{7-19}$$

(2)根据牛顿第二定律,可得动力学方程

$$J\frac{d\omega}{dt} = -C\omega + m - m_L \tag{7-20}$$

根据式(7-19)和式(7-20),可得微分方程

$$\frac{di}{dt} = -\frac{R}{L}i - \frac{K_2}{L}\omega + \frac{1}{L}v \tag{7-21}$$

将式(7-20)变形,可得

$$\frac{d\omega}{dt} = \frac{K_1}{J}i - \frac{C}{J}\omega - \frac{1}{J}m_L \tag{7-22}$$

写成矩阵形式:

$$\frac{d}{dt}\begin{bmatrix} i \\ \omega \end{bmatrix} = \underbrace{\begin{bmatrix} -\frac{R}{L} & -\frac{K_2}{L} \\ \frac{K_1}{J} & -\frac{C}{J} \end{bmatrix}}_{\text{系统矩阵}\boldsymbol{A}} \underbrace{\begin{bmatrix} i \\ \omega \end{bmatrix}}_{\text{状态向量}\boldsymbol{x}(t)} + \underbrace{\begin{bmatrix} \frac{1}{L} & 0 \\ 0 & -\frac{1}{J} \end{bmatrix}}_{\text{输入矩阵}\boldsymbol{B}} \underbrace{\begin{bmatrix} v \\ m_L \end{bmatrix}}_{\text{输入向量}\boldsymbol{u}(t)}$$

$$\underset{\text{输出向量}\boldsymbol{y}(t)}{\omega} = \underbrace{[0 \quad 1]}_{\text{输出矩阵}\boldsymbol{C}} \underbrace{\begin{bmatrix} i \\ \omega \end{bmatrix}}_{\text{状态向量}\boldsymbol{x}(t)} \tag{7-23}$$

式中,$\begin{bmatrix} i \\ \omega \end{bmatrix}$为状态向量 $\boldsymbol{x}(t)$,$\begin{bmatrix} v \\ m_L \end{bmatrix}$为输入向量 $\boldsymbol{u}(t)$,以电机转速 ω 为输出向量 $\boldsymbol{y}(t)$。

即得状态方程

$$\begin{cases} x(\dot{i}) = \boldsymbol{Ax}(t) + \boldsymbol{Bu}(t) \\ \boldsymbol{y}(t) = \boldsymbol{Cx}(t) \end{cases} \tag{7-24}$$

这是线性定常系统的标准形式。

7.2.1.3 电枢控制的系统框图

对电枢控制电机 N·M/A 模型具体化,设 $R=1\ \Omega$,$L=0.5$ H,$J=0.5\ \text{kg}\cdot\text{m}^2$,$C=2$ N·m·s,$K_1=1$ N·m/A,$K_2=3$ V·s,忽略负载转矩 m_L,则具体的状态方程为

$$\begin{cases} \boldsymbol{x}(\dot{i}) = \begin{bmatrix} -2 & -6 \\ 2 & -4 \end{bmatrix}\boldsymbol{x}(t) + \begin{bmatrix} 2 & 0 \\ 0 & -2 \end{bmatrix}\boldsymbol{u}(t) \\ \boldsymbol{y}(t) = [0 \quad 1]\boldsymbol{x}(t) \end{cases} \tag{7-25}$$

有刷直流电机可以视作由三个级联的子系统构成:

(1)电-磁,即输入为电源电压 $v(t)$,输出为磁场电流 $i(t)$;

(2)磁-力,即输入为磁场电流 $i(t)$,输出为电机转矩 m;

(3)力-速度,即输入为电机转矩 m 和负载转矩 m_L,输出为电机轴角速度 ω。

为便于讨论,将电机模型的参数具体化,设 $R=1\ \Omega$,$L=0.5$ H,$J=0.5\ \text{kg/m}^2$,$C=2$ N·m·s,$K_1=1$ N·m/A,$K_2=3$ V·s。

则:

(1)电磁子系统。

由前述基尔霍夫电压定律的电压方程有

$$2i + i(\dot{t}) = 2(v - v_b) \tag{7-26}$$

经拉普拉斯变换为

$$i(s) = \frac{2}{s+2}[v(s) - v_b(s)] \tag{7-27}$$

(2)磁力子系统。

$$m(t) = i(t) \tag{7-28}$$

经拉普拉斯变换为

$$m(s) = i(s) \tag{7-29}$$

(3)力位移子系统。

$$\omega(\dot{t}) + 4\omega(t) = 2[m(t) - m_L(t)] \tag{7-30}$$

经拉普拉斯变换为

$$\omega(s) = \frac{2}{s+4}[m(s) - m_L(s)] \tag{7-31}$$

以及:

(1)速度 - 反电势。

由前述反电动势 v_b 正比于电机轴角速度 ω 有

$$v_b(t) = 3\omega(t) \tag{7-32}$$

经拉普拉斯变换为

$$v_b(s) = 3\omega(s) \tag{7-33}$$

(2)速度 - 位移。

由角位移 θ 是角速度 ω 的积分有

$$\theta(\dot{t}) = \omega(t) \tag{7-34}$$

经拉普拉斯变换为

$$\theta(s) = \frac{1}{s}\omega(s) \tag{7-35}$$

如此,可得有刷直流电机的系统框图,如图 7 - 12 所示。

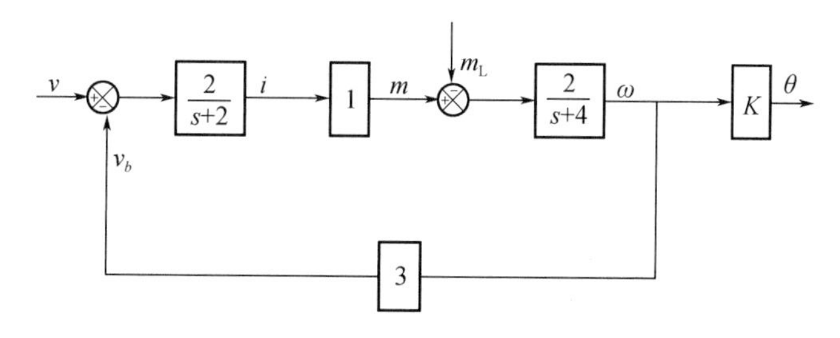

图 7 - 12　有刷直流电机的系统框图

如果忽略负载转矩(图 7 - 13),系统传递函数为

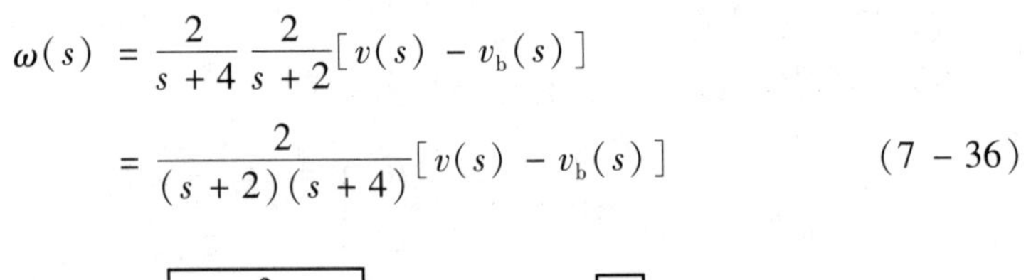

$$\begin{aligned}\omega(s) &= \frac{2}{s+4}\frac{2}{s+2}[v(s)-v_{\mathrm{b}}(s)] \\ &= \frac{2}{(s+2)(s+4)}[v(s)-v_{\mathrm{b}}(s)]\end{aligned} \tag{7-36}$$

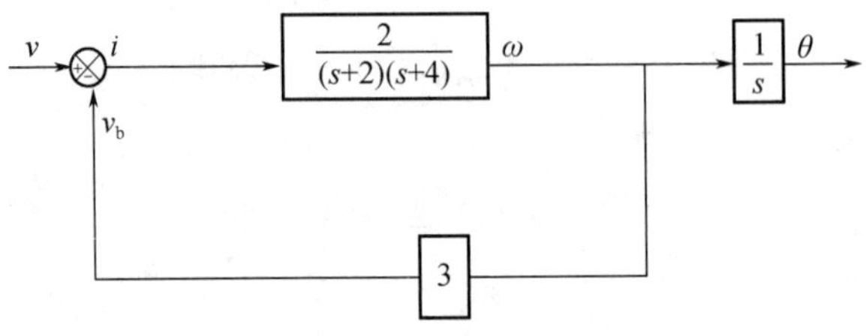

图 7-13　忽略负载转矩的系统框图

或者直接求解下面的代数方程：

$$\omega(s) = \frac{2}{(s+2)(s+4)}[v(s)-3\omega(s)] \tag{7-37}$$

可得

$$\omega(s) = \frac{4}{s^2+6s+20}v(s) \tag{7-38}$$

以及

$$\theta(s) = \frac{1}{s}\omega(s) \tag{7-39}$$

得传递函数为

$$\theta(s) = \frac{4}{s(s^2+6s+20)}v(s) \tag{7-40}$$

图 7-14 为 θ 与 v 的框图。

$$v \rightarrow \boxed{\frac{4}{s(s^2+6s+20)}} \rightarrow \theta$$

图 7-14　θ 与 v 的框图

7.2.1.4　电枢控制的控制

对前述系统模型，如果忽略负载转矩 m_{L}，则为

$$\frac{\mathrm{d}}{\mathrm{d}t}\begin{bmatrix} i \\ \omega \end{bmatrix} = \begin{bmatrix} -\frac{R}{L} & -\frac{K_2}{L} \\ \frac{K_1}{J} & -\frac{C}{J} \end{bmatrix}\begin{bmatrix} i \\ \omega \end{bmatrix} + \begin{bmatrix} \frac{1}{L} \\ 0 \end{bmatrix} v$$

$$\boldsymbol{\omega} = \begin{bmatrix} 0 & 1 \end{bmatrix}\begin{bmatrix} i \\ \omega \end{bmatrix} \tag{7-41}$$

如果设模型参数为$R=1\ \Omega$，$L=0.2\ \mathrm{H}$，$J=5\ \mathrm{kg\cdot m^2}$，$C=0.1\ \mathrm{N\cdot m\cdot s}$，$K_1=0.5\ \mathrm{N\cdot m/A}$，$K_2=1\ \mathrm{V\cdot s}$，则具体的状态方程为

$$\boldsymbol{A}=\begin{bmatrix}-5 & -5\\ 0.1 & -0.02\end{bmatrix},\boldsymbol{B}=\begin{bmatrix}5\\ 0\end{bmatrix},\boldsymbol{C}=\begin{bmatrix}0 & 1\end{bmatrix} \tag{7-42}$$

即状态空间为

$$\begin{cases}\dot{x}(t)=\begin{bmatrix}-5 & -5\\ 0.1 & -0.02\end{bmatrix}x(t)+\begin{bmatrix}5\\ 0\end{bmatrix}u(t)\\ y(t)=\begin{bmatrix}0 & 1\end{bmatrix}x(t)\end{cases} \tag{7-43}$$

解耦为标准型

线性系统的基本性质与状态向量选择无关，它们在状态变换下具有不变性，特别是特征值不受影响。

由系统特征方程$|\lambda I-A|=0$，解得特征根为

$$\lambda_1=-4.8975,\lambda_2=-0.1225$$

对应特征向量为

$$\boldsymbol{P}=\begin{bmatrix}\boldsymbol{P}_1 & \boldsymbol{P}_2\end{bmatrix}=\begin{bmatrix}-0.9998 & 0.7158\\ 0.0205 & -0.6983\end{bmatrix}$$

解得逆矩阵为

$$\boldsymbol{P}^{-1}=\begin{bmatrix}-1.0217 & -1.0473\\ -0.0300 & -1.4628\end{bmatrix}$$

得各自标准型分别为

$$\hat{\boldsymbol{A}}=\boldsymbol{P}^{-1}\boldsymbol{A}\boldsymbol{P}=\begin{bmatrix}-4.8975 & 0\\ 0 & -0.1225\end{bmatrix}$$

$$\hat{\boldsymbol{B}}=\boldsymbol{P}^{-1}\boldsymbol{B}\boldsymbol{P}=\begin{bmatrix}-5.1084\\ -0.1500\end{bmatrix}$$

$$\hat{\boldsymbol{C}}=\boldsymbol{C}\boldsymbol{P}=\begin{bmatrix}0.0205 & -0.6983\end{bmatrix}$$

状态变换后的状态变量表示为

$$\begin{cases}\tilde{x}(t)=\begin{bmatrix}-4.8975 & 0\\ 0 & -0.1225\end{bmatrix}\tilde{x}(t)+\begin{bmatrix}-5.1084\\ -0.1500\end{bmatrix}u(t)\\ y(t)=\begin{bmatrix}0.0205 & -0.6983\end{bmatrix}\tilde{x}(t)\end{cases}$$

上面的解耦不仅有利于揭示系统的根本结构，也更加方便。毕竟，分析n个独立的一维系统要比分析一个n维系统容易许多。

状态转移矩阵

对于$n\times n$的矩阵$\boldsymbol{A}$，矩阵指数$\mathrm{e}^{\boldsymbol{A}t}=\sum\limits_{k=0}^{\infty}\frac{(\boldsymbol{A}t)^k}{k!}$也称为转移矩阵或基本矩阵，可以求解线性定常方程。

有刷直流电机的状态转移方程为

$$\boldsymbol{\Phi}(t) = \mathrm{e}^{A}t = \boldsymbol{P}\begin{bmatrix} \mathrm{e}^{\lambda_1 t} & 0 \\ 0 & \mathrm{e}^{\lambda_2 t} \end{bmatrix}\boldsymbol{P}^{-1} = \begin{bmatrix} 0 & 0 \\ 0 & 0 \end{bmatrix} \tag{7-44}$$

直流电机的线性定常非齐次状态方程的解为

$$x(t) = \boldsymbol{\Phi}(t)x(0) + \int_0^t \boldsymbol{\Phi}(t-\tau)\mathrm{Bu}(\tau)\mathrm{d}\tau \tag{7-45}$$

开环的能控能观性

(1)能控性。

直流电机系统的能控矩阵为

$$\boldsymbol{P}_{\mathrm{c}} = [\boldsymbol{B} \quad \boldsymbol{AB} \quad \boldsymbol{A}^2\boldsymbol{B} \quad \cdots \quad \boldsymbol{A}^{n-1}\boldsymbol{B}], n = 2 \tag{7-46}$$

即

$$\boldsymbol{P}_{\mathrm{c}} = \begin{bmatrix} 5 & -25 \\ 0 & 0.5 \end{bmatrix}$$

由 rank($\boldsymbol{P}_{\mathrm{c}}$) = 2,能控矩阵满秩,系统可控。

(2)能观性。

直流电机系统的能观矩阵为

$$\boldsymbol{P}_O = \begin{bmatrix} \boldsymbol{C} \\ \boldsymbol{CA} \\ \boldsymbol{CA}^2 \\ \vdots \\ \boldsymbol{CA}^{n-1} \end{bmatrix}, n = 2 \tag{7-47}$$

即

$$\boldsymbol{P}_O = \begin{bmatrix} 0 & 1 \\ 0.1 & -0.02 \end{bmatrix}$$

由 rank($\boldsymbol{P}_O$) = 2,能观矩阵满秩,系统可观测。

开环的传递函数

系统的传递函数矩阵定义为

$$\mathbf{H}(s) = \boldsymbol{C}(s\boldsymbol{I} - \boldsymbol{A})^{-1}\boldsymbol{B} \tag{7-48}$$

对于本案例为

$$\mathbf{H}(s) = \frac{0.5}{s^2 + 5.02s + 0.6}$$

开环的稳定性

在经典控制理论中,对系统稳定性的分析基于特征方程的所有根是否分布在根平面的左半部分。所有特征根都分布在左半平面则系统稳定;如果至少有一个特征根分布在右半平面则系统不稳定;如果没有右半平面的根,但在虚轴上有根(即有纯虚根),则系统是临界稳定的。

以上处理过程中已求出系统特征根为 $\lambda_1 = -4.897\,5$、$\lambda_1 = -0.122\,5$,这两个特征根均分布在根平面的左半部分,故系统稳定。

7.2.2 无刷直流电机的矢量控制

永磁同步电机的矢量控制,也称为转子磁链定向控制(Field Oriented Controlling, FOC),其原理是把永磁同步电机设法模拟为直流电机的转矩控制。

为此引入了 dq 坐标系,d 轴与转子磁通重合,q 轴超前或滞后 d 轴 90°。这样通过正交解耦把磁场分量和转矩分量分开。这样在转子坐标系下永磁磁链恒定不变,就成了普通的直流电机。

7.2.2.1 坐标系

出于以下原因考虑,需要坐标变换:

(1)永磁同步电机中,定子磁势 F_s、转子磁势 F_r、气隙磁势之间的夹角都不是 90°,耦合性强,无法对磁场和电磁转矩进行独立控制;

(2)直流电机励磁磁场垂直于电枢磁势,二者各自独立,互不影响;

(3)已有的直流电机控制策略多种多样,可以使其应对不同场合。

为此分析永磁同步电机的数学模型,可以考虑将 PMSM 模拟为直流电机,从而控制可以像直流电机一样清爽,提高电机可控性和运行效率。

这样引入了运动的 dq 和 $\alpha\beta$ 坐标系,如图 7-15 所示。

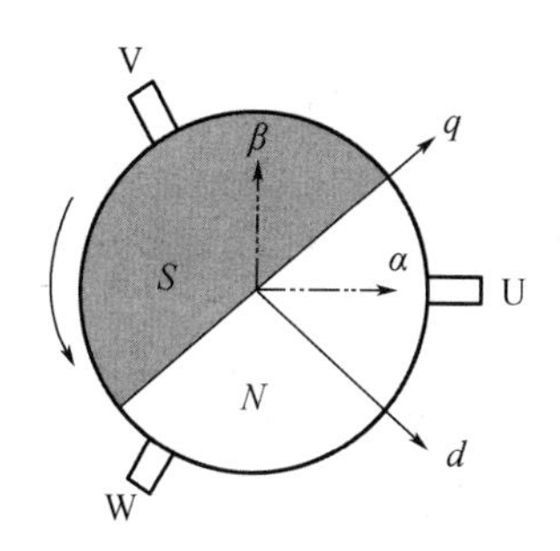

图 7-15 无刷直流电机坐标系

图 7-15 中,UVW 为三相静止坐标系,dq 为同步旋转坐标系,$\alpha\beta$ 为静止坐标系。

转子所受转矩,最好是从转子角度考虑,为此定义 dq 同步旋转坐标系,dq 坐标系的 d 轴为永磁体的磁通方向,称为直轴;q 轴正交于磁通方向,称为交轴。控制 q 轴电流即可控制电机转矩,控制 d 轴电流即可控制磁场。

实际应用,不是从 UVW 三相的电流值直接求取 d 轴和 q 轴的电流,而是通过 $\alpha\beta$ 坐标系。$\alpha\beta$ 坐标系的 α 轴 U 相相同,β 轴依照右手系垂直于 α 轴。

7.2.2.2 坐标变换

常用的坐标变换包括静止坐标变换和旋转坐标变换。

(1)静止坐标变换:从 UVW 三相静止坐标系到 $\alpha\beta$ 静止坐标系的变换,称为 Clark 变换,也称 $3s/2s$ 变换。

(2)旋转坐标变换:从 $\alpha\beta$ 静止坐标系到 dq 同步旋转坐标系的变换,称为 Park 变换,也称 $2s/2r$ 变换。

Clark 变换矩阵为

$$\boldsymbol{T}_{3s\to 2s}=\frac{2}{3}\begin{bmatrix}1 & -\frac{1}{2} & -\frac{1}{2}\\ 0 & \frac{\sqrt{3}}{2} & -\frac{\sqrt{3}}{2}\\ \frac{\sqrt{2}}{2} & \frac{\sqrt{2}}{2} & \frac{\sqrt{2}}{2}\end{bmatrix} \tag{7-49}$$

把 $\boldsymbol{T}_{3s\to 2s}^{-1}$ 称为反 Clark 变换。

Park 变换矩阵为

$$\boldsymbol{T}_{2s\to 2r}=\frac{2}{3}\begin{bmatrix}\cos\theta_e & \sin\theta_e\\ -\sin\theta_e & \cos\theta_e\end{bmatrix} \tag{7-50}$$

把 $\boldsymbol{T}_{2s\to 2r}^{-1}$ 称为反 Park 变换。

7.2.2.3 UVW 坐标系方程

在 UVW 三相静止坐标系下考虑。

(1)三相静止坐标系的磁链方程为

$$\begin{bmatrix}\psi_a\\ \psi_b\\ \psi_c\end{bmatrix}=\begin{bmatrix}L_{aa} & M_{ab} & M_{ac}\\ M_{ba} & L_{bb} & M_{bc}\\ M_{ca} & M_{cb} & L_{cc}\end{bmatrix}\begin{bmatrix}i_a\\ i_b\\ i_c\end{bmatrix}+\psi_f\begin{bmatrix}\cos\theta\\ \cos(\theta-2\pi/3)\\ \cos(\theta+2\pi/3)\end{bmatrix} \tag{7-51}$$

式中,ψ_i 为三相绕组的磁链($i=a,b,c$),L_{ii} 为三相绕组的自感,M_{ij} 为绕组之间的互感($j=a,b,c$),ψ_f 为永磁体的磁链,θ 为转子 N 极与 a 相绕组轴线的夹角。

(2)三相静止坐标系的电压方程为

$$\begin{bmatrix}u_a\\ u_b\\ u_c\end{bmatrix}=\begin{bmatrix}R_s & 0 & 0\\ 0 & R_s & 0\\ 0 & 0 & R_s\end{bmatrix}\begin{bmatrix}i_a\\ i_b\\ i_c\end{bmatrix}+\frac{d}{dt}\begin{bmatrix}\psi_a\\ \psi_b\\ \psi_c\end{bmatrix} \tag{7-52}$$

式中,R_s 为电枢的电阻,ψ_i 为三相的磁链,i_j 为三相的相电流。

7.2.2.4 *dq* 坐标系方程

在 dq 坐标系下,有以下结论。

(1)dq 坐标系的磁链方程为

$$\begin{bmatrix}\psi_d\\ \psi_q\end{bmatrix}=\begin{bmatrix}L_d & 0\\ 0 & L_q\end{bmatrix}\begin{bmatrix}i_d\\ i_q\end{bmatrix}+\begin{bmatrix}\psi_f\\ 0\end{bmatrix} \tag{7-53}$$

式中,各项定义如前。

(2) dq 坐标系的电压方程为

$$\begin{bmatrix} u_d \\ u_q \end{bmatrix} = \begin{bmatrix} R_s & -\omega_e L_q \\ \omega_e L_d & R_s \end{bmatrix} \begin{bmatrix} i_d \\ i_q \end{bmatrix} + \frac{d}{dt} \begin{bmatrix} \psi_d \\ \psi_q \end{bmatrix} + \begin{bmatrix} 0 \\ \omega_e \psi_f \end{bmatrix} \tag{7-54}$$

式中，u_i 为 dq 轴电压($i=d,q$)，i_j 为 dq 轴电流($j=d,q$)，ψ_i 为 dq 轴磁链，L_i 为 dq 轴电感，ω_e 为转速。

(3) dq 坐标系的转矩方程为

$$T_e = \frac{3}{2} n_p (\psi_d i_q - \psi_q i_d) = \frac{3}{2} n_p [\psi_f i_q + (L_d - L_q) i_d i_q] \tag{7-55}$$

式中，n_p 为电机的极对数。

由式(7-55)可见，电磁转矩 T_e 由两个部分组成：

(1) 永磁体和定子绕组磁链相互作用产生的 $\psi_f i_q$；

(2) 由磁阻变化产生的转矩 $(L_d - L_q) i_d i_q$。

注意：这里需要注意区分凸极和隐极，因为隐极电机 $L_d = L_q$，所以磁阻变化转矩为凸极电机所特有。

(4) dq 坐标系的运动方程为

$$T_e = T_L + \frac{1}{n_p} J \frac{d\omega_g}{dx} \tag{7-56}$$

式中，T_L 为负载转矩，J 为转功惯量，w_g 为电气角速度。

7.2.2.5　矢量控制原理

矢量控制方法主要有三种，常用的是保持 $i_d = 0$ 的控制。

给定 dq 轴的电压方程、转矩方程、运动方程，如果使得 $i_d = 0$，那么各个方程均可以得到化简。

(1) 对 dq 轴电压方程。

$$\begin{bmatrix} u_d \\ u_q \end{bmatrix} = \begin{bmatrix} R_s & -\omega_e L_q \\ \omega_e L_d & R_s \end{bmatrix} \begin{bmatrix} i_d \\ i_q \end{bmatrix} + \frac{d}{dt} \begin{bmatrix} \psi_d \\ \psi_q \end{bmatrix} + \begin{bmatrix} 0 \\ \omega_e \psi_f \end{bmatrix} \tag{7-57}$$

得

$$\begin{cases} u_d = -\omega_e L i_q \\ u_q = R i_q + L \dfrac{di_q}{dt} + \omega_e \psi_f \end{cases} \tag{7-58}$$

式中，R 和 L 为定子绕组的电阻和电感，ω_e 为电机电角速度。

(2) 对 dq 轴转矩方程。

$$T_e = \frac{3}{2} n_p [\psi_f i_q + (L_d - L_q) i_d i_q] \tag{7-59}$$

得

$$T_e = \frac{3}{2} n_p \psi_f i_q \tag{7-60}$$

(3)对 dq 轴运动方程。

$$T_e = T_L + \frac{1}{n_p} J \frac{d\omega_g}{dx} \tag{7-61}$$

得

$$\frac{d\omega_m}{dt} = \frac{K_t}{J} i_q - \frac{B}{J}\omega_m - \frac{1}{J} T_L \tag{7-62}$$

式中,ω_m 为电机的机械角速度,J 为转动惯量,K_t 为转矩常数,B 为摩擦系数,T_L 为负载系数。

由以上方程可以看出:

(1)仅控制 i_q 即可控制转矩大小,d 轴电压 u_d 也仅仅与 i_q 有关,这对控制是有利的;

(2)当 $i_d=0$ 时,相当于一台典型的他励直流电动机,定子只有交轴分量,且定子磁动势的空间矢量正好和永磁体磁场空间矢量正交。所以为了减少损耗,完全可以令$i_d=0$,降低铜耗。

7.2.2.6 矢量控制基本流程

矢量控制框图如图 7-16 所示。

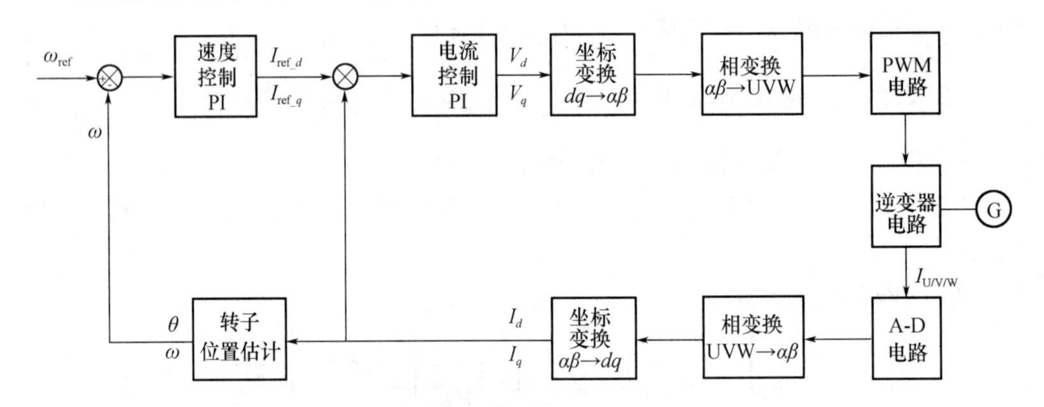

图 7-16 矢量控制框图

(1)电流检测:通过采样电阻的 AD 获得三相电流值 I_U、I_V、I_W。

(2)坐标变换:通过 Clark 和 Park 变换获得 I_d、I_q。

(3)位置估计:通过转子角速度和电气角度计算 ω、θ。

(4)PI 速度控制:根据 ω_{ref}和 ω 计算 I_{ref_d}、I_{ref_q}。

(5)PI 力矩控制:根据 I_{ref_d}、I_{ref_q}和 I_d、I_q 计算 V_d、V_q。

(6)坐标变换:通过反 Clark 和反 Park 变换获得三相电压。

7.2.3 直线电机

直线电机又称线性马达,可以把电机旋转动作转变为直线推力,而且不需要传动机构,因此有广泛的应用。

直线电机的控制方法与旋转电机并无本质区别，因此值得关注的是直线电机的本体结构。

7.2.3.1　直线电机工作原理

传统旋转电机工作原理如图 7－17 所示。

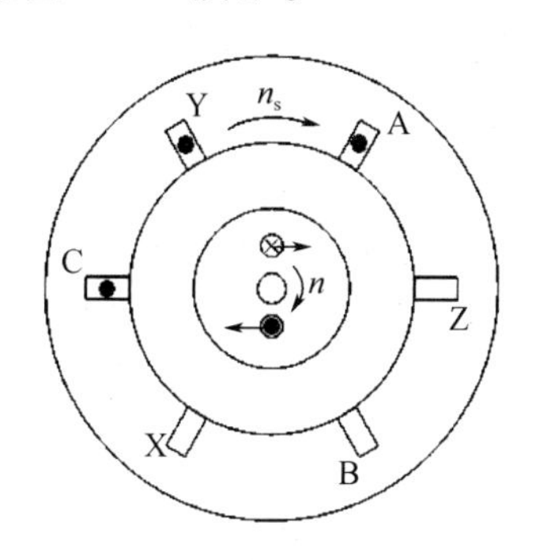

图 7－17　传统旋转电机工作原理

图 7－17 中，定子绕组 AX、BY 和 CZ 通入正弦交流电便在气隙中形成旋转磁场，其旋转速度称为同步速度 n_s：

$$n_s = \frac{60f}{p} \tag{7-63}$$

式中，f 为电流频率，Hz；p 为电机极对数。同步转速单位为 r/min。

转子的旋转速度 n 总是小于同步转速 n_s 的，否则转子便不能切割磁力线。因此定义转子转速和同步转速的转差率 s（或称滑差率）为

$$s = \frac{n_s - n}{n_s} \tag{7-64}$$

沿着旋转电机半径方向剖开，并展平，便得到图 7－18 所示的直线电机。

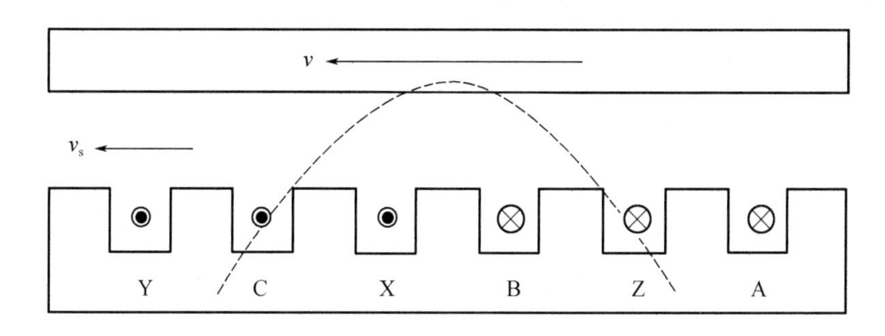

图 7－18　直线电机工作原理

图 7－18 中，当定子绕组通入正弦交流电，气隙磁场按照 A、B、C 相序移动，称为行波磁场，其线速度称为同步速度 v_s：

$$v_s = \frac{2p\tau n_s}{60} = 2\tau f \tag{7-65}$$

式中,τ 为极距,m;f 为电流频率,Hz。

动子速度记作 v,类似地可得动子速度与同步速度的转差率 s 为

$$s = \frac{v_s - v}{v_s} \tag{7-66}$$

注意:虽然动子通常采用整块金属板或者复合金属板而不具有明显的导条,但分析时仍然可以把整板视作无限多的并行排列的导条。

7.2.3.2 直线电机主要指标

所有电磁设备,无外乎电路和磁路的相互作用,直线电机也不例外。

设:电路方面,截面积为 A,m^2;长度为 L,m;电阻率为 ρ,$\Omega \cdot m$,即电导率为 σ,s/m。磁路方面,截面积为 A_m,m^2;长度为 L_m,m;磁阻率为 ρ_m,$H^{-1} \cdot m$,即磁导率为 σ,H/m。

则:$R_m = \frac{F}{\phi}$。

电路的电动势 E,产生电流 I,且有 $R = \frac{R}{I}$,R 为电阻,单位 Ω。

该电路的电流 I,产生磁路的磁通势 F,$F = NI$,其中 N 为线圈的匝数。

磁路的磁通势 F,产生磁通 ϕ,且有 $R_m = \frac{F}{\phi}$,R_m 为磁阻,单位 H^{-1}。

电磁设备作用原理如图 7-19 所示。

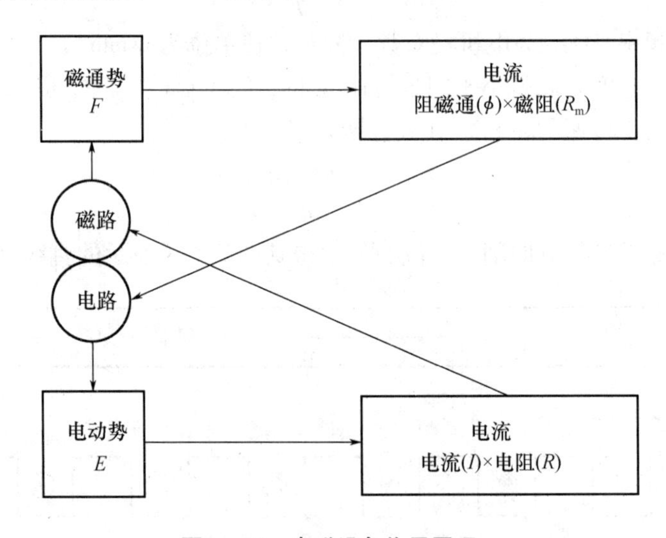

图 7-19 电磁设备作用原理

通常来讲,带“阻”的,例如电路电阻 R 和磁路磁阻 R_m,一般都是负面定义,积极的定义应该是“导”,例如电导、磁导等。因此,可以用电路的电导和磁路的磁导构建评价电磁设备的质量指标 G,简单的可以用其乘积:

$$G = \frac{1}{R} \cdot \frac{1}{R_m} \tag{7-67}$$

式中，$\frac{1}{R_m}=\frac{\phi}{F}\propto X_m$，其中 $X_m=\omega L$ 为感应电抗，单位 H。

因此，

$$G=\frac{X_m}{R}=\frac{\omega L}{R}=\omega T \tag{7-68}$$

即电磁设备的质量指标 G 为线圈感抗 X_m 和电阻 R 之比。

质量系数 G 也可写为

$$G=\frac{X_m}{R}=\frac{\omega L}{R}=\omega T \tag{7-69}$$

式中，$T=\frac{L}{R}$为时间常数。

下面讨论直线电机的质量指标，以图 7-20 所示单侧三相直线电机为例。

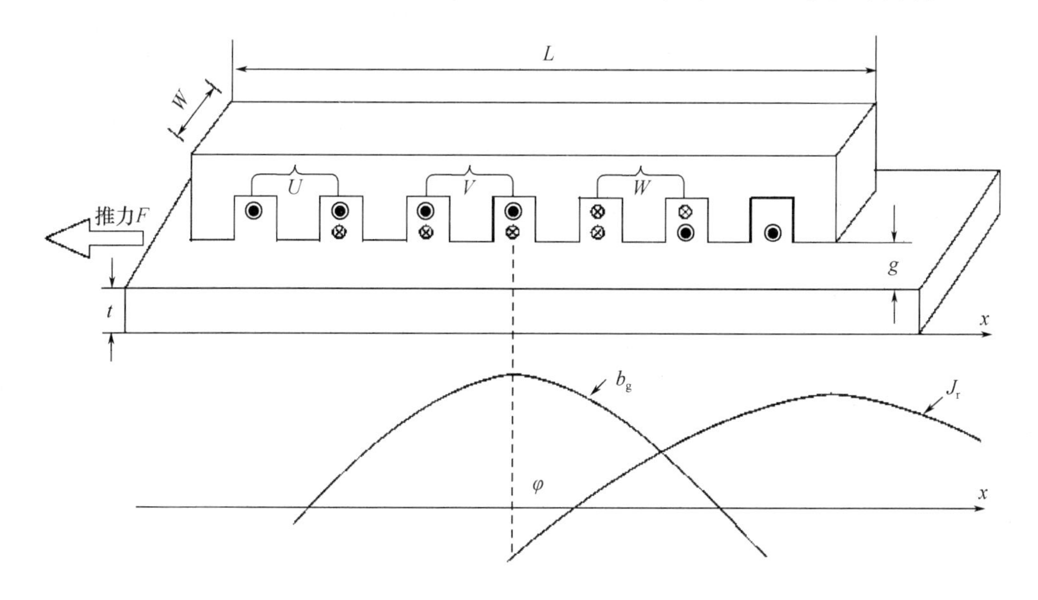

图 7-20　单侧三相直线电机

设：

定子的宽度为 W，m；长度为 L，m；极距为 τ，m。

动子的厚度为 t，m；动子与定子之间气隙为 g，m。

气隙中磁通密度的最大值为 B_g(单位为 T)，瞬时值为 b_g(单位为 T)，且

$$b_g=B_g\cos(\omega t-\frac{\pi x}{\tau}) \tag{7-70}$$

动子表面产生的涡流的最大值为 J_r(单位为 A)，瞬时值为 j_r(单位为 A)，且

$$j_r=J_r\sin(\omega t-\frac{\pi x}{\tau}-\varphi) \tag{7-71}$$

式中，φ 为涡流 j_r 滞后的相位差。

则：

气隙磁通密度 b_g 形成的移动磁场，切割动子导体的涡流 j_r，两者按照左手定则产生推力 F。在图 7－20 中，如两根曲线所示，左侧的 $b_g \times j_r$ 大过右侧的，因此产生的推力 F 向左。

此时，直线电机的质量指标 G 为

$$G = \frac{2\mu_0 \tau^2 f}{\pi \rho_r g} = \frac{\mu_0 \tau^2 v_s}{\beta \rho_r g} \tag{7-72}$$

式中，$\mu_0 = 4\pi \times 10^{-7}$，H/m；$\tau$ 为转子极距，m；f 为频率，Hz；$\rho_r = \rho/t$ 为动子表面电阻，Ω；g 为动子定子之间的气隙，m；$v_s = 2\pi f$ 为同步速度，m/s；$\beta = \pi/t$ 为波长比，m^1。

推力 F 为

$$F = \frac{1}{2v_s} \frac{\rho_r J_s A}{s(1 + 1/s^2 G^2)}, J_s = \sqrt{2} N I_s / v_s \tag{7-73}$$

式中，N 为线圈匝数；I_s 为定子电流，A；v_s 为同步速度，m/s；s 为滑差率；$\rho_r = \rho/t$ 为动子表面电阻，Ω；J_s 为定子表面电流，A/m；A 为有效作用面积，m^2，对于前图单侧三相直线电机 $A = WL = Wp\tau^2/3$；G 为电机质量指标。

7.2.4 电机选型

一般的运动系统，通常使用伺服电机或步进电机。

7.2.4.1 伺服电机

伺服电机是一种把电信号转换为电动机轴上的角位移或角速度的执行电机，具有良好的速度控制特性，可以在整个速度区间平滑控制，位置精度高，噪声低。

在选择伺服电机型号时，应考虑以下几个方面。

转速

选择伺服电机时，首先要考虑快速行程的速度，快速行程速度为最大值时电机转速应该小于选型电机的额定转速：

$$n = \frac{V_{max} u}{P_h^3} \times 10^3 \leqslant n_{nom} \tag{7-74}$$

式中，额定转速 n_{nom} 的单位为 r/min，n 为快速行程时电机转速，直线速度 V_{max} 的单位为 m/s，u 为系统传动比，丝杆导程 P_h 的单位为 mm。

惯量匹配

为了使构建的运动系统反应灵敏并且稳定性好，必须保证电机具有足够的角加速度，一般情况下应限制负载惯量在 2.5 倍的电机惯量之内：

$$J = \sum J_i \left(\frac{\omega_i}{\omega}\right)^2 + \sum m_i \left(\frac{V_i}{\omega}\right)^2 \tag{7-75}$$

式中，各转动件转动惯量 J_i 的单位为 kg · m^2，转动件角速度 ω_i 的单位为 rad/min；各移动件质量 m_i 的单位为 kg；移动件速度 V_i 的单位为 m/min，伺服电机角速度 ω 的单位为 rad/min。

空载加速转矩

空载加速转矩出现在执行部件从静止以阶跃指令加速到快速时，一般应限定在变频驱动系统最大输出转矩的80%以内：

$$T_{max}=\frac{2\pi n(J_l+J_m)}{60_{t_{ac}}}T_F\leqslant T_{Amax}\times 80\% \tag{7-76}$$

式中，空载时加速转矩 T_{max} 的单位为 N·m，快速行程时转换到电机轴端的载荷转矩 T_F 的单位为 N·m；快速行程时加减速时间常数 t_{ac} 的单位为 m·s，与电机匹配的变频驱动系统最大输出转矩 T_{Amax} 的单位为 N·m。

7.2.4.2 步进电机

步进电机将电脉冲信号转变为角位移或线位移，其停止位置在非超载情况下只取决于脉冲信号的频率和脉冲数而与负载是否变化无关，即只要电机接收一个脉冲信号就会转过一个步距角，而且步进电机没有积累误差只有周期性误差，所以控制领域中使用步进电机来控制速度和位置相对简单。

在选择步进电机的型号时，应从以下几个方面考虑。

步距角

选择步进电机时，应该根据负载的精度要求来确定电机的步距角，具体方法是将负载的最小分辨率换算到电机轴端，计算每个当量电机需要转动的角度，步进电机步距角应该等于或小于此角度。

目前在市场上，五相步进电机的步距角有0.36°、0.72°，二相或四相步进电机的步距角有0.9°、1.8°，三相步进电机的步距角一般是1.5°、3°。

静力矩

一般需要先确定步进电机的静力矩，因为步进电机动态力矩在开始时很难确定，但是可以根据电机的工作负载确定静力矩。

负载包括惯性负载和摩擦负载，实际中往往两种负载同时存在，没有单一惯性负载或单一摩擦负载的情况。电机直接启动时，要同时考虑惯性负载和摩擦负载；电机加速时，主要考虑惯性负载；电机匀速运动时，只考虑摩擦负载即可。

通常情况下，静力矩选在摩擦负载的2~3倍。静力矩一旦确定，电机的机座及长度便可以确定。

力矩与功率

如果速度变化范围较大，步进电机的功率将是变化的。一般使用步进电机的力矩来衡量功率的大小，力矩与功率之间的换算公式为

$$P=\Omega M\Omega=\frac{2\pi n}{60}$$

$$P=\frac{2\pi nM}{60}(\mathrm{W})$$

$$P\approx\frac{Mn}{9\,550}(\mathrm{kW}) \tag{7-77}$$

式中,功率 P 的单位为 W,角速度 Ω 的单位为 rad/s,转速 n 的单位为 r/min,力矩 M 的单位为 N · m。

驱动器细分

选择电机驱动器时,一般选择电流比较小、电感比较大、电压比较低的驱动器,以求运行时电机振动较小。

当运动系统需要低振动或高精度时,一般选用细分型驱动器。当运动控制对精度和平稳性要求很高时,可以选择高细分数驱动器。

7.3 驱动器

驱动器将控制器的弱电信号变换为电机所需的高电压大电流信号,因此也称为功率放大器。

众所周知,运动控制由 3 个反馈系统构成:位置环、速度环、电流环。力矩控制只需要调节电流环,速度控制需要调节电流环和速度环,位置控制需要调节电流环、速度环和位置环。越是内侧的环,越需要提高其响应性,不遵守这个原则,就会产生偏差和震动。

电流环作为最内侧的环,已由电机确保充分的响应性,可以把电流环近似为单位 1,所以一般只需要调整速度环和位置环。一般的,速度环为 PI 控制及力矩前馈控制,位置环为 P 控制及速度前馈控制。

7.3.1 速度环

驱动的动态特性受到阻尼负载和惯性负载的影响。为了提高动态性能,经常对速度环采用 PI 和 IP 控制方式,本质上都是比例 - 积分关系,但 PI 控制顺序是先比例、后积分,着重于比例,而 IP 控制顺序是先积分、后比例,着重于积分。

7.3.1.1 PI 控制

PI 控制如图 7 - 21 所示

图 7 - 21 中,K_2 为比例增益,K_1 为积分增益,K_T 为电机转矩系数,JS 为电机轴端惯量。

PI 控制更强调比例关系,因而系统在收到速度指令后在比较短的时间内就加大了转矩,适合机械刚性低、间隙大、响应性能不好但要求快速跟踪的大型的机械。可以通过增加比例增益 K_2、减小积分增益 K_1 实现目的。

7.3.1.2 IP 控制

IP 控制如图 7 - 22 所示。

图 7 - 22 中,K_1 为积分增益,K_2 为比例增益,K_T 为电机转矩系数,Js 为伺服电机轴端惯量。

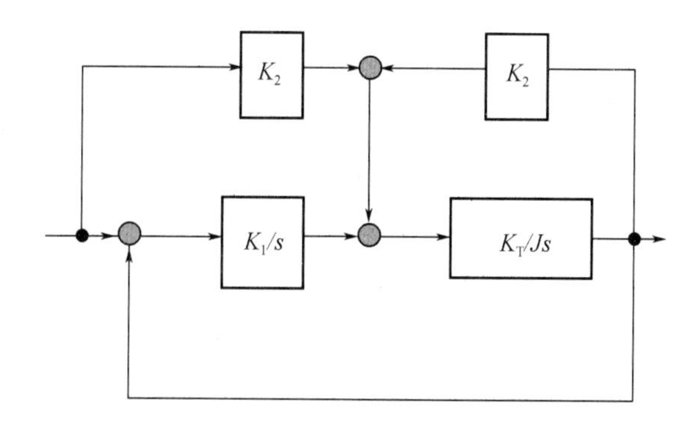

图 7 –21 PI 控制

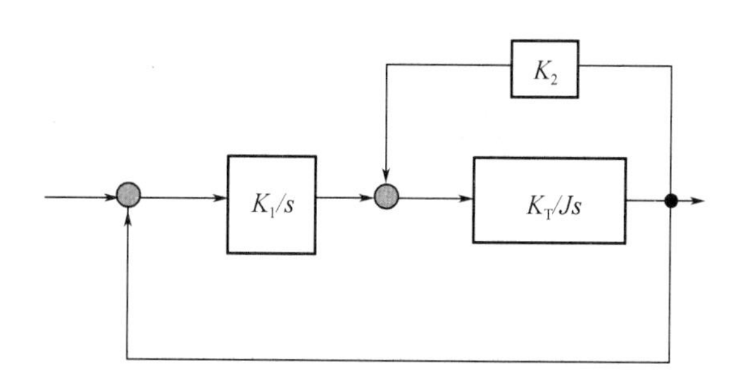

图 7 –22 IP 控制

IP 控制强调积分关系,设备启动会有一定延迟从而保证稳定启动,主要用在要求启动稳定的系统。例如要求刚性高响应快的小型设备。

幅频特性上,PI 控制高频增益较大,响应快;相频特性上,PI 下降近 90°而 IP 下降近 180°,PI 更稳定;抗干扰方面,二者基本相同。

7.3.2 约束

7.3.2.1 分辨率

位置环的分辨率和最高速度存在约束。若运动系统最大速度指标维持不变,则位置分辨率越小对系统要求越高。

为分析方便,假设系统的电流环和速度环的增益足够大,则控制系统简化为图 7 –23。

图 7 –23 中,K_p 为位置增益,即当系统存在 1 个单位的位置误差时系统的速度为

$$V/\varepsilon = K_p \tag{7-78}$$

式中,ε 为输入指令和速度反馈的检测误差。

如果位置增益 K_p 不变,则系统的误差 ε 最大时,输出速度 V 也达到最大 V_{max}。

如果位置控制器具有 N 位二进制的误差寄存器,那么满量程为(2^N-1)。为了达到最大速度 V_{max},需满足

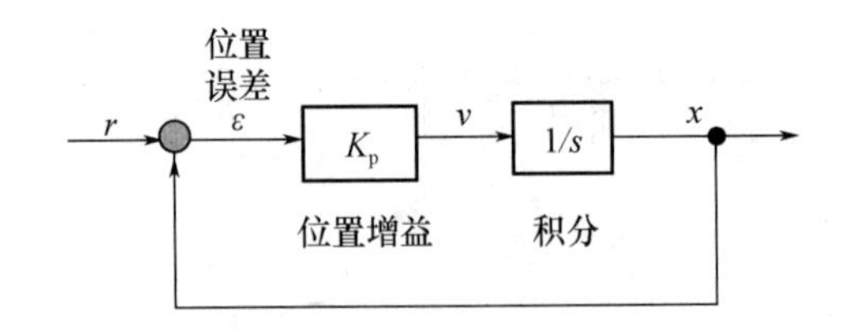

图 7－23　简化模型

$$K_p(2^N-1) \geq V_{max} \tag{7-79}$$

一般 $2^N \gg 1$,则有

$$N \geq \lg(V_{max}/K_p)/\lg 2 \tag{7-80}$$

例如,某系统设计要求分辨率为 1 nm,最大速度为 1 m/min = 10^9 nm/min = 17.7 × 10^6 pps,位置增益 K_p 为 100/s,则计算可知需要 18 位以上的误差寄存器才能满足指标要求。如果位置增益降低为 25/s,需 20 位以上的误差寄存器才能满足指标要求,增益越低,所需寄存器位数越大。

7.3.2.2　电子齿轮

整个运动控制系统框图,考虑到输入与输出单位的不同,可以简化为图 7－24。

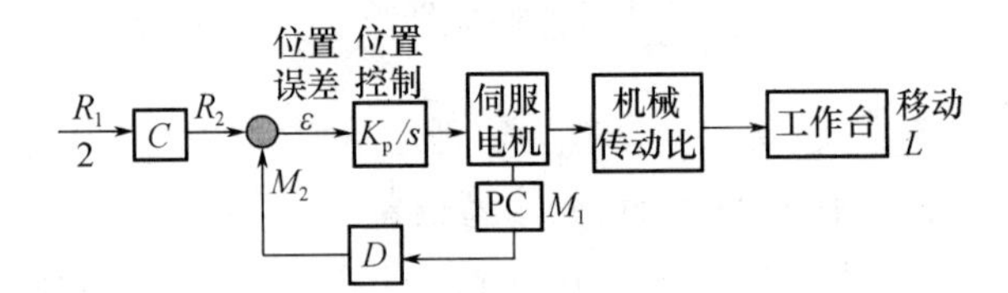

图 7－24　电子齿轮模型

图 7－24 中,C 和 D 的比值,就是输入指令单位和检测反馈单位的倍率,R_1 为最小输入增量,R_2 为最小移动单位,M_2 为反馈检测单位,M_1 为电机编码器每转脉冲数。

当伺服电机旋转一周设备移动距离为 L 时,有

$$\frac{R_1}{C} = R_2$$

$$L/(M_1 D) = M_2 \tag{7-81}$$

由于有 $R_2 = M_2$ 成立,所以

$$C/D = R_1 M_1 / L \tag{7-82}$$

此处的 C/D 称为电子齿轮比。改变 C/D 可以使伺服系统在同样最小输入增量的输入时得到不同大小的检测单位的输出。

例如最小输入增量 R_1 为 1 μm,检测单位 M_2 为 0.1 μm,指令单位倍增数 $C = 10$,$L = 5$ mm,每转脉冲数 $M_1 = 10\,000$ p/r,那么可得 $D = 5$。

7.4 控　制　器

控制器主要负责运动学的控制。

7.4.1 速度控制

运动控制器的 API 接口,一般都可以操作位置、速度和加速度,甚至可以控制加加速度。

常见速度控制有以下类型。

7.4.1.1 梯形加速

梯形曲线包括三个阶段:①按照设定加速度值从速度零加速到最大速度;②加速度为零,匀速运行到第 3 阶段;③按设定的加速度值减速到零,直到到达目标位置。但是如果运动位移比较小,尤其在小行程高加速的应用场合,可能达不到设定速度就要减速,这样第 2 阶段就不完整。

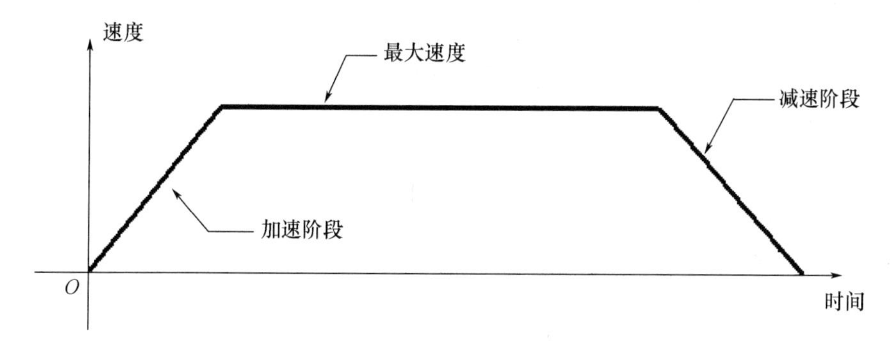

图 7－25　梯形曲线

7.4.1.2 S 形加速

S 形曲线包括七个阶段:①加速度为零,以设定最大加速度为目标,以加加速度为增量逐步递增,直到达到最大加速度;②加加速度为零,按已达到的最大加速度加速;③按照负的加加速度使加速度减为零,继续加速;④匀速运行阶段,加速度和加加速度都为零;⑤⑥⑦与①②③类似,不同的是减速运行到速度为零。

PLC 基本以梯形加速为主,S 形加速过于复杂。但梯形加速是一种恒加速模式,传动机构在高速运行时会产生很大的冲击力,容易引起传动机构的磨损和产生机器噪声,所以主要用于加速度不是很大的情况。

控制卡可以使用 S 形加速,加速度在逐渐增至最大过程中保持平滑,有助于降低运动装置的震动和噪声,延长机械传动部分的寿命,减少转动惯量引起的冲击,使电机平滑运动。

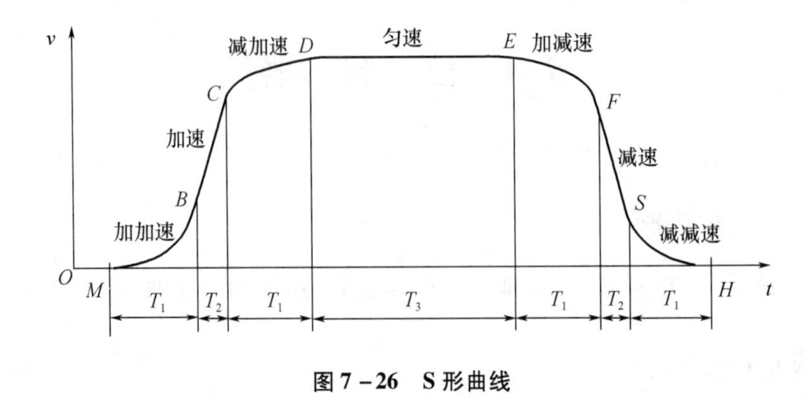

图 7 - 26　S 形曲线

7.4.2　零漂和静差

7.4.2.1　零点漂移

当所有配线全部完成后,构成闭环系统,在电机空载状态下,通过控制器打开伺服驱动的使能信号,此时电机一般会以较低的速度转动,称为零漂。这是因为运动系统存在积分作用,即使存在很微小的误差,经积分累积之后也会形成足够使电机转动的控制量。

7.4.2.2　静差补偿

零漂的存在会对控制效果产生一定影响,要将其抑制到最小,例如固高控制卡的 GT_ SetMtrBias(mcmd)专门抑制零漂。

需要通过实验确定静差补偿值:首先使电机处于空载状态,闭环运行并设置控制输出速度为零,观察电机漂移转动方向,如果零漂方向为正则设置负的参数,反之亦然。一般通过实际调整,发现 X、Y 两轴电机都会在一定范围内停止转动,取其中间值,设为某个最佳数值,例如 600。通过这样设置,可以有效地抑制电机的零漂。

7.4.3　速度和加速度表示

7.4.3.1　一般公式

大多伺服驱动具有倍频功能,同时运动控制器也具有编码器反馈信号的频倍功能,所以对于不同的控制系统,运动控制器位置、速度、加速度的设置计算是不同的,假设:运动速度为 V(m/min),加速度为 a(m/s^2),运动距离为 s(mm)。

同时,传动系统参数:导程 L(mm),每转脉冲数 p,减速比 n,驱动器倍频数 m。

最后,控制器参数:目标位置 Pos,目标速度 Vel,目标加速度 Acc,控制周期 ST 为 t(μs)。

则

$$\text{Pos} = \frac{m(\text{驱动器倍频数}) \cdot P(\text{每转脉冲}) \cdot s(\text{目标位置,mm})}{L(\text{导程,mm})}\text{Pulse}$$

$$\text{Vel} = \frac{V(\text{速度 m/s}) \cdot n(\text{减速比}) \cdot m(\text{驱动器倍频数}) \cdot P(\text{每转脉冲}) \cdot t(\text{机器周期 μs})}{L(\text{导程,mm}) \times 10}\text{pulse/ST}$$

$$\text{Acc} = \frac{a(\text{加速度 m/s}^2) \cdot n(\text{减速比}) \cdot m(\text{倍频数}) \cdot P(\text{每转脉冲}) \cdot t(\text{机器周期 μs})^2}{L(\text{导程,mm}) \times 10^9}\text{pulse/ST}^2 \tag{7-83}$$

以上推导公式，需要以机器周期（μs）代入运算。例如机器周期为 200 μs，则式（7－83）中的 t 即 200 代入。

对于以周期表示和以 ms 表示的两种方式，均可以通过乘以或除以用 ms 表示的周期时间而相互转化。

7.4.3.2　以周期计

设导程 10 mm，每转脉冲 10 000 pulse/r（倍频之后），则脉冲当量为 1 μm/pulse；又如果是梯形加速曲线，目标速度 10 m/s，加速度 2 m/s^2，目标距离 20 mm，上位控制块周期为 200 μs/ST，则

$$\text{Pos} = 20\ \text{mm} = \frac{20\ \text{mm}}{1\ \text{μm/pulse}} = 20\ 000\ \text{pulse}$$

$$\text{Vel} = 10\ \text{m/s} = \frac{10 \times 10^6 \times 1\ \text{pulse}}{\left(\frac{1 \times 10^6\ \text{μs}}{200\ \text{μs/ST}}\right)} = 2\ 000\ \text{pulse/ST}$$

$$\text{Acc} = 2\ \text{m/s}^2 = \frac{2 \times 10^6\ \text{μs} \times 1\ \text{pulse}}{\left(\frac{1 \times 10^6\ \text{μs}}{200\ \text{μs/ST}}\right)^2} = 0.08\ \text{pulse/ST}^2 \tag{7-84}$$

7.4.3.3　以毫秒计

假设丝杆导程为 10 mm，电机每转的脉冲数为 10 000 pulse/r（四倍频之后），则脉冲当量为 1 μm/pulse，又如果是梯形加速曲线，目标速度 10 m/min，加速度 2 m/s^2，目标距离 200 mm，则

$$\text{Pos} = 200\ \text{mm} = \frac{200\ \text{mm}}{1\ \text{μm/pulse}} = 200\ 000\ \text{pulse}$$

$$\text{Vel} = 10\ \text{m/s} = \frac{\left(\frac{10 \times 10^6\ \text{μm}}{1 \times 10^3\ \text{ms}}\right)}{1\ \text{μm/pulse}} = 10\ 000\ \text{pulse/ms}$$

$$\text{Acc} = 2\ \text{m/s}^2 = \frac{2\ \text{m/s}^2}{\left(\frac{1\ \text{μm}}{\text{pulse}}\right)} = \frac{\left(\frac{2 \times 10^6\ \text{μm}}{1 \times 10^3\ \text{ms}}\right)^2}{1\ \text{μm/pulse}} = 2\ \text{pulse/ms}^2 \tag{7-85}$$

两者计算的结果是完全一样的,前者适用于 PLC,而后者适用于控制卡。

7.5 其他机械部件

7.5.1 定位机构

定位机构的作用是限制负载使其仅在允许自由度上运动,保证运动精度,减小运动阻力,例如直线滚珠导轨。

直线滚珠导轨副在滑块与导轨之间放入适当钢球,使滑块与导轨之间的滑动摩擦变为滚动摩擦,降低二者间的运动摩擦阻力,从而使导轨副的运动响应加快,其结构如图 7 – 27 所示。

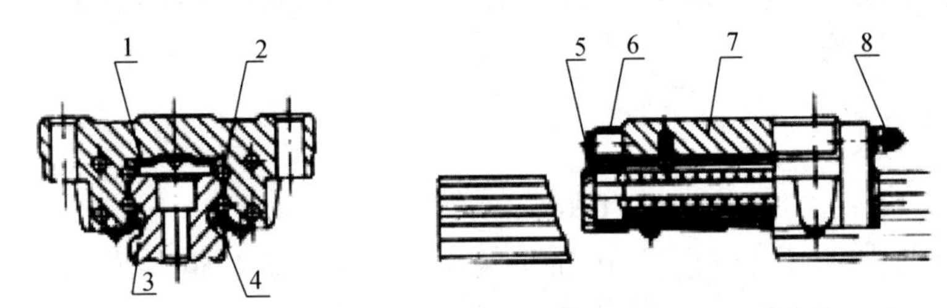

1—保持架; 2—钢球; 3—导轨; 4—侧密封垫; 5—密封端盖;
6—返向器; 7—滑块; 8—油杯

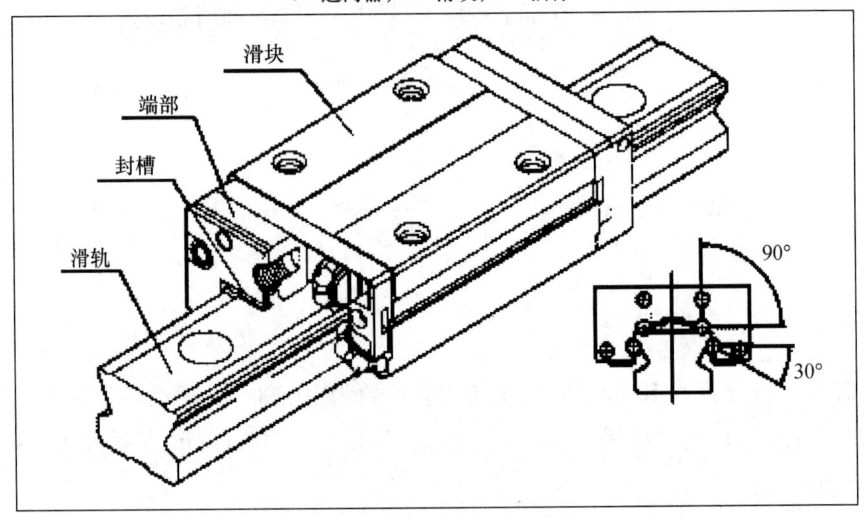

图 7 – 27 滚珠导轨定位机构

7.5.2 传动机构

传动机构一般依靠滑动摩擦或者滚动摩擦维系运动,例如滚珠丝杠副。

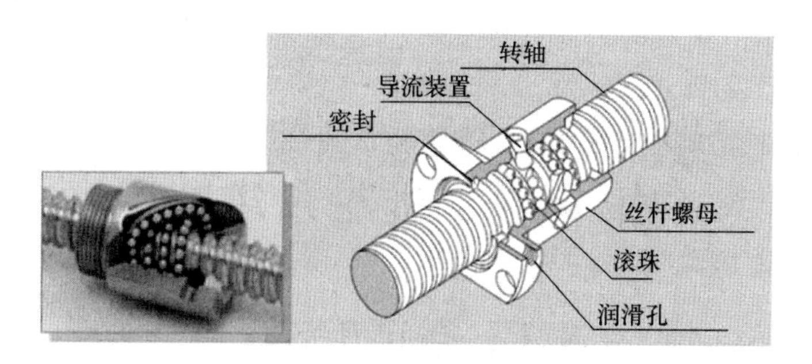

图 7－28　滚珠丝杠传动机构

7.5.3　减速机

减速机的作用是降低电机转速、放大电机力矩，减小负载转动惯量。对于减速比为 n 的减速机，输出力矩放大 n 倍，负载惯量减少 n 倍。同时减速机可以增加系统阻尼，减小系统振动，提高系统稳定性。例如蜗轮蜗杆减速机（图 7－29）。

图 7－29　蜗轮蜗杆减速机

7.5.4　联轴器

由于制造和安装不可能绝对精确，而且带载工作时机架及相关部件存在弹性变形及温差变形，被连接的轴可能出现的相对偏移，在轴、轴承上产生附加载荷，严重时出现振动。

联轴器（图 7－30）具有补偿两轴相对偏移的能力，可以消除或者降低被联结两轴相对偏移所引起的附加载荷，改善传动性能，延长寿命。

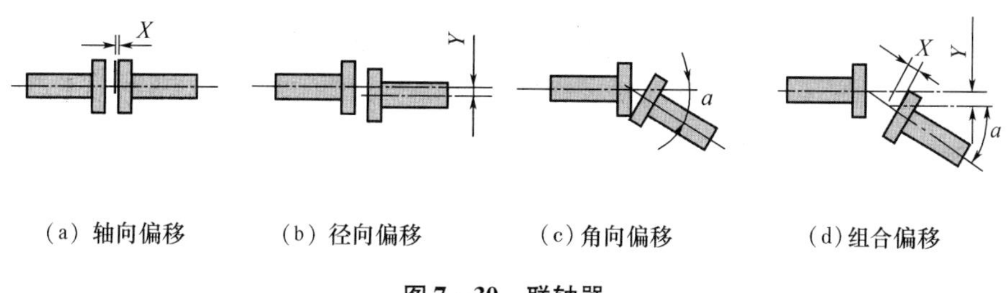

图 7－30　联轴器

第 8 章　机器人建模

8.1　空间几何学

回顾矩阵分析中有关线性映射部分的内容。

设输入空间 $V\in R^n$ 一个基为 $\varepsilon_1,\varepsilon_2,\cdots,\varepsilon_n$，输出空间 $W\in R^m$ 一个基为 $\eta_1,\eta_2,\cdots,\eta_m$，则对任意 $R^n\to R^m$ 的线性映射 $n\in n(V,W)$，都对应着唯一的表示矩阵 $\boldsymbol{A}\in R^{m\times n}$，使得 $n(\varepsilon)=\eta\boldsymbol{A}$，写成分块的形式矩阵为

$$\{\boldsymbol{A}(\varepsilon_1),\boldsymbol{A}(\varepsilon_2),\cdots,\boldsymbol{A}(\varepsilon_n)\}=(\eta_1,\eta_2,\cdots,\eta_m)\begin{bmatrix}a_{11}&a_{12}&\cdots&a_{1n}\\a_{21}&a_{22}&\cdots&a_{2n}\\\vdots&\vdots&&\vdots\\a_{m1}&a_{m2}&\cdots&a_{mn}\end{bmatrix}\tag{8-1}$$

即表示矩阵的列向量 $\{\boldsymbol{a}_i\}$，代表输入空间 V 的入口基 $\varepsilon_1,\varepsilon_2,\cdots,\varepsilon_n$ 在输出空间 W 的出口基 $\eta_1,\eta_2,\cdots,\eta_m$ 下的坐标(或投影)。

具体到第 j 列 a_{gj}，它代表入口基的第 j 个向量 $\boldsymbol{\varepsilon}_j$ 变换后在出口基$\{\eta_m\}$下的投影。

对于空间中的任意向量，其在空间 V 的基$\{\varepsilon_n\}$下坐标为 $x=(x_1,x_2,\cdots,x_n)$，该向量从空间 V 经过 A 线性映射到 W，其在空间 W 的基$\{\eta_m\}$下坐标为 $y=(y_1,y_2,\cdots,y_m)$，则有坐标变换为 $y=Ax$，即

$$\begin{bmatrix}y_1\\y_2\\\vdots\\y_m\end{bmatrix}=\boldsymbol{A}\begin{bmatrix}x_1\\x_2\\\vdots\\x_n\end{bmatrix}\tag{8-2}$$

8.1.1　二维旋转

机器人在二维平面的旋转，就是保内积的等距线性变换。

设：原始入口空间$\{0\}$是坐标系为(O_0,i_0,j_0)的二维平面，经过绕原点旋转 $R(\cdot)$变换后，出口空间$\{1\}$是坐标系为(O_1,i_1,j_1)的二维平面，如图 8－1 所示。

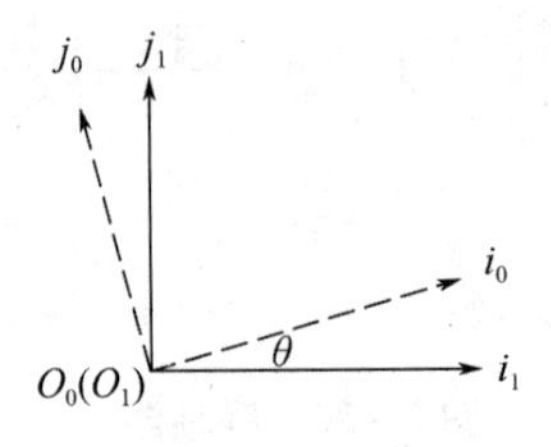

图 8－1　二维旋转

显然,入口基(i_0,j_0)在出口基(i_1,j_1)下的投影为$\begin{bmatrix}\cos\theta & -\sin\theta\\ \sin\theta & \cos\theta\end{bmatrix}$,即

$$(R(i_0),R(j_0)) = (i_1,j_1)\underbrace{\begin{bmatrix}\cos\theta & -\sin\theta\\ \sin\theta & \cos\theta\end{bmatrix}}_{\text{表示矩阵}\boldsymbol{A}}$$

由此可得该旋转 R 的表示矩阵为

$$_0^1\downarrow\boldsymbol{R} = \begin{bmatrix}\cos\theta & -\sin\theta\\ \sin\theta & \cos\theta\end{bmatrix} \tag{8-3}$$

关于旋转矩阵符号$_0^1\downarrow\boldsymbol{R}$中的助记符号↓,可以从静态和动态两个方面来理解。

(1)静态的,表示原来是在参考坐标系{0}中的坐标,通过该算子得到的是目标坐标系{1}中的坐标。如果把↓理解为矢量,则箭尾为1、箭头是0。

(2)动态的,表示把坐标系{1}运动到坐标系{0}的算子。如果把↓理解为方向,就是坐标系{1}移动到坐标系{0}。

现假设机器人在坐标系{0}中坐标为$^0\boldsymbol{r}=(x_0,y_0)$,在坐标系{1}中坐标为$^1\boldsymbol{r}=(x_1,y_1)$,根据前述线性映射有

$$\begin{bmatrix}x_1\\ y_1\end{bmatrix} = \underbrace{_0^1\downarrow\boldsymbol{R}}_{\text{表示矩阵}\boldsymbol{A}}\begin{bmatrix}x_0\\ y_0\end{bmatrix}$$

$$^1\boldsymbol{r} = {_0^1}\downarrow\boldsymbol{R}^0r \tag{8-4}$$

即已知某点在原始参考坐标系{0}的坐标$^0\boldsymbol{r}$,利用表示矩阵$_0^1\downarrow\boldsymbol{R}$,可以求得该点在目标坐标系{1}中的坐标$^1r$。

直观地看,式(8-4)中的矩阵和向量的乘法,类似于分数的约分,坐标向量左上标与表示矩阵左下标,可以抵消。

当叠加用于操纵臂机械手多级级联的坐标变换时,好处更明显:

$$^3\boldsymbol{r} = {_2^3}\downarrow\boldsymbol{R}_1^2\downarrow\boldsymbol{R}_0^1\downarrow\boldsymbol{R}^0\boldsymbol{r} \tag{8-5}$$

8.1.2　三维变换

设坐标系(O_0,i_0,j_0,k_0)和(O_1,i_1,j_1,k_1)为 R^3 空间的两个坐标系,分别以{0}和{1}表示,设机器人在该 R^3 空间的抽象向量为 $\boldsymbol{r}$,如图 8-2 所示。

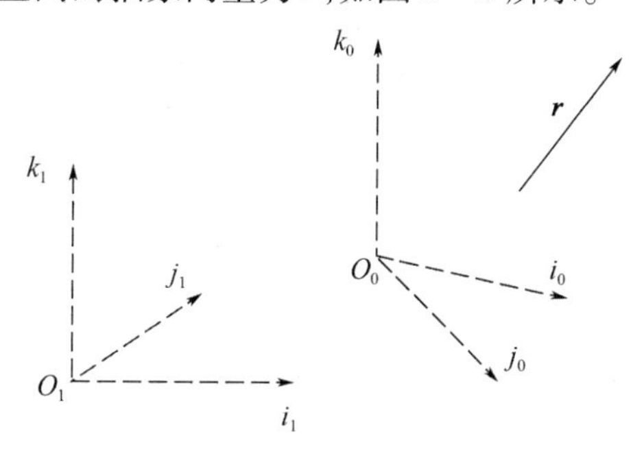

图 8-2　三维变换

设该抽象向量 $\boldsymbol{r}$ 在坐标系{0}和坐标系{1}中的具体坐标分别为 ${}^0\boldsymbol{r}=(x_0,y_0,z_0)^{\mathrm{T}}$ 和 ${}^1\boldsymbol{r}=(x_1,y_1,z_1)^{\mathrm{T}}$,即

$$\begin{cases} r = x_0\boldsymbol{i}_0 + y_0\boldsymbol{j}_0 + z_0\boldsymbol{k}_0 \\ r = x_1\boldsymbol{i}_1 + y_1\boldsymbol{j}_1 + z_1\boldsymbol{k}_1 \end{cases} \tag{8-6}$$

则根据内积定义,对于 R^3 中任一个向量 $\boldsymbol{s}$ 下式均成立:

$$\langle x_0\boldsymbol{i}_0 + y_0\boldsymbol{j}_0 + z_0\boldsymbol{k}_0, s\rangle = \langle x_1\boldsymbol{i}_1 + y_1\boldsymbol{j}_1 + z_1\boldsymbol{k}_1, s\rangle$$

将 $\boldsymbol{s}$ 依次取为 $\boldsymbol{i}_0$、$\boldsymbol{j}_0$ 和 $\boldsymbol{k}_0$,结合$\{\boldsymbol{i}_0,\boldsymbol{j}_0,\boldsymbol{k}_0\}$为一组标准正交基,可得三组方程,矩阵形式为

$$\begin{bmatrix} x_0 \\ y_0 \\ z_0 \end{bmatrix} = \begin{bmatrix} \langle i_1,i_0\rangle & \langle j_1,i_0\rangle & \langle k_1,i_0\rangle \\ \langle i_1,j_0\rangle & \langle j_1,j_0\rangle & \langle k_1,j_0\rangle \\ \langle i_1,k_0\rangle & \langle j_1,k_0\rangle & \langle k_1,k_0\rangle \end{bmatrix} \begin{bmatrix} x_1 \\ y_1 \\ z_1 \end{bmatrix}$$

转置该矩阵得

$$(x_0,y_0,z_0) = (x_1,y_1,z_1)\underbrace{\begin{bmatrix} \langle i_1,i_0\rangle & \langle i_1,j_0\rangle & \langle i_1,k_0\rangle \\ \langle j_1,i_0\rangle & \langle j_1,j_0\rangle & \langle j_1,k_0\rangle \\ \langle k_1,i_0\rangle & \langle k_1,j_0\rangle & \langle k_1,k_0\rangle \end{bmatrix}}_{\text{余弦矩阵}\boldsymbol{A}} \tag{8-7}$$

式中,矩阵 $\boldsymbol{A}$ 的列向量代表坐标系{0}的基(i_0,j_0,k_0)在坐标系{1}的基(i_1,j_1,k_1)下的投影。由于两个单位向量的点积为向量之间的余弦,因此 $\boldsymbol{A}$ 称为方向余弦矩阵。

显然,方向余弦矩阵 $\boldsymbol{A}^{3\times3}$ 就是 $R^3 \to R^3$ 线性变换的表示矩阵,亦即三维旋转的旋转矩阵 ${}_0^1\downarrow\boldsymbol{R}$:

$${}^1\boldsymbol{r} = {}_0^1\downarrow\boldsymbol{R}\,{}^0\boldsymbol{r}$$

即已知某点在原始坐标系{0}中的坐标 ${}^0\boldsymbol{r}$,利用旋转矩阵 ${}_0^1\downarrow\boldsymbol{R}$,可以求得其在目标坐标系{1}中的坐标 ${}^1\boldsymbol{r}$。

8.1.3 旋转矩阵

由前述的二维和三维旋转矩阵,可以发现旋转矩阵是空间旋转时最常用的表示方法。首先,对点的旋转以及多个旋转的叠加的运算,都可以使用矩阵乘法实现。其次,旋转矩阵和空间旋转构成一一映射,而且不存在奇点。

旋转矩阵具有以下一些重要性质。

(1)正交性。

$$\begin{gathered} {}^1\boldsymbol{r} = {}_0^1\downarrow\boldsymbol{R}\,{}^0 r = {}_1^0\downarrow\boldsymbol{R}^{-1}\,{}^0\boldsymbol{r} \\ {}_0^1\downarrow\boldsymbol{R}^{\mathrm{T}} = {}_0^1\downarrow\boldsymbol{R} \\ {}_0^1\downarrow\boldsymbol{R}^{-1} = {}_0^1\downarrow\boldsymbol{R}^{\mathrm{T}} \end{gathered} \tag{8-8}$$

逆矩阵即矩阵转置,说明旋转矩阵 ${}_0^1\downarrow\boldsymbol{R}$ 为正交矩阵。

(2)叠加性。

设机器人在 R^3 空间的抽象向量为 $\boldsymbol{r}$,其在$\{0\}=(O_0,i_0,j_0,k_0)$、$\{1\}=(O_1,i_1,j_1,k_1)$和$\{2\}=(O_2,i_2,j_2,k_2)$三个坐标系的坐标分别为 ${}^0\boldsymbol{r}=(x_0,y_0,z_0)$、${}^1\boldsymbol{r}=(x_1,y_1,z_1)$ 和 ${}^2\boldsymbol{r}=$

(x_2, y_2, z_2)，则有

$$ {}_1^2\boldsymbol{r} = {}^2\downarrow \boldsymbol{R}^1\boldsymbol{r} $$

$$ {}_0^1\boldsymbol{r} = {}^1\downarrow \boldsymbol{R}^0\boldsymbol{r} $$

因此，

$$ {}_1^2\boldsymbol{r} = {}^2\downarrow {}_0\boldsymbol{R}^1 \downarrow \boldsymbol{R}^0\boldsymbol{r} $$

又有

$$ {}_0^2\boldsymbol{r} = {}^2\downarrow \boldsymbol{R}^0\boldsymbol{r} $$

即

$$ {}_0^2\downarrow \boldsymbol{R} = {}_1^2\downarrow \boldsymbol{R}_0^1 \downarrow \boldsymbol{R} \tag{8-9} $$

(3)反对称。

如果 $n\times n$ 的正交矩阵 $\boldsymbol{R}$ 是依赖于时间的旋转矩阵，对 $\boldsymbol{R}\boldsymbol{R}^{\mathrm{T}} = I_{n\times n}$求导可得

$$ \boldsymbol{R}\boldsymbol{R}^{\mathrm{T}} + \boldsymbol{R}\boldsymbol{R}^{\mathrm{T}} = 0_{n\times n} $$

转置改写为

$$ \boldsymbol{R}\boldsymbol{R}^{\mathrm{T}} + (\boldsymbol{R}\boldsymbol{R}^{\mathrm{T}})^{\mathrm{T}} = 0_{n\times n} \tag{8-10} $$

即 $\boldsymbol{S} = \dot{R}R^{\mathrm{T}}$ 为反对称矩阵，满足 $\boldsymbol{S}^{\mathrm{T}} = -\boldsymbol{S}$，$\boldsymbol{S}$ 对角线元素为 0。

8.1.4　变换矩阵

空间的平移即移动一个位移向量：

$$ \boldsymbol{v}' = \boldsymbol{v} + \boldsymbol{d} $$

式中，$\boldsymbol{d}$ 为平移向量：

$$ \boldsymbol{d} = \begin{bmatrix} d_x \\ d_y \\ d_z \end{bmatrix} $$

可以证明，空间的位移可以分解为一个旋转之后附加一个平移，即

$$ \boldsymbol{v}' = \boldsymbol{R}\boldsymbol{v} + \boldsymbol{d} \tag{8-11} $$

式中，$\boldsymbol{R}$ 为旋转矩阵，$\boldsymbol{d}$ 为平移向量。

式(8-11)改写为

$$ \begin{bmatrix} \boldsymbol{v}' \\ 1 \end{bmatrix} = \underbrace{\begin{bmatrix} \boldsymbol{R} & \boldsymbol{d} \\ 0^{\mathrm{T}} & 1 \end{bmatrix}}_{\boldsymbol{T}} \begin{bmatrix} \boldsymbol{v} \\ 1 \end{bmatrix} \tag{8-12} $$

原来 3×1 的坐标 $\boldsymbol{v}$ 和 $\boldsymbol{v}'$，通过增加一个始终为 1 的附加坐标，而得到 4×1 向量，称为齐次坐标。例如 $\boldsymbol{v}$ 的齐次坐标为

$$ \boldsymbol{v} = \begin{bmatrix} x \\ y \\ z \\ 1 \end{bmatrix} \tag{8-13} $$

相应的，把 4×4 的矩阵 $\boldsymbol{T}$ 称为变换矩阵：

$$T = \begin{bmatrix} R & d \\ 0^{T} & 1 \end{bmatrix} \tag{8-14}$$

则空间的位移可以表示为

$$v' = Tv \tag{8-15}$$

齐次坐标表示具有以下明显优点。

(1)齐次坐标可以表示无穷远点。

(2)齐次坐标不仅是线性的,而且是齐次的。

(3)逆矩阵便于计算。

$$\begin{bmatrix} R & d \\ 0,0,0 & 1 \end{bmatrix}^{-1} = \begin{bmatrix} R^{-1} & -R^{-1}d \\ 0,0,0 & 1 \end{bmatrix}$$

(4)位移叠加易于计算。

$$\begin{bmatrix} R_2 & d_2 \\ 0,0,0 & 1 \end{bmatrix}\begin{bmatrix} R_1 & d_1 \\ 0,0,0 & 1 \end{bmatrix} = \begin{bmatrix} R_2R_1 & R_2d_1 + d_2 \\ 0,0,0 & 1 \end{bmatrix}$$

8.1.5 位姿约定

立体空间机器人的运动可以分为两种,三个自由度的旋转和三个自由度的平移,其中:

(1)平移决定的三个自由度,称为机器人的位置描述;

(2)旋转决定的三个自由度,称为机器人的姿态描述。

合计六个自由度,称为机器人的位姿描述。

8.1.6 雅可比传递

雅可比矩阵是多维函数的导数,在机器人学中主要用来实现逐级传递,例如有6个函数f_i,每个函数有6个变量x_i:

$$\begin{cases} y_1 = f_1(x_1, x_2, \cdots, x_6) \\ y_2 = f_2(x_1, x_2, \cdots, x_6) \\ \cdots \\ y_6 = f_6(x_1, x_2, \cdots, x_6) \end{cases} \tag{8-16}$$

矩阵形式为

$$Y = F(X)$$

计算y_i微分与x_i微分的函数:

$$\begin{cases} \delta y_1 = \dfrac{\partial f_1}{\partial x_1}\delta x_1 + \dfrac{\partial f_1}{\partial x_2}\delta x_2 + \cdots + \dfrac{\partial f_1}{\partial x_6}\delta x_6 \\ \delta y_2 = \dfrac{\partial f_2}{\partial x_1}\delta x_1 + \dfrac{\partial f_2}{\partial x_2}\delta x_2 + \cdots + \dfrac{\partial f_2}{\partial x_6}\delta x_6 \\ \cdots \\ \delta y_6 = \dfrac{\partial f_6}{\partial x_1}\delta x_1 + \dfrac{\partial f_6}{\partial x_2}\delta x_2 + \cdots + \dfrac{\partial f_6}{\partial x_6}\delta x_6 \end{cases} \tag{8-17}$$

矩阵形式为

$$\delta y = \underbrace{\frac{\partial F}{\partial x}}_{J(X)}\delta x \tag{8-18}$$

此 6×6 的偏微分矩阵 $J(X)$ 称为雅可比矩阵。

如果用时间的微分 δt 除前式的左右两侧,可得从 X 速度至 Y 速度的线性变换表达式:

$$\dot{Y} = J(X)\dot{X} \tag{8-19}$$

式中,$J(X)$ 是时变的。

8.1.7　欧拉角

前面所探讨的绕坐标轴旋转的旋转矩阵,其一般形式为(非齐次坐标)

$$\begin{bmatrix} c_{11} & c_{21} & c_{31} \\ a_{12} & a_{22} & a_{32} \\ a_{13} & a_{23} & a_{33} \end{bmatrix} \tag{8-20}$$

而直角坐标系的三个坐标轴方向的单位向量构成一组标准正交基,旋转矩阵是其中一个正交矩阵。因此,旋转矩阵表面看起来有 9 个参数,实际只有三个是独立的,另外 6 个受到约束:该旋转矩阵的三个列向量,实际对应着原坐标系三个坐标轴方向的单位向量在旋转后的新坐标系下的坐标。

为了更直接地指出这三个独立参数,欧拉证明任何一个旋转都可以由连续施行的三次绕轴旋转来实现,这三次绕轴旋转的旋转角就是三个独立参数,称为欧拉角。而欧拉角之所以可以用来描述旋转也来自于欧拉旋转定理:任何一个旋转都可以用三个绕轴旋转的参数来表示。

为了定义一个欧拉角,需要明确的内容包括:①三个旋转角的组合方式,是 XYZ 还是 YZX 或 ZXY;②旋转角度的参考坐标系统,旋转是相对于固定的坐标系,还是相对于它自身的坐标系;③使用旋转角度,是左手系还是右手系;③三个旋转角的记法。

不同角度描述的欧拉角的旋转轴和旋转的顺序,可能是不一样的。当使用其他人所提供的欧拉角时,需要首先搞清楚其用的是那种约定,因为根据绕轴旋转的顺序不同,欧拉角的表示也不同。

描述目标坐标系 $\{B\}$ 相对于参考坐标系 $\{A\}$ 的姿态有两种方式。

(1)绕固定(参考)坐标轴旋转。

假设,开始时两个坐标系重合,先将 $\{B\}$ 绕 $\{A\}$ 的 X 轴旋转 γ,然后绕 $\{A\}$ 的 Y 轴旋转 β,最后绕着 $\{A\}$ 的 Z 轴旋转 α,就能旋转到当前的姿态,这种称为 RPY(Roll 滚转角,Pitch 俯仰角, Yaw 偏航角)角。

(2)绕自身坐标轴旋转。

假设,开始时两个坐标系重合,先将 $\{B\}$ 绕自身的 Z 轴旋转 α,然后绕 Y 轴旋转 β,最后绕 X 轴旋转 γ,就能旋转到当前姿态,这种称为 Z－Y－X 角,因为它是绕着自身坐标轴进行旋转的。

ROS 系统的 TF – frame 的欧拉角是第一种方式，采用 RPY 角，也称姿态角，Roll、Pitch、Yaw 分别对应绕固定坐标系 X、Y、Z 轴旋转。

8.1.8 四元数

考虑连续旋转的情况，假设对物体进行一次欧拉角描述的旋转，三个欧拉角分别为 (a_1,a_2,a_3)；然后再进行一次旋转，三个欧拉角描述是 (b_1,b_2,b_3)。能否只用一次欧拉角描述为 (c_1,c_2,c_3) 的旋转来达到这两次旋转相同的效果？

这是非常困难的，不能仅仅使用 $(a_1+b_1,a_2+b_2,a_3+b_3)$ 来得到这三个角度。一般来讲，需要将欧拉角转换成前述的旋转矩阵或者稍后提到的四元数来进行连续旋转的叠加计算，之后再转换回欧拉角。但是，这样做的多次数的运算会引入很大的误差，导致旋转结果出错。比较好的方案是直接使用旋转矩阵或四元数来计算这类问题。

考虑复数中的共轭复数。将复数的虚部取相反数，就得到它的共轭复数：

$$z = a + \mathrm{i}b$$

$$\bar{z} = a - \mathrm{i}b$$

当使用 i 去乘一个复数时，如果把得到的结果绘制在复平面上，会发现得到的位置正好是绕原点旋转 90°的效果。

于是可以猜测，复数的乘法和旋转之间应该存在某些关系，例如定义一个复数 q，使用 q 作为一个旋转的因子：

$$q = \cos\theta - \mathrm{i}\sin\theta$$

矩阵形式为：

$$\begin{aligned} \boldsymbol{a}' &= [\cos\theta, \sin\theta]a \\ \boldsymbol{b}' &= [-\sin\theta, \cos\theta]b \end{aligned} \tag{8-21}$$

这个公式正好是二维空间的旋转公式，当把新得到的 $(\boldsymbol{a}'+\mathrm{i}\boldsymbol{b}')$ 绘制在复平面上时，得到的正好是原来的点 $(a+\mathrm{i}b)$ 旋转 θ 角之后的位置。

既然使用复数的乘法可以描述二维的旋转，那么拓展一个维度是否能表示三维旋转呢？这个也正是四元数发明者 William Hamilton 最初的想法，也就是说使用：

$$\begin{aligned} z &= a + \mathrm{i}b + \mathrm{j}c \\ \mathrm{i}^2 &= \mathrm{j}^2 = -1 \end{aligned} \tag{8-22}$$

遗憾的是三维的复数的乘法并不封闭，即有可能两个三维的复数相乘得到的并不是三维的复数，为此引入了四元数。

四元数是一种使用 4 个分量描述描述三维旋转的方式：

$$q = x\mathrm{i} + y\mathrm{j} + zk + w \tag{8-23}$$

为了方便可以表示为

$$q = (x,y,z,w) = (\boldsymbol{v},w) \tag{8-24}$$

式中，$\boldsymbol{v}$ 是向量，w 是实数。

模为 1 的四元数称为单位四元数(Unit Quaternions)。

四元数常常用来表示旋转，将其理解为 w 表示旋转角度、$\boldsymbol{v}$ 表示旋转轴是有问题的，

确切讲应该是 w 与旋转角度有关、$\boldsymbol{v}$ 与旋转轴有关。

8.2 约束和完整性

在经典力学中,牛顿方程是关于位置的二阶导数:

$$\boldsymbol{F} = m\boldsymbol{a} = m\frac{\mathrm{d}^2\boldsymbol{x}}{\mathrm{d}t^2} \tag{8-25}$$

式(8-25)说明必须知道系统的初始位置和初始速度才能对系统进行预测,即确定了系统的初始位置和初始速度可以确定系统的演化。

在分析力学中,物体之间的相互作用通过力和约束这两个基本元素即可表达。

8.2.1 约束

根据质点系运动是否受到限制,质点系可以分为自由质点系和非自由质点系。对非自由质点系的位形和速度的限制条件,称为约束。非自由质点系存在着许多形式的约束,表现为

$$f_j(x_1, x_2, \cdots, x_{3n}, t) = 0, j = 1, 2, \cdots, k \tag{8-26}$$

式(8-26)称为约束方程,k 为系统所受约束的数目。

如果约束方程没有显含速度,只是系统位置和时间的解析方程,这种约束称为位置约束或几何约束,约束方程表示形式为

$$f(q;t) = 0 \tag{8-27}$$

如果约束方程显含速度,为系统位置、速度和时间的解析方程,这种约束称为速度约束或运动约束或微分约束,因为约束方程中含有微分,为

$$f(q,\dot{q};t) = 0 \tag{8-28}$$

速度约束 $f(q, \dot{q}; t) = 0$ 如果是对时间可积的,那么总能通过积分化为位置约束 $f(q;t) = 0$,此时称之为线性可积的微分约束。线性可积微分约束和位置约束在本质上属于同一类范畴的约束,合称为完整约束。

速度约束不能通过积分化为位置约束的,称为不可积约束或非完整约束,非完整约束无法表达为代数形式,也称为 Pfaff 型非完整约束。

完整约束和非完整约束描述了力学系统受到的速度约束,两者的约束方程的形式是不同的。

通俗地讲,完整约束就是构型空间上的约束,使得构型空间上的自由度减少,即独立的广义坐标变分的个数减少。

因此完整约束既对质点的位置施加限制,也对质点在每一位置的速度施加限制,所以完整约束的独立广义坐标和独立广义速度的数目一起减少。而非完整约束,由于不存在对应的位置约束,因而对位置没有限制,只是对质点在每一位置的速度施加限制,所以非完整约束不减少独立广义坐标的数目,只是减少独立广义速度的数目。

如果某个系统所受约束均为完整约束,则称该系统为完整系统;否则,如果系统至

少包含一个不可积的微分约束,则称该系统为非完整系统。

完整系统是对位形空间的约束,说明存在无法到达的位置。因为对系统各点的位置施加了限制,所以不能够任意占据空间位置。这意味着自由度的减少,通常是不利的。

非完整系统是对速度的约束,说明某些方向的运动是不可行的,但是仍然可以到达该位置。也就是只含有非完整系统的系统可以占据空间任意位置,但是这些位置上的速度是受限制的。这通常是有利的。

8.2.2 自由度

自由度数目就是独立的广义坐标的变分的数目,对于完整的力学系统:如果该系统是质点系,假设系统中有 n 个质点,而且该系统有 s 个完整约束,那么该质点系的自由度为 $3n-s$,即独立的广义坐标有 $3n-s$ 个;如果该系统是刚体系,假设系统中有 n 个刚体,而且该系统有 s 个完整约束,那么该刚体系的自由度为 $6n-s$,独立的广义坐标有 $6n-s$ 个。

8.2.3 位形空间

牛顿方程 $\boldsymbol{F}=m\boldsymbol{a}=m\dfrac{\mathrm{d}^2\boldsymbol{x}}{\mathrm{d}t^2}$ 为一个二阶微分方程,求解上存在麻烦,因此通过动量 $\boldsymbol{P}$ 把二阶微分方程化作两个一阶微分方程的方程组:

$$\begin{cases}\boldsymbol{F}=\dfrac{\mathrm{d}\boldsymbol{P}}{\mathrm{d}t}\\ \boldsymbol{P}=m\dfrac{\mathrm{d}\boldsymbol{x}}{\mathrm{d}t}\end{cases}\tag{8-29}$$

这样使微分方程得到了简化,求解需要的条件就是位置和速度。

对于由 n 个质点构成的质点系,为了确定各质点在空间的位置,需要 $3n$ 个位置变量。这些变量可以使用直角坐标的向量表示,例如笛卡儿坐标 $\{x_i, i=1,2,\cdots,3n\}$,当然也可以用其他坐标系来表达,例如球坐标系。

系统各质点在空间位置的集合,称为质点系的位形。这 $3n$ 个位置坐标所张成的 $3n$ 维抽象度量空间,称为质点系的位形空间。

质点系各质点所占据的位置及其具有的速度联合称为质点的状态变量,$3n$ 个位置坐标和 $3n$ 个速度坐标合计 $6n$ 个坐标所张成的 $6n$ 维抽象空间,称为质点系的状态空间。

假设加上一些约束后,质点所需的变量减少为 k 个,则该系统的自由度数量为 m,这 m 个变量所构成的流形即为前述的相空间或构型空间。

在分析力学中,一般使用这 m 个相互独立的变量 $(q_1,q_2,\cdots,q_k)$ 表述系统,称为广义坐标。

8.2.4 Pfaff 约束

对于非完整系统的运动方程的几何分析,当考虑到摩擦、材料黏性等非理想因素时，就不能将滑动摩擦归结为法向约束所定义的范畴，而需要嵌入恰当的摩擦定律给出法向约束力与切向摩擦力之间的关联约束效应，约束的引入在很大程度上可以降低动力学模型复杂程度。

在位形空间 C 中，对于某位形 $\boldsymbol{q}_i \in C$，约束方程是关于广义坐标的一阶微分形式：

$$g = \boldsymbol{A}_i(q,t), \dot{\boldsymbol{q}}_i = 0$$

$$g = \boldsymbol{A}_i(q,t)\dot{\boldsymbol{q}}_i + B(q,t) = 0$$

$$g = \varphi(q_1, q_2, \cdots, q_n, \dot{q}_1, \dot{q}_2, \cdots, \dot{q}_n, t) = 0 \tag{8-30}$$

式中，$\boldsymbol{A}_i$ 为线性无关的行向量，$\dot{\boldsymbol{q}}_i$ 为列向量。

式(8-30)中第一个为一阶线性齐次约束方程，第二个为一阶线性非齐次约束方程，这两种类型的约束统称为 Pfaff 型约束。第三个是由系统约束冗余等因素所导致的一阶非线性速度约束。

为了判定 Pfaff 型约束的完整性，可以使用 Frobenius 定理，即判定表达式为相空间内的一阶线性速度约束是否存在对应的位置约束。

注意：对构型空间的约束方程进行变分运算得到的虚位移限制方程的方法，并不能自然地推广到表达在相空间中的速度约束方程中。

例如，对 $g = \boldsymbol{A}_i(q,t), \delta\dot{\boldsymbol{q}}_i$采用符合微分运算法则的变分运算，可以得到

$$\frac{\partial \boldsymbol{A}_i(q,t)}{\partial \boldsymbol{q}_j}\dot{\boldsymbol{q}}_i + \boldsymbol{A}_i(q,t)\delta\dot{\boldsymbol{q}}_i = 0 \tag{8-31}$$

容易发现，如果一阶约束方程 $g = \boldsymbol{A}_i(q,t), \delta\dot{\boldsymbol{q}}_i$ 具有可积性，则式(8-31)左端的第一项系数必定为零，从而式(8-31)退化为 $\boldsymbol{A}_i(q,t) = 0$ 用 $\mathrm{d}\dot{\boldsymbol{q}}_i$ 代替 $\delta\dot{\boldsymbol{q}}_i$ 表示虚位移限制方程，这种在非完整约束方程上进行变分运算的问题并不是确定的。

8.3　二轮模型

图 8-3 为二轮模型。

设：

左轮坐标系为$\{1\}$，原点为 p_1，左轮和机器人纵轴夹角为 φ_1；

右轮坐标系为$\{2\}$，原点为 p_2，右轮和机器人纵轴夹角为 φ_2；

机器人坐标系为$\{r\}$，原点为 p_r，机器人和全局系坐标 X 轴夹角为 φ_r；

全局坐标系为$\{G\}$。

8.3.1　变换矩阵

使用齐次变换矩阵进行以下变换。

把左轮坐标系$\{1\}$映射到机器人坐标系$\{r\}$中：

$${}_1^r\boldsymbol{T}(\varphi_1) = \begin{bmatrix} \cos\varphi_1 & -\sin\varphi_1 & 0 \\ \sin\varphi_1 & \cos\varphi_1 & a \\ 0 & 0 & 1 \end{bmatrix} \tag{8-32}$$

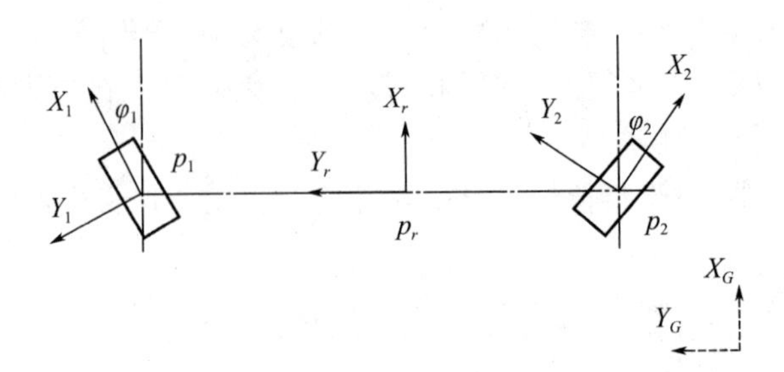

图 8－3　二轮模型

把右轮坐标系{2}映射到机器人坐标系{r}中：

$$ {}_2^r\boldsymbol{T}(\varphi_2)=\begin{bmatrix}\cos\varphi_2 & -\sin\varphi_2 & 0\\ \sin\varphi_2 & \cos\varphi_2 & -b\\ 0 & 0 & 1\end{bmatrix} \tag{8-33}$$

把机器人坐标系{r}内的运动映射到沿着全局坐标系{G}内的运动：

$$ {}_r^G\boldsymbol{T}(\varphi_r)=\begin{bmatrix}\cos\varphi_r & -\sin\varphi_r & x_r\\ \sin\varphi_r & \cos\varphi_r & y_r\\ 0 & 0 & 1\end{bmatrix} \tag{8-34}$$

8.3.2　坐标表示

在机器人坐标系{r}中，点 p_1 和 p_2 的齐次坐标为

$$ {}^r\boldsymbol{p}_1=\begin{bmatrix}0\\ a\\ 1\end{bmatrix},{}^r\boldsymbol{p}_2=\begin{bmatrix}0\\ -b\\ 1\end{bmatrix} \tag{8-35}$$

则 p_1 和 p_2 在全局坐标系{G}的位置表示为

$$ {}^G\boldsymbol{p}_1={}_r^G\boldsymbol{T}(\varphi_r){}^r\boldsymbol{p}_1=\begin{bmatrix}\cos\varphi_r & -\sin\varphi_r & x_r\\ \sin\varphi_r & \cos\varphi_r & y_r\\ 0 & 0 & 1\end{bmatrix}\begin{bmatrix}0\\ a\\ 1\end{bmatrix}=\begin{bmatrix}-a\sin\varphi_r+x_r\\ a\cos\varphi_r+y_r\\ 1\end{bmatrix}$$

$$ {}^G\boldsymbol{p}_2={}_r^G\boldsymbol{T}(\varphi_r){}^r\boldsymbol{p}_2=\begin{bmatrix}\cos\varphi_r & -\sin\varphi_r & x_r\\ \sin\varphi_r & \cos\varphi_r & y_r\\ 0 & 0 & 1\end{bmatrix}\begin{bmatrix}0\\ -b\\ 1\end{bmatrix}=\begin{bmatrix}b\sin\varphi_r+x_r\\ -b\cos\varphi_r+y_r\\ 1\end{bmatrix} \tag{8-36}$$

求导 p_1 和 p_2 求可得其在全局坐标系{G}的速度：

$$ {}^G\dot{\boldsymbol{p}}_1=\begin{bmatrix}-a\cos\varphi_r\dot{\varphi}_r+\dot{x}_r\\ -a\sin\varphi_r\dot{\varphi}_r+\dot{y}_r\\ 0\end{bmatrix}$$

$$
{}^{G}\dot{\boldsymbol{p}}_2 = \begin{bmatrix} b\cos\varphi_r\,\dot{\varphi}_r + \dot{x}_r \\ b\sin\varphi_r\,\dot{\varphi}_r + \dot{y}_r \\ 0 \end{bmatrix} \tag{8-37}
$$

8.3.3 约束方程

为了求解左轮的非完整约束,反过来把点 p_1 的速度映射到车轮坐标系{1}中:

$$
\begin{aligned}
{}^{1}\dot{\boldsymbol{p}}_1 &= ({}^{G}_{1}\boldsymbol{T})^{-1}\,{}^{G}\dot{\boldsymbol{p}}_1 = ({}^{G}_{r}\boldsymbol{T}(\varphi_r)\,{}^{r}_{1}\boldsymbol{T}(\varphi_1))^{-1}\,{}^{U}\dot{\boldsymbol{p}}_1 \\
&= \begin{bmatrix} \cos(\varphi_r+\varphi_1) & \sin(\varphi_r+\varphi_1) & - \\ -\sin(\varphi_r+\varphi_1) & \cos(\varphi_r+\varphi_1) & - \\ 0 & 0 & 1 \end{bmatrix} {}^{U}\dot{\boldsymbol{p}}_1 \\
&= \begin{bmatrix} \dot{x}_r\cos(\varphi_r+\varphi_1) + \dot{y}_r\sin(\varphi_r+\varphi_1) - a\dot{\varphi}_r\cos\varphi_1 \\ -\dot{x}_r\sin(\varphi_r+\varphi_1) + \dot{y}_r\cos(\varphi_r+\varphi_1) + a\dot{\varphi}_r\cos\varphi_1 \\ 0 \end{bmatrix}
\end{aligned} \tag{8-38}
$$

以上矩阵的-项无须求解,因为后续会与0相乘。

同样可得点 p_2 的速度在右轮坐标系{2}中的表示:

$$
{}^{2}\dot{\boldsymbol{p}}_2 = \begin{bmatrix} \dot{x}_r\cos(\varphi_r+\varphi_2) + \dot{y}_r\sin(\varphi_r+\varphi_2) + b\dot{\varphi}_r\cos\varphi_2 \\ -\dot{x}_r\sin(\varphi_r+\varphi_2) + \dot{y}_r\cos(\varphi_r+\varphi_2) - b\dot{\varphi}_r\cos\varphi_2 \\ 0 \end{bmatrix} \tag{8-39}
$$

车轮受到四个约束。

首先,与机器人本体相连联的车轮1(左轮)和车轮2(右轮)不能横向侧滑,即${}^{1}\dot{\boldsymbol{p}}_1$和${}^{2}\dot{\boldsymbol{p}}_1$在横轴 y 分量都是0。这个非完整约束的Pfaffian形式为

$$
\begin{bmatrix} -\sin(\varphi_r+\varphi_1) & \cos(\varphi_r+\varphi_1) & \sin\varphi_1 \end{bmatrix} \begin{bmatrix} \dot{x}_r \\ \dot{y}_r \\ a\dot{\varphi}_r \end{bmatrix} = 0
$$

$$
\begin{bmatrix} -\sin(\varphi_r+\varphi_2) & \cos(\varphi_r+\varphi_2) & \sin\varphi_2 \end{bmatrix} \begin{bmatrix} \dot{x}_r \\ \dot{y}_r \\ -b\dot{\varphi}_r \end{bmatrix} = 0 \tag{8-40}
$$

其次,车轮1和车轮2只能转动不可滑动,即${}^{1}\dot{\boldsymbol{p}}_1$和${}^{2}\dot{\boldsymbol{p}}_1$在纵轴 x 分量等于该轮相对于其水平旋转轴的角速度与其半径之积。设车轮半径均为 r,转动角度位移分别为 θ_1 和 θ_2,则有

$$[\cos(\varphi_r+\varphi_1)\quad \sin(\varphi_r+\varphi_1)\quad \cos\varphi_1]\begin{bmatrix}\dot{x}_r\\ \dot{y}_r\\ -a\dot{\varphi}_r\end{bmatrix}=r\dot{\theta}_1$$

$$[\cos(\varphi_r+\varphi_2)\quad \sin(\varphi_r+\varphi_2)\quad \cos\varphi_2]\begin{bmatrix}\dot{x}_r\\ \dot{y}_r\\ b\dot{\varphi}_r\end{bmatrix}=r\dot{\theta}_2 \tag{8-41}$$

据此,可以定义广义坐标 $\boldsymbol{q}$:

$$\boldsymbol{q}=[x_r\quad y_r\quad \theta_1\quad \theta_2\quad \varphi_r\quad \varphi_1\quad \varphi_2]^{\mathrm{T}} \tag{8-42}$$

则前述四项因为约束可以表示为

$$\boldsymbol{A}(q)\dot{q}=0 \tag{8-43}$$

式中,矩阵 $\boldsymbol{A}(q)^{4\times 7}$ 为

$$\boldsymbol{A}(q)=\begin{bmatrix}-\sin(\varphi_r+\varphi_1) & \cos(\varphi_r+\varphi_1) & 0 & 0 & a\sin\varphi_1 & 0 & 0\\ -\sin(\varphi_r+\varphi_2) & \cos(\varphi_r+\varphi_2) & 0 & 0 & -b\sin\varphi_2 & 0 & 0\\ \cos(\varphi_r+\varphi_1) & \sin(\varphi_r+\varphi_1) & -r & 0 & -a\cos\varphi_1 & 0 & 0\\ \cos(\varphi_r+\varphi_2) & \sin(\varphi_r+\varphi_2) & 0 & -r & b\cos\varphi_2 & 0 & 0\end{bmatrix} \tag{8-44}$$

8.3.4 运动模型

定义 4×7 矩阵 $\boldsymbol{A}(q)$ 的零空间为 7×3 满秩矩阵 $\boldsymbol{S}(q)$:

$$\boldsymbol{S}(q)=[s_1(q),\quad s_2(q),\quad s_3(q)] \tag{8-45}$$

式中,$s_i(q)$ 为 $\boldsymbol{A}(q)$ 零空间的基,即 $\boldsymbol{A}(q)s_i(q)=0, i=1,2,3$。

根据 $\boldsymbol{A}(q)\dot{q}=0$ 可知 $\dot{q}$ 属于零空间,令

$$\dot{q}=S(q)\boldsymbol{\eta} \tag{8-46}$$

式中,$\boldsymbol{S}(q)$ 为 7×3 的矩阵,$\boldsymbol{\eta}$ 为 3×1 的向量。

这个分解是不唯一的,根据 $\boldsymbol{S}(q)$ 不同对应 $\boldsymbol{\eta}$ 也不同。

二轮模型的两个车轮具有 4 个可控参数,可以从中选择 3 个,例如:轮 1 走行速度、轮 1 转向速度、轮 2 转向速度,即

$$\boldsymbol{\eta}=\begin{bmatrix}\eta_1\\ \eta_2\\ \eta_3\end{bmatrix}=\begin{bmatrix}\dot{\theta}_1\\ \dot{\varphi}_1\\ \dot{\varphi}_2\end{bmatrix} \tag{8-47}$$

相应的 $\boldsymbol{S}(q)$ 为

$$
\boldsymbol{S}(q)=\begin{bmatrix} s_{11}(q) & 0 & 0 \\ s_{21}(q) & 0 & 0 \\ 1 & 0 & 0 \\ s_{41}(q) & 0 & 0 \\ s_{51}(q) & 0 & 0 \\ 0 & 1 & 0 \\ 0 & 0 & 1 \end{bmatrix}=\begin{bmatrix} s_{11}(q) \\ s_{21}(q) \\ \dot{\theta}_1 \\ s_{41}(q) \\ s_{51}(q) \\ \dot{\varphi}_1 \\ \dot{\varphi}_2 \end{bmatrix} \tag{8-48}
$$

式中，

$$
s_{11}(q)=r\left[\cos(\varphi_2+\varphi_1)-\frac{\cos\varphi_r\sin(\varphi_2-\varphi_1)}{2\sin\varphi_2}\right]
$$

$$
s_{21}(q)=r\left[\sin(\varphi_2+\varphi_1)-\frac{\sin\varphi_r\sin(\varphi_2-\varphi_1)}{2\sin\varphi_2}\right]
$$

$$
s_{41}(q)=\frac{\sin\varphi_1}{\sin\varphi_2}
$$

$$
s_{51}(q)=\frac{r}{a+b}\frac{\sin(\varphi_2-\varphi_1)}{\sin\varphi_2} \tag{8-49}
$$

8.3.5　控制方式

假设控制输入就是机器人的位姿：

$$
\boldsymbol{y}=\begin{bmatrix} X_r \\ Y_r \\ \varphi_r \end{bmatrix}=\boldsymbol{h}(q) \tag{8-50}
$$

求导可得

$$
\dot{\boldsymbol{y}}=\frac{\partial \boldsymbol{h}(q)}{\partial q}\dot{q}=\underbrace{\frac{\partial \boldsymbol{h}(q)}{\partial q}\boldsymbol{S}(q)}_{\boldsymbol{\Phi}(q)}\eta=\boldsymbol{\Phi}(q)\boldsymbol{\eta} \tag{8-51}
$$

如果 $\boldsymbol{\Phi}(q)$ 非异，可得控制律：

$$
\boldsymbol{\eta}=\boldsymbol{\Phi}(q)^{-1}\dot{\boldsymbol{y}} \tag{8-52}
$$

即通过机器人的输入 $(x_r,y_r,\varphi_r)^{\mathrm{T}}$ 可以控制机器人的位姿 $(\dot{\theta}_1,\dot{\varphi}_1,\dot{\varphi}_2)^{\mathrm{T}}$。

8.4　二轮差速模型

在前述基础上限制左轮右轮的转向，将其与车体刚性连接，则简化为常见的二轮差速模型，重绘模型，如图 8－4 所示。

8.4.1　差速模型

该模型中，机器人 6 个自由度由于被限制在平面运行而仅余 3 个：平面位移 x_c、y_c

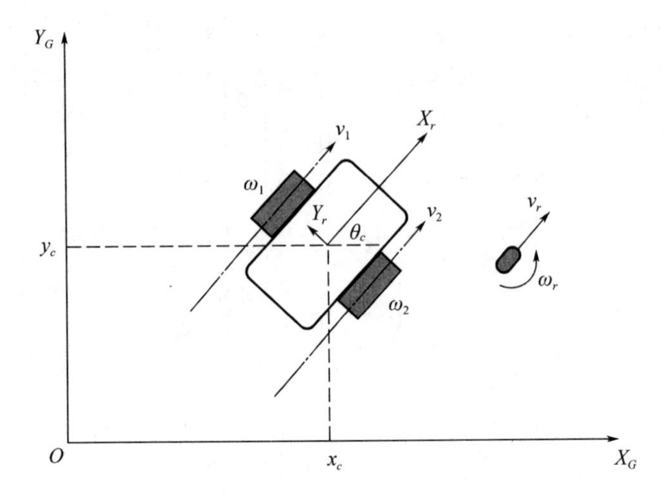

图 8－4　二轮差速模型

和绕 Z 轴的旋转 θ_c，因此定义全局坐标系下的车体状态向量为

$$\boldsymbol{\xi} = \begin{bmatrix} x_c \\ y_c \\ \theta_c \end{bmatrix} \tag{8-53}$$

定义机器人坐标系下的控制向量为线速度和角速度：

$$\boldsymbol{U} = \begin{bmatrix} v_r \\ \omega_r \end{bmatrix} \tag{8-54}$$

控制少于状态，二轮差速是典型的欠约束非完整系统。

运动模型就是根据机器人几何特征求机器人运动方程。

(1) 在机器人坐标系 OX_rY_r 内，可得差速机器人运动学模型：

$$\begin{bmatrix} v_r \\ \omega_r \end{bmatrix} = \begin{bmatrix} \dfrac{v_2 + v_1}{2} \\ \dfrac{-v_1 + v_2}{L} \end{bmatrix} = \begin{bmatrix} \dfrac{r}{2} & \dfrac{r}{2} \\ -\dfrac{r}{l} & \dfrac{r}{l} \end{bmatrix} \begin{bmatrix} \omega_1 \\ \omega_2 \end{bmatrix} \tag{8-55}$$

(2) 若再依据从机器人坐标系 OX_rY_r 到全局坐标系 OX_GY_G 的旋转矩阵：

$$_r^G\downarrow \boldsymbol{R} = \begin{bmatrix} \cos\theta & -\sin\theta & 0 \\ \sin\theta & \cos\theta & 0 \\ 0 & 0 & 1 \end{bmatrix} \tag{8-56}$$

则可进一步得到前向运动学模型：

$$\begin{bmatrix} \dot{x}_c \\ \dot{y}_c \\ \dot{\theta}_c \end{bmatrix} = \begin{bmatrix} \cos\theta & -\sin\theta & 0 \\ \sin\theta & \cos\theta & 0 \\ 0 & 0 & 1 \end{bmatrix} \begin{bmatrix} \dfrac{r}{2} & \dfrac{r}{2} \\ 0 & 0 \\ -\dfrac{r}{l} & \dfrac{r}{l} \end{bmatrix} \begin{bmatrix} \omega_1 \\ \omega_2 \end{bmatrix} \tag{8-57}$$

即通过机器人的左轮右轮转速$(\omega_1,\omega_2)^{\mathrm{T}}$即可控制控制机器人当前位姿$(x_c,y_c,\theta_c)^{\mathrm{T}}$。

由左轮和右轮的最大角加速度$\dot{\omega}_{\max}$,可计算机器人走行时的最大线速度:

$$\ddot{x}_c = \frac{r\dot{\omega}_{\max}}{2} \tag{8-58}$$

以及最大角加速度:

$$\ddot{\theta}_c = \frac{r\dot{\omega}_{\max}}{L} \tag{8-59}$$

8.4.2 差速模型控制

图8-5为二轮差速控制。

设:

机器人时刻k当前状态为$\boldsymbol{\xi}_s=(x_s,y_s,\theta_s)^{\mathrm{T}}$,控制为$\boldsymbol{U}_s=(v_s,\omega_s)^{\mathrm{T}}$;

时刻$k+1$目标状态为$\boldsymbol{\xi}_t=(x_t,y_t,\theta_t)^{\mathrm{T}}$,控制为$\boldsymbol{U}_t=(v_t,\omega_t)^{\mathrm{T}}$;

机器人在时刻k到时刻$k+1$的区间内线速度和角速度没有突变。

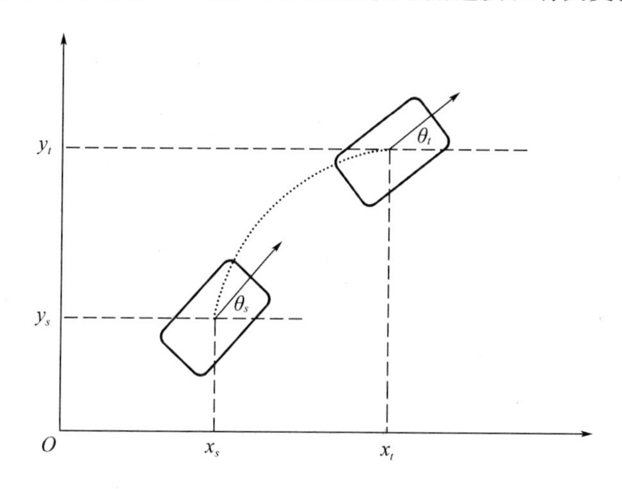

图8-5 二轮差速控制

则机器人位姿误差向量为

$$\boldsymbol{\xi}_{\mathrm{e}} = \begin{bmatrix} x_{\mathrm{e}} \\ y_{\mathrm{e}} \\ \theta_{\mathrm{e}} \end{bmatrix} = [{}^{G}_{r}\downarrow \boldsymbol{R}]^{-1}\begin{bmatrix} x_t - x_s \\ y_t - x_s \\ \theta_t - \theta_s \end{bmatrix} = \begin{bmatrix} \cos\theta_s & \sin\theta_s & 0 \\ -\sin\theta_s & \cos\theta_s & 0 \\ 0 & 0 & 1 \end{bmatrix}\begin{bmatrix} x_t - x_s \\ y_t - x_s \\ \theta_t - \theta_s \end{bmatrix} \tag{8-60}$$

对式(8-60)求导,则可得到轨迹跟踪微分方程。

离散化之后,即得用于PLC等运动控制的差分方程。

第 9 章　机器人定位

机器人需要随时了解自身的状态信息,获取机器人的位置和姿态信息,即机器人定位,常用定位方法包括相对定位和绝对定位。

相对定位需要机器人的初始位姿信息,在此基础上依据内部传感器逐步估计下一时刻的机器人位姿,也称为"航迹推演法"(Dead Reckoning),根据传感器类型主要包括里程计和视觉里程计等。相对定位存在漂移,具有累计误差,一般在机器人模型中均有讨论。

绝对定位是确定机器人在全局坐标系下的位姿信息,无须提供机器人初始位姿,不存在累计误差,常见的包括使用地标(Landmark)和信标(Beacon)的标志定位以及 SLAM 的概率定位方法。

定位方法如图 9－1 所示。

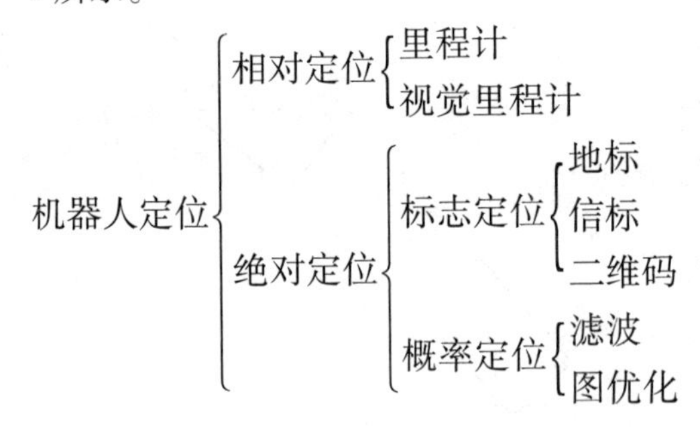

图 9－1　定位方法

9.1　标志定位

相较于动态贝叶斯网络的概率定位,标志定位不需要机器人运动模型推演,而是通过显示求解实现定位。因此,如果机器人模型不可得,则可以利用标志定位。

常见定位标志包括无线 WiFi、RFID、Bluetooth、UWB 和可见光的红外光、激光以及图像的二维码等,常用的计算方法包括测角、测距和模式匹配等。

根据观测对象的不同,标志定位主要获取机器人的位置、速度及更高阶微分。如果能够直接观测位姿,则位姿与观测项构成代数方程,通过求解约束方程即可求解定位。如果观测的是位姿的时间微分,则位姿与观测项目构成微分方程,需要通过积分求解定位。

9.1.1　测角定位

测角定位是通过测量机器人与给定地标之间的角度实现定位。该方法需要事先设定地标,即要求地标位置是关于时间的已知的函数。

测角定位原理如图 9－2 所示,由于 amb 构成三角形,显然有 $\gamma = 2(\alpha + \beta)$。

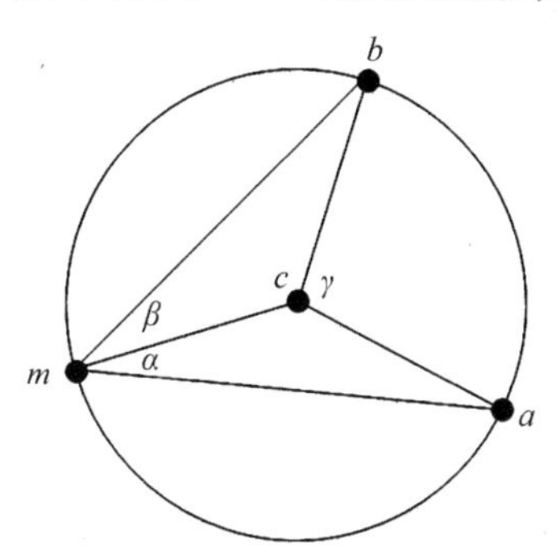

图 9－2　外接圆的张角不变

因此,只要点 m 位于外接圆,角度 $\alpha + \beta$ 总是保持不变。

将结论应用于图 9－3,若 a 和 b 为定点,则所有 $amb = \alpha$ 的点的集合 $\{m \mid \widehat{a_1 m a_2} = \alpha\}$ 将构成一段外接圆弧。

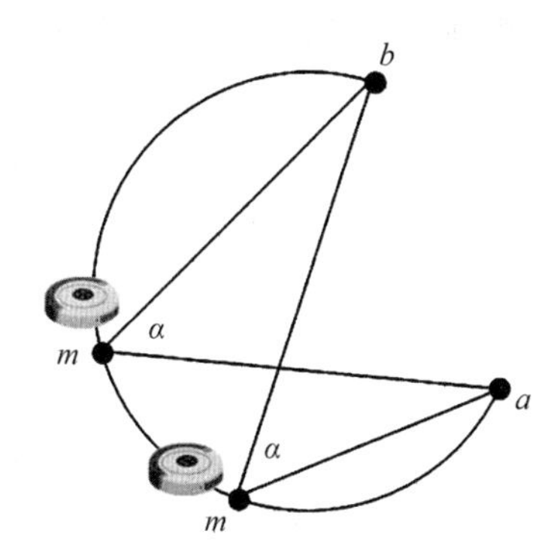

图 9－3　张角相同点集合

测角定位基本应用如图 9－4 所示。

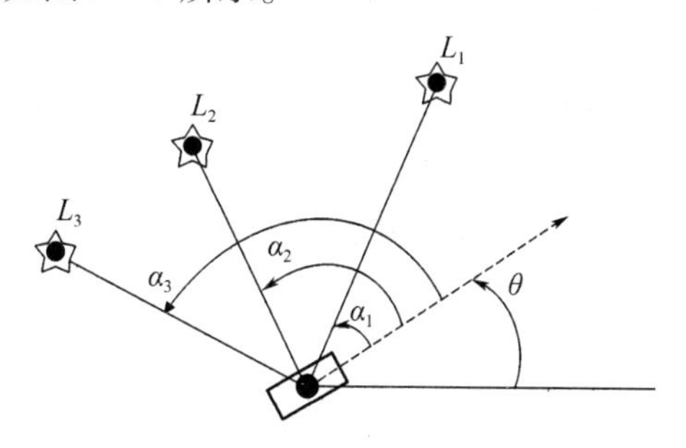

图 9－4　测角定位基本应用

图 9－4 中，L_i 为地标，θ 为机器人的偏航角，(x_i, y_i) 为地标 L_i 的坐标，α_i 为地标 L_i 相对于机器人航向的方位角，设 (x, y) 为待求的机器人坐标，则根据线性代数可知：若线性空间 R^2 中的两个向量 $\boldsymbol{\mu}$ 和 $\boldsymbol{v}$ 线性相关，即行列式值为 0，则向量 $\boldsymbol{\mu}$ 和 $\boldsymbol{v}$ 共线。因此，对于任一个地标 a_i，有

$$\det\left(\begin{bmatrix} x_i - x \\ y_i - y \end{bmatrix}, \begin{bmatrix} \cos(\theta + \alpha_i) \\ \sin(\theta + \alpha_i) \end{bmatrix}\right) = 0 \tag{9-1}$$

展开为

$$(x_i - x)\sin(\theta + \alpha_i) - (y_i - y)\cos(\theta + \alpha_i) = 0 \tag{9-2}$$

式(9－2)构成了测角定位的基本方程。

9.1.2 静态测角

静态测角定位不需要机器人运动信息，最少需要 3 个地标，或者 2 个地标但额外附加罗盘以获取偏航角，即静态测角定位主要包括以下两种形式：

(1)两个地标＋罗盘；

(2)三个地标。

9.1.2.1 已知偏航角、两个地标

问题描述：在图 9－5 中，机器人保持静止，两个地标仅给定了位置(x_1, y_1)和(x_2, y_2)，因此需要某种测量装置例如罗盘以提供偏航角 θ，通过观测可以获取的方位角 α_1, α_2。

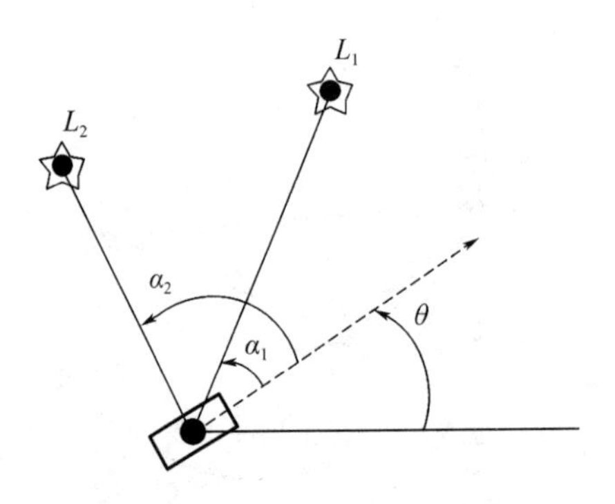

图 9－5 两个地标已知偏航角

即已知 x_1, y_1, x_2, y_2 和 $\theta, \alpha_1, \alpha_2$，根据基本方程(4－2)可得两个约束方程：

$$\begin{cases} (x_1 - x)\sin(\theta + \alpha_1) - (y_1 - y)\cos(\theta + \alpha_1) = 0 \\ (x_2 - x)\sin(\theta + \alpha_2) - (y_2 - y)\cos(\theta + \alpha_2) = 0 \end{cases} \tag{9-3}$$

写成矩阵形式：

$$\underbrace{\begin{bmatrix} \sin(\theta + \alpha_1) & -\cos(\theta + \alpha_1) \\ \sin(\theta + \alpha_2) & -\cos(\theta + \alpha_2) \end{bmatrix}}_{A(\theta, \alpha_1, \alpha_2)} \begin{bmatrix} x \\ y \end{bmatrix} = \underbrace{\begin{bmatrix} x_1\sin(\theta + \alpha_1) - y_1\cos(\theta + \alpha_1) \\ x_x\sin(\theta + \alpha_2) - y_2\cos(\theta + \alpha_2) \end{bmatrix}}_{b(\theta, \alpha_1, \alpha_2, x_1, y_1, x_2, y_2)} \tag{9-4}$$

解为

$$\begin{bmatrix} x \\ y \end{bmatrix} = \boldsymbol{A}^{-1}\boldsymbol{b} \tag{9-5}$$

9.1.2.2　未知偏航角、三个地标

如果无法获取机器人的偏航角,则可以使用三个地标。

问题描述:在图 9-6 中,机器人保持静止,已知 R^2 空间中的三个已知位置的地标,而且可以测量从机器人朝向各个地标的夹角,即已知数据 $x_1, y_1, x_2, y_2, x_3, y_3$ 和 α_1, α_2,那么可以唯一地确定机器人的位置和姿态,这称为"三角测角定位法"。

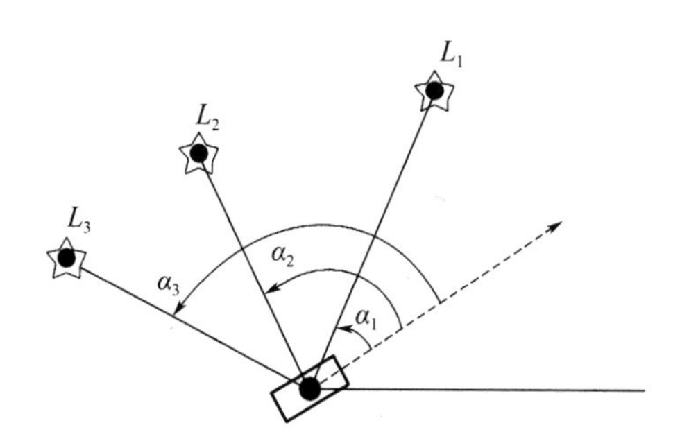

图 9-6　三个地标未知偏航角

三角测角定位法的一种求解方式是交叉圆法,如图 9-7 所示。

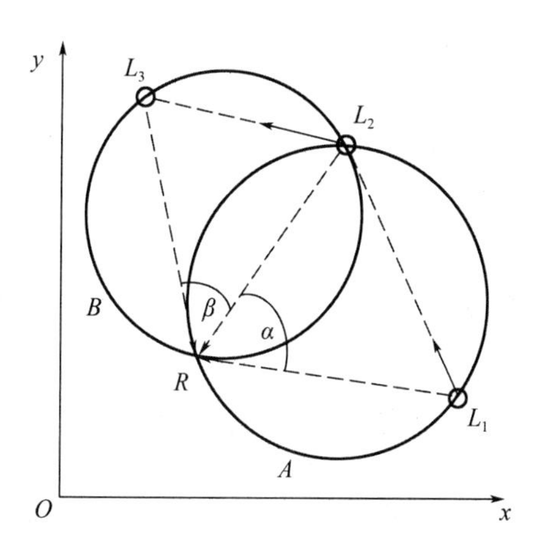

图 9-7　三角测角定位法

求解过程:

L_1、L_2 和机器人 R 构成三角形,其外接圆为 A。

L_2、L_3 和机器人 R 构成三角形,其外接圆为 B。

已知地标 L_1、L_2 和 L_3 的位置以及张角 α 和 β 的角度,则可以确定圆 A 和 B 的方程。

两个圆 A 和 B 相交于两点,其一为已知公共地标 L_2,另一交叉点即为所求。

当然,代数方法依然可行。根据三个地标的坐标数据 x_1,y_1,x_2,y_2,x_3,y_3,以及观测所获取的方位角 $\alpha_1,\alpha_2,\alpha_3$,引入中间变元 θ,根据基本方程(4-2)同样可得三个约束方程:

$$\begin{cases}\tan(\theta+\alpha_1)=\dfrac{y_1-y}{x_1-x}\\ \tan(\theta+\alpha_2)=\dfrac{y_2-y}{x_2-x}\\ \tan(\theta+\alpha_3)=\dfrac{y_3-y}{x_3-x}\end{cases} \tag{9-6}$$

显然可解 x,y,θ。

9.1.2.3 定位的误差分析

对于机器人的位姿向量 $(x,y,\theta)^{\mathrm{T}}$,设获取的观测向量为 $(z_1,z_2,\cdots,z_n)^{\mathrm{T}}$,其中 $n\geqslant 3$;当 $n=3$ 时为严格的闭式解,当 $n>3$ 时为超定的广义逆矩阵,不考虑 $n<3$ 的欠定情况。

设观测方程为

$$\boldsymbol{z}=\boldsymbol{H}(x)+\boldsymbol{v} \tag{9-7}$$

式中,$\boldsymbol{v}$ 为观测传感器的随机噪声,$\boldsymbol{v}\sim N(0,R)$ 即噪声为均值为零协方差矩阵为 $\boldsymbol{R}$ 的正态分布。

则定位的闭式解或者超定解为

$$x=(\boldsymbol{H}^{\mathrm{T}}\boldsymbol{R}\boldsymbol{H}^{-1})^{-1}\boldsymbol{H}^{\mathrm{T}}\boldsymbol{R}^{-1} \tag{9-8}$$

解的协方差为

$$\Sigma_{xx}=(\boldsymbol{H}^{\mathrm{T}}\boldsymbol{R}\boldsymbol{H})^{-1} \tag{9-9}$$

式中,$\boldsymbol{R}$ 为传感器方差矩阵。

9.1.3 动态定位

动态定位可以减少地标数量,但需要通过机器人的运动,增加方程组中约束方程的数量。

动态定位主要包括以下几种形式:

(1)两个地标+里程计+罗盘,不需微分;

(2)一个地标+里程计+罗盘,一阶微分;

(3)一个地标+里程计,二阶微分。

9.1.3.1 两个地标+里程计+罗盘

问题描述:在图9-8中,两个地标 b_1,b_2 给定位置 (x_1,y_1) 和 (x_2,y_2),罗盘提供偏航角 θ,观测可以获取方位角 α_{ij},里程计提供速度 v(从而可以计算距离 d_{ij}),这种方式称为“灯塔定位法”。

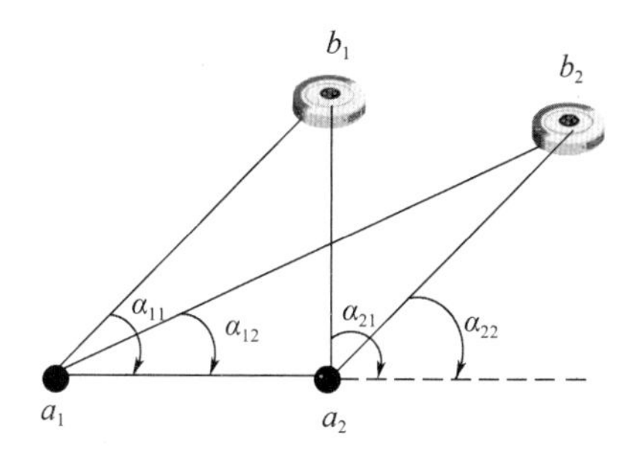

图 9 – 8　灯塔定位法

根据图 9 – 8 中几何关系，有

$$d_{11} = \frac{d\sin\alpha_{21}}{\cos\alpha_{11}\sin\alpha_{21} - \cos\alpha_{21}\sin\alpha_{21}}$$

$$d_{12} = \frac{d\sin\alpha_{22}}{\cos\alpha_{12}\sin\alpha_{22} - \cos\alpha_{22}\sin\alpha_{12}}$$

$$d_{21} = \frac{d\sin\alpha_{11}}{\cos\alpha_{11}\sin\alpha_{21} - \cos\alpha_{21}\sin\alpha_{11}}$$

$$d_{22} = \frac{d\sin\alpha_{12}}{\cos\alpha_{12}\sin\alpha_{22} - \cos\alpha_{22}\sin\alpha_{12}} \tag{9-10}$$

式中，d 为地标 b_1 和 b_2 的距离，d_{11} 为 a_1 与 b_1 的距离，其余符号以此类推。

据此即可求解 x 和 y。

9.1.3.2　一个地标 + 里程计 + 罗盘

问题描述如前。已知地标 b 给定位置 (x_1, y_1)，罗盘提供偏航角 θ，观测可得方位角 α，里程计提供机器人的线速度 v 以及角速度 $\dot{\theta}$。

通过对基本方程(4 – 1)求取微分，有

$$(\dot{x}_i - \dot{x})(x_i - x)\sin(\theta + \alpha_i) + (x_i - x)(\dot{\theta} + \dot{\alpha})\cos(\theta + \alpha) - (\dot{y}_i - \dot{y})\cos(\theta + \alpha) + (y_i - y)(\dot{\theta} + \dot{\alpha})\sin(\theta + \alpha) = 0 \tag{9-11}$$

可以解得

$$\begin{bmatrix} x \\ y \end{bmatrix} = \begin{bmatrix} \sin(\theta + \alpha) & \cos(\theta + \alpha) \\ -\cos(\theta + \alpha) & \sin(\theta + \alpha) \end{bmatrix} \begin{bmatrix} -y_1 & x_1 \\ x_1 - \dfrac{y_1 - v\sin\theta}{\dot{\theta} + \dot{\alpha}} & \dfrac{x_1 - v\cos\theta}{\dot{\theta} + \dot{\alpha}} + y_1 \end{bmatrix} \begin{bmatrix} \cos(\theta + \alpha) \\ \sin(\theta + \alpha) \end{bmatrix} \tag{9-12}$$

9.1.3.3　一个地标 + 里程计

为了补偿罗盘信息，可以增加一个地标或者再进行一次微分，都可以增加方程组的

方程个数。

若采用后者,通过对式(4-7)再次求微分,有

$$(\ddot{x}_i-\ddot{x})\sin(\theta+\alpha)-(\dot{x}_i-\dot{x})\cos(\theta+\alpha)=0 \tag{9-13}$$

式中,

$$\ddot{x}=\dot{v}\cos\theta-v\dot{\theta}\sin\theta$$

$$\ddot{y}=\dot{v}\sin\theta+v\dot{\theta}\cos\theta \tag{9-14}$$

这是由 x,y,θ 组成的方程,由于路标提供了数据 $x,y,\dot{x}_1,\dot{y}_1,\ddot{x}_1,\ddot{y}_1$,据此可以求解。

9.1.4 测距定位法

测距定位是通过测量机器人与地标之间的距离来实现定位。

该方法同样需要事先设定地标,也要求地标的位置为关于时间的已知函数。

测距定位通常用于主动型地标。

9.1.4.1 三边测距定位

三边测距定位(图9-9)是很古老的技术,从日常GPS到室内AGV都采用这种方法。

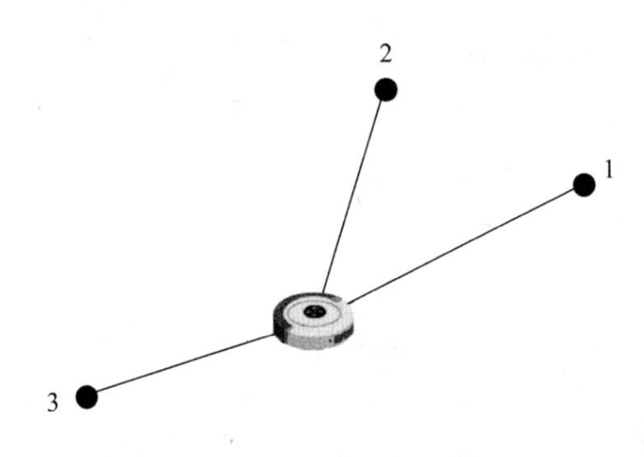

图9-9 三边测距定位

在工程实际应用中,通常为机器人安装可旋转激光发射器,在环境中布设可以反射激光信号的被动反射器,能够实现厘米级定位精度。

问题描述:已知,三个地标的位置信息为 x_1,y_1,x_2,y_2,x_3,y_3,观测获得机器人距离三个地标的距离为 d_1,d_2,d_3,则有

$$\begin{cases}(x_1-x)^2+(y_1-y)^2=d_1^2\\(x_2-x)^2+(y_2-y)^2=d_2^2\\(x_3-x)^2+(y_3-y)^2=d_3^2\end{cases} \tag{9-15}$$

对式(9-15),依次用第1,2,…,$n-1$ 个方程减去第 n 个方程,整理得

$$\begin{cases}x_1^2-x_3^2-2(x_1-x_3)x+y_1^2-y_3^2-2(y_1-x_3)y=d_1^2-d_3^2\\x_2^2-x_3^2-2(x_2-x_3)x+y_2^2-y_3^2-2(y_2-x_3)y=d_2^2-d_3^2\end{cases} \tag{9-16}$$

矩阵形式为

$$\overbrace{\begin{bmatrix} 2(x_1 - x_3) & 2(y_1 - x_3) \\ 2(x_2 - x_3) & 2(y_2 - x_3) \end{bmatrix}}^{A} \begin{bmatrix} x \\ y \end{bmatrix} = \overbrace{\begin{bmatrix} x_1^2 - x_3^2 + y_1^2 - y_3^2 + d_3^2 - d_1^2 \\ x_2^2 - x_3^2 + y_2^2 - y_3^2 + d_2^2 - d_1^2 \end{bmatrix}}^{b} \tag{9-17}$$

得解

$$\begin{bmatrix} x \\ y \end{bmatrix} = \boldsymbol{A}^{-1}\boldsymbol{b} \tag{9-18}$$

式中，

$$\boldsymbol{A}^{-1} = \frac{\boldsymbol{A}^*}{|\boldsymbol{A}|} = \frac{1}{|4(x_1 - x_3)(y_2 - y_3) - 4(x_2 - x_3)(y_1 - y_3)|} \begin{bmatrix} 2(y_2 - y_3) & 2(y_3 - y_1) \\ 2(x_3 - x_2) & 2(x_1 - x_3) \end{bmatrix} \tag{9-19}$$

9.1.4.2　多边测距定位

多边测距定位（图 9－10）是通过测量机器人与 n 个已知位置的地标 $a_n, n = 1, 2, \cdots, n$ 之间的距离，来求解机器人坐标实现定位。这种方法通过极大似然估计获得最优解，并非闭式解。

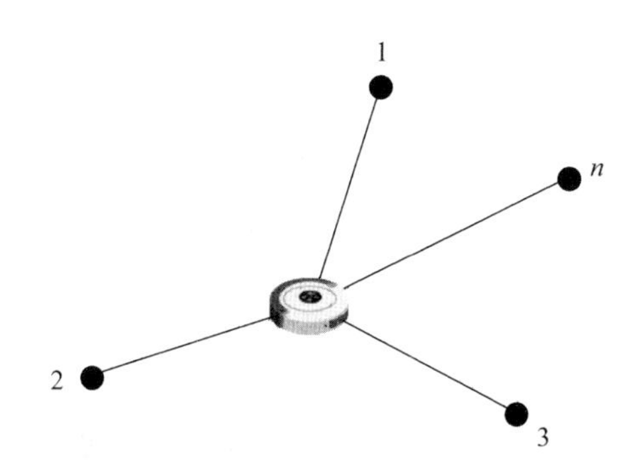

图 9－10　多边测距定位

问题描述：已知 n 个地标的位置坐标分别为 $(x_i, y_i), i = 1, 2, \cdots, n$，观测得到机器人与三个地标的距离分别为 $d_i, i = 1, 2, \cdots, n$。

则有

$$\begin{cases} (x_1 - x)^2 + (y_1 - y)^2 = d_1^2 \\ (x_2 - x)^2 + (y_2 - y)^2 = d_2^2 \\ \quad\cdots \\ (x_n - x)^2 + (y_n - y)^2 = d_n^2 \end{cases} \tag{9-20}$$

用第 1,2,…,$n-1$ 个方程依次减去第 n 个方程,得

$$\begin{cases} x_1^2 - x_n^2 - 2(x_1 - x)x + y_1^2 - y_n^2 - 2(y_1 - y)y = d_1^2 - d_n^2 \\ x_2^2 - x_n^2 - 2(x_2 - x)x + y_2^2 - y_n^2 - 2(y_2 - y)y = d_2^2 - d_n^2 \\ \cdots \\ x_{n-1}^2 - x_n^2 - 2(x_{n-1} - x)x + y_{n-1}^2 - y_n^2 - 2(y_{n-1} - y)y = d_{n-1}^2 - d_n^2 \end{cases} \tag{9-21}$$

矩阵形式为

$$\boldsymbol{A}x = \boldsymbol{b} \tag{9-22}$$

式中,

$$\boldsymbol{A} = \begin{bmatrix} 2(x_1 - x_n) & 2(y_1 - y_n) \\ 2(x_2 - x_n) & 2(y_2 - y_n) \\ \vdots & \vdots \\ 2(x_{n-1} - x_n) & 2(y_{n-1} - y_n) \end{bmatrix}$$

$$\boldsymbol{b} = \begin{bmatrix} x_1^2 - x_n^2 + y_1^2 - y_n^2 + d_n^2 - d_1^2 \\ x_2^2 - x_n^2 + y_2^2 - y_n^2 + d_n^2 - d_2^2 \\ \vdots \\ x_{n-1}^2 - x_n^2 + y_{n-1}^2 - y_n^2 + d_n^2 - d_{n-1}^2 \end{bmatrix} \tag{9-23}$$

使用标准最小二乘估计法,得解

$$\begin{bmatrix} x \\ y \end{bmatrix} = (\boldsymbol{A}^{\mathrm{T}}\boldsymbol{A})^{-1}\boldsymbol{A}^{\mathrm{T}}\boldsymbol{b} \tag{9-24}$$

9.1.5 二维码定位

相较于一维形式的条码,二维矩阵式编码具有信息密度大、容错性强的优点,在日常生活和工业环境中得到大量应用。

图 9-11 为常见二维码。

3个数字矩阵

Maxicode 二维码

快速响应码

图 9-11 常见二维码

9.1.5.1 QR 码

QR 码(Quick Response)(图 9-12)即快速响应二维码,由日本 Denso 较早推出。

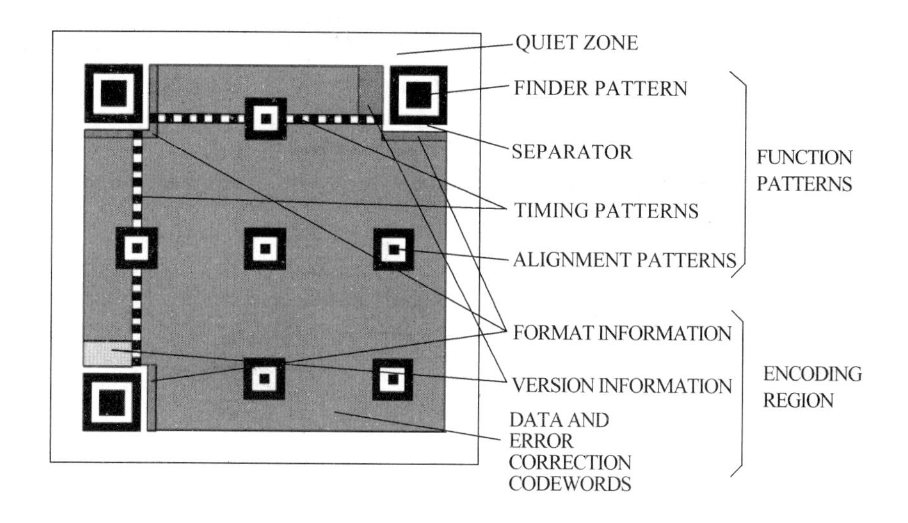

图 9-12　QR 码

9.1.5.2　AR 码

AR 码(Augmented Reality)(图 9-13)是一种基准标记系统,较多应在相机标定、机器人定位场合。

图 9-13　AR 码

9.1.5.3　二维码定位

首先,刚性连接于全局坐标系的二维码,被变换到至相机坐标系如图 9-14 所示。

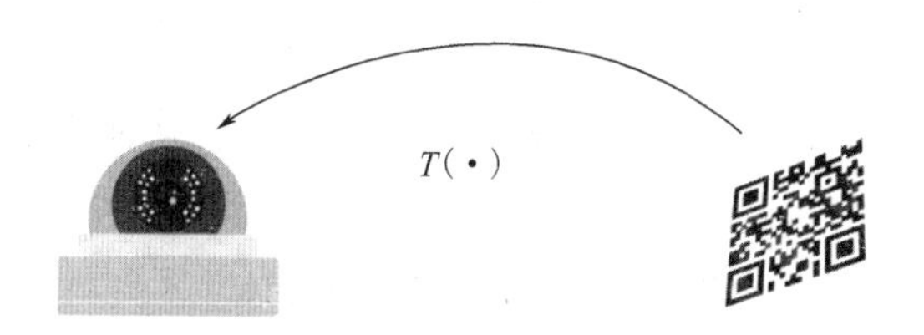

图 9-14　全局坐标系至相机坐标系

这个变换为

$$\begin{bmatrix} x_{cam} \\ y_{cam} \\ z_{cam} \end{bmatrix} = \underbrace{{}^{cam}_{w}\downarrow \boldsymbol{T}}_{\text{待求解变换矩阵}\boldsymbol{T}} \begin{bmatrix} x_w \\ y_w \\ z_w \end{bmatrix} \tag{9-25}$$

式中，$(x_w, y_w, z_w)^T$ 为全局坐标系，$(x_{cam}, y_{cam}, z_{cam})^T$ 为相机坐标系。

其次，三维的相机坐标系，被变换至像素坐标系，如图 9－15 所示。

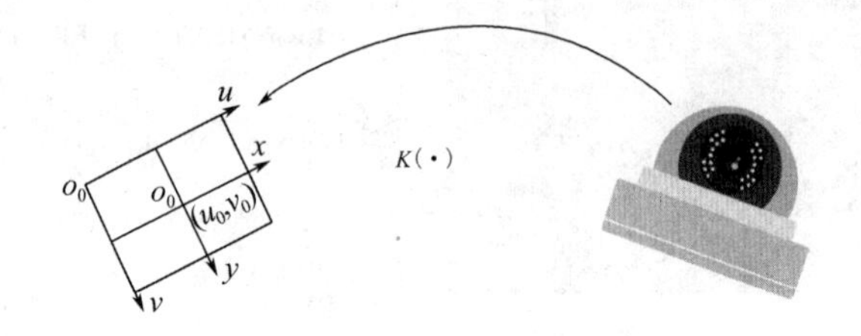

图 9－15　相机坐标系至像素坐标系

这个变换为

$$\begin{bmatrix} x_{pix} \\ y_{pix} \\ 1 \end{bmatrix} = \underbrace{\begin{bmatrix} f_x & 0 & p_x \\ 0 & 0 & p_y \\ 0 & 0 & 1 \end{bmatrix}}_{\text{待标定相机参数}\boldsymbol{K}} \begin{bmatrix} x_{cam} \\ y_{cam} \\ z_{cam} \end{bmatrix} \tag{9-26}$$

式中，$(x_{cam}, y_{cam}, z_{cam})^T$ 为相机坐标系，$(x_{pix}, y_{pix})^T$ 为像素坐标系。

由此可得

$$\begin{bmatrix} x_{pix} \\ y_{pix} \\ 1 \end{bmatrix} = \boldsymbol{K}{}^{cam}_{w}\downarrow \boldsymbol{T} \begin{bmatrix} x_w \\ y_w \\ z_w \end{bmatrix} \tag{9-27}$$

得解

$${}^{cam}_{w}\downarrow \boldsymbol{T} = \boldsymbol{K}^{-1} \begin{bmatrix} x_{pix} \\ y_{pix} \\ 1 \end{bmatrix} \begin{bmatrix} x_w \\ y_w \\ z_w \end{bmatrix}^{-1} \tag{9-28}$$

式中，$(x_w, y_w, z_w)^T$ 根据二维码的位置可得，$\boldsymbol{K}$ 通过相机标定获得，$(x_{pix}, y_{pix})^T$ 由图像采集设备得到。

矩阵 ${}^{cam}_{w}\downarrow \boldsymbol{T}$ 的逆矩阵，即为相机在全局坐标系的位姿，从而实现二维码定位。

9.2　概率定位

概率定位是以贝叶斯滤波框架为基础的实用定位方法，主要包括卡尔曼滤波、扩展卡尔曼滤波和粒子滤波等。

9.2.1　贝叶斯滤波

根据状态估计式(3－74)：

$$\underbrace{p(x_k \mid Z_{1\ldots k-1})}_{\text{先验概率密度}} = \int \underbrace{p\{x_k \mid x_{k-1}\}}_{\text{状态转移概率}} \underbrace{p\{x_{k-1} \mid Z_{1\ldots k-1}\}}_{\text{上步测量更新的后验概率}} \mathrm{d}x_{k-1} \tag{9-29}$$

结合式(3－79)有

$$\overbrace{p(x_k \mid Z_{1\ldots k})}^{\text{后验概率密度}} = \frac{\overbrace{p(z_k \mid x_k)}^{\text{似然密度函数}} \overbrace{p(x_k \mid Z_{1\ldots k-1})}^{\text{先验概率密度}}}{p(z_k \mid Z_{1\ldots k-1}) = \int p(z_k \mid x_k) p(x_k \mid Z_{1\ldots k-1}) \mathrm{d}x_k} \tag{9-30}$$

可以构造递归贝叶斯滤波器，为

$$\overbrace{p(x_k \mid Z_{1\ldots k})}^{\text{第}k\text{步的后验概率}} = \frac{\overbrace{p(z_k \mid x_k)}^{\text{似然密度函数}} \underbrace{\int \overbrace{p(x_k \mid x_{k-1})}^{\text{转换概率密度}} \overbrace{\mathrm{bel}(x_{k-1} \mid Z_{1\ldots k-1})}^{\text{第}k-1\text{步的后验概率}} \mathrm{d}x_{k-1}}_{\text{第}k\text{步的先验概率}}}{\underbrace{p(z_k \mid Z_{1\ldots k-1}) = \int p(z_k \mid x_k) p(x_k \mid Z_{1\ldots k-1}) \mathrm{d}x_k}_{\text{转换因子}}} \tag{9-31}$$

如果在静态地图 m 中引入控制动作 u_k 的动态贝叶斯网络(马尔可夫链)，相应的递归模型为

$$\overbrace{p(x_k \mid Z_{1\ldots k}, U_{1\ldots k}, m)}^{\text{第}k\text{步的后验概率}} = \frac{\overbrace{p(z_k \mid x_k, m)}^{\text{似然密度函数}} \underbrace{\int \overbrace{p(x_k \mid x_{k-1}, u_k)}^{\text{转换概率密度}} \overbrace{\mathrm{bel}(x_{k-1} \mid Z_{1\ldots k-1}, U_{1\ldots k-1}, m)}^{\text{第}k-1\text{步的后验概率}} \mathrm{d}x_{k-1}}_{\text{第}k\text{步的先验概率}}}{\underbrace{p(z_k \mid Z_{1\ldots k-1}, U_{1\ldots k}, m)}_{\text{转换因子}}} \tag{9-32}$$

式(9－32)中的转换因子 $p(z_k \mid Z_{1\ldots k-1}, U_{1\ldots k}, m)$ 是独立于变量的恒定值，因此有

$$\overbrace{p(x_k \mid Z_{1\ldots k}, U_{1\ldots k}, m)}^{\text{第}k\text{步的后验概率}} \propto \underbrace{\overbrace{p(z_k \mid x_k, m)}^{\text{似然密度函数}} \underbrace{\int \overbrace{p(x_k \mid x_{k-1}, u_k)}^{\text{转换概率密度}} \overbrace{\mathrm{bel}(x_{k-1} \mid Z_{1\ldots k-1}, U_{1\ldots k-1}, m)}^{\text{第}k-1\text{步的后验概率}} \mathrm{d}x_{k-1}}_{\text{预测过程(第}k\text{步的先验估计)}}}_{\text{更新过程(第}k\text{步的后验估计)}} \tag{9-33}$$

式(9－33)构成了基于递归贝叶斯滤波器构建的定位框架。

定位实践应用中滤波方法主要分为参数化滤波和非参数滤波两类，各自的典型代表分别为卡尔曼滤波和粒子滤波。

9.2.2　参数化滤波

参数化滤波需要使用具体的概率分布对贝叶斯滤波器进行实例化，它包括线性的卡尔曼滤波和非线性的扩展卡尔曼滤波。

如前所述，为了使得递归可以继续，需要（有理由地）假设当前步骤的后验概率就是下一步骤的先验概率：

$$\mathrm{bel}(x_k \mid z_{1\ldots k}) = \mathrm{bel}(x_k) \tag{9-34}$$

以上假设隐含了先验分布和后验分布属于同一分布族即形成共轭，此时的先验构成似然共轭先验。

高斯分布符合共轭先验分布。通常，可以假设机器人的状态是高斯的，转换函数是高斯的，观测函数也是高斯的，这样可以符合扩展卡尔曼滤波的前提假设，虽然还是没有达到基本卡尔曼滤波器的严格条件。

对于某线性离散随机系统，作以下假设。

状态方程和观测方程为

$$\begin{aligned} x_k &= \boldsymbol{A}_{k\leftarrow k-1} x_{k-1} + \boldsymbol{B}_k u_k + w_k \\ z_k &= \boldsymbol{C}_k x_k + v_k \end{aligned} \tag{9-35}$$

式中，k 为时间索引；$x_k \in R^n$ 为状态量，$z_k \in R^m$ 为观测量，$u_k \in R^p$ 为动作输入，皆为随机变量；$w_k \in R^n$ 为过程噪声，$v_k \in R^m$ 为观测噪声，皆为随机变量；$\boldsymbol{A}_{k\leftarrow k-1}^{n\times n}$ 为一步转移矩阵，$\boldsymbol{B}_k^{n\times p}$ 为输入控制矩阵，$\boldsymbol{C}_k^{m\times n}$ 为观测矩阵，均为常值矩阵。

且式(9-35)中量满足

$$E[w_k] = 0, \mathrm{Cov}[w_k, w_j] = W_k \delta_{kj}$$
$$E[v_k] = 0, \mathrm{Cov}[v_k, v_j] = V_k \delta_{kj}$$

过程噪声方差矩阵 $\boldsymbol{W}_k$ 为非负定的，观测噪声方差矩阵 $\boldsymbol{V}_k$ 为正定的；而且过程噪声 w_k 和观测噪声 v_k 无关，初始状态 x_0 与 w_k 和 v_k 也彼此无关。

即

$$w_k \sim N(0, \boldsymbol{W}_k) =$$
$$v_k \sim N(0, \boldsymbol{V}_k) =$$

9.2.3 卡尔曼滤波

前述卡尔曼滤波的空间状态模型假设以下三点。

(1)假设机器人的不确定性是高斯的：

$$\mathrm{bel}(x_0) \sim N_{x_0}(\mu_0, \Sigma_0) = \frac{1}{\sqrt{(2\pi)^n}\sqrt{|\Sigma_0|}} \exp\left[-\frac{1}{2}(x_0 - \mu_0)^{\mathrm{T}} \Sigma_0^{-1}(x_0 - \mu_0)\right] \tag{9-36}$$

即机器人的初始位姿是以 μ_0 为均值、Σ_0 为方差的正态分布。

$$w_k \sim N(0, \boldsymbol{W}_k)$$
$$v_k \sim N(0, \boldsymbol{V}_k)$$

即机器人的过程噪声和高斯噪声是正态分布的。

(2)假设机器人的过程函数是线性的：

$$x_k = \boldsymbol{A}_{k\leftarrow k-1} x_{k-1} + \boldsymbol{B}_k u_k + w_k \tag{9-37}$$

则

$$\mathrm{bel}(x_k \mid Z_{1\ldots k}, U_{1\ldots k}, m) \sim N_{x_k}(\boldsymbol{A}_{k\leftarrow k-1}x_{k-1} + \boldsymbol{B}_k u_k, W_k) = \frac{1}{\sqrt{(2\pi)^n}\sqrt{|W_k|}}\exp\left[-\frac{1}{2}(x_k - \boldsymbol{A}_{k\leftarrow k-1}x_{k-1} - \boldsymbol{B}_k u_k)^{\mathrm{T}} W_k^{-1}(x_k - \boldsymbol{A}_{k\leftarrow k-1}x_{k-1} - \boldsymbol{B}_k u_k)\right] \tag{9-38}$$

即后验概率(置信度)$\mathrm{bel}(x_k \mid Z_{1\ldots k}, U_{1\ldots k}, m)$是以$(\boldsymbol{A}_{k\leftarrow k-1}x_{k-1} + \boldsymbol{B}_k u_k)$为均值、$W_k$ 为方差的高斯分布。

(3)假设机器人的观测函数是线性的。

假设机器人位姿的观测模型是完全线性的：

$$z_k = \boldsymbol{C}_k x_k + v_k \tag{9-39}$$

则

$$p(z_k \mid x_k, m) \sim N_{z_k}(\boldsymbol{C}_k x_k, V_k) = \frac{1}{\sqrt{(2\pi)^n}\sqrt{|V_k|}}\exp\left[-\frac{1}{2}(z_k - \boldsymbol{C}_k x_k)^{\mathrm{T}} V_k^{-1}(z_k - \boldsymbol{C}_k x_k)\right] \tag{9-40}$$

即观测概率(似然性)$p(z_k \mid x_k, m)$是以 $\boldsymbol{C}_k x_k$ 为均值、V_k 为方差的正态分布。

把上述状态空间模型的三点假设,应用到递归贝叶斯滤波器框架：

$$\overbrace{\mathrm{bel}(x_k \mid Z_{1\ldots k}, U_{1\ldots k}, m)}^{\text{第}k\text{步的后验概率}} \propto = \underbrace{\overbrace{p(z_k \mid x_k, m)}^{\text{似然密度函数}} \underbrace{\int \overbrace{p(x_k \mid x_{k-1}, u_k)}^{\text{转换概率密度}} \overbrace{\mathrm{bel}(x_{k-1} \mid Z_{1\ldots k-1}, U_{1\ldots k-1}, m)}^{\text{第}k-1\text{步的后验概率}} \mathrm{d}x_{k-1}}_{\text{预测过程(第}k\text{步的先验估计)}}}_{\text{更新过程(第}k\text{步的后验估计)}}$$

可以得到卡尔曼滤波器的滤波过程如下。

(1)初始化。

$$\mathrm{bel}(x_0) N_{x_0}(\mu_0, \Sigma_0) = \frac{1}{\sqrt{(2\pi)^n}\sqrt{|\Sigma_0|}}\exp\left[-\frac{1}{2}(x_0 - \mu_0)^{\mathrm{T}} \Sigma_0^{-1}(x_0 - \mu_0)\right] \tag{9-41}$$

(2)预测。

$$\mathrm{bel}(x_k \mid Z_{1\ldots k-1}, U_{1\ldots k}, m) = \underbrace{\int \overbrace{p(x_k \mid x_{k-1}, u_k)}^{\text{转换概率密度}} \overbrace{\mathrm{bel}(x_{k-1} \mid Z_{1\ldots k-1}, U_{1\ldots k-1}, m)}^{\text{第}k-1\text{步的后验概率}} \mathrm{d}x_{k-1}}_{\text{预测先验}} \tag{9-42}$$

得到先验：

$$\begin{aligned} \mu_{k\leftarrow k-1} &= \boldsymbol{A}_{k\leftarrow k-1}\mu_{k-1} + \boldsymbol{B}_k u_k \\ \Sigma_{k\leftarrow k-1} &= \boldsymbol{A}_{k\leftarrow k-1} \Sigma_k \boldsymbol{A}_{k\leftarrow k-1}^{\mathrm{T}} + W_k \end{aligned} \tag{9-43}$$

(3)更新。

$$\mathrm{bel}(x_k \mid Z_{1\ldots k}, U_{1\ldots k}, m) = \underbrace{\overbrace{p(z_k \mid x_k, m)}^{\text{似然密度函数}} \overbrace{\mathrm{bel}(x_k \mid Z_{1\ldots k-1}, U_{1\ldots k}, m)}^{\text{预测先验}}}_{\text{更新后验}} \tag{9-44}$$

得到增益矩阵：

$$\boldsymbol{K}_k = \Sigma_{k\leftarrow k-1}\boldsymbol{C}_K^{\mathrm{T}}(\boldsymbol{C}_k\Sigma_{k\leftarrow k-1}\boldsymbol{C}_K^{\mathrm{T}} + V_k)^{-1} \tag{9-45}$$

得到后验：

$$\mu_k = \mu_{k\leftarrow k-1} + \boldsymbol{K}_k(z_k - \boldsymbol{C}_k\mu_{k\leftarrow k-1})$$

$$\Sigma_k = (I - \boldsymbol{K}_k\boldsymbol{C}_k)\Sigma_{k\leftarrow k-1} \tag{9-46}$$

9.2.4 扩展卡尔曼滤波

大多数系统，虽然初始状态和噪声服从正态分布，但是观测过程函数和观测函数却呈现非线性，线性的过程转换矩阵 $\boldsymbol{A}$ 和 $\boldsymbol{B}$ 被代之以非线性函数 f，线性的观测矩阵 $\boldsymbol{C}$ 被代之以非线性函数 h。

扩展卡尔曼滤波器先对过程函数和观测函数泰勒展开后一阶截断，然后就可以直接利用线性卡尔曼滤波器的结果，从而适应弱非线性的场景。

为此修改线性卡尔曼的假设，去掉其中第二和第三条，只保留第一条“机器人的不确定性是高斯的”：

$$\mathrm{bel}(x_0) \sim N_{x_0}(\mu_0, \Sigma_0) = \frac{1}{\sqrt{(2\pi)^n}\sqrt{|\Sigma_0|}}\exp\left[-\frac{1}{2}(x_0 - \mu_0)^{\mathrm{T}}\Sigma_0^{-1}(x_0 - \mu_0)\right]$$

即某非线性离散随机系统，其状态方程和观测方程为

$$x_k = f(x_{k-1}, u_t) + w_k$$

$$z_k = h(x_k) + v_k \tag{9-47}$$

式中，状态 $x_k \in R^n$，观测 $z_k \in R^m$，为随机变量；过程噪声 $w_k \in R^n$，观测噪声 $v_k \in R^m$，为零均值高斯白噪声：

$$E[w_k] = 0, \mathrm{Cov}[w_k, w_j] = W_k\delta_{kj}$$

$$E[v_k] = 0, \mathrm{Cov}[v_k, v_j] = V_k\delta_{kj}$$

噪声 w_k 和 v_k 无关，初始状态 x_0 与噪声 w_k 和 v_k 也彼此无关，零初始时刻的状态估计和估计误差方差矩阵分别为

$$\boldsymbol{x}_{0|0} = \boldsymbol{\mu}_x(0)$$

$$\boldsymbol{P}_{0|0} = \boldsymbol{P}(0)$$

回顾：

n 维随机向量 $\boldsymbol{x} \in R^n$ 的非线性映射 $g(\cdot)$：

$$g: x \to y$$

随机向量 $\boldsymbol{x}$ 可以表示为真值 $\tilde{x}$ 和误差 ε：

$$x = \tilde{x} + \varepsilon$$

对 $g(\cdot)$ 作一阶泰勒展开：

$$y = g(x) = g(\tilde{x} + \varepsilon) = g(\tilde{x}) + \boldsymbol{J}\varepsilon$$

式中，$\boldsymbol{J}$ 为雅可比矩阵：

$$\boldsymbol{J} = \frac{\partial g(x)}{\partial x}$$

则对于高斯形态的状态 x_k 和观测 z_k，可以用均值对函数逼近。

过程函数f线性化为高斯的：

$$\begin{aligned} x_k &= f(x_{k-1}, u_t) + w_k \\ &= f(\mu_{k-1}, u_k) + \frac{\partial f(x_{k-1}, u_t)}{\partial x_{k-1}}(x_{k-1} - \mu_{k-1}) \\ &= f(\mu_{k-1}, u_t) + G_{k\leftarrow k-1}^{n\times n}(x_{k-1} - \mu_{k-1}) \end{aligned} \tag{9-48}$$

线性的转换函数：

$$\begin{aligned} p\{x_k \mid x_{k-1}\} &= \frac{1}{\sqrt{(2\pi)^n}\sqrt{|W_k|}} \\ &= \exp\left[-\frac{1}{2}(x_k - f(\mu_{k-1}, u_t) - G_{k\leftarrow k-1}^{n\times n}(x_{k-1} - \mu_{k-1}))^{\mathrm{T}} V_k^{-1} \cdot \right. \\ &\quad \left. (x_k - f(\mu_{k-1}, u_t) - G_{k\leftarrow k-1}^{n\times n}(x_{k-1} - \mu_{k-1}))\right] \end{aligned} \tag{9-49}$$

观测函数h线性化为高斯的：

$$\begin{aligned} z_k &= h(x_k) + v_k \\ &= h(\mu_k) + \frac{\partial h(x_k)}{\partial x_k}(x_k - \mu_k) \\ &= h(\mu_k) + H_k^{m\times m}(x_k - \mu_k) \end{aligned} \tag{9-50}$$

线性的观测函数：

$$p(z_k \mid x_k) = \frac{1}{\sqrt{(2\pi)^n}\sqrt{|Q_k|}}$$

$$= \exp\left[-\frac{1}{2}(z_k - h(\mu_k) - H_k^{m\times m}(x_k - \mu_k))^{\mathrm{T}} V_k^{-1}(z_k - h(\mu_k) - H_k^{m\times m}(x_k - \mu_k))\right] \tag{9-51}$$

然后即可直接利用线性卡尔曼滤波过程：

(1)初始化；

(2)预测得到先验；

(3)更新得到后归一化积。

9.2.5 非参数滤波

非参数滤波不假设任何的特定概率分布,其在机器人定位中的应用是蒙特卡罗方法。该方法把观测量称为粒子,所以蒙特卡罗方法也称为粒子滤波。

9.2.6 粒子滤波

把递归贝叶斯滤波式(4-10)中的替积分替为求和,则得到离散贝叶斯滤波器：

$$\overbrace{\mathrm{bel}(x_k \mid z_{1\ldots k}, u_{1\ldots k}, \mathrm{map})}^{\text{第}k\text{步的后验估计}} \propto$$

$$\overbrace{p(z_k \mid x_k,\mathrm{map})}^{\text{似然性}} \underbrace{\underbrace{\sum_{x_{k-1}} \overbrace{p(x_k \mid x_{k-1},u_k)}^{\text{转换模型}} \overbrace{\mathrm{bel}(x_{k-1} \mid z_{1\ldots k-1},u_{1\ldots k-1},\mathrm{map})}^{\text{第}k-1\text{步的后验估计}}}_{\text{预测(第}k\text{步的先验估计)}}}_{\text{更新}} \tag{9-52}$$

相对于参数化滤波寻求闭式解的过程,粒子滤波 PF 是通过随机采样对无法建模的概率分布进行近似的计算。

它把后验概率密度 $\mathrm{bel}(x_k \mid z_{1\ldots k},u_{1\ldots k},\mathrm{map})$ 表示为

$$\{w_k^{[i]},x_k^{[i]}\} \tag{9-53}$$

式中,$x_k^{[i]}$ 为状态 k 时的第 i 个粒子,$w_k^{[i]}$ 为该粒子的重要性因子,且满足

$$\sum_i w_k^{[i]} = 1 \tag{9-54}$$

9.2.7 粒子滤波实现

粒子滤波器的一个广为传播的实现是 ROS 系统的 AMCL(自适应蒙特卡罗粒子滤波),该包(Package)采用粒子滤波方法得到位姿,即接收激光雷达和里程计的观测值,输出已知 2D 地图中的概率定位。

该软件包实现了概率定位的若干模型和算法,虽然并不是特定的定位算法,但足以说明粒子滤波的应用,其结构如图 9-16 所示。

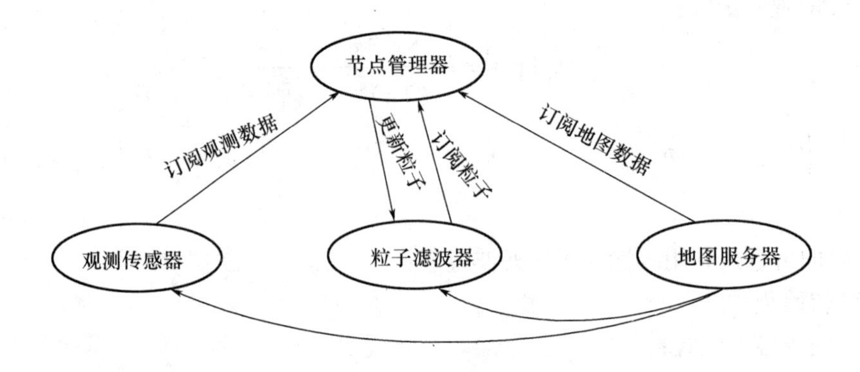

图 9-16 AMCL 结构

如 3.4.4.4 节所述流程,典型的粒子滤波包括(初始化、)时间更新、观测更新和重采样(、最优估计)三个步骤。

在此软件包的实现中,时间更新由里程计完成,观测更新则由激光雷达完成。

9.2.7.1 文件结构

该包的文件结构如下。

```
……
├── include
│   └── amcl
│       ├── map
│       │   └── map.h
│       ├── pf
│       │   ├── eig3.h
│       │   ├── pf.h
│       │   ├── pf_kdtree.h
│       │   ├── pf_pdf.h
│       │   └── pf_vector.h
│       └── sensors
│           ├── amcl_laser.h
│           ├── amcl_odom.h
│           └── amcl_sensor.h
├── package.xml
└── src
    ├── amcl
    │   ├── map
    │   │   ├── map.c
    │   │   ├── map_cspace.cpp
    │   │   ├── map_draw.c
    │   │   ├── map_range.c
    │   │   └── map_store.c
    │   ├── pf
    │   │   ├── eig3.c
    │   │   ├── pf.c
    │   │   ├── pf_draw.c
    │   │   ├── pf_kdtree.c
    │   │   ├── pf_pdf.c
    │   │   └── pf_vector.c
    │   └── sensors
    │       ├── amcl_laser.cpp
    │       ├── amcl_odom.cpp
    │       └── amcl_sensor.cpp
    └── amcl_node.cpp
```

该包的三个子目录 map、pf 和 sensors，分别对应着地图服务器、粒子滤波器和观测传感器三个模块。

9.2.7.2 数据类型

粒子滤波器 pf 下面的五个文件，eig3 是对称矩阵的特征值分解，pf_vector. c 实现位姿向量和矩阵的加减乘运算，pf_pdf. c 实现概率密度函数高斯采样。

另外两个是主要的结构：

(1) pf_kdtree. ，实现位姿及其权重的 kdtree 树形结构存储及维护；

(2) pf. ，定义粒子单元和粒子集合等粒子滤波器的数据结构。

pf_kdtree

其主要结构如下。

```
typedef struct pf_kdtree_node
{
// Depth in the tree
int leaf, depth;
// Pivot dimension and value
int pivot_dim;
double pivot_value;

int key[3];  //位姿
double value;  //权重

// The cluster label (leaf nodes)
int cluster;
// Child nodes
struct pf_kdtree_node *children[2];
} pf_kdtree_node_t;
```

Pf

其主要结构如下。

```
typedef struct
{
// Pose represented by this sample
pf_vector_t pose;
```

```
// Weight for this pose
double weight;
} pf_sample_t;

// 位姿视作三维点的集群
typedef struct
{
// Number of samples
int count;
// Total weight of samples in this cluster
double weight;
// Cluster statistics
pf_vector_t mean;
pf_matrix_t cov;
// 统计信息:角度的方差
double m[4],c[2][2];

} pf_cluster_t;

// 多个粒子集合
typedef struct _pf_sample_set_t
{
  // The samples
  int sample_count;
  pf_sample_t * samples;

  // A kdtree encoding the histogram
  pf_kdtree_t * kdtree;

  // Clusters
  int cluster_count,cluster_max_count;
  pf_cluster_t * clusters;

  // Filter statistics
  pf_vector_t mean;
  pf_matrix_t cov;
```

```
    int converged;
} pf_sample_set_t;

// PF 数据结构
typedef struct _pf_t {
    int min_samples,max_samples;              // 最少和最多样本数量
    double pop_err,pop_z;                     // 样本集的尺寸参数
    int current_set;                          // 当前激活态的样本集索引
    pf_sample_set_t sets[2];                  // 样本集合的双缓存
    double w_slow,w_fast;
    double alpha_slow,alpha_fast;
    pf_init_model_fn_t random_pose_fn;      // 绘制样本集合的函数指针
    void *random_pose_data;
    double dist_threshold;                    // 粒子集合发散的阈值
    int converged;                            // 粒子集合收敛的标志
} pf_t;
```

9.2.7.3 滤波流程

滤波器实现位于 amcl_node.cpp 文件,其中的三个关键函数分别对应着粒子滤波器的三个过程。

(1)时间更新。

(2)观测更新。

(3)重采样。

```
// 1 - Update the filter with some new action
void pf_update_action(pf_t *pf,pf_action_model_fn_t action_fn,void *action data);

// 2 - Update the filter with some new sensor observation
void pf_update_sensor(pf_t *pf,pf_sensor_model_fn_t sensor_fn,void *sensor data);

// 3 - Resample the distribution
void pf_update_resample(pf_t *pf);
```

时间更新

根据里程计数据设置更新标记,然后调用里程计 UpdateAction()完成运动更新。

```
    if(pf_init_) {
        delta.v[0] = pose.v[0] - pf_odom_pose_.v[0];
        delta.v[1] = pose.v[1] - pf_odom_pose_.v[1];
        delta.v[2] = angle_diff(pose.v[2],pf_odom_pose_.v[2]);

        if (fabs(delta.v[0]) > d_thresh_ || fabs(delta.v[1]) > d_thresh_ ||
fabs(delta.v[2]) > a_thresh_ || m_force_update)
            for(unsigned int i = 0; i < lasers_update_.size(); i++)
                lasers_update_[i] = true;

        m_force_update = false;
    }
… … …
        if(pf_init_ && lasers_update_[laser_index]) {
            AMCLOdomData odata;
            odata.pose = pose;
            odata.delta = delta;
            odom_->UpdateAction(pf_,(AMCLSensorData *)&odata);
        }
```

UpdateAction():

```
bool AMCLOdom::UpdateAction(pf_t *pf,AMCLSensorData *data)
{
… … …
1   switch( this->model_type )
    {
    case ODOM_MODEL_DIFF:
    {
      double delta_rot1,delta_trans,delta_rot2;
      double delta_rot1_hat,delta_trans_hat,delta_rot2_hat;
      double delta_rot1_noise,delta_rot2_noise;
              ndata->delta.v[0] * ndata->delta.v[0]) < 0.01)
        delta_rot1 = 0.0;
      else
        delta_rot1 = angle_diff(atan2(ndata->delta.v[1],ndata->delta.v[0]),
old_pose.v[2]);
```

```
        delta_trans = sqrt(ndata - > delta. v[0] * ndata - > delta. v[0] +
                     ndata - > delta. v[1] * ndata - > delta. v[1]);
        delta_rot2 = angle_diff(ndata - > delta. v[2],delta_rot1);

        delta_rot1_noise = std::min(fabs(angle_diff(delta_rot1,0.0)),fabs(angle diff
(delta_rot1,M_PI)));
    delta_rot2_noise = std::min(fabs(angle_diff(delta_rot2,0.0)),
    fabs(angle_diff(delta_rot2,M_PI)));

    //更新每个粒子
        for (int i =0; i < set - >sample_count; i + +)
        {
          pf_sample_t * sample = set - >samples + i;

          delta_rot1_hat = angle_diff(delta_rot1,pf_ran_gaussian(this - >alpha1 * delta_
rot1_noise * delta_rot1_noise + this - >alpha2 * delta_trans * delta_trans));

          delta_trans_hat = delta_trans - pf_ran_gaussian(this - >alpha3 * delta_trans *
delta_trans + this - >alpha4 * delta_rot1_noise * delta_rot1_noise + this - >alpha4 * delta_
rot2_noise * delta_rot2_noise);
          delta_rot2_hat = angle_diff(delta_rot2,pf_ran_gaussian(this - >alpha1 * delta_
rot2_noise * delta_rot2_noise + this - >alpha2 * delta_trans * delta_trans));

          // Apply sampled update to particle pose
          sample - >pose. v[0] + = delta_trans_hat * cos(sample - >pose. v[2] +
delta_rot1_hat);
          sample - >pose. v[1] + = delta_trans_hat * sin(sample - >pose. v[2] +
delta_rot1_hat);
          sample - >pose. v[2] + = delta_rot1_hat + delta_rot2_hat;
        }
      }
      }
    return true;
  }
```

观测更新

根据激光扫描数据,调用激光传感器 UpdateSensor()完成测量更新。

```
AMCLLaserData ldata;
ldata.sensor = lasers_[laser_index];
ldata.range_count = laser_scan->ranges.size();
… … …
lasers_[laser_index]->UpdateSensor(pf_,(AMCLSensorData*)&ldata);
```

pf_update_sensor():

```
// Update the filter with some new sensor observation
void pf_update_sensor(pf_t *pf,pf_sensor_model_fn_t sensor_fn,void *sensor_data)
{
  int i;
  pf_sample_set_t *set;
  pf_sample_t *sample;
  double total;

  set = pf->sets + pf->current_set;

  // Compute the sample weights
  total = (*sensor_fn) (sensor_data,set);

  if (total > 0.0)
  {
    // Normalize weights
    double w_avg = 0.0;
    for (i = 0; i < set->sample_count; i++)
    {
      sample = set->samples + i;
      w_avg += sample->weight;
      sample->weight /= total;
    }
    w_avg /= set->sample_count;
    if(pf->w_slow == 0.0)
      pf->w_slow = w_avg;
```

```
        else
          pf->w_slow += pf->alpha_slow * (w_avg - pf->w_slow);
        if(pf->w_fast == 0.0)
          pf->w_fast = w_avg;
        else
          pf->w_fast += pf->alpha_fast * (w_avg - pf->w_fast);
        //printf("w_avg: %e slow: %e fast: %e \n",
               //w_avg,pf->w_slow,pf->w_fast);
      }
      else
      {
        // Handle zero total
        for (i=0; i < set->sample_count; i++)
        {
          sample = set->samples + i;
          sample->weight = 1.0 / set->sample_count;
        }
      }

      return;
    }
```

重采样

更新位姿，同时根据计数器和设定阈值调用 pf_update_resample( )重采样。

```
        lasers_update_[laser_index] = false;
        pf_odom_pose_ = pose;
        if(!(++resample_count_ % resample_interval_)) {
          pf_update_resample(pf_);
          resampled = true;
        }
```

pf_update_resample( ):

```
void pf_update_resample(pf_t *pf)
{
  int i;
```

```
double total;
pf_sample_set_t *set_a, *set_b;
pf_sample_t *sample_a, *sample_b;

double* c;
double w_diff;//当前粒子集
set_a = pf->sets + pf->current_set;
set_b = pf->sets + (pf->current_set + 1) % 2;

c = (double*)malloc(sizeof(double)*(set_a->sample_count+1)); c[0] =
0.0;
for(i=0;i<set_a->sample_count;i++)
  c[i+1] = c[i] + set_a->samples[i].weight;
pf_kdtree_clear(set_b->kdtree);

// Draw samples from set_a to create set_b.
total = 0;
set_b->sample_count = 0;
w_diff = 1.0 - pf->w_fast / pf->w_slow;
if(w_diff < 0.0)
  w_diff = 0.0;

//保证重采样生成粒子集合b粒子数不超过规定最大粒子数
while(set_b->sample_count < pf->max_samples)
{
  sample_b = set_b->samples + set_b->sample_count++;
  if(drand48() < w_diff)
    sample_b->pose = (pf->random_pose_fn)(pf->random_pose_data);
  else
  {
    double r = drand48(); //匀分布的随机数
    for(i=0; i<set_a->sample_count; i++)
    {
      if((c[i] <= r) && (r < c[i+1]))
        break;
    }
```

```
    assert(i < set_a - > sample_count);

        sample_a = set_a - > samples + i;
        assert(sample_a - > weight > 0);
        //从集合 a 中挑选粒子赋给新粒子后投入集合 b
        sample_b - > pose = sample_a - > pose;
      }
      sample_b - > weight = 1.0;
      total + = sample_b - > weight;
      pf_kdtree_insert(set_b - > kdtree, sample_b - > pose, sample_b - > weight);
      if (set_b - > sample_count > pf_resample_limit(pf, set_b - > kdtree - > leaf_
count))
        break;
    }
    if(w_diff > 0.0)
      pf - > w_slow = pf - > w_fast = 0.0;
    for (i = 0; i < set_b - > sample_count; i + +)
    {
      sample_b = set_b - > samples + i;
      sample_b - > weight / = total;
    }
    pf_cluster_stats(pf, set_b);
    //设置集合 b 为当前粒子集
    pf - > current_set = (pf - > current_set + 1) % 2;

    pf_update_converged(pf);
    free(c);
    return;
  }
```

第 10 章　机器人导航

机器人导航(图 10－1)按照尺度规模可以划分为三个层次:宏观层面为全局路径规划,中观层面为局部运动规划,微观层面为轨迹跟踪。

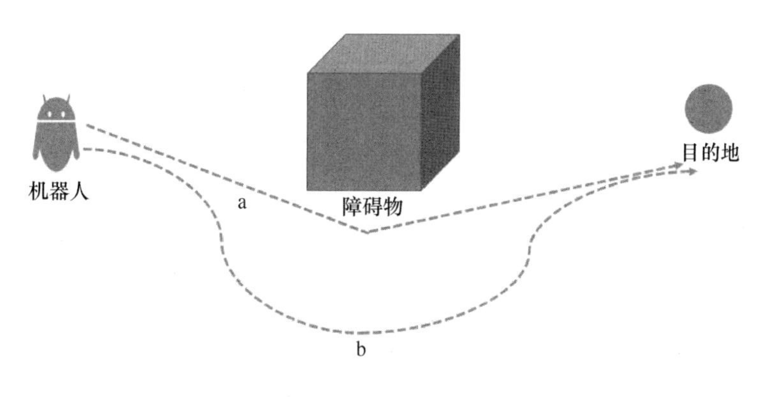

图 10－1　机器人导航

路径规划和轨迹跟踪有些类似。例如对于从上海出发到北京的旅行问题,经南京、过徐州、到北京的这条路线,即为路径规划。路径规划广泛应用于车辆导航、物流配送等业务领域。如果前述的路径又与时间确定了对应的关系,则构成轨迹,例如 3 点南京、5 点徐州、7 点北京,则为轨迹跟踪。轨迹跟踪在辅助驾驶方面应用广泛。

移动机器人路径和轨迹的规划方法,大致包括:①栅格搜索方法,例如广度优先搜索 BFS 和启发式搜索的 Dijkstra 和 A* 等;②基于随机采样的规划方法,如快速随机树扩展 RTT 和概率路途法 PRM,一般不需栅格地图;③基于动力学模型的规划算法,例如 D*、动态窗口法 DWA、人工势场法等。

移动机器人的全局路径规划,一般是基于先验地图的离线导航,使用的成熟算法有 Dijkstra、A* 等。局部运动规划,就是在不确定的有障碍的有界空间内寻找起始点至目标点的无碰轨迹,所用成熟算法主要包括基于动力学模型的 DWA、基于随机采样的 RRT 等优化方法。至于路径跟踪,作为一个控制问题,其成熟算法包括 PID 调节、最优控制 LQR 和模型预测控制 MPC 等。

10.1　全局路径规划

机器人从起始点到目标点的过程,通常存在若干路径,寻找理想路径即路径规划问题,常用的包括广优先搜索 Dijkstra、A* 和 D* 算法,以及神经网络方法等。

10.1.1 树的遍历算法

与机器人路径规划紧密相关的是遍历算法，所谓遍历，就是全部访问一遍结构中的所有元素。

例如对于树结构，树的遍历就是全部访问一遍树的节点，以图10－2所示二叉树为例，存在三种树遍历算法：①前序遍历 *ABC*，按照中左右顺序；②中序遍历 *BAC*，按照左中右顺序；③后序遍历 *BCA*，按照左右中顺序。

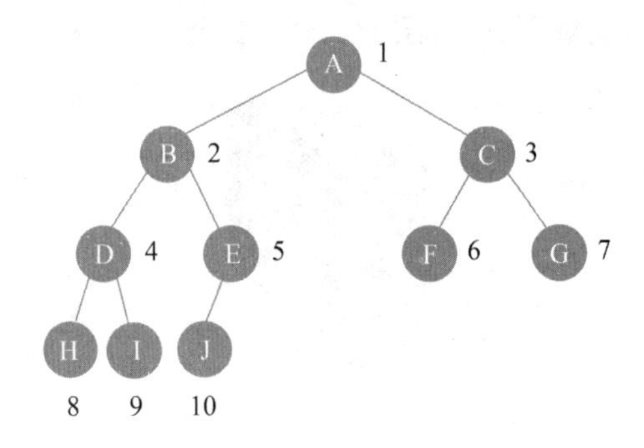

图10－2 树的遍历

图的遍历就是对于图 $G=(V,E)$ 从给定顶点 $v \in G$ 出发访问一遍图的所有顶点，图遍历主要有两种算法：①深度优先遍历，基于使用堆栈和递归；②广度优先遍历，基于队列和递归。

10.1.2 广度优先搜索算法

有向图的最短路径适合广度优先搜索（Breadth First Search，BFS）算法，这是一种用于图的搜索算法。

对于非加权有向图，广度优先搜索算法可以解决如下问题：①从 *A* 至 *B* 是否存在路径？②若存在，最短路径是？

广度优先搜索算法就像洪水一样向外扩张，从起点开始，首先遍历起点周围邻近的点，然后再遍历已经遍历过的点邻近的点，逐步向外扩散，直到找到终点。

算法流程如下。

```
graph = {} #图结构
graph[v_1] = [v_11,v_12,v_13]
graph[v_2] = [v_21,v_22]
graph[v_3] = [v_31]
……
queue = queue() #保存搜索节点的队列结构
queue += graph[v_1] #起始点加入搜索队列
```

```
searched =[ ] #保存已经搜索的节点

while queue: #只要搜索队列不空
v = queue.pop() #取出一个节点
if v not in searched:
if isObject(v): #如果节点 v 是目标
        return True #到达目标节点
else
queue += graph[v] #v 的相邻节点加入搜索队列
searched.append(v)
return False #目标节点不可达
```

10.1.3 Dijkstra 算法

给有向图的每条边赋予一个权重,例如代表两点之间的距离,构成加权有向图。有向图中某个顶点到其他顶点的最少权重之和,称为加权图的最短路径。加权有向图的最短路径,常用 Dijkstra 算法和改进版的 A - Star 算法求解。

Dijkstra 算法和 BFS 算法的区别是,BFS 算法是先将未访问的邻居压入队列,再将未访问邻居的未访问过的邻居压入队列再依次访问;而 Dijkstra 算法是在剩余的所有未访问过的顶点中找出最小的并访问,循环做这个直到所有点都被访问完。A*(A - star)算法是 Dijkstra 算法的升级版,仅仅是在其基础上添加了一个启发函数 $h(x)$,却大幅提高了搜索效率。D*(D Star)算法也称作 Dynamic A* 算法,可以看出来它是 A* 算法的一种为处理动态环境而改进的算法。相比 A* 算法,D* 算法的主要特点就是由目标位置开始向起始位置进行路径搜索,当物体由起始位置向目标位置运行过程中发现路径中存在新的障碍时,对于目标位置到新障碍之间的范围内的路径节点,新的障碍是不会影响到其到目标的路径的。新障碍会影响的只是物体所在位置到障碍之间范围的节点的路径。在这时通过将新的障碍周围的节点加入 Openlist 中进行处理然后向物体所在位置进行传播,能最低程度地减少计算开销。路径搜索的过程感觉其实和 Dijkstra 算法比较像,A* 算法中 $f(n)=g(n)+h(n)$,$h(n)$ 在 D* 算法中并没有体现,路径的搜索并没有 A - star 算法所具有的方向感,即朝着目标搜索的感觉,这种搜索更多的是一种由目标位置向四周发散搜索,直到把起始位置纳入搜索范围为止,更像是 Dijkstra 算法。

静态路径最短路径算法是外界环境不变,计算最短路径,主要有 Dijkstra 算法、A* 算法。

动态路径最短路径算法是外界环境不断发生变化,即不能计算预测的情况下计算最短路径。例如,游戏中的敌人或障碍物不断移动的情况。典型的动态路径最短路径算法为 D* 算法。

Dijkstra 算法是有代表性的最短路径算法,默认有向图是无环的,而且权重非负,算法特点是基于广度优先搜索思想以起始点作为中心向外层层扩展，直到扩展到终点为止。

算法基本思路如下。

（1）指定起点 s，构造集合 OPEN 和 CLOSE。OPEN 用于记录已求出最短路径的顶点（以及它们到起点 s 的最短路径距离），CLOSE 用于记录尚未求出最短路径的顶点（以及它们到起点 s 的距离）。位置的距离，记为无穷∞。

（2）从 OPEN 中搜索路径最短的顶点 k，将其转移到集合 CLOSE 中，同时利用已知的 $\text{dis}(k,s)$ 信息，更新顶点 k 在 OPEN 中的相邻顶点到 s 的距离。

（3）重复步骤（2）直到 OPEN 集合为空。

算法实现以图 10－3 为例。

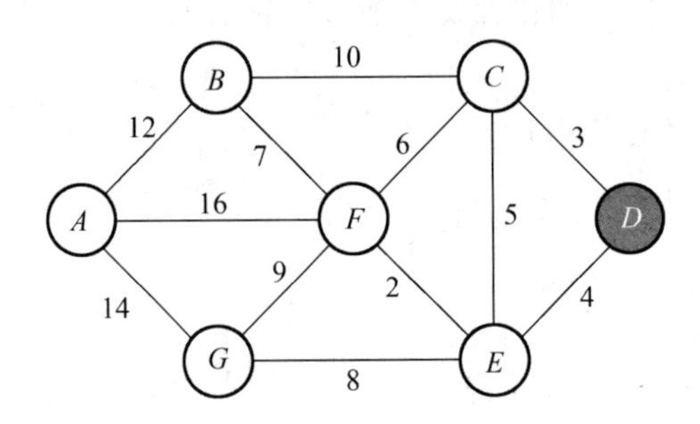

图 10－3　Dijkstra 算法示例

（1）初始化：起点为 D。此时集合 CLOSE = $\{D\}$，集合 OPEN = $\{C,E,F,G,B,A\}$。此时各点到起点距离为：$D(0)$，$C(3)$，$E(4)$，$F(\infty)$，$G(\infty)$，$B(\infty)$，$A(\infty)$。

（2）搜索 OPEN 中最短路径点，为 $C(3)$。此时集合 CLOSE = $\{D,C\}$，集合 OPEN = $\{E,F,G,B,A\}$。更新 C 在 OPEN 中的相邻顶点 B、F 和 E 到起点的距离：$B(13)$、$F(9)$、$E(8)$。此时各点到起点距离为：$D(0)$，$C(3)$，$E(4)$，$F(9)$，$G(\infty)$，$B(13)$，$A(\infty)$。

搜索 *OPEN* 中最短路径点，为 $E(4)$。此时集合 CLOSE = $\{D,C,E\}$，集合 OPEN = $\{F,G,B,A\}$。更新 E 在 OPEN 中的相邻顶点 F、G 到起点的距离：$F(6)$、$G(12)$。此时各点到起点距离为：$D(0)$，$C(3)$，$E(4)$，$F(6)$，$G(12)$，$B(13)$，$A(\infty)$。

搜索 OPEN 中最短路径点，为 $F(6)$。此时集合 CLOSE = $\{D,C,E,F\}$，集合OPEN = $\{G,B,A\}$。更新 F 在 OPEN 中的相邻顶点 B、A 和 G 到起点的距离：$B(13)$、$A(22)$、$G(15)$。此时各点到起点距离为：$D(0)$，$C(3)$，$E(4)$，$F(6)$，$G(12)$，$B(13)$，$A(22)$。

搜索 OPEN 中最短路径点，为 $G(12)$。此时集合 CLOSE = $\{D,C,E,F,G\}$，集合 OPEN = $\{B,A\}$。更新 G 在 OPEN 中的相邻顶点 A 到起点的距离：$A(26)$。此时各点到起点距离为：$D(0)$，$C(3)$，$E(4)$，$F(6)$，$G(12)$，$B(13)$，$A(22)$。

搜索 OPEN 中最短路径点，为 $B(13)$。此时集合 CLOSE = $\{D,C,E,F,G,B\}$，集合 OPEN = $\{A\}$。更新 B 在 OPEN 中的相邻顶点 A 到起点的距离：$A(25)$。此时各点到起点距离为：$D(0)$，$C(3)$，$E(4)$，$F(6)$，$G(12)$，$B(13)$，$A(22)$。

搜索 OPEN 中最短路径点，只剩下 $A(22)$。此时集合 CLOSE = $\{D,C,E,F,G,B,A\}$，集合 OPEN = $\{\ \}$。此时各点距离为：$D(0)$，$C(3)$，$E(4)$，$F(6)$，$G(12)$，$B(13)$，$A(22)$。

(3)得到最短路径为:$D(0)$,$C(3)$,$E(4)$,$F(6)$,$G(12)$,$B(13)$,$A(22)$。代价为 22。

10.1.4　A* 算法

广度优先搜索算法的 Dijkstra 算法遍历了图的所有节点,这通常没有必要。对于有明确终点的问题来说,一旦到达终点便可以提前终止算法。

在一些情况下,可以预先估计每个节点到终点的距离,这个预估称为启发函数。借助启发函数的引导,一般可以更快地到达终点,这是 A* 算法拥有更好的性能的原因,其因此在机器人、导航、游戏等领域得到广泛应用。

A* 算法通过下面这个函数来计算每个节点的优先级:

$$f(n) = g(n) + h(n) \tag{10-1}$$

式(10-1)中:

(1)$f(n)$是节点 n 的综合优先级。选择下一节点时总是选择综合优先级最高亦即值最小的节点;

(2)$g(n)$是节点 n 距离起点的代价;

(3)$h(n)$是节点 n 距离终点的预估代价,即 A* 算法的启发函数。如果允许上下左右四个方向移动,可以使用曼哈顿距离;如果允许斜着移向邻近节点,则可以使用对角距离;如果允许任意方向移动,则可以使用欧几里得距离。

对启发函数可分以下两种情况。

(1)如果启发函数 $h(n)$ 小于或等于节点 n 到终点的代价,则 A* 算法保证一定能够找到最短路径。极端的,如果启发函数 $h(n)$ 为 0,则将由 $g(n)$ 决定节点的优先级,此时算法就退化为 Dijkstra 算法。

(2)如果 $h(n)$ 大于节点 n 到终点的代价,则 A* 算法不能保证找到最短路径,不过预算会很快。另外一个极端情况是,如果 $h(n)$ 相较于 $g(n)$ 大出很多,只有 $h(n)$ 起作用,此时 A* 算法退化为最佳优先搜索算法。

由上面这些信息我们可以知道,通过调节启发函数我们可以控制算法的速度和精确度。启发函数 $h(n)$ 越小,算法将遍历越多的节点,算法越慢。而在另一些未必需要最短路径只找到路径即可的情况下,A* 算法很快。以上体现了 A* 算法的灵活之处。

算法实现以图 10-4 为例。

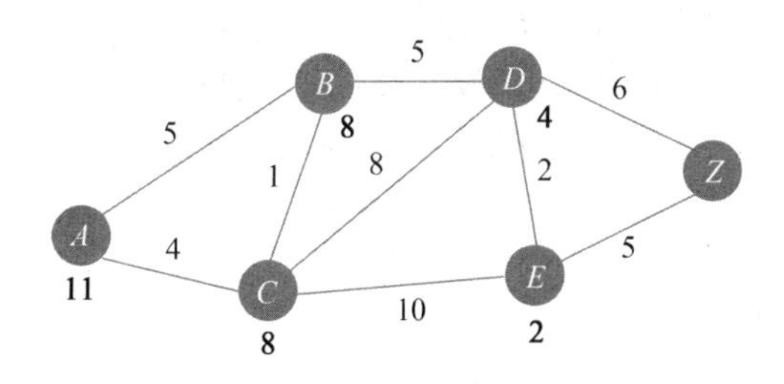

图 10-4　A* 算法示例

图 10－4 中，边的数字为代价，节点数字为启发式距离（假设图为几何路网、以两节点间欧几理德距离为估计值）。

（1）初始化：起点为 A，$g(A=0)+h(A=11)=f(A=11)$。此时集合 CLOSE = $\{A\}$，集合 OPEN = $\{B,C,D,E,Z\}$。A 的相邻点为 B、C，更新 B、C 到目标的距离 $g(B=12)+h(B=8)=f(B=20)$，$g(C=4)+h(C=8)=f(C=12)$。此时：$B(13)$，$C(12)$，$D(\infty)$，$E(\infty)$，$Z(\infty)$。

（2）搜索 OPEN 中最短路径点，为 $C(12)$。此时集合 CLOSE = $\{A,C\}$，集合 OPEN = $\{B,D,E,Z\}$。C 的相邻点为 B、D、E，更新 B、D、E 到目标的距离 $g(B=4+1)+h(B=8)=f(B=13)$，$g(D=4+8)+h(D=4)=f(D=16)$，$g(E=4+10)+h(E=2)=f(E=16)$。此时：$B(13)$，$C(12)$，$D(16)$，$E(16)$，$Z(\infty)$。

搜索 OPEN 中最短路径点，为 $B(13)$。此时集合 CLOSE = $\{A,C,B\}$，集合 OPEN = $\{D,E,Z\}$。B 的剩余相邻点为 D，更新 D 到目标的距离 $g(D=4+1+5)+h(D=4)=f(D=14)$。此时：$B(13)$，$C(12)$，$D(14)$，$E(16)$，$Z(\infty)$。

搜索 OPEN 中最短路径点，为 $D(14)$。此时集合 CLOSE = $\{A,C,B,D\}$，集合 OPEN = $\{E,Z\}$。D 的剩余相邻点为 C、E、Z，包括了终点 Z。从而得到最短路径为 $ACBDZ$，该路径代价为 $4+1+5+6=16$。

```
* 初始化 open_set 和 close_set。
* 将起点加入 open_set 中，并设置优先级为 0（优先级最高）。
* 如果 open_set 不空，则从 open_set 中选取优先级最高的节点 n：
    * 如果节点 n 为终点，则：
        * 从终点开始逐步跟踪父节点，一直达到起点；
        * 返回找到的结果路径，算法结束。
    * 如果节点 n 不是终点，则：
        * 将节点 n 从 open_set 中移除并加入 close_set；
        * 遍历节点 n 所有的邻近节点：
            * 如果邻近节点 m 在 close_set 中，则：
                * 跳过，选取下一个邻近节点
            * 如果邻近节点 m 也在 open_set 中，则：
                * 设置节点 m 的父节点为 n；
                * 计算节点 m 的优先级；
                * 将节点 m 加入 open_set。
```

10.1.5 D* 算法

A* 算法在静态路网中非常有效，但是不适合例如权重等不断变化的动态路网环境。D* 算法是 CMU 为火星机器开发的探路算法，适合动态环境寻路，该算法类似 A* 算法，不同的是代价计算在运行过程中可能变化。

D* 算法在向目标移动时只检查最短路径上下一个节点或临近节点的变化，其主要流程如下。

(1)先用 Dijstra 算法从目标节点 G 向起始节点搜索；

(2)使机器人沿最短路移动，利用上步 Dijstra 算法计算的最短路信息从出发点向后追溯；

(3)使用 A* 算法或其他算法计算。

10.1.6　神经网络方法

全局的路径规划，是指是带约束的最优化问题，模型为

$$\min \underbrace{f(x), x \in R^n}_{\text{目标函数}}$$

$$\text{s.t.} \begin{cases} \underbrace{g_i(x) = 0, i = 1,2,\cdots,l}_{\text{等式约束}} \\ \underbrace{h_j(x) \leq 0, j = 1,2,\cdots,m}_{\text{不等式约束}} \end{cases} \tag{10-2}$$

优化问题的目标函数即为代价最低的路径，约束条件是避免碰撞到障碍。

如果：

(1)把路径短定义为路径的长度的二次方(二次方在物理上通常具有能量属性)：

$$E_L = \sum_{i=1}^{N-1} L_i^{\ 2} = \sum_{i=1}^{N-1} (x_{i+1} - x_i)^2 + (y_{i+1} - y_i)^2 \tag{10-3}$$

式中，N 为总的路径点数。

(2)把避免碰撞障碍定义为惩罚函数：

$$E_C = \sum_{i=1}^{N} \sum_{j=1}^{M} C_i^j \tag{10-4}$$

式中，M 为总的障碍个数，C_i^j 为第 i 个路径点对第 j 个障碍的惩罚系数。

则规划路径的代价函数为

$$E = k_L E_L + k_C E_C \tag{10-5}$$

这是一个由向量$[x_i, y_i]^{\mathrm{T}}$坐标构成的多项式，(x_i, y_i)为路径点的坐标。

对于多项式的优化，如前所述有很多方法可用，例如流行的神经网络方法。

按照前述(机器学习章之神经网络节)，可以使用二层神经网络结构。

图 10-5 中，输入层的 x 和 y 为路径点的平面坐标，隐藏层每个节点对应一个障碍的约束条件，输入层与隐藏层的连线权重 k_{ij} 即不等式约束中 x_i 和 y_i 的系数，激活函数为平滑函数 Sigmoid，则输出层输出 0 ~ 1，即不碰撞 ~ 碰撞。

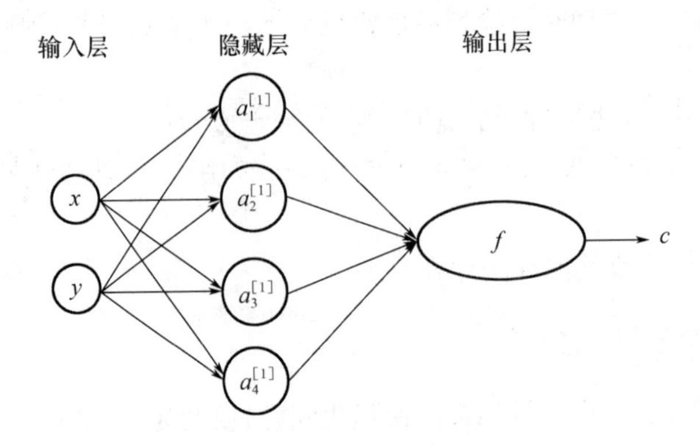

图 10－5　全局路径规划神经网络方法

10.2　局部运动规划

局部路径规划主要用于动态环境下的导航和避障，规划方法有很多，但移动机器人常用动态窗口法(Dynamic Window Approach，DWA)。该算法基于运动学和动力学模型，更容易控制机器人轨迹，可以解决无法预测障碍物的问题，而且计算复杂度较低。该方法考虑到速度和加速度限制，每次采样的时间较短，因此轨迹空间较小。

DWA 对整体轨迹构造评价函数包括三个方面：①与目标的接近程度；②与下一障碍物的距离；③机器人前进的速度。即规划出一条短的局部路径，使得速度足够快、离目标尽量近且与障碍物尽量远。

该算法主要优点是考虑了机器人惯性(预留刹车距离)，可以用于存在扭矩限制机器人的高速行驶。

10.2.1　运动模型

为了使得运动学方程接近实际，模型速度被设为随时间变化的分段函数。在该假设之下，机器人轨迹可以视作由许多圆弧(圆弧包括直线，此时旋转速度为零)的积分组成，一对$(v(t),\omega(t))$就代表一段圆弧。采用该方法使得障碍物碰撞检测很方便，因为圆弧与障碍物的交点容易求取。

机器人在一个 t_n 到 t_{n+1} 的小的 δt 间隔的运动，可以视作直线，因此有

$$\begin{cases} x(t_{n+1}) = x(t_n) + v(t)\delta t\cos\theta(t) \\ y(t_{n+1}) = y(t_{n+1}) + v(t)\delta t\sin\theta(t) \end{cases} \tag{10-6}$$

式(10－6)即为差速机器人运动方程差分形式，其中，$x(t)$、$y(t)$、$\theta(t)$为机器人在时刻 t 的位姿(位置 x、y 和朝向 θ)，$v(t)$和 $\omega(t)$为机器人在时刻 t 的平移速度和旋转速度。

10.2.2　速度采样

动态窗口法在速度空间中进行速度采样，但是对于$(v,\omega)\in R^2$ 的二维空间而言存

在无限多速度，因此需要对随机采样的速度进行约束，限制在一定范围，以减少采样数目。

限制的速度搜索空间根据以下三点进行：①圆弧轨迹，动态窗口法仅仅考虑圆弧轨迹；②允许速度，如果机器人能够在碰到最近的障碍物之前停止，则该速度将被保留；③动态窗口，只有在加速时间内能达到的速度才会被保留。

首先是速度限制：

$$(v,\omega)_1 \in (v \in [v_{\min}, v_{\max}], \omega \in [\omega_{\min}, \omega_{\max}]) \tag{10-7}$$

其次要考虑加速度性能，即一个前向模拟的动态窗口：

$$(v,\omega)_2 \in (v \in [v - \dot{v}\delta t, v + \dot{v}\delta t], \omega \in [\omega - \dot{\omega}\delta t, \omega + \dot{\omega}\delta t]) \tag{10-8}$$

然后需要考虑的是减速距离：

$$(v,\omega)_3 \in (v \leq \sqrt{2|(v,\omega)|\dot{v}}, \omega \leq \sqrt{2|(v,\omega)|\dot{\omega}}) \tag{10-9}$$

综合即得可行区域：

$$(v,\omega)_1 \cap (v,\omega)_2 \cap (v,\omega)_3 \tag{10-10}$$

10.2.3　评价函数

通过上步，已经将可行区域大大缩小，但仍有很多组轨迹是可行的，为此采用代价函数进行评价，其方程为

$$G(v,\omega) = \sigma[\alpha \cdot \mathrm{heading}(v,\omega) + \beta \cdot \mathrm{dist}(v,\omega) + \gamma \cdot \mathrm{vel}(v,\omega)] \tag{10-11}$$

式中，heading(v,ω)函数评价机器人与目标位置的夹角，当机器人朝着目标前进时，该值取最大；dist(v,ω)评估与机器人轨迹相交的最近的障碍的距离，如果障碍与机器人轨迹不相交则设为一个较大的常数值，实际使用时通常直接丢弃存在障碍的轨迹；vel(v,ω)表征机器人的前向移动速度，一般是希望以尽可能高的速度通向目标点。

上述各评价函数，为了平衡跳变，一般在归一化之后使用，即

$$\mathrm{heading}^{\#}() = \frac{\mathrm{heading}()}{\sum \mathrm{heading}(i)}$$

$$\mathrm{dist}^{\#}() = \frac{\mathrm{dist}()}{\sum \mathrm{dist}(i)}$$

$$\mathrm{vel}^{\#}() = \frac{\mathrm{vel}()}{\sum \mathrm{vel}(i)} \tag{10-12}$$

10.3　轨迹跟踪

10.3.1　跟踪问题描述

图 10-6 中，机器人当前时刻（Current）的位姿为 $\boldsymbol{P}_c = [x_c, y_c, \theta_c]^T$、速度为 $[v_c, \omega_c]^T$，下一时刻（Reference）的目标位姿为 $\boldsymbol{P}_r = [x_r, y_r, \theta_r]^T$、速度为 $[v_r, \omega_r]^T$，两者误

差向量记作 $\boldsymbol{P}_e=[x_e,y_e,\theta_e]^T$。

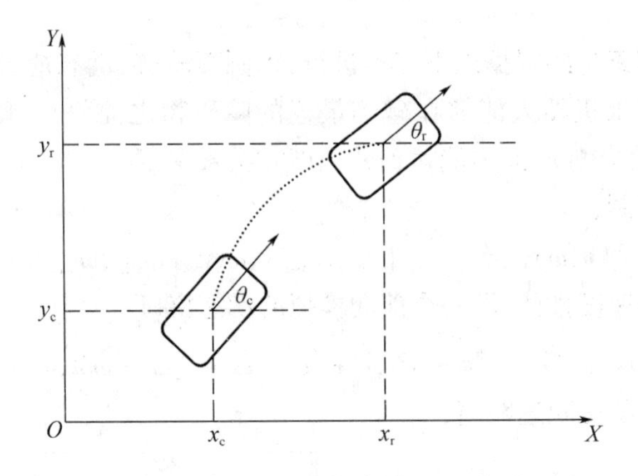

图 10－6　跟踪问题描述

则轨迹跟踪即寻求有界输入 $U=[v_c,\omega_c]^T$，使得机器人能够跟踪 $[x_r,y_r,\theta_r]^T$ 和 $[v_r,\omega_r]^T$，满足 $\lim\limits_{t\to\infty}[x_e,y_e,\theta_e]^T=0$。

由图 10－6 中位置关系，可得误差向量 $\boldsymbol{P}_e$ 为

$$\begin{bmatrix} x_e \\ y_e \\ \theta_e \end{bmatrix}=\begin{bmatrix} \cos\theta_c & \sin\theta_c & 0 \\ -\sin\theta_c & \cos\theta_c & 0 \\ 0 & 0 & 1 \end{bmatrix}\begin{bmatrix} x_r-x_c \\ y_r-y_c \\ \theta_r-\theta_c \end{bmatrix} \tag{10－13}$$

式(10－13)求导后即得系统的微分方程：

$$\begin{bmatrix} \dot{x}_e \\ \dot{y}_e \\ \dot{\theta}_e \end{bmatrix}=\begin{bmatrix} v_r\cos\theta_e-v_c+y_e\omega \\ v_r\sin\theta_e-x_e\omega \\ \omega_e \end{bmatrix} \tag{10－14}$$

10.3.2　控制器设计

控制器的作用是根据控制输入 $\boldsymbol{U}$ 以及跟踪误差 $\boldsymbol{P}_e$ 控制机器人位姿，如图 10－7 所示。

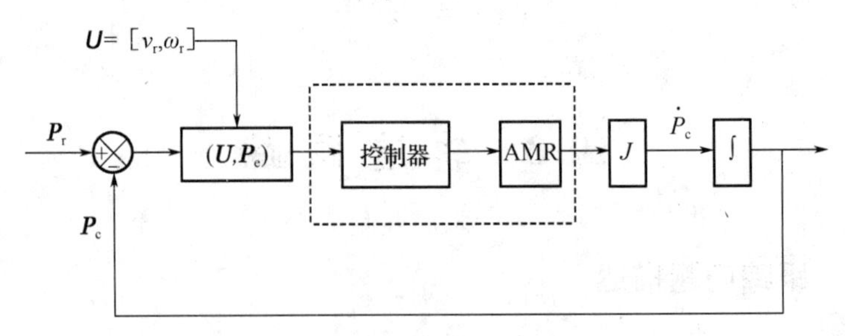

图 10－7　跟踪控制器

控制输入 $\boldsymbol{U}$ 记为

$$\boldsymbol{U} = \begin{bmatrix} v \\ \omega \end{bmatrix} = \begin{bmatrix} v_{\mathrm{r}}\cos\theta_{\mathrm{e}} + K_2 x_{\mathrm{e}} \\ \omega_r + K_1 v_{\mathrm{r}} y_{\mathrm{e}} + K_3 \sin\theta_{\mathrm{e}} \end{bmatrix} \tag{10-15}$$

式中，$0 < K_i < \infty$。

则构造以下李雅普诺夫方程：

$$V = \frac{K_1}{2}(x_{\mathrm{e}}^2 + y_{\mathrm{e}}^2) = = 2\left(\cos\frac{\theta_{\mathrm{e}}}{2}\right)^2 \tag{10-16}$$

可以验证 $\dot{V} \leqslant 0$，系统稳定。

10.4　特定曲线设计

侧向停车在驾驶培训中称为侧方停车，属于自主驾驶的范畴。以下将机车的阿克曼结构简化为三轮模型来讨论此类运动，即简单地把左轮和右轮合并为一个导向轮，如图 10－8 所示。

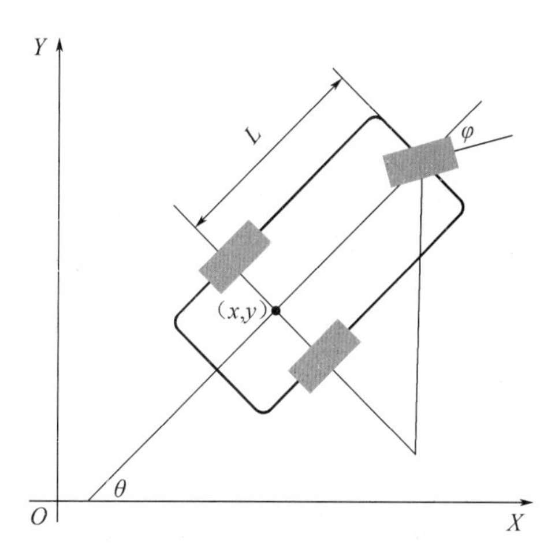

图 10－8　导向轮模型

10.4.1　轨迹生成

图 10－8 中 (x,y) 为机器人位置，θ 为机器人方位角，φ 为导向轮的导向角，则机器人位姿可由 (x,y,θ,φ) 完全描述。

由运动学方程，可得非完整约束为

$$\dot{x}\cos\theta = \dot{y}\sin\theta \tag{10-17}$$

式中，$\dot{x} = \frac{\mathrm{d}x}{\mathrm{d}t}$，$\dot{y} = \frac{\mathrm{d}y}{\mathrm{d}t}$，因此 $\tan\theta = \frac{\dot{y}}{\dot{x}} = \frac{\mathrm{d}y}{\mathrm{d}x}$，即

$$y' = \tan\theta \tag{10-18}$$

根据机构结构，可得

$$\tan\varphi = \frac{L}{R} \tag{10-19}$$

式中,L 为轴距,R 为瞬时转弯半径。

机器人在二维平面的轨迹为曲线 $y=f(x)$,可由以下参数方程确定:

$$\begin{cases} x = x(t) \\ y = y(t) \end{cases} \tag{10-20}$$

由上述曲线方程可以确定 t 时刻的瞬时转弯半径为

$$R(t) = \frac{(\dot{x}^2 + \dot{y}^2)^{3/2}}{\dot{x}\ddot{y} - \dot{y}\ddot{x}} \tag{10-21}$$

因此有

$$y'' = \frac{(1+y'^2)^{3/2}}{L}\tan\varphi \tag{10-22}$$

至此,边界条件 y、y'、y''的计算公式均已取得。

如果给定机器人当前起点(Current)的(x,y,θ,φ),以及目标终点(Reference)的(x,y,θ,φ),即可解得两点的边界条件:

$$x_c = x_c, y_c = y_c, y'_c = \cdots, y''_c = \cdots$$

和

$$r_r = x_r, y_r = y_r, y'_r = \cdots, y''_r = \cdots \tag{10-23}$$

根据上述给出的六个边界条件初值,即可据此求解轨迹曲线 $y=f(x)$。

同时,在解得轨迹曲线之后,也可附带解算 t 时刻机器人的(v,ω):

$$\begin{cases} v = \sqrt{\dot{x}^2 + \dot{y}^2} \\ \omega = \dot{\varphi} \end{cases} \tag{10-24}$$

10.4.2 曲线拟合

曲线拟合即数据密化,例如 q 倍插值就是在原始数据任意两个数据之间插入 $q-1$ 个值,如果是线性插值则是 $q-1$ 个插入值位于原始数据连接的两侧。还有一种常见的插值方法是在任一原始数据交错 $q-1$ 个 0,然后作低通滤波。

设函数 $y=f(x)$在区间$[a,b]$有效,对区间的 $n+1$ 个位置 $x_0,x_1,\cdots,x_n$,具有原始数据 $y_0,y_1,\cdots,y_n$,满足 $y_i=f(x_i)$,则可以构造一个相对简单的函数 $P(x)$,使得在$[a,b]$有 $y_i=P(x_i)$,则函数 $P(x)$称为$f(x)$的插值函数,x_i 为插值节点,$[a,b]$为插值区间。

如果 $P(x)$为多项式,则称为多项式插值;如果 $P(x)$为分段函数,则称为分段插值;如果 $P(x)$为三角函数,则称为三角插值。

工程上常用的是多项式插值和分段插值。按照 GB/T 26180—2010,推荐的是线性插值方法,根据情况也可以使用样条、多项式、拉格朗日等插值方法。

轨迹曲线一般可使用多项式拟合。对于 n 个待定参数的问题,可以使用 $n-1$ 次多项式。例如,二阶拟合出的曲线为抛物线,一个抛物线由三个系数决定。而对于机器人的轨迹曲线 $y=f(x)$,存在以下六个未定元:

$$y_c, y'_c, y''_c$$
$$y_r, y'_r, y''_r \tag{10-25}$$

因此可以使用五次多项式绘制轨迹曲线：

$$y = b_0 + b_1x + b_2x^2 + b_3x^3 + b_4x^4 + b_5x^5 \tag{10-26}$$

通过边界约束，构造定解方程组，即可确定曲线 $y = f(x)$。

10.4.3　平行切换

平行切换（图 10 - 9）主要用于航向切换和狭窄空间的侧向调节。

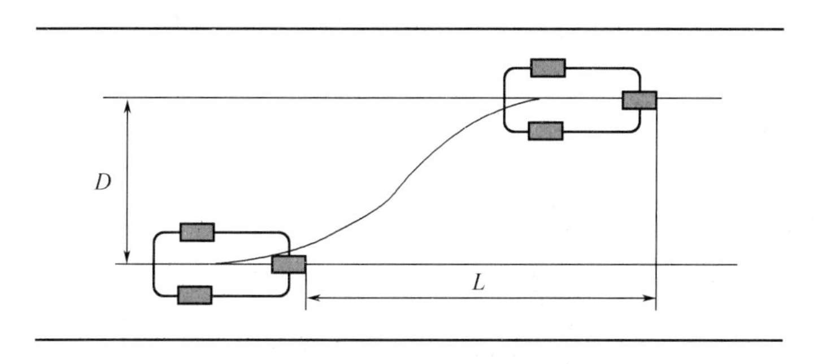

图 10 - 9　平行切换

对于此类运动，两点的边界条件为

$$x_c = 0, y_c = 0, y'_c = 0, y''_c = 0$$
$$y_c = L, y_r = D, y'_r = 0, y''_r = 0 \tag{10-27}$$

式中，D 为侧向位移距离，L 为纵向位移距离。

10.4.4　侧向停车

侧向通车是平行切换的具体应用，其过程为：机器人停靠于起始点，导向轮转至左侧启动倒车，回正导向轮继续倒车，导向轮转至右侧启动倒车，回正导向轮停车。

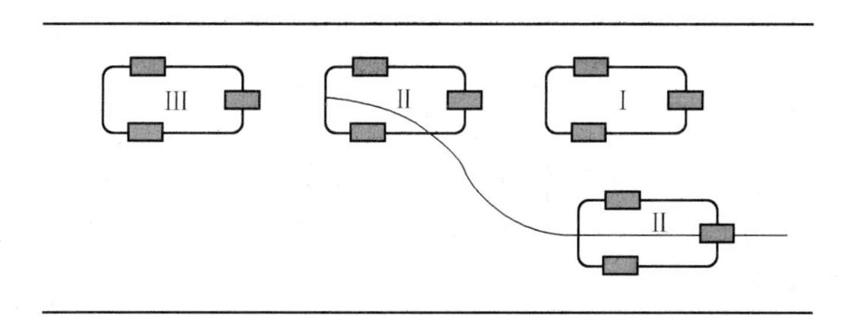

图 10 - 10　侧向停车

第 11 章　ROS 的 SLAM 框架

11.1　ROS 简介

ROS(Robot Operating System)是一种次操作系统的软件框架,一般运行于 Linux 系统例如乌班图(Ubuntu)中。

ROS 在机器人、飞行器及无人驾驶等领域得到了广泛应用,例如无人驾驶的 Autoware(图 11－1)。

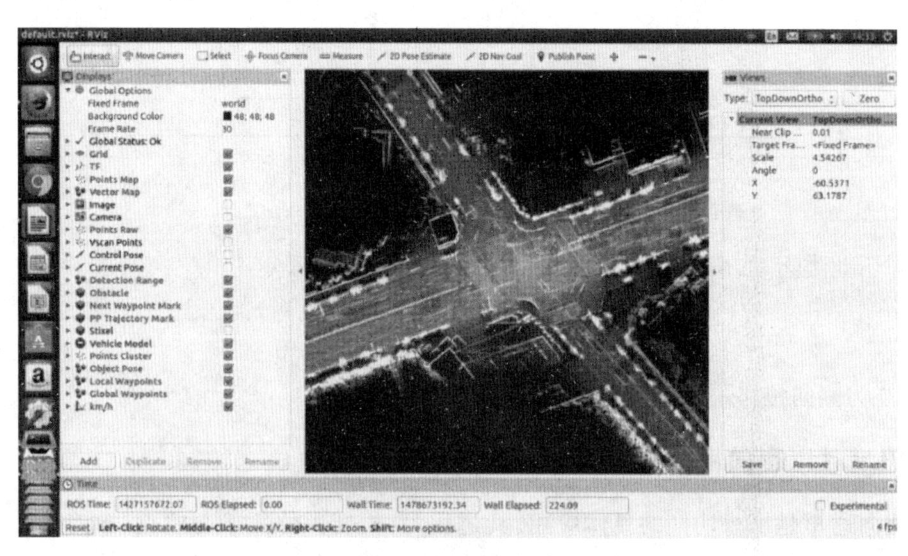

图 11－1　无人驾驶的 Autoware

11.1.1　ROS 特点

ROS 采用分布式处理框架,可执行文件单独设计,运行时依靠通信,实现模块间的轻度耦合。通信包括基于服务的同步的远程过程调用通信,以及基于主题 Topic 的异步的数据流通信,还有参数服务器的数据存储。

ROS 的点对点设计以及服务和节点管理器等机制,有效分散了计算机视觉以及路径规划等功能带来的实时计算压力。点对点机制如图 11－2 所示。

ROS 支持多种不同语言如 C＋＋、Python、Octave、LISP、Java 等,也包含其他语言的多种接口实现。为了支持交叉语言,ROS 利用了简单的、语言无关的接口定义语言描述模块之间的消息传送。这种语言无关的消息处理,让多种语言可以自由地混合和匹配使用。

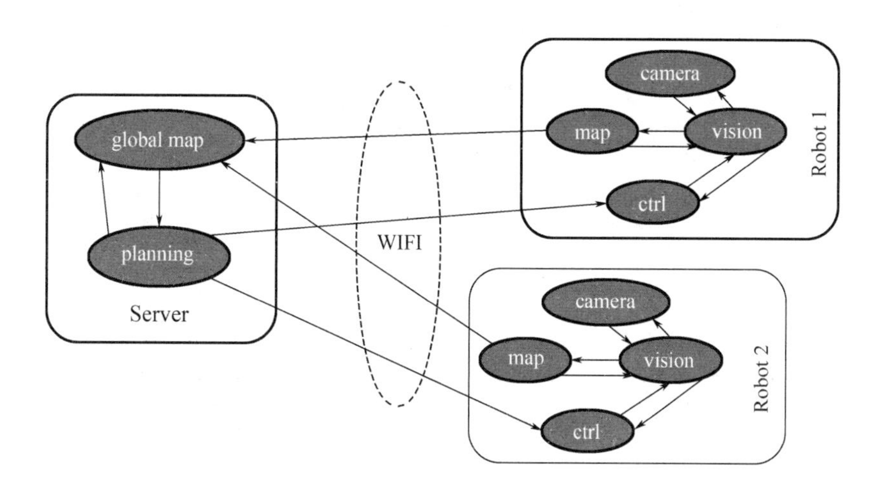

图 11 –2　点对点机制

11.1.2　ROS 基本概念

ROS 的基本概念包括节点、消息、话题、服务和 ROS 管理器等。

(1)节点。节点是一些运算任务的进程,或者称为软件模块。许多节点同时运行时,可以方便地将端对端的通信绘制成一张图表,进程是图中的节点,连接关系是其中的弧线。

(2)消息。消息可以包含任意的嵌套结构和数组,节点之间通过消息进行通信。

(3)主题。消息以发布/订阅的方式传递,一个节点可以在一个给定的主题中发布消息,一个节点针对某个主题关注与订阅特定类型的数据,可能同时有多个节点发布或者订阅同一个主题的消息,发布者和订阅者彼此互不了解。

(4)服务。服务用字符串和一对严格规范的消息定义:一个用于请求,一个用于回应,类似于 web 服务器的 URIs 定义,同时带有完整定义类型的请求和回复文档。

(5)ROS 控制器。上面概念的实现需要一个控制器,可以使所有节点有序执行,这就是 ROS 控制器(ROS Master)。ROS 控制器通过远程过程调用(Remote Procedure Call,RPC)提供登记列表和对其他计算图表的查找。例如控制节点订阅和发布消息的模型如图 11 –3 所示。

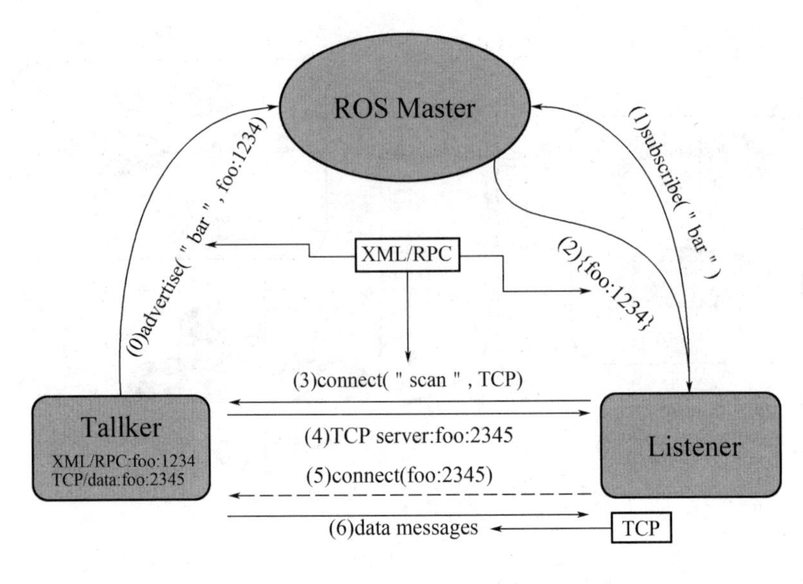

图 11-3 ROS 控制器

11.2 SLAM 简介

SLAM(Simultaneous Localization and Mapping)最早由 Hugh Durrant Whyte 和 John J. Leonard 提出,用来解决移动机器人在未知环境下的地图构建和基于地图的导航,也称 CML(Concurrent Mapping and Localization),其框架如图 11-4 所示。

SLAM 问题可以描述为机器人在未知环境中从未知位置开始,在移动过程中根据位置估计进行自身定位,同时构建地图,实现机器人自主定位和导航。

ROS 的 SLAM 框架主要包括建图 Gmapping、定位 AMCL 和一个松散的导航模块 MoveBase。

11.2.1 建图

ROS 的 Gmapping 来源于 OpenSLAM,它将定位和建图过程分离,先定位再建图,是应用广泛的 2D SLAM 方法。Gmapping 基于 RPB 粒子滤波算法,利用 scan-match 方法估计机器人位姿,使用梯度下降方法在当前构建的地图和当前激光点和机器人位置为初始估计值。

Gmapping 由于有效利用了里程计信息,可以提供机器人先验位姿,因此适当降低了激光雷达的指标。与类似的 Hector 和 Cartographer 比较:Hector 用于灾难救援等地面不平坦的情况,自然无法使用里程计;Cartographer 用于手持激光雷达,也没有里程计可用。Gmapping 构建小场景地图时需要计算量较小,而且精度较高,不适合构建大场景地图。

Gmapping 牺牲空间复杂度以保证时间复杂度,每个粒子携带一幅地图,随着场景增大所需粒子增加,消耗的内存和计算量急剧增加。因此不适合构建大场景地图。设想一个 200 m×200 m 分辨率 5 cm 的场景,若每个栅格占用一字节则每个粒子携带的地图为16 MB,100 个粒子就需要 1.6 GB 的内存,如果扩大到 500 m 则不可想象。

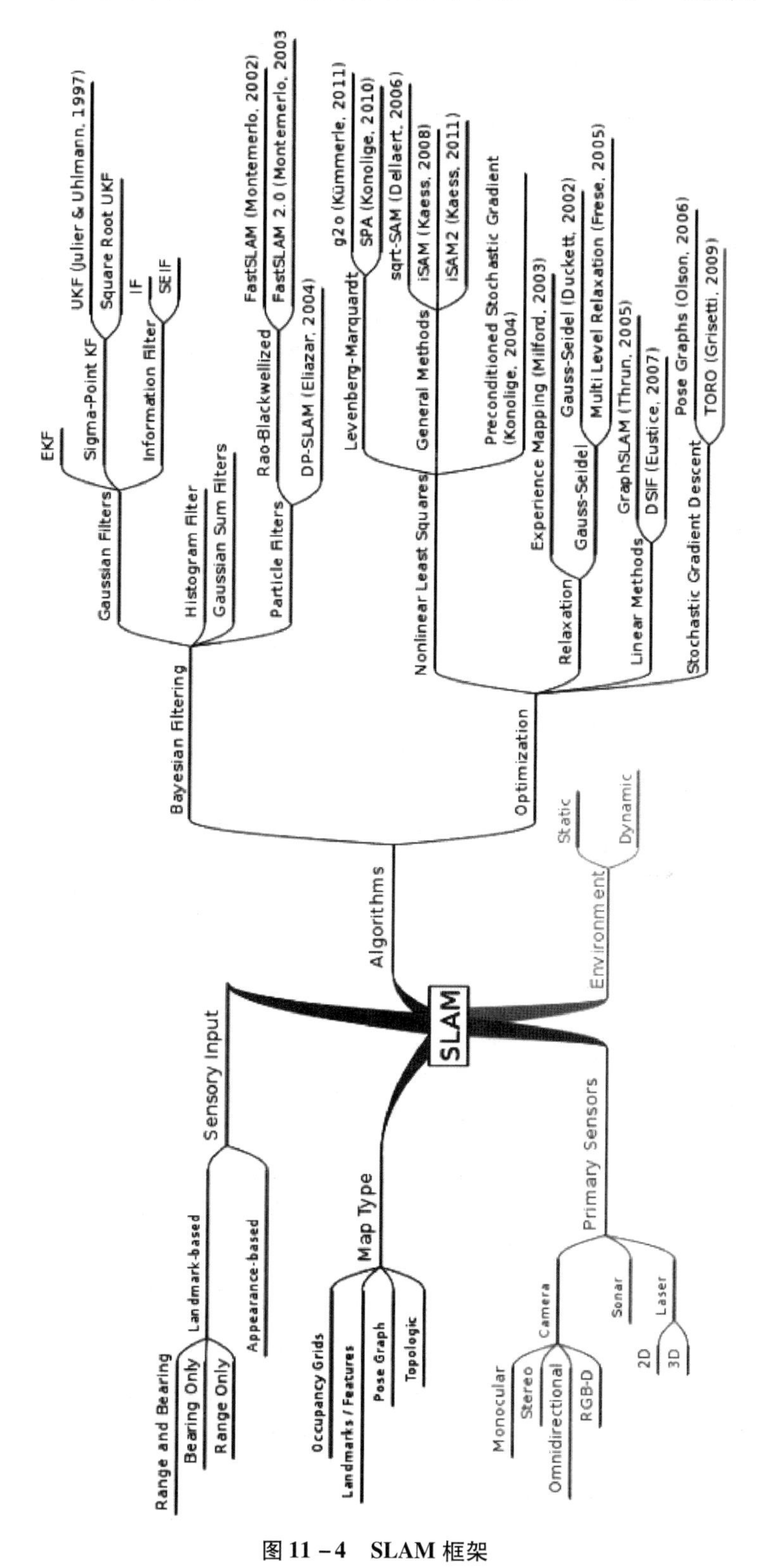

图 11－4　SLAM 框架

11.2.2 定位

ROS 的定位使用自适应蒙特卡罗粒子滤波(AMCL)(图 11 -5),结合增强蒙特卡罗(Augmented MCL)和库尔贝克 - 莱不勒散度采样(KLD Sampling)技术,利用粒子滤波算法实现机器人的全局定位。

AMCL 类似 SLAM,但 AMCL 只负责定位而不建图,所以 Map 是输入而不是输出。AMCL 定位会对里程计误差进行修正,修正方法是把里程计误差加到 Map 和 Odom 之间,而 Odom 和 Base 之间是里程计观测值,该值并不会被修正,这种实现与 Gmapping、Cartographer 的做法是相同的。

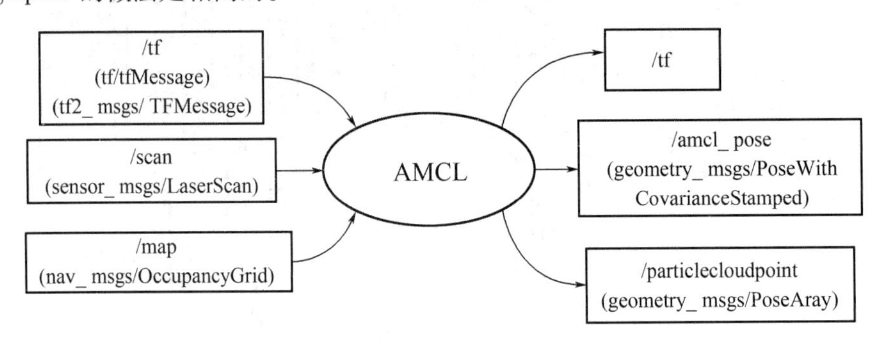

图 11 -5 AMCL

11.2.2.1 增强蒙特卡罗

增强蒙特卡罗解决的是从机器人绑架等全局定位失效当中恢复的问题,如果机器人遭到绑架,粒子平均分数突然降低,意味着正确粒子在某次迭代中被淘汰了,此时就随机地全局注入粒子。

失效恢复的核心思想是,测量似然的一个突然衰减即短期似然劣于长期似然,表示粒子质量下降,则此时按照某种概率增加随机采样。

Augmented MCL 一共引入四个参数用于失效恢复:w_{slow} 是长期似然平均估计,w_{fast} 是短期似然平均估计,alpha_{slow} 是长期指数滤波器衰减率,alpha_{fast} 是短期指数滤波器衰减率。

```
$ vi amcl.launch.xml
<param name="recovery_alpha_slow" value="0.0"/>
<param name="recovery_alpha_fast" value="0.0"/>
```

如果位于 rVIZ 界面,则通过“2D Pose Estimate”按钮可以触发。

机器人位置突变后需要一段时间才注入随机粒子,因为概率是渐变的。

11.2.2.2 库尔贝克 - 莱布勒散度

库尔贝克 - 莱布勒散度(Kullback - Leibler Divergence)也叫相对熵(Relative

Entropy)，是计算两个概率分布之间差异的方法，原理是先生成两个分布，并且生成它们的 ks_density 和 histogram，最后计算 ks_density 和 histogram 与真实分布的 KL 距离。

在全局地图环境下，sample 数量过大计算效率低下，sample 数量过少容易定位发散。定位初期，可能需要数十万样本完成定位；确定位姿之后，则只需小部分粒子就足以跟踪。

KLD Sampling 通过动态调整粒子数量，改善蒙特卡罗大样本的资源浪费。在获得机器人定位之后，粒子集中，就没必要维持众多粒子，可以根据栅格地图粒子占据情况调整：占得多，粒子分散，每次迭代重采样时允许粒子数量上限就高一些；若占得少，说明粒子已经集中，粒子数量上限就低一些。

KLD Sampling 通过两个 kld_参数配置，称为 KLD 参数。对于每次粒子滤波迭代，以概率 $1-\delta$ 确定样本数，$1-\delta$ 就是 kld_z 参数，使真实后验与基于采样的近似之间的误差小于 ε，ε 就是 kld_err 参数。

```
$ vi amcl.launch.xml
<param name="kld_z" value="0.99"/>
<param name="kld_err" value="0.05"/>
```

11.2.3　导航

ROS 的导航控制框架是 MoveBase，基于 SimpleActionServer 实现，以一种松耦合的形式组合各个功能模块。各种导航模块都继承自接口包 nav_core 的插件进行调用，可以方便地替换不同算法，适应不同应用场景。

MoveBase 需要配置这三个插件：全局路径规划的 global_planner、局部路径规划的 local_planner、恢复策略的 recovery_behaviors。

图 11－6 中，局部路径规划器接口 plugin 类为 nav_core::BaseLocalPlanner，常用的有 Dynamic Window Approach 和 Trajectory Rollout，DWA 相比 Trajectory Rollout 具有更多恢复机制、更便于理解的接口和针对全向运动机器人更灵活的 Y 轴变量控制。

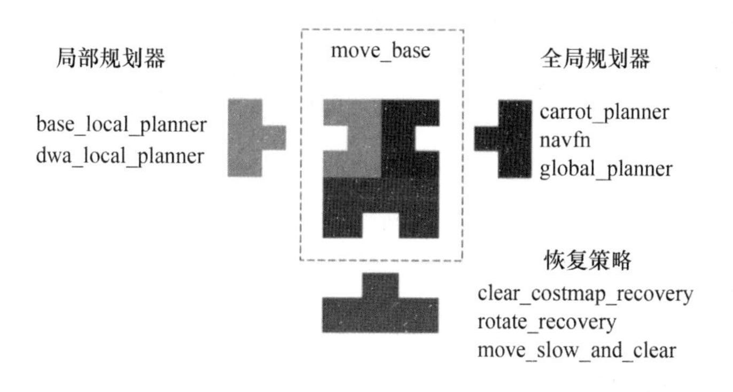

图 11－6　导航

全局路径规划提供了并列的 navfn 包和 global_planner 包，都实现了 A* 和 Dijkstra 算法。早期没有出现 global_planner 时是用 navfn 实现导航，navfn 默认使用 Dijkstra 算法做全局路径规划，A* 算法的启发性存在缺陷。

地图方面，无论全局还是局部，costmap 插件都是默认的，是无法配置更改的。

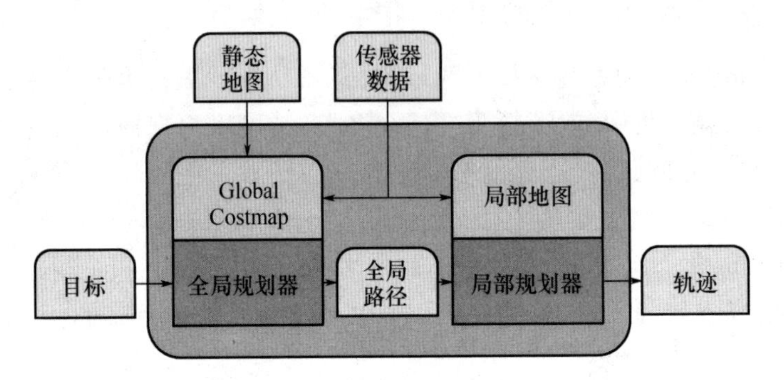

图 11－7　导航配置

11.3　建图分析

```
<launch>

<arg name="scan_topic"  default="scan" />
<arg name="odom_frame"  default="odom"/>
<arg name="base_frame"  default="base_footprint"/>

<node pkg="gmapping" type="slam_gmapping" name="slam_gmapping" output
="screen">

    <remap from="scan" to="$(arg scan_topic)"/>
    <param name="odom_frame" value="$(arg odom_frame)"/>
    <param name="base_frame" value="$(arg base_frame)"/>

<!------------常规设置------------------->

    <!--
inverted_laser:"false"
#激光雷达是朝上安装、即逆时针扫描；还是朝下安装、顺时针扫描。
```

```
throttle_scan：1
# 求余的除数,激光雷达每扫描一周跳过的扫描数。
# 值越大跳过越多的扫描、即忽略等多的数据。
# 默认除数为 1、即所有激光数据都会处理。

transform_publish_period ：0.01
# 转换的发布间隔,单位为秒。

occ_thresh：0.25

    < param name = " map_update_interval"  value = "5.0"/ >
<！ - - 地图更新的时间间隔即两次 scan - match 的时间间隔,单位为秒,scan -
match 成功则更新地图,数值越低地图更新越快、算力要求越高。- - >
    < param name = " maxUrange"  value = "6.0"/ >
<！ - - 激光雷达的测量范围,光束被裁剪到该值以内的范围。 - - >
    < param name = " maxRange"  value = "8.0"/ >
<！ - - 激光雷达的探测距离,此范围内无障碍物则为自由空间。- - >
<！ - - 需要满足:maxUrange < 传感器最大可测距离 < = maxRange。- - >

    < param name = " sigma"  value = "0.05"/ >
<！ - - scan - match 过程中 end - point 的匹配标准差 - - >
    < param name = " kernelSize"  value = "1"/ >
<！ - - scan - match 过程中 kernel - size 搜索窗口大小 - - >

<！ - - - - - - - - - - ICP 迭代最近点匹配点云算法 - - - - - - - - - - >

    < param name = " lstep"  value = "0.05"/ >
<！ - - 机器人平移距离的优化步长 - - >
    < param name = " astep"  value = "0.05"/ >
<！ - - 机器人旋转角度的优化步长 - - >
    < param name = " iterations"  value = "5"/ >
<！ - -迭代次数 - - >
    < param name = " lsigma"  value = "0.075"/ >
<！ —smach - match 的概率的标准差 - - >
    < param name = " ogain"  value = "3.0"/ >
```

```
<! - - 平滑重采样的评估似然的增益 - - >
    <param name = "lskip" value = "0"/ >
<! - - 每次扫描跳过的波束,即一帧激光雷达数据只选取每第(n + 1)个光束。
- - >
<! - - 设置为1意味着选取每第2帧激光束,即激光束为原来1/2。设置为2意味着选取每第3帧激光束,即激光束变成原来的1/3。设置为0则处理所有激光数据。
- - >

    <param name = "minimumScore" value = "100"/ >
<! - - 该参数代表激光置信度,决定算法对激光雷达的信任程度。该参数设置越大说明对激光匹配算法要求越高,匹配越容易失败,从而使用里程计数据;设置越小地图引入噪声越大。- - >
<! - - 衡量scan - match效果即可以接受的最小匹配分数。如果scan - match中的位姿优化得分大于该值则认为优化成功从而接受新的优化位姿作为粒子位姿;否则将使用里程计的位姿。- - >
<! - - 在大空间使用小距离激光雷达时,若出现位姿估计跳动则需要调小该参数。该参数设置较大容易导致无法优化成功。- - >

<! - - - - - - - - - - - -运动模型的噪声参数 - - - - - - - - - - - - - - >

    <param name = "srr" value = "0.01"/ >
<! - - 平移函数在平移时的里程计误差(rho/rho) - - >
    <param name = "srt" value = "0.02"/ >
<! - - 旋转函数在平移时的里程计误差(rho/theta) - - >
    <param name = "str" value = "0.01"/ >
<! - - 平移函数在旋转时的里程计误差(theta/rho) - - >
    <param name = "stt" value = "0.02"/ >
<! - - 旋转函数在旋转时的里程计误差(theta/theta) - - >

    <param name = "linearUpdate" value = "0.5"/ >
<! - - 机器人直行该距离时进行一次scan - match,单位为m。- - >
    <param name = "angularUpdate" value = "0.436"/ >
<! - - 机器人旋转该角度时进行一次scan - match,单位为rad。- - >
<! - - 为了充分利用激光数据提高定位优化效果,此参数需要结合机器人运动速度进行设置:例如激光频率8 Hz,线速度0.3 m/s,角速度0.5 rad/s,取0.2 s扫描一次,则参数分别设置为0.1 m和0.2 rad - - >
```

```
    <param name = "temporalUpdate"  value = " -1.0"/>
  <! - - 如果最后一次处理的扫描时间超出了更新时间则启动扫描,单位为 s。设置为零则关闭基于时间的更新。- - >
  <! - -以上三个条件只要满足一项则启动 scan - match。- - >

    <param name = "resampleThreshold"  value = "0.5"/>
  <! - - 基于 Neff 的重采样阈值,重采样消除了 SIS 粒子滤波器粒子退化问题却导致粒子匮乏问题。为了缓解重采样粒子退化问题 gmapping 采取自适应方式重采样,该 Neff 阈值指标评价粒子权重的相似度,只在 Neff 小于给定阈值时才进行重采样。该参数设置越大,则重采样越频繁。- - >
    <param name = "particles"  value = "80"/>
  <! - - 粒子滤波算法的颗粒数。合适的粒子数量可以使算法在保证准确的同时具有较高速度。- - >

  <! - - - - - - - - - - - - - -地图初始大小- - - - - - - - - - - - - - - - - - - - - - - - >


    <param name = "xmin"  value = " -50.0"/>
    <param name = "ymin"  value = " -50.0"/>
    <param name = "xmax"  value = "50.0"/>
    <param name = "ymax"  value = "50.0"/>
    <param name = "delta"  value = "0.05"/>
  <! - - 地图分辨率。根据地图尺寸设置。- - >

    <param name = "llsamplerange"  value = "0.01"/>
  <! - -似然的平移采样距离 - - >
    <param name = "llsamplestep"  value = "0.01"/>
  <! - -似然的平移采样步长 - - >
    <param name = "lasamplerange"  value = "0.005"/>
  <! - -似然的角度采样距离 - - >
    <param name = "lasamplestep"  value = "0.005"/>
  <! - -似然的角度采样步长 - - >

  </node>
</launch>
```

11.4 定位分析

其主要包括三部分:overall_filter、laser_model 和 odometery_model。

```
<launch>

  <arg name = "use_map_topic"    default = "false"/>
  <arg name = "scan_topic"       default = "scan"/>

  <arg name = "initial_pose_x"   default = "0.0"/>
  <arg name = "initial_pose_y"   default = "0.0"/>
  <arg name = "initial_pose_a"   default = "0.0"/>

  <arg name = "odom_frame_id"    default = "odom"/>
  <arg name = "base_frame_id"    default = "base_footprint"/>
  <arg name = "global_frame_id"  default = "map"/>

  <node pkg = "amcl"  type = "amcl"  name = "amcl">

 <! - - - - - - - - - - - -1 - - - -通用滤波器参数 - - - - - - - - - - - - ->

 <! - -KLD_Sampling 为解决全局定位失效恢复问题,随时间改变粒子数,两个
kld_ 配置参数就是 KLD 采样参数,它根据时间自适应地调整粒子数量。 - - >

 <! - -两个 recovery_alpha_配置参数用于失效恢复,w = w + alfa(Wavg - w),
Wavg 是当前测量模型的权重,w 为短期(w(fast))或者长期(w(slow))的平滑估计,alfa
是与 w 对应的 recovery_alpha_参数。 - - >

 <param name = "gui_publish_rate"          value = "1.0"/>
 <! - -扫描和路径发布到可视化软件的频率,默认为 -1.0,即禁止此功能。 -
- >

 <param name = "kld_err"                   value = "0.05"/>
 <! - -真实分布和估计分布之间的最大误差,默认为 0.01 - - >
 <param name = "kld_z"                     value = "0.99"/>
 <! - -上标准分位数(1 - p),默认为 0.99。前式的 p 是估计分布上误差小于
kld_err的概率。 - - >
```

<param name = "min_particles" value = "500"/>

<! - -允许的粒子数量的最小值,默认为 500。 - - >

<param name = "max_particles" value = "2000"/>

<! - -允许的粒子数量的最大值,默认为 2 000。 - - >

<param name = "update_min_a" value = "0.2"/>

<! - -启动滤波更新的旋转角度,默认为 pai/6.0 弧度。 - - >

<param name = "update_min_d" value = "0.20"/>

<! - -启动滤波更新的平移距离,默认为 0.2 m。 - - >

<! - -对于里程计模型有影响,模型中根据运动和地图求解最终位姿的似然时,丢弃了路径中的相关所有信息,已知的只有最终位姿;为了规避不合理的穿过障碍物后的非零似然,这个值应该不大于机器人半径,否则由于更新频率的不同可能产生完全不同的结果。 - - >

<param name = "resample_interval" value = "1"/>

<! - -启动重采样需要滤波更新次数,默认为 2。 - - >

<param name = "transform_tolerance" value = "1.0"/>

<! - -tf 变换的推迟时间,说明 tf 变换在未来时间内可用,默认为 0.1。 - - >

<param name = "recovery_alpha_slow" value = "0.0"/>

<! - -慢速的平均权重滤波的指数衰减频率,决定什么时候通过增加随机位姿来恢复,默认是 0.0,即禁止。 - - >

<param name = "recovery_alpha_fast" value = "0.0"/>

<! - -快速的平均权重滤波的指数衰减频率,决定什么时候通过增加随机位姿来恢复,默认是 0.0,即禁止。 - - >

<param name = "use_map_topic" value = "$(arg use_map_topic)"/>

<! - -设置为 true 时 AMCL 订阅 map 话题而非调用服务来返回地图。默认为 false,在 navigation 的 1.4.2 新加入。 - - >

<! —设置为 true 时有另外节点在实时发布 map 话题,设置为 false 时使用地图 map_server。 - - >

<! - -param name = "first_map_only" value = "false"/ - - >

<! - -设置为 true 时 AMCL 将仅使用订阅的第一个地图,而不是每次接收到新的时更新为一个新的地图,在 navigation 的 1.4.2 中加入 - - >

<! - -param name = "save_pose_rate" value = "0.5"/ - - >

<! - -存储上一次估计的位姿和协方差到参数服务器的频率,被保存的位姿将会用在连续的运动上来初始化滤波器。设置为 -1.0 时禁止此功能。默认为 0.5 Hz。 - - >

selective_resampling（bool，default：false）

<！ - - - - - - - - - - -2 - - - 激光模型的参数 - - - - - - - - - - - ->

<！ - - 此处 4 个 laser_z_ 参数，用于动态环境下定位时，去除异常值。

基本思想是，环境中的动态物体总是比静态障碍物获得更短的读数。人在障碍物后面是扫描不到的：假如不考虑体积，比如单个激光光束不用考虑体积，利用这样的不对称性去除异常值。

缺点是，在其他动态变化环境的其他类型情景中，如去除障碍物的时候，这样的非对称性可能不存在；但相同概率分析通常是适用的，因为每个异常值都被舍弃了，缺少对称性的缺点可能使得从全局定位失效中恢复变得不可能。

在此情况下，强加额外约束，例如限制部分可能已被破坏的测量值，是有意义的。

此处的舍弃，与 likelihood_field 模型的舍弃，略有区别，这里定位是先计算测量值对应非预期物体的概率。

即：意外对象概率/混合概率 - 大于用户设定的阈值，amcl 配置参数里没有阈值参数 - 舍弃，而似然域概率是舍弃的超出最大测量范围的值，不计算概率。针对这个缺点的处理方式可能是建图的时候将可移动的障碍物撤离或者直接 PS 去除。

最后，概率由这 4 个权重乘它们对应的概率然后再相加；在算法中，4 个权重相加为 1。

此处 6 个 laser_参数可以用 learn_intrinsic_parameters 算法计算相机矩阵的内参，该算法为期望值极大化算法，是估计极大似然参数的迭代过程。 - - >

<param name = "laser_z_hit" value = "0.95"/>

<！ - - 模型的 z_hit 部分的混合权重，默认为 0.5（混合权重 1. 具有局部测量噪声的正确范围。以测量距离近似真实距离为均值，其后 laser_sigma_hit 为标准偏差的高斯分布的权重）。 - - >

<param name = "laser_z_short" value = "0.05"/>

<！ - - 模型的 z_short 部分的混合权重，默认为 0.95（混合权重 2. 意外对象权重（类似一元指数关于 y 轴对称 0 ~ 测量距离（非最大距离）的部分。 - - >

<！ - - ηλe^(- λz)，其余部分为 0，其中 η 为归一化参数，λ 是 laser_lambda_short，z 为 t 时刻的一个独立测量值 - - ：一个测距值，测距传感器一次测量通常产生一系列的测量值：动态的环境下如人或移动物体。 - - >

<param name = "laser_z_max" value = "0.05"/>

<！ - - 模型的 z_max 部分的混合权重，默认为 0.05（混合权重 3. 测量失败权重（最大距离时为 1，其余为 0），例如声呐镜面反射，激光黑色吸光对象或强光下的测量，最典型的是超出最大距离。 - - >

< param name = "laser_z_rand"　　　　　　　value = "0.5"/ >

<！ - - 模型的 z_rand 部分的混合权重，默认为 0.5（混合权重 4. 随机测量权重，均匀分布（1 平均分布到 0 ~ 最大测量范围）：完全无法解释的测量，如声呐的多次反射，传感器串扰。 - - >

< param name = "laser_sigma_hit"　　　　　　　value = "0.2"/ >

<！ - - 用在模型的 z_hit 部分的高斯模型的标准差，默认为 0.2 m - - >

< param name = "laser_lambda_short"　　　　　　　value = "0.1"/ >

<！ - - 模型 z_short_ 部分的指数衰减参数，默认为 0.1。（根据 ηλe^(- λz)，λ 越大随距离增大意外对象概率衰减越快） - - >

< param name = "laser_model_type"　　　　　　　value = "likelihood_field"/ >（string，default："likelihood_field"）

<！ - - 模型使用，可以是 beam、likehood_field、likehood_field_prob（和 likehood_field 一样但是融合了 beamskip 特征），默认采用 likehood_field - - >

< param name = "laser_likelihood_max_dist" value = "2.0"/ >

<！ - - 地图上做障碍物膨胀的最大距离，用作 likelihood_field 模型（likelihood_field_range_finder_model，只描述了最近障碍物的距离） - - >

<！ - - 此处算法用到上面的 laser_sigma_hit。似然域计算测量概率的算法是将 t 时刻的各个测量（舍去达到最大测量范围的测量值）的概率相乘。

单个测量概率：Zh * prob(dist,σ) + avg，Zh 为 laser_z_hit，avg 为均匀分布概率，dist 为最近障碍物的距离，prob 为 0 为中心标准方差为 σ（laser_sigma_hit）的高斯分布的距离概率）。 - - >

< param name = "laser_min_range"　　　　　　　value = " - 1.0"/ >

<！ - - 被考虑的最小扫描范围，参数设置为 - 1.0 时，将会使用激光上报的最小扫描范围。默认为 - 1.0。 - - >

< param name = "laser_max_range"　　　　　　　value = "12.0"/ >

<！ - - 被考虑的最大扫描范围，参数设置为 - 1.0 时，将会使用激光上报的最大扫描范围。默认为 - 1.0。 - - >

< param name = "laser_max_beams"　　　　　　　value = "60"/ >

<！ - - 更新滤波器时，每次扫描中多少个等间距的光束被使用，默认为 30，减小计算量，测距扫描中相邻波束往往不是独立的，可以减小噪声影响，太小也会造成信息量少定位不准。 - - >

```
<! ----------3---里程计模型参数----------->

<! --里程计模型没有涉及机器人的漂移或打滑的情况:一旦出现这种情况,则后续定位基本无效,即使是 Augmented_MCL 失效恢复,但是实际运行中耗时太长且结果不太理想。-->

<param name="odom_model_type"            value="diff"/>
<! --模型可以是 diff、omni 或 diff-corrected、omni-corrected,后面两个是对前面两个老版本的里程计模型的修正,相应的里程计参数需要做一定的减小。-->
<param name="odom_alpha1"                value="0.2"/>
<! --指定由机器人运动部分的旋转分量估计的里程计旋转的期望噪声,默认为0.2(旋转存在旋转噪声)。-->
<param name="odom_alpha2"                value="0.2"/>
<! --指定由机器人运动部分的平移分量估计的里程计旋转的期望噪声,默认为0.2(旋转中可能出现平移噪声)。-->
    <! -- translation std dev,m -->
<param name="odom_alpha3"                value="0.2"/>
<! --指定由机器人运动部分的平移分量估计的里程计平移的期望噪声,默认为0.2(类似上)。-->
<param name="odom_alpha4"                value="0.2"/>
<! --指定由机器人运动部分的旋转分量估计的里程计平移的期望噪声,默认为0.2(类似上)。-->
<param name="odom_alpha5"                value="0.1"/>
<! --平移相关的噪声参数,仅用于模型 omni。-->

    <param name="odom_frame_id"          value="$(arg odom_frame_id)"/>
    <param name="base_frame_id"          value="$(arg base_frame_id)"/>
    <param name="global_frame_id"        value="$(arg global_frame_id)"/>
<! --param name="tf_broadcast" value="true"/-->
<! --设置为 false,则阻止 amcl 发布全局坐标系和里程计坐标系之间的 tf 变换。-->

<! -------4---机器人初始化数据设置---------->

<param name="initial_pose_x"             value="$(arg initial_pose_x)"/>
```

```
<！ --初始位姿均值(x),用于初始化高斯分布滤波器,该参数决定撒出去的初始位姿粒子集范围中心。-->
<param name="initial_pose_y"            value="$(arg initial_pose_y)"/>
<！ --初始位姿均值(y),用于初始化高斯分布滤波器,同上。-->
<param name="initial_pose_a"            value="$(arg initial_pose_a)"/>
<！ --初始位姿均值(yaw),用于初始化高斯分布滤波器,粒子朝向。-->

    <！ --param name="initial_cov_xx" value="0.5*0.5"/--><！ --初始位姿协方差(x*x),用于初始化高斯分布滤波器,决定初始粒子集的范围。-->
    <！ --param name="initial_cov_yy" value="0.5*0.5"/--><！ --初始位姿协方差(y*y),用于初始化高斯分布滤波器,同上。-->
    <！ --param name="initial_cov_aa" value="(π/12)*(π/12)"/--><！ --初始位姿协方差(yaw*yaw),用于初始化高斯分布滤波器,粒子朝向的偏差。-->

    <remap from="scan"                  to="$(arg scan_topic)"/>

  </node>
</launch>
```

11.5 导航分析

ROS 导航框架如图 11-8 所示。

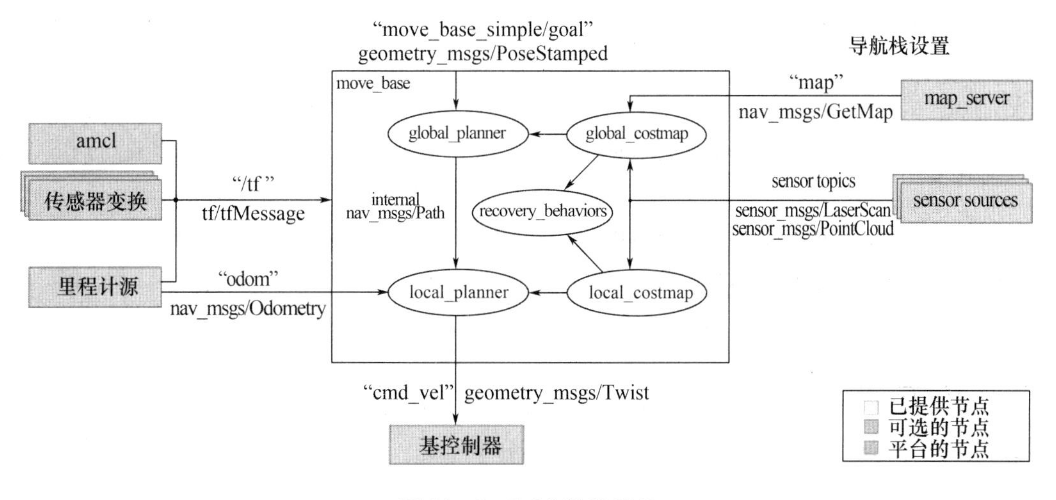

图 11-8　ROS 导航框架

图 11 -8 中,三种颜色分别代表已经实现而且是必需的、已经实现的但是可选的、必需而且依赖于硬件平台的。

中间 move_base 大框包括:两个代价地图 local_costmap 和 golobal_costmap,两个规划器 local_planner 和 global_planner,以及一个恢复策略 recovery_behaviors。

```
<launch>

  <arg name="global_frame_id" default="map"/>
<launch>

  <arg name="global_frame_id" default="map"/>
  <arg name="odom_frame_id"    default="odom"/>
  <arg name="base_frame_id"    default="base_footprint"/>

  <arg name="odom_topic" default="odom" />
  <arg name="laser_topic" default="scan" />

  <node pkg="move_base" type="move_base" respawn="false" name="move_base" output="screen">

    <rosparam file="$(find xio_navigation)/param/costmap_common_params.yaml" command="load" ns="global_costmap" />
  <rosparam file="$(find xio_navigation)/param/costmap_common_params.yaml" command="load" ns="local_costmap" />

    <rosparam file="$(find xio_navigation)/param/local_costmap_params.yaml" command="load" />
  <rosparam file="$(find xio_navigation)/param/global_costmap_params.yaml" command="load" />

    <rosparam file="$(find xio_navigation)/param/dwa_local_planner_params.yaml" command="load" />
  <rosparam file="$(find xio_navigation)/param/navfn_global_planner_params.yaml" command="load" />
  <rosparam file="$(find xio_navigation)/param/global_planner_params.yaml" command="load" />
```

```
        <rosparam file="$(find xio_navigation)/param/move_base_params.yaml" command="load" />

        <!-- reset frame_id parameters using user input data -->
        <param name="global_costmap/global_frame" value="$(arg global_frame_id)"/>
      <param name="global_costmap/robot_base_frame" value="$(arg base_frame_id)"/>

        <param name="local_costmap/global_frame" value="$(arg odom_frame_id)"/>
        <param name="local_costmap/robot_base_frame" value="$(arg base_frame_id)"/>
        <param name="DWAPlannerROS/global_frame_id" value="$(arg odom_frame_id)"/>

        <remap from="cmd_vel" to="navigation_velocity_smoother/raw_cmd_vel"/>
        <remap from="odom" to="$(arg odom_topic)"/>
    <remap from="scan" to="$(arg laser_topic)"/>

      </node>
    </launch>
```

11.5.1 costmap_common_parms

其描述代价地图通用设置，涉及地图类型、障碍物特征、障碍膨胀特性等。

```
    max_obstacle_height: 0.60

robot_radius: 0.30
# 可以简单设置半径，例如机器人为圆形。

# footprint: [[x0,y0],[x1,y1],... [xn,yn]]
#或者通过设置坐标可以定义多边形底座。

#注意 1:此处设置机器人底座的坐标是 x 右 y 上，不同于 rVIZ 中的 x 右 y 上。如果机器人在 rVIZ 中的车头朝向偏转 9 度，需要按照这个坐标设置机器底座多边形的角点。
```

注意2:设置的数值和参数的冒号之间需要至少一个空格,否则参数设置不会成功,并不会有提示信息。

注意3:设置的数值如果后面存在注释,则注释和数值之间保证至少有一个空格。否则参数设置不会成功,并且不会给出显示提示。

```
map_type: voxel

obstacle_layer:
  enabled:              true
  max_obstacle_height:  0.6
  origin_z:             0.0
  z_resolution:         0.2
  z_voxels:             2
  unknown_threshold:    15
  mark_threshold:       0
  combination_method:   1
  track_unknown_space:  true

# true means disable global path planning through unknown space

  obstacle_range: 2.5

#决定多远的距离以内被当成障碍显示在 local costmap。
  raytrace_range: 3.0
  origin_z: 0.0
  z_resolution: 0.2
  z_voxels: 2
  publish_voxel_map: false

  observation_sources:  scan bump
#用来设置障碍物的输入检测方法,例如激光和点云。
  scan:
    data_type: LaserScan
    topic: scan
    marking: true
clearing: true
```

```
min_obstacle_height: 0.25
#障碍物的最小高度,该值设置过低 local map 就不会显示。
max_obstacle_height: 0.35
#障碍物的最大高度,该值设置过低 local map 就不会显示。

  bump:
    data_type: PointCloud2
    topic: mobile_base/sensors/bumper_pointcloud
    marking: true
    clearing: false
    min_obstacle_height: 0.0
    max_obstacle_height: 0.15
# for debugging only, let's you see the entire voxel grid

#cost_scaling_factor and inflation_radius were now moved to the inflation_layer ns
inflation_layer:
  enabled:              true
  cost_scaling_factor:  5.0
# exponential rate at which the obstacle cost drops off (default: 10)
  inflation_radius:     0.5
# max. distance from an obstacle at which costs are incurred for planning paths.
static_layer:
  enabled:              true
```

11.5.2 local_costmap_params

```
local_costmap:
   global_frame: odom
   robot_base_frame: base_footprint
   update_frequency: 5.0
   publish_frequency: 2.0
   static_map: false
   rolling_window: true
   width: 4.0
   height: 4.0
```

```
resolution: 0.05
transform_tolerance: 0.5
plugins:
  - {name: obstacle_layer,        type: "costmap_2d::VoxelLayer"}
- {name: inflation_layer,       type: "costmap_2d::InflationLayer"}
```

11.5.3 global_costmap_params

```
global_costmap:
  global_frame: /map
  robot_base_frame: base_footprint
  update_frequency: 1.0
  publish_frequency: 0.5
  static_map: true
  transform_tolerance: 0.5
  plugins:
    - {name: static_layer,          type: "costmap_2d::StaticLayer"}
    - {name: obstacle_layer,        type: "costmap_2d::VoxelLayer"}
    - {name: inflation_layer,       type: "costmap_2d::InflationLayer"}
```

11.5.4 dwa_local_planner_params

```
DWAPlannerROS:
###### Robot Configuration Parameters - all Defalt to K
  max_vel_x: 0.5      # (double,default: 0.55)
  min_vel_x: 0.0      # 设置负值表示可以后退。

  max_vel_y: 0.0      # diff drive robot is 0 (double,default: 0.1)
  min_vel_y: 0.0      # diff drive robot is 0 (double,default: -0.1)

  max_trans_vel: 0.5
  min_trans_vel: 0.1
  trans_stopped_vel: 0.1
#机器人被认为停止时的平移速度。如果机器人的速度低于该值则认为机器人已停止。
```

#不要将 min_trans_vel 设置为 0,否则 DWA 认为平移速度不可忽略并将一直创建较小的旋转速度。

max_rot_vel: 5.0

min_rot_vel: 0.4

rot_stopped_vel: 0.4

#机器人被认为停止时的旋转速度。

acc_lim_x: 1.0

x 方向的极限加速度,单位 m/s^2。

acc_lim_theta: 2.0

#机器人的极限旋转加速度,单位 rad/s^2。

acc_lim_y: 0.0

#注意以上的加速度设置不能过小,否则导航时会扭来扭去地走行至目标点。

Goal Tolerance Parameters

yaw_goal_tolerance: 0.3

#到达目标点时,控制器在偏航(旋转)上的角度容差,单位弧度,默认 0.05。

xy_goal_tolerance: 0.25

#到达目标点时,控制器在 x 和 y 方向上的距离容差,单位米,默认 0.15。

latch_xy_goal_tolerance: false

#设置为 true 时,如果到达容错距离内,机器人就原地旋转,即使旋转的后果会导致机器人跑出容错距离之外。

#即如果为 true 则当机器人到达目标点后通过旋转调整姿态(方向)后而偏离了目标点,也认为定位完成。

Forward Simulation Parameters

sim_time: 1.7

#前向模拟轨迹的时间,单位为 s,模拟机器人以采样速度行走的时间,默认 1.0。

#太小的值(<2)会导致行走不流畅,特别是遇到障碍或狭窄的空间时,因为没有足够多的时间获取路径信息;太大的值(>5)会导致以僵硬的轨迹走行,使得机器人不灵活。

vx_samples: 6

x 方向速度空间的采样点数。

vy_samples: 1

```
# y 方向速度空间采样点数。差分驱动机器人永远只有 1 个值(0.0)。
#即使设置为 < =0 也会重新设置为 1。
  vtheta_samples: 20
#旋转方向的速度空间采样点数,默认为 20。
#一般需要 vtheta_samples 大于 vx_samples。

controller_frequency (double,default: 20.0)

# Trajectory Scoring Parameters
cost =
  path_distance_bias * (distance to path from the endpoint of the trajectory in meters)
  + goal_distance_bias * (distance to local goal from the endpoint of the trajectory in meters)
  + occdist_scale * (maximum obstacle cost along the trajectory in obstacle cost (0 - 254))

  path_distance_bias: 64.0
#与给定全局路线接近程度的权重。
  goal_distance_bias: 24.0
# 与目标点的接近程度的权重,也用于速度控制。
  occdist_scale: 0.5
# 控制器躲避障碍物的权重 (double,default: 0.01)。
  forward_point_distance: 0.325
# 以机器人为中心,额外放置一个计分点的距离。
  stop_time_buffer: 0.2
#为防止碰撞,机器人必须提前停止的时间长度。
#机器人在碰撞发生前必须拥有的最少时间量,该时间内所采用的轨迹仍视为有效。
  scaling_speed: 0.25
#开始缩放机器人足迹时的速度的绝对值,单位 m/s。
#亦可简单理解为启动机器人底盘的速度(double,default: 0.25)。
#在进行对轨迹各个点计算 footprintCost 之前,会先计算缩放因子。如果当前平移速度小于 scaling_speed,则缩放因子为 1.0。
#缩放因子为(vmag - scaling_speed) / (max_trans_vel - scaling_speed) * max_scaling_factor + 1.0。
#然后,该缩放因子会被用于计算轨迹中各个点的 footprintCost。
  max_scaling_factor: 0.2
```

```
#最大缩放因子,为上式的值的大小。
publish_cost_grid (bool,default: false)

###### Oscillation Prevention Parameters
  oscillation_reset_dist: 0.05
#机器人必须运动这么远之后才能复位振荡标记。
#(机器人运动多远距离才会重置振荡标记)

###### Debugging

  publish_traj_pc : true
# 将规划的轨迹在 rVIZ 上进行可视化。
  publish_cost_grid_pc: true
#将代价值进行可视化显示,是否发布规划器在规划路径时的代价网格。
#如果设置为 true,则会在 ~/cost_cloud 话题上发布 sensor_msgs/PointCloud2。

  global_frame_id: odom

###### Differential - drive robot configuration
#  holonomic_robot: false
~
```

11.5.5　global_planner_params

```
GlobalPlanner:
  old_navfn_behavior: false
# Exactly mirror behavior of navfn,use defaults for other boolean parameters,default false
  use_quadratic: true
# Use the quadratic approximation of the potential. Otherwise,use a simpler calculation,
default true
  use_dijkstra: true
# Use dijkstra's algorithm. Otherwise,A *. Default true
  use_grid_path: false
# Create a path that follows the grid boundaries. Otherwise, use a gradient descent
method,default false
```

```
    allow_unknown: true
  # Allow planner to plan through unknown space,default true
  # Needs to have track_unknown_space: true in the obstacle / voxel layer (in costmap_commons_param) to work
    planner_window_x: 0.0   # default 0.0
    planner_window_y: 0.0   # default 0.0
    default_tolerance: 0.0   # If goal in obstacle, plan to the closest point in radius default_tolerance,default 0.0

    publish_scale: 100
  # Scale by which the published potential gets multiplied,default 100
    planner_costmap_publish_frequency: 0.0
  # default 0.0

    lethal_cost: 253
  # default 253
    neutral_cost: 50
  # default 50
    cost_factor: 3.0
  # Factor to multiply each cost from costmap by,default 3.0
    publish_potential: true
  # Publish Potential Costmap (this is not like the navfn pointcloud2 potential), default true
```

11.5.6 move_base_params

```
  #局部规划器 DWAPlannerROS 主题具有共同前缀/move_base/DWAPlannerROS。
  #全局代价地图发布的主题,前缀/move_base/global_costmap"。
  #局部代价地图发布的主题,前缀/move_base/local_costmap"。
  #提供的服务中大多是用于在线配置参数。

  #参数中,只有/move_base/clear_costmaps,/move_base/make_plan 具有比较实际的作用。
  # clear_costmaps 用于清空代价地图。
  # make_plan 用于用户请求执行规划但不要求机器人按照规划路径移动。
```

```
shutdown_costmaps: false
#当 move_base 在不活动状态时,是否关掉 move_base node 的 costmap。

controller_frequency: 5.0
#规划频率,太大会占用 CPU ,强的处理器可以设置稍高。

controller_patience: 3.0
#计算速度失败就判断有没有超时,超时就切换状态。

planner_frequency: 1.0
#全局路径规划的频率;如果为 0 即只规划一次。出现在 navigation 1.6.0。
planner_patience: 5.0
# 规划路径的最大容忍时间。

oscillation_distance: 0.2
#陷方入圆 oscillation_distance 达 oscillation_timeout 之久。
oscillation_timeout: 10.0
#则认定机器人在振荡,从而做异常处理。

# local planner - default is trajectory rollout

base_local_planner: "dwa_local_planner/DWAPlannerROS"

base_global_planner: "navfn/NavfnROS" #alternatives: global_planner/GlobalPlanner,
carrot_planner/CarrotPlanner

#We plan to integrate recovery behaviors for turtlebot but currently those belong to
gopher and still have to be adapted.
## recovery behaviors; we avoid spinning,but we need a fall-back replanning

#recovery_behavior_enabled: true
#是否启用恢复机制。

#一些恢复机制,同 base_local_planner & base_global_planner。
# 继承于 nav_core::RecoveryBehavior

#recovery_behaviors:
  #- name: 'super_conservative_reset1'
```

```
    #type: 'clear_costmap_recovery/ClearCostmapRecovery'
  #- name: 'conservative_reset1'
    #type: 'clear_costmap_recovery/ClearCostmapRecovery'
  #- name: 'aggressive_reset1'
    #type: 'clear_costmap_recovery/ClearCostmapRecovery'
  #- name: 'clearing_rotation1'
    #type: 'rotate_recovery/RotateRecovery'
  #- name: 'super_conservative_reset2'
    #type: 'clear_costmap_recovery/ClearCostmapRecovery'
  #- name: 'conservative_reset2'
    #type: 'clear_costmap_recovery/ClearCostmapRecovery'
  #- name: 'aggressive_reset2'
    #type: 'clear_costmap_recovery/ClearCostmapRecovery'
  #- name: 'clearing_rotation2'
    #type: 'rotate_recovery/RotateRecovery'

#super_conservative_reset1:
  #reset_distance: 3.0
#conservative_reset1:
  #reset_distance: 1.5
#aggressive_reset1:
  #reset_distance: 0.0
#super_conservative_reset2:
  #reset_distance: 3.0
#conservative_reset2:
  #reset_distance: 1.5
#aggressive_reset2:
  #reset_distance: 0.0
```

第12章　物流AGV系统设计

自动导引车(Automated Guided Vehicle,AGV)是移动机器人在工业领域的典型应用,根据Interact Analysis的报告,预计2022年AGV市场需求将达到70亿美元(图12-1)。

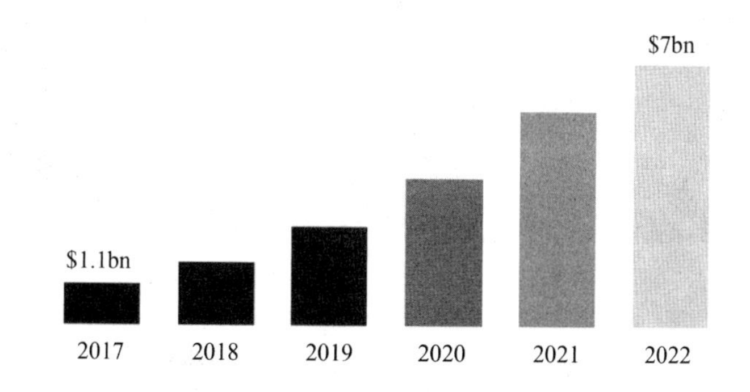

图12-1　AGV市场需求

根据Markets and Markets的调研,AGV销售金额复合增长率持续走高(图12-2)。

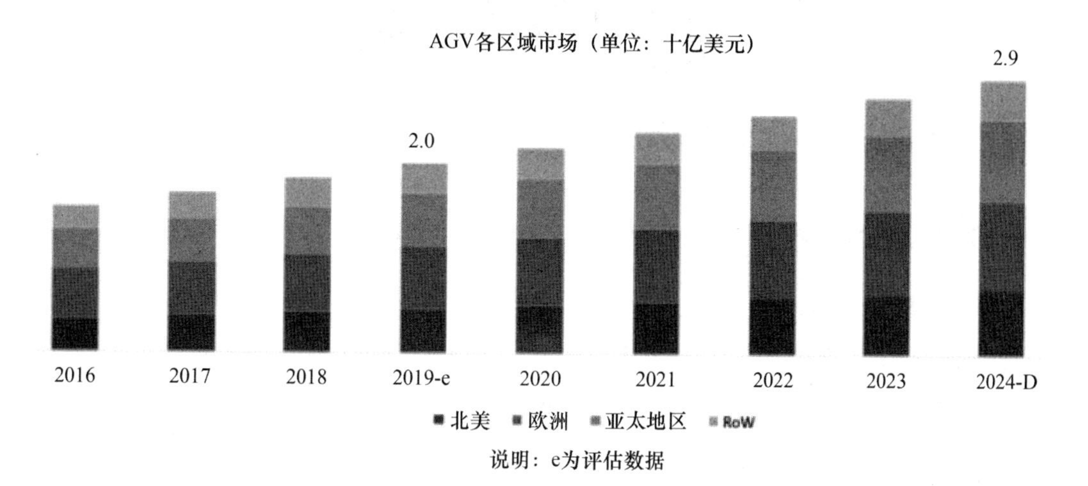

图12-2　AGV销售金额复合增长率

12.1 硬件设计

12.1.1 三维模型设计

AGV 的机械结构采用 Solidworks 软件设计，其三维模型如图 12-3 所示。

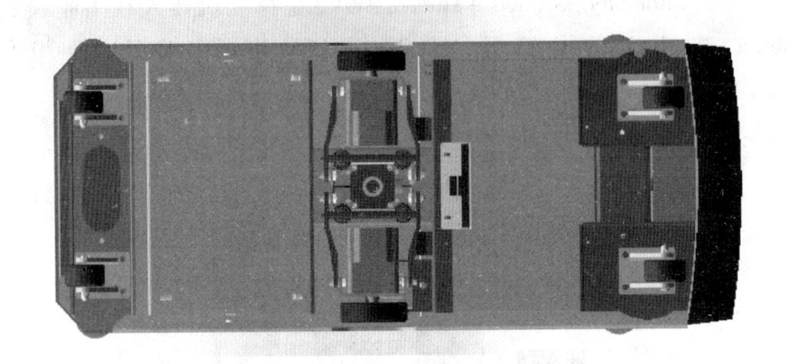

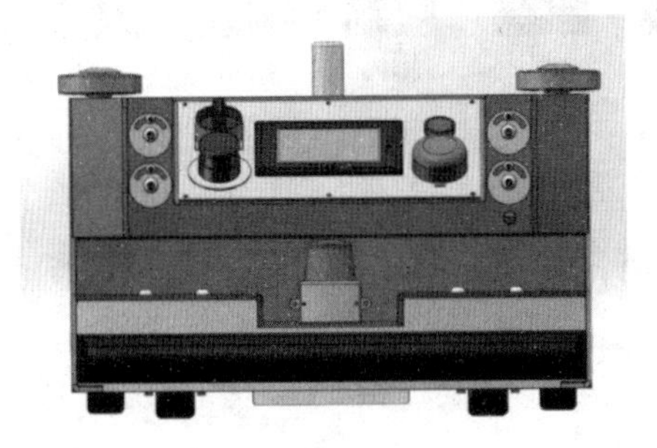

图 12-3 AGV 三维模型

12.1.2 本体参数

AGV 本体参数如下：

外形尺寸：L1 350 × W485 × H168(mm)。

载重能力：1 000 kg。

车体自重：350 kg。

驱动电源：DC 48 V/100 Ah。

最大速度：60 m/min。

跟踪精度：±10 mm。

导航精度：±10 mm。

停车精度：±10 mm。

爬坡能力：3°~5°。

安全感应范围：3 m 可调。

紧急制动距离:小于 20 mm。

12.1.3　主要组件

AGV 主要部件如下。

主机:研华 ARK 3440F – U5A2。

控制器:台达 AS228T – A 可编程控制器。

驱动器:专用 BLDC 驱动器。

执行单元:直流无刷伺服电机。

走行机构:钢制包胶,含减速器和抱闸。

动力单元:TiTAN –48 V/100 Ah 电池组,充电控制器自动充电。

导航系统:Hokuyo UST 10LX,自由导航配合局部 Tag 修正。

12.1.4　器件选型

输入:负载 $M = 2\ 000 + 1\ 000 = 3\ 000$ kg,运行速度 $V_0 = 0.7$ m/s,加速时间 2 s ,爬坡能力 Alpha = 1 degree,传动效率 Enta = 85% ,安全系数 k = 1.2,采取中置差速驱动轮数量 N = 2,驱动轮半径 r = 0.100 m,滑动摩擦系数 Miu_s = 0.6,滚动摩擦系数 Miu_r = 0.03。

12.1.4.1　电机

假设驱动轮及从动轮滚动摩擦系数均为 Miu_r,则可以计算滚动阻力 Fr = M · g · Miu_r = 900 N。

根据加速度 a = 0.7/2 = 0.35 m/s^2 ,可以计算加速阻力 F_d = M × a = 3 000 × 0.35 = 1 050 N。

根据爬坡能力 Alpha = 1 degree,可以计算坡度阻力 F_s = M · g · sin(Alpha) = 525 N。

根据以上,可以计算综合阻力 $F_0 = 2\ 480$ N。

根据阻力,可以计算单台电机的输出功率 $P_o = F_0 \times V_0/N = 2\ 480 \times 0.7/2 = 868$ W。

根据传动效率 Enta,可以计算单台电机额定功率 $P_w = P_t$/Enta = 1 020 W。

根据安全系数 k,可以计算单台电机选型功率 $P = P_w k = 1\ 200$ W。

12.1.4.2　减速机

可以计算减速机的输出轴转速为 V_0/pi × D = 42/3.14 × 0.2 = 66.8 r/m。

可以计算传动系统减速比 i = 减速比 = 输入转速/输出转速 = 3 000/66.8 = 44.9。

可以计算单台减速机的负载力矩 $F_0\ r/N = 124$ N · m。

可以计算单台电机的负载力矩为 $124/i = 2.75$ N · m。

12.1.4.3　扭矩

根据 $P = TN/9\ 550$,可以计算电机扭矩 $T = 9\ 550P/n = 9\ 550 \times 1.2/3\ 000$ =

3.8 N·m > 负载力矩2.75。

12.1.4.4 牵引力

可以计算单个驱动轮牵引力为 i ×驱动轮力矩/驱动轮半径为44.9×3.8/0.1 = 1 706 N。

则两个驱动轮的牵引力为2×1 706×Enta = 2 900 N > F_0 = 2 480。

12.1.4.5 惯量

根据整车负载转动惯量 J_load = Mr^2 = 3 000×0.1×0.1 = 30 kg·m^{-2},可以负载计算电机轴端的转动惯量 J_motor = J_load/i^2 = 30/2 025 = 148×10^{-4} kg·m^{-2}。

假设控制惯量比在10,则最小电机转动惯量 J_m = 148/2/10 = 7.4×10^{-4} kg·m^{-2}。

12.1.4.6 驱动器

驱动器功率不低于1.2 kW,扭矩不低于3.8 N·m,惯量不低于7.4。

查阅型录可选型号为48 V,brushless,1.5 kW,7.16 N·m,3 000 r/min,11.2×10^{-4} kg·m^{-2}。

12.1.5 姿态获取

无论地面机器人还是空间飞行器,均配有内部传感器(Inertial Measurement Unit, IMU),以获取姿态信息。IMU是最传统的传感器,例如各类弹道武器在外太空缺乏GPS定位以及通信联络终端情况时,均高度倚赖IMU。

常见IMU有Invensense公司的产品,早期的MPU3050为三轴陀螺仪,后期的MPU6050增加了三轴加速度计变为六轴,最近推出的MPU9150增加了三轴电子罗盘从而变为九轴。

MPU全系列支持I2C总线。

12.1.5.1 I2C总线

I2C总线使用2条双向的串行线,一条是数据线SDA,另一条是时钟线SCL,SDA传输数据是大端传输,每次传输一个byte即8个bit。SCL为高电平期间,SDA由高电平向低电平跳变的跨越即意味着开始信号,可以开始传送数据。

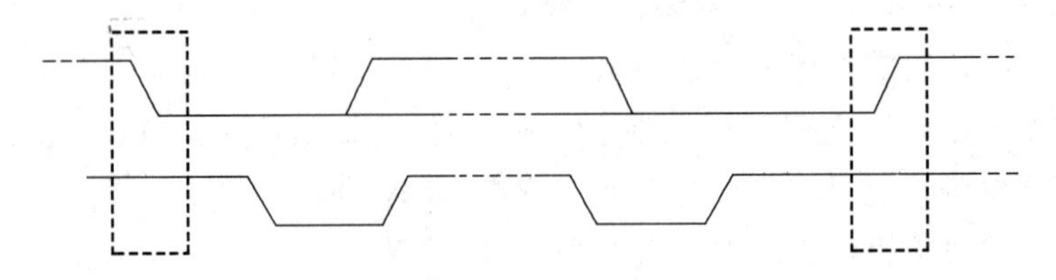

图12-4 I2C总线

关键代码如下。

```
/***************************************************************************
函数名称:I2C_Start
函数功能:起始信号
入口参数:无
返回值:无
备注:无
***************************************************************************/
void I2C_Start(void)
{
//时钟线在高电平时,数据线由高变低即为开始信号
I2C_SDA_1  = 1;
_DELAY_;
I2C_SCL_1  = 1;
_DELAY_;
I2C_SDA_1  = 0;
_DELAY_;
I2C_SCL_1  = 0;
_DELAY_;
}

/***************************************************************************
函数名称:I2C_SendOneByte
函数功能:发送一个数据
入口参数:ucData 要发送的数据
返回值:无
备注:无
***************************************************************************/
void I2C_SendOneByte(uchar ucData)
```

```
{
uchar i;

for(i = 0;i < 8;i++) {
I2C_SDA_1 = ucData & 0x80;  //高位在前发出
I2C_SCL_1 = 1;
_DELAY_;
I2C_SCL_1 = 0;
ucData <<= 1;          //左移一位
}
```

12.1.5.2 数据处理

操作该 IMU 可以直接操作原始数据自己实现,可以使用其(Digital Motion Processor,DMP)数据。第一种方式由于九轴数据计算姿态的过程需要涉及大量浮点数和三角运算,可能降低闭环系统的带宽。

使用原始数据关键代码如下。

```
{
I2C_WriteOneByteOnAddr(0,PWR_MGMT_1,0x00);  //解除休眠状态
I2C_WriteOneByteOnAddr(0,SMPLRT_DIV,0x07);  //陀螺仪采集频率,1 kHz
I2C_WriteOneByteOnAddr(0,CONFIG,0x06);   //低通滤波频率,截止频率是1 kHz,带宽是5 kHz
I2C_WriteOneByteOnAddr(0,ACCEL_CONFIG,0x01); //加速计自检、测量范围及高通滤波频率,例程是+/-2g
//灵敏度16 384 lsb/G
I2C_WriteOneByteOnAddr(0,GYRO_CONFIG,0x18); //陀螺仪自检及测量范围,典型值0x18:不自检,量程是+/-2 000 deg/s
//灵敏度是16.4 lsb/(deg/s)
}
```

DMP 方式的关键代码如下。

```
void init_MPU9150 (void)
{
I2C_WriteBits (1,0x6B,2,3,0x01); //电源管理
I2C_WriteBits (1,0x1B,4,2,0x00); //设置陀螺仪量程 250/s
```

```
I2C_WriteBits (1,0x1C,4,2,0x00); //设置加速度量程 2 GB
I2C_WriteBit (1,0x6B,6,1);   //电源管理 MUP 进入睡眠模式
InitDmp();
I2C_WriteBit(1,0x6A,2,1);   //复位 FIFO
I2C_WriteBit(1,0x6A,7,1);   //使能 DMP
}
```

12.1.5.3　姿态解算

通过 MPU 可以计算得到不同类型的数据,适于不同场景。例如小车处于静止状态,则加速度相对可靠,非静止时则陀螺仪相对更为可靠。

陀螺仪计算角度很简单:陀螺仪测得的是角速度,角速度乘某段时间就是该段时间所转过的角度,如果再把每次计算所得的角度逐次累加(积分),就得到当前位置的角度。但是陀螺仪存在累计误差,而且误差越积累越大,因此一般互补计算。

```
//一阶互补算法
factor = 0.095;
K =factor / (factor + delta_t);   //K 开始时为 0.98
angle_Comp1 = K * (angle_Comp1 + omega * delta_t) + (1 - K) * angle_Acc;
//二阶互补算法
factor = 0.2;
x1 = (angle_Acc - angle_Comp2) * (1 - factor) * (1 - factor);
y1 = y1 + x1 * delta_t;
x2 = y1 + 2 * (1 - factor) * (angle_Acc - angle_Comp2) + omega;
angle_Comp2 = angle_Comp2 + x2 * delta_t;
```

12.1.5.4　消息发布

IMU 需要处理同时存在的两个 frame_id,线加速度和角速度是在传感器坐标框架例如 imu_link 内,转向旋转则是基于上层父坐标系。主要的关键代码如下。

```
geometry_msgs::TransformStamped odom_trans;
double angle_radi = od - > position. positionr * 3.1415926/180.0;
geometry_msgs::Quaternion odom_quat = tf::createQuaternionMsgFromYaw(angle_
radi);


odom_trans. header. stamp = current_time;
```

```
odom_trans. header. frame_id = "odom";
odom_trans. child_frame_id = "base_link";
odom_trans. transform. translation. x = od - >position. positionx;
odom_trans. transform. translation. y = od - >position. positiony;
odom_trans. transform. translation. z = 0;
odom_trans. transform. rotation = odom_quat;

//send the transform
if (tf_broadcast)
odom_broadcaster - >sendTransform(odom_trans);
nav_msgs::Odometry odom;
odom. header. stamp = current_time;
odom. header. frame_id = "odom";

//set the position
odom. pose. pose. position. x = od - >position. positionx;
odom. pose. pose. position. y = od - >position. positiony;
odom. pose. pose. position. z = 0.0;
odom. pose. pose. orientation = odom_quat;

//set the velocity
odom. child_frame_id = "base_link";
odom. twist. twist. linear. x = od - >speed. speedx;
odom. twist. twist. linear. y = od - >speed. speedy;
odom. twist. twist. angular. z = od - >speed. speedr;

//publish the message
odom_pub - >publish(odom);
```

其中,pose 是位于 Odom 的坐标,Twist 是位于 base_link 的坐标,TF 是 odom - >base_link。

12.1.6 速度测量

AGV 的位姿检测,如果只使用电机编码器到驱动器的反馈,则仅构成了半闭环(图 12 -5)。

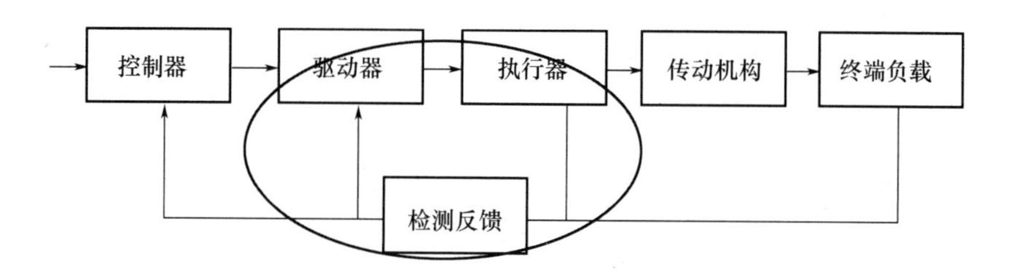

图 12－5　半闭环结构

例如，一般利用驱动轮电机的旋转编码器构成速度环闭环，那么，对于崎岖路面的驱动轮打滑导致空转、倾斜路面的车辆侧滑等现象，上述测量方式由于未能直接作用于尺寸链的终端，将导致较大误差。虽然在设计时可以采用视觉伺服等多传感器数据融合，但仍不能忽略稳健的里程计的作用。

为此，物流 AGV 在整车的驱动轮和从动轮基础上，额外单独设计了测速轮，利用浮动机构实时接触地面，用于位移的测量。图 12－6 所示为全闭环结构。

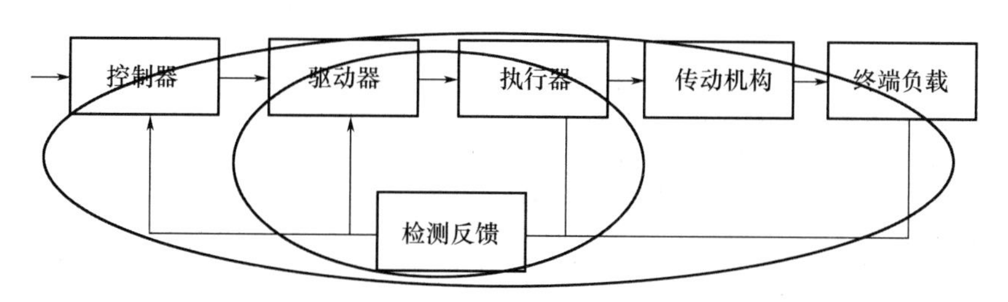

图 12－6　全闭环结构

AGV 的测速轮由两个麦克纳姆轮组成（图 12－7），轮上装备编码器，两轮旋转轴成 90°夹角。这样，利用麦克纳姆轮的特殊性，可以获取合成的整车速度信息。

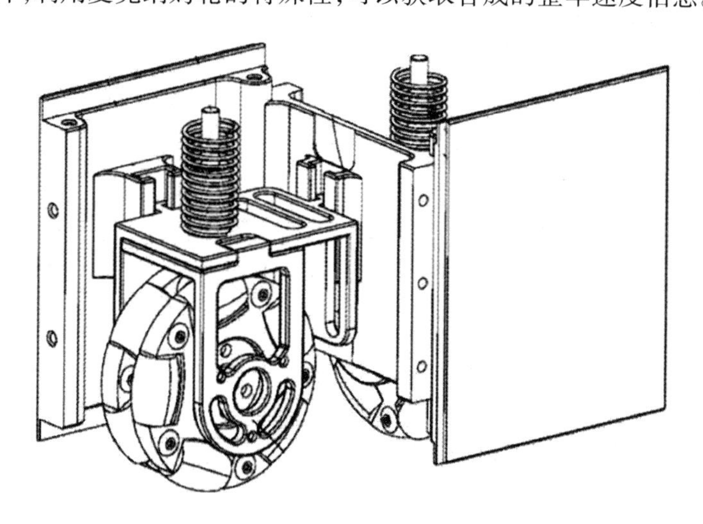

图 12－7　测速轮组成

测速原理如图 12 - 8 所示。

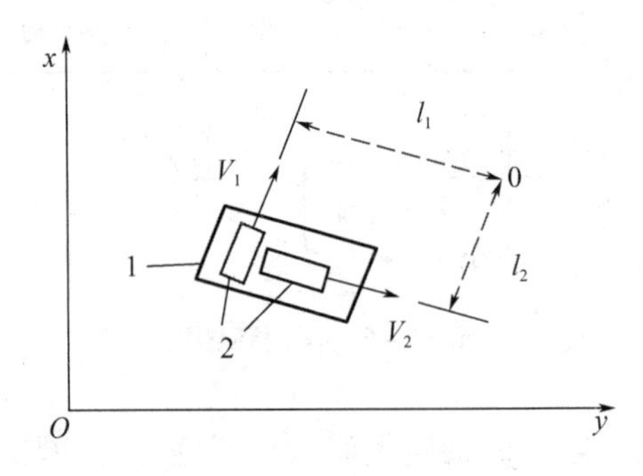

图 12 - 8　测速原理

测速轮的速度和 AGV 的速度关系为

$$\begin{cases} V_x = V_1 - \omega L_1 \\ \cdots\cdots\cdots\cdots\cdots \\ V_y = V_2 - \omega L_2 \end{cases}$$

12.1.7　悬挂分析

驱动轮打滑是 AGV 设计必然遇到的共性问题。

在 GB/T 20721—2006《自动导引车通用技术条件》中,要求 AGV 行走路面起伏程度不超过 1 mm/m²,实际项目路况起伏均会超出 3 mm/m²,建议指标为 8 mm/m² 不打滑。因此鉴于路面适应性的重要需要,一般 AGV 需要设计悬挂系统。

悬挂系统的最重要作用,是使得轮系共同着地承载。其中,为了保证驱动轮着地,一般想法是使驱动轮比辅助轮凸出,从而保证驱动轮先着地。但是,如此一来辅助轮就没有贴紧地面,导致更多的载荷加到驱动轮,不仅会降低承载能力,也会降低行驶的稳定性。

因此,悬挂系统需要具备驱动轮上下压缩的自由度。驱动轮外凸,车体自重将驱动轮压至与辅助轮平齐,浮动结构实现多轮共同着地。这样既保证了驱动轮的驱动力,也通过着地的辅助轮分担了部分承载。

悬挂系统的第二个重要作用是适应不平路面。路面不平会导致驱动轮悬空甚至失去动力,而浮动结构可以使驱动轮始终贴紧地面,驱动轮与地面的这个附着力保证不会缺失动力。

悬挂系统还可以减缓冲击。路面的不平和行进方向的障碍均会造成冲击,悬挂系统的减震弹簧可以吸收冲击,延长使用寿命。

图 12 - 9 为悬挂系统的作用。

12.1.7.1　受力分析

设:路面不平度为 $\pm\delta$,驱动轮的外凸量为 ε,弹簧的刚度为 k,则可以分三种情况。

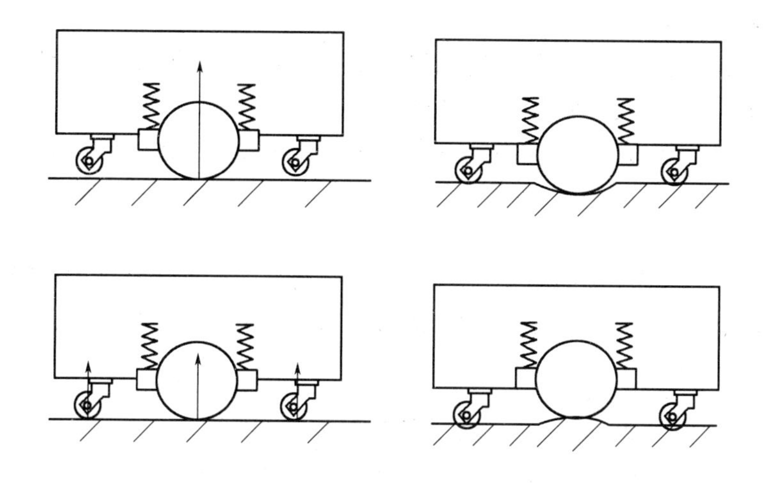

图 12－9　悬挂系统的作用

（1）平整路面：此时驱动轮与辅助轮处于平齐状态。那么外凸量 λ 即为弹簧压缩量，驱动轮与地面的作用力 F_N 为

$$F_N = (\Delta + \varepsilon)k$$

式中，Δ 是受约束的弹簧的预紧量。

（2）凹陷路面：此时弹簧将驱动轮弹出顶紧地面，相比平整地面状况弹簧的变形量减少，驱动轮的压力变小，辅助轮的压力变大，弹簧的压缩量是外凸量与路面不平度的差值，此时的作用力 F_N 为

$$F_N = (\Delta + \varepsilon - \delta)k$$

可见驱动轮的外凸量 ε 必须大于路面不平度 δ，否则驱动轮处于悬空状态完全失去动力。

（3）凸起路面：此时弹簧压缩量大于平整地面，驱动轮的负载最大，辅助轮的负载最小，此时的作用力 F_N 为

$$F_N = (\Delta + \varepsilon + \delta)k$$

如果压缩过程当中弹簧弹力已经可以支承整体的质量，那么弹簧将不再压缩，如同刚性连接一样把整体顶起。

为此可以设计二级减震机构对抗地面不平度，实现以下两点。

（1）一级减震：当 AGV 无负载或受力比较均匀地面却不平整时，通过弹簧减震，确保轮子在一个平面。减震机理类似汽车，当一辆轿车吊起来时，四轮下垂；当汽车放在地面时，车子自重形成预压，以及减震保证了多个轮子位于同一个平面。

（2）二级减震：当 AGV 负重时受力不均，此时通过胶块减震确保轮子在一个面上。减震机理也类似汽车，当多位乘员坐进车时轮胎悬架也无显著变化，这是二级减震的效果。

12.1.7.2　常用结构

常用悬挂系统有以下几类。

铰接结构

驱动轮固定于安装座,安装座铰接于车体,驱动轮绕着车体铰接点旋转实现上下浮动,驱动轮与车体之间设置弹簧,实现减震。

该结构的弹簧弹力小于驱动轮支承力,浮动量则相反,适合大载荷以及空间充足的布局。

导柱结构

驱动轮固定于安装座,安装座上设置导套,导套与导柱形成移动副,导柱上的弹簧实现减震,驱动轮通过导柱导套运动副实现上下浮动,如图 12－10 所示。

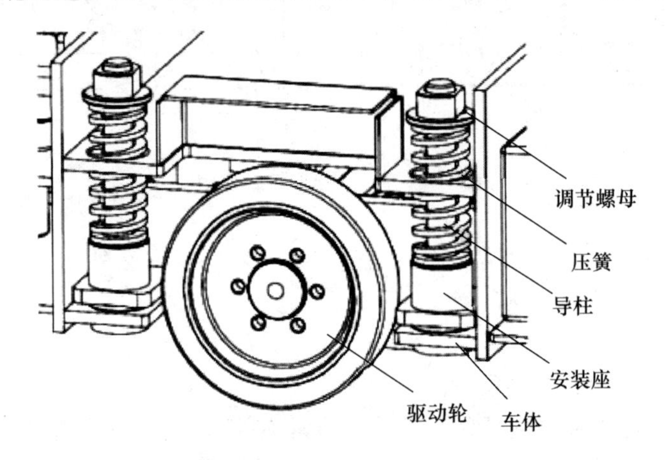

图 12－10　导柱结构

该垂直导柱浮动结构结构简单,占用空间小,适用于空间受限的轻中负荷的布局,但是需要注意合理布置导柱与驱动轮的位置关系。

首先,两根导柱需要相对驱动轮的触地点居中布置,避免受力不均造成导柱导套间产生力矩。导柱未居中时两边弹簧弹力不等,弹力较大压缩量较多、弹力较小压缩量较小,导柱与导套之间产生的力矩导致移动副发生卡滞(图 12－11)。

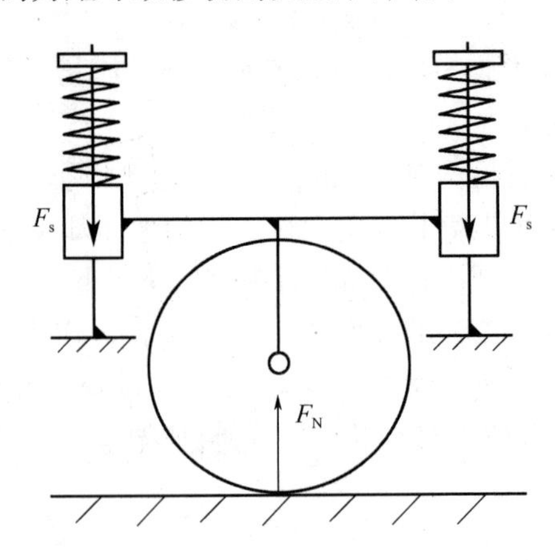

图 12－11　导柱卡滞一

其次，为进一步避免导柱与导套间发生卡滞，两根导柱中心连线需要位于驱动轮的宽度中心。如果两根导柱中心连线偏离驱动轮宽度中心，驱动轮支承力与弹簧反力之间存在力臂形成力矩，从而在导套与导柱的配合面上产生对顶力，移动副会卡滞（图 12－12）。

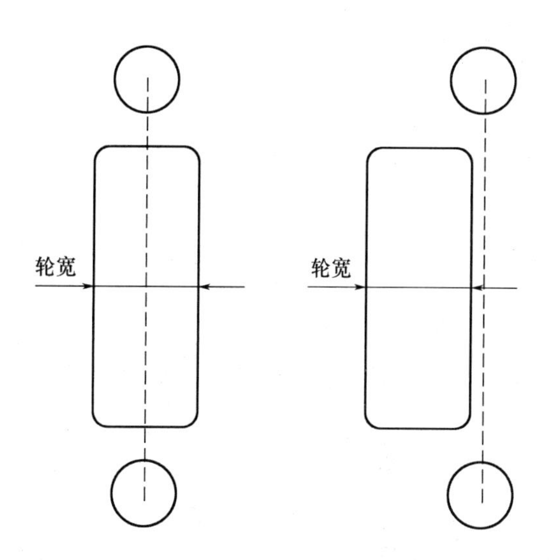

图 12－12　导柱卡滞二

受扭导致卡滞是该结构的最大局限点，应当合理布局导柱与驱动轮相对位置关系，同时适当加大导柱与导套的配合长度。

桥式结构

桥式结构如图 12－13 所示，两个驱动轮通过整桥作刚性连接，桥的中心作为摆动中心，摆动中心铰接于车体，通过释放整桥的旋转的自由度以适应地面不平。

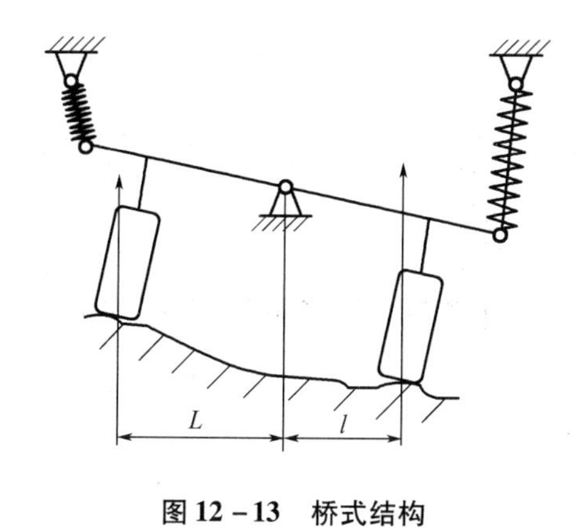

图 12－13　桥式结构

一个摆动桥式结构将桥上的两轮变为整桥的一个轮子，因此四轮布局即变化为三轮布局（确定一个平面）（图 12－14）。

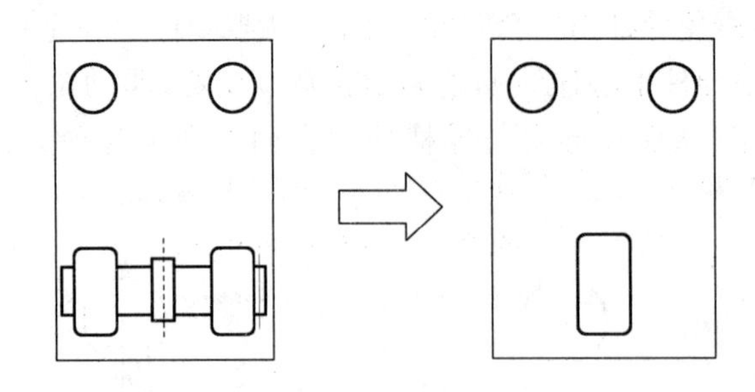

图 12－14　自由度吸收

同理可对四轮以上的多轮系设置多个摆动桥，例如把六轮变为三轮需要三组摆动桥。

连杆结构

连杆结构（图 12 －15）基于四连杆摆动，两岸上设置弹簧实现减震，类似于铰接摆动。

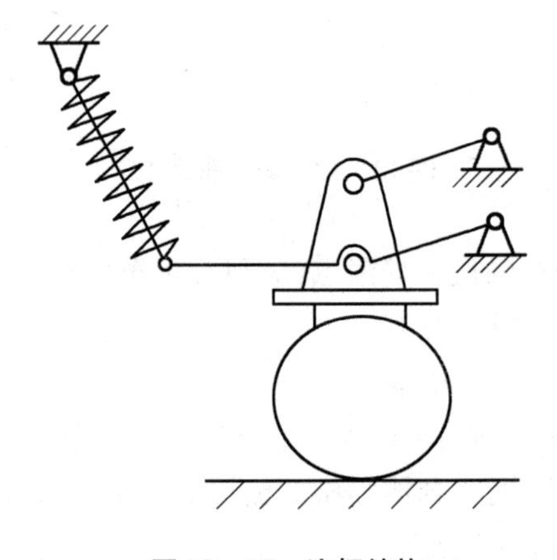

图 12－15　连杆结构

该结构可以实现驱动轮浮动时车体不改变姿态，而铰接摆动在驱动轮浮动时候其倾角会变化。

12.2　开发与部署

12.2.1　环境部署

部署环境脚本如下。

```
#! /bin/bash

# $ HOME rather than MYPATH = $ (readlink  -f   $ (dirname  $0))
# sudo cat  >  < <  EOF will no promot for passwd which need sudo bash  -c"
# if run from sd - card - like media  + x maybe not setted for mount fs without
exec option

LOG = " $ HOME/. xbot. log"

function get_ip( )
{

echo "...  $ (date  +%Y:%m:%d - %T) ..."  > >  $ LOG

TIME_START = $ (date  +%s. %N)
while true; do
IP = "`ifconfig  | grep 'inet addr:'172. 16. 100 | cut  -d:  -f2 | awk '{print  $1}'`"
    if [  " $ IP"  ] ; then
        echo "Network Connected"    > >  $ LOG
        break
    fi
done

TIME_STOP = $ (date  +%s. %N)
echo "IP address is  $ IP"  > >  $ LOG
echo " Cost  $ ( echo " $ TIME_STOP  -  $ TIME_START" | bc )  seconds"  >
>  $ LOG
}

function setup_network( )
{
echo "Subs : Config network. "  > >  $ LOG
echo  -e "\nPlease give a IP address :"
read USER_IP
if  [  !  -n " $ USER_IP"  ] ;then
```

```
    echo "Sorry,nothing input,run again."
    exit 1
else
    if [[  $USER_IP = ~ ^[0-9]* $  ]] ; then
        echo "Okay,maybe available."
    else
        echo "Sorry,not number,run again."
        exit 1
    fi
fi

echo "Create network interface."  >>  $LOG

sudo bash  -c'
cat  > /etc/network/interfaces  << EOF
# create rules for bot
auto lo
    iface lo inet loopback
auto eth0

allow-hotplug eth0
iface eth0 inet static
    address 172.16.100. $USER_IP
    netmask 255.255.255.0
    gateway 172.16.100.1
EOF
'
IP="172.16.100. $USER_IP"
echo "Set new IP to  $IP"
#sudo echo "Set bot name"  >> /etc/hosts
#sudo echo " $IP    fun_ $USER_IP"  >> /etc/hosts

# Ubuntu not support sudo /etc/init.d/networking restart
sudo ifdown eth0 && sudo ifup eth0
}
```

```
function download_package( )
{
echo "Subs : Download packages" > > $LOG

# Copy ROS list files
# tar xvzf $HOME/. bot/resources/start/blacklists/blacklists. tar. gz - C $HOME/.
bot/resources/start
sudo sh - c 'echo "deb http://packages. ros. org/ros/ubuntu trusty main" > /etc/apt/
sources. list. d/ros - latest. list'

# update Repositories
sudo apt - add - repository universe
sudo apt - add - repository multiverse
sudo apt - add - repository restricted
sudo apt - get update

sudo apt - get -y install bash - completion command - not - found
sudo apt - get -y install openssh - server
#sudo apt - get -y install ros - kinetic - desktop - full
sudo apt - get -y install ros - kinetic - ros - base
rosdep init # NOTE: need no sudo
rosdep update

sudo apt - get -y install ros - kinetic - slam - gmapping
sudo apt - get -y install ros - kinetic - map - server
sudo apt - get -y install ros - kinetic - amcl
sudo apt - get -y install ros - kinetic - serial
}

function copy_code( )
{
echo "Subs : Copy code" > > $LOG

if [[ ! -d $HOME/catkin_ws ]]; then
  mkdir -p $HOME/catkin_wsi/src
else
  cp -r $HOME/catkin_ws/   $HOME/catkin_ws_bak/
```

```
  rm  -r  $HOME/catkin_ws/src/*
fi

cp  -v  -r ./src/*     $HOME/catkin_ws/src

# LpSensor not support arm64 of firefly,so driver cannot be installed
#echo "install lpms imu driver libs"
#tar xvzf ./drv/LpSensor-1.3.5-Linux-armv7hf.tar.gz
#sudo dpkg  -i LpSensor-1.3.5-Linux-armv7hf/liblpsensor-1.3.5-Linux.deb
#dpkg  -L liblpsensor
#rm  -r  $HOME/catkin_ws/src/lpms_imu/
#rm  -r  $HOME/catkin_ws/src/timesync_ros/

# Copy develop libraries
#sudo cp  -v  -r ./usr/*    /usr/
#sudo ln  -s  $HOME/ros/xbot/lib/libfacesdk.so    /usr/local/lib/libfacesdk.so
#sudo ldconfig
}

function config_env()
{
echo "Subs : Setup config"  >>  $LOG
get_ip

echo ""  >>  $HOME/.bashrc
echo "# Process Environment Setup"  >>  $HOME/.bashrc
echo "source /opt/ros/kinetic/setup.bash"  >>  $HOME/.bashrc
echo "source  $HOME/catkin_ws/devel/setup.bash"  >>  $HOME/.bashrc

echo "export ROS_MASTER_URI=http://$IP:11311"  >>  $HOME/.bashrc
echo "export ROS_IP=$IP"  >>  $HOME/.bashrc

echo "export HOMER_DIR=$HOME/catkin_ws"  >>  $HOME/.bashrc
echo "export ROS_PACKAGE_PATH=$HOME/catkin_ws:${ROS_PACKAGE_PATH}"  >>  $HOME/.bashrc
```

```
echo "# set user defined vars"  > >  $ HOME/. bashrc
echo "export FUSE_SENSOR_DATA = false"  > >  $ HOME/. bashrc

#server 0. debian. pool. ntp. org offline minpoll 8
#server 1. debian. pool. ntp. org offline minpoll 8
#server 2. debian. pool. ntp. org offline minpoll 8
#server 3. debian. pool. ntp. org offline minpoll 8
sudo apt - get  - y install chrony   ntpdate
if [ [  !  - d /etc/chrony/chrony. conf. orig  ] ] ; then
  sudo cp /etc/chrony/chrony. conf   /etc/chrony/chrony. conf. orig
fi
sudo sh  - c 'echo " # Allow other ros - pc to sync time"  > >  /etc/chrony/chrony. conf'
sudo sh  - c 'echo "allow 172. 16/12"  > >  /etc/chrony/chrony. conf'
sudo /etc/init. d/chrony stop
sudo /etc/init. d/chrony start

# and setup USB 3. 0 port to run USB; usb_port_owner_info = 2 indicates USB 3. 0
#sudo sed  - i 's/usb_port_owner_info = 0/usb_port_owner_info = 2/' /boot/extlinux/extlinux. conf

# Disable USB autosuspend
#sudo sed  - i ' $ s/ $ / usbcore. autosuspend = - 1/'  /boot/extlinux/extlinux. conf

# create udev - rules for usb2serial adaptor
echo "Create usb rules"  > >  $ LOG

sudo bash  - c  '
cat  > /etc/udev/rules. d/90 - usb - serial. rules   < <  EOF
# create rules for multi usb to serial adptor
KERNEL = = "ttyUSB * ", ATTRS{idVendor} = = "1a86", ATTRS{idProduct} = = "7523", MODE: = "0777", SYMLINK + = "usb_imu"
SUBSYSTEM = = "tty",  ATTRS{idVendor} = = "0403", ATTRS{idProduct} = = "6001", ATTRS{serial} = = "A505FFFM", MODE: = "0777", SYMLINK + = "usb_odom"
SUBSYSTEM = = "tty",  ATTRS{idVendor} = = "0403", ATTRS{idProduct} = = "6001", ATTRS{serial} = = "A906OZLQ", MODE: = "0777", SYMLINK + = "usb_lpmsimu"
```

```
    SUBSYSTEM = = "tty",   ATTRS{idVendor} = = "0403",ATTRS{idProduct} = = "
6001",ATTRS{serial} = = "kobuki_ * ",MODE: = "0777",SYMLINK + = "usb_kobuki"
    EOF
    '

    sudo /etc/init.d/udev restart

    # if aa /home/bot bb,then \1 = aa, \2 = bb,so it replace with aa $ HOMEbb
    echo "Change yaml files"  > >  $ LOG
    sed  - i 's + \(. * \) \/home \/ubuntu \(. * \) + \1'" $ HOME" '\2 + g'
 $ HOME/catkin_ws/src/xbot/map/buildin.yaml
    }

    main_loop() {
    echo ""
    echo " = = = = = = = = = = = = = = = Menus = = = = = = = = = = = = = = ="
    echo "N/n : Setup network configuration"
    echo "P/p : Download packages needed"
    echo "C/c : Copy developping code"
    echo "E/e : Config working env"
    echo "Q/q : Exit"
    while true
      do
        read  - n 1 USER_MENU
        case  $ USER_MENU in
          [Qq])
            echo " - bye!"
            break;;
          [Nn])
            setup_network
            break;;
          [Pp])
           download_package
            break;;
          [Cc])
           copy_code
```

```
            break;;
        [Ee])
          config_env
            break;;
        *)
            echo -e "\n... unknown command,try again ..."
      esac
    done
exit 0
}

# mainloop
init_global
main_loop
```

部署完成后主要项目结构如下：

```
├── xbot
│   ├── CMakeLists.txt
│   ├── launch
│   │   ├── 1_robot_model.launch
│   │   ├── 2_laser_sonar_imu.launch
│   │   ├── 3_plc_interface_drive.launch
│   │   ├── build_map.launch │   │   ├── drivers.launch
│   └── package.xml
├── xbot_bringup
│   ├── CMakeLists.txt
│   ├── launch
│   │   ├── includes
│   │   │   └── robot.launch.xml
│   │   └── robot.launch
│   └── package.xml
├── xbot_description
│   ├── CMakeLists.txt
│   ├── package.xml
│   └── urdf
```

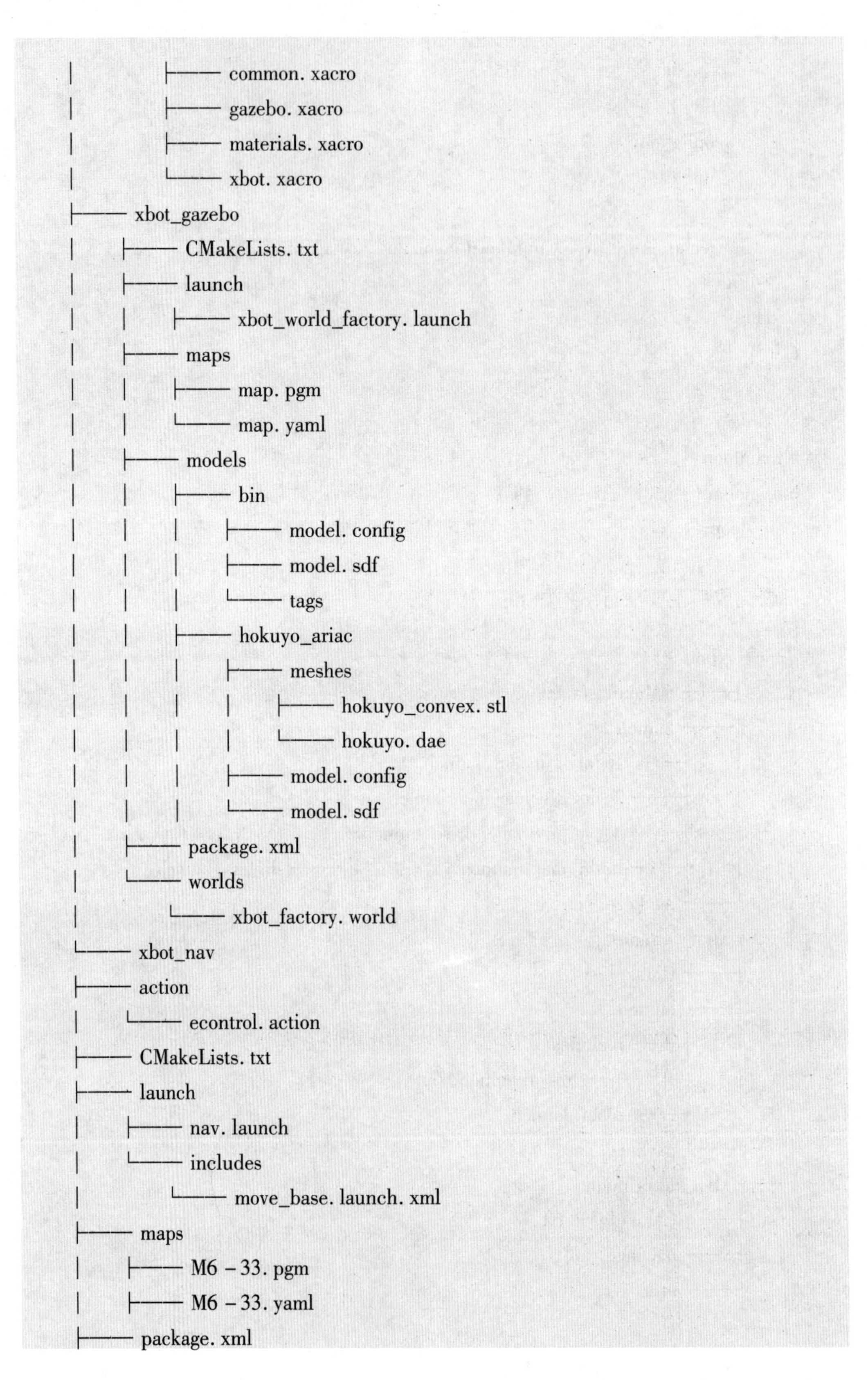

```
│          ├── common.xacro
│          ├── gazebo.xacro
│          ├── materials.xacro
│          └── xbot.xacro
├── xbot_gazebo
│   ├── CMakeLists.txt
│   ├── launch
│   │   ├── xbot_world_factory.launch
│   ├── maps
│   │   ├── map.pgm
│   │   └── map.yaml
│   ├── models
│   │   ├── bin
│   │   │   ├── model.config
│   │   │   ├── model.sdf
│   │   │   └── tags
│   │   ├── hokuyo_ariac
│   │   │   ├── meshes
│   │   │   │   ├── hokuyo_convex.stl
│   │   │   │   └── hokuyo.dae
│   │   │   ├── model.config
│   │   │   └── model.sdf
│   ├── package.xml
│   └── worlds
│       └── xbot_factory.world
└── xbot_nav
├── action
│   └── econtrol.action
├── CMakeLists.txt
├── launch
│   ├── nav.launch
│   └── includes
│       └── move_base.launch.xml
├── maps
│   ├── M6-33.pgm
│   ├── M6-33.yaml
├── package.xml
```

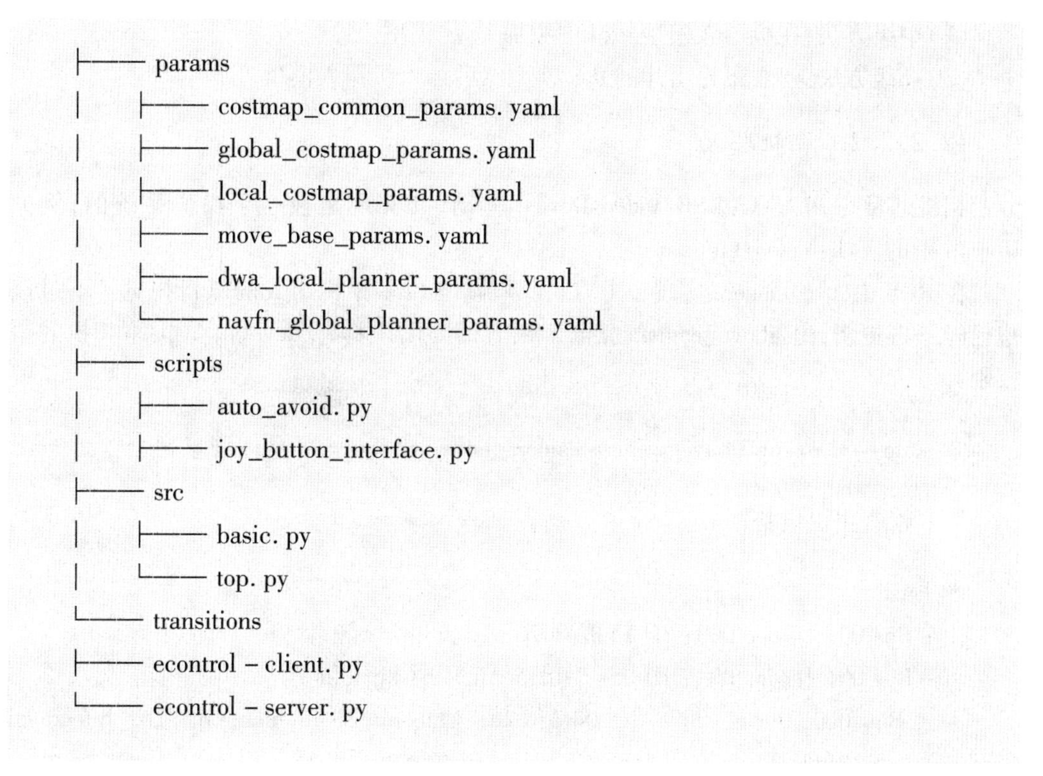

```
├── params
│   ├── costmap_common_params. yaml
│   ├── global_costmap_params. yaml
│   ├── local_costmap_params. yaml
│   ├── move_base_params. yaml
│   ├── dwa_local_planner_params. yaml
│   └── navfn_global_planner_params. yaml
├── scripts
│   ├── auto_avoid. py
│   ├── joy_button_interface. py
├── src
│   ├── basic. py
│   └── top. py
└── transitions
├── econtrol - client. py
└── econtrol - server. py
```

机器人模型

为了在ROS通过rVIZ可视化展示机器人，需要构建统一机器人描述文件（Unified Robot Description Format，URDF）。

URDF通过HTML格式定义机器人模型的相关信息，例如连杆、关节名称以及运动学参数、动力学参数和碰撞检测模型等，URDF可以由Solidworks绘制三维模型转化为URDF文件。

对于Solidworks设计软件，通过sw_urdf_exporter插件实现自动模型转换。安装Solidworks后，在菜单栏的自定义选项箭头下选中“插件”，然后选择SW2URDF插件，确定加载即可通过菜单栏的tools－＞file－＞Export as URDF把3D模型转换为html的URDF模型。

具体转换包括三个步骤：①添加Solidworks的坐标系和转轴；②设置URDF的坐标系和转轴；③修改模型文件的urdf为robots。

12.2.2　驱动设计

12.2.2.1　激光雷达驱动

为机器人增加激光雷达传感器可以采用以下方法。

（1）初级方法：在机器人模型urdf里面添加雷达模型joint/link，经由一个通过静态tf变换实现。

(2)中级方法:在机器人模型 urdf 中添加 laser 模型。

(3)高级方法:建立激光雷达的 dae 模型然后加入机器人模型。

12.2.2.2 相机驱动

相机通常采用 UVC:USB Video Device 驱动,其实现是独立于操作系统的,例如 Ubuntu 中的 V4L:Video4Linux。

在 ROS 中,uvc_camera 实现了 UVC 视频流,支持多相机组成的双目视觉。不过该包已经不再更新,由 libuvc_camera 接替。后者需要用户具有/dev/bus/usb/下相机的写权限:

```
$ sudo -E rosrun libuvc_camera camera_node vendor:= <具体厂家>
```

需要检查主机设备:

```
$ lsusb
--Bus 001 Device 003: ID 1578:0076
--Bus 001 Device 004: ID 0547:4d35 Anchor Chips,Inc.
--Bus 001 Device 005: ID 04f2:b2ea Chicony Electronics Co., Ltd Integrated Camera [ThinkPad]
```

如果开发过 Windows 下 USB 设备的驱动程序,则会很清楚 04f2:b2ea 是 Description 里面的 vendor 和 product,例如常见的罗技 c270 为 046d:0825。根据此 ID 搜索,即可确定其是否位于支持列表。

```
$ lsusb -d 04f2:b2ea -v | grep "14 Video"
bFunctionClass          14 Video
bInterfaceClass         14 Video
bInterfaceClass         14 Video
bInterfaceClass         14 Video
bInterfaceClass         14 Video
bInterfaceClass         14 Video
bInterfaceClass         14 Video
bInterfaceClass         14 Video
```

输出说明兼容 UVC,否则显示为 non-UVC camera。

12.2.2.3 里程计驱动

里程计的主要代码如下。

```
#! /usr/bin/env python

import rospy
import roslib
from math import sin,cos,pi
from geometry_msgs.msg import Quaternion
from geometry_msgs.msg import Twist
from nav_msgs.msg import Odometry
from tf.broadcaster import TransformBroadcaster
from std_msgs.msg import Int16

    def __init__(self):

        rospy.init_node("node_wheels_to_odom")
        self.nodename = rospy.get_name()
        rospy.loginfo("node started : %s" % self.nodename)

        #### parameters #######

# the rate at which to publish the transform
        self.rate = rospy.get_param('/node_base_driver/rate',10.0)
# The number of wheel encoder ticks per meter of travel
        self.ticks_meter = float(rospy.get_param('/node_base_driver/ticks_meter',
3183))
        self.base_width = float(rospy.get_param('/node_base_driver/base_width',0.
502)) # The wheel base width in meters

        self.base_frame_id = rospy.get_param('/node_base_driver/base_frame_id',
'base_footprint') # the name of the base frame of the robot
        self.odom_frame_id = rospy.get_param('/node_base_driver/odom_frame_id',
'odom') # the name of the odometry reference frame
```

```
        self.encoder_min = rospy.get_param('/node_base_driver/encoder_min', -
2500)
        self.encoder_max = rospy.get_param('/node_base_driver/encoder_max',
2500)

        self.encoder_low_wrap = rospy.get_param('/node_base_driver/wheel_low_
wrap',(self.encoder_max - self.encoder_min) * 0.3 + self.encoder_min )
        self.encoder_high_wrap = rospy.get_param('/node_base_driver/wheel_high_
wrap',(self.encoder_max - self.encoder_min) * 0.7 + self.encoder_min )

        self.t_delta = rospy.Duration(1.0/self.rate)
        self.t_next = rospy.Time.now() + self.t_delta

        # internal data
        self.enc_left = None            # wheel encoder readings
        self.enc_right = None

        self.left = 0                   # actual values from robot
        self.right = 0

        self.prev_lencoder = 0
        self.prev_rencoder = 0

        self.lmult = 0
        self.rmult = 0

        self.x = 0.0                    # position in xy plane
        self.y = 0.0
        self.th = 0.0

        self.dx = 0.0                   # speeds in x/rotation
        self.dr = 0.0

        self.then = rospy.Time.now()
```

```
        # subscriptions
        rospy. Subscriber("/node_base_interface/lwheel",Int16,self. lwheelCallback)
        rospy. Subscriber("/node_base_interface/rwheel",Int16,self. rwheelCallback)
        # ! Int 16 !

                # publishers
        self. odomPub = rospy. Publisher("odom",Odometry,queue_size = 1)
        self. odomBroadcaster = TransformBroadcaster()
        # ! Float64 !

    def spin(self):
        r = rospy. Rate(self. rate)
        while not rospy. is_shutdown():
            self. update()
            r. sleep()

    def update(self):

      now = rospy. Time. now()
      if now > self. t_next:
          elapsed = now - self. then
          self. then = now
          elapsed = elapsed. to_sec()

          # calculate odometry
          if self. enc_left = = None:
              d_left = 0.0
              d_right = 0.0
          else:
              d_left  = 1.0 * (self. left  - self. enc_left)  / self. ticks_meter
              d_right = 1.0 * (self. right - self. enc_right) / self. ticks_meter
          # ! d_left is in unit meter !

          self. enc_left = self. left
          self. enc_right = self. right
```

```
# distance traveled is the average of the two wheels
d   = 1.0 * ( d_left + d_right ) / 2
# this approximation works (in radians) for small angles
th = 1.0 * ( d_right - d_left ) / self.base_width
# calculate velocities
self.dx = d / elapsed
self.dr = th / elapsed
# ! above is in unit meter and meter/sec !

if (d != 0):
    # calculate distance traveled in x and y
    x = 1.0 * cos( th ) * d
    y = -1.0 * sin( th ) * d
    # calculate the final position of the robot
    self.x = self.x + ( cos( self.th ) * x - sin( self.th ) * y )
    self.y = self.y + ( sin( self.th ) * x + cos( self.th ) * y )
if( th != 0):
    self.th = self.th + th
# ! above is in unit meter !

# publish the odom information
quaternion = Quaternion()
quaternion.x = 0.0
quaternion.y = 0.0
quaternion.z = sin( self.th / 2 )
quaternion.w = cos( self.th / 2 )
self.odomBroadcaster.sendTransform(
    (self.x,self.y,0),
    (quaternion.x,quaternion.y,quaternion.z,quaternion.w),
    rospy.Time.now(),
    self.base_frame_id,
    self.odom_frame_id
    )

odom = Odometry()
odom.header.stamp = now
```

```
            odom.header.frame_id = self.odom_frame_id
            odom.pose.pose.position.x = self.x
            odom.pose.pose.position.y = self.y
            odom.pose.pose.position.z = 0
            odom.pose.pose.orientation = quaternion
            odom.child_frame_id = self.base_frame_id
            odom.twist.twist.linear.x = self.dx
            odom.twist.twist.linear.y = 0
            odom.twist.twist.angular.z = self.dr
            self.odomPub.publish(odom)

    def lwheelCallback(self,msg):
        enc = msg.data

        if (self.prev_lencoder > self.encoder_high_wrap and enc < self.encoder_low_wrap):
            self.lmult = self.lmult + 1

        if (self.prev_lencoder < self.encoder_low_wrap and enc > self.encoder_high_wrap):
            self.lmult = self.lmult - 1

        self.left = 1.0 * (enc + self.lmult * (self.encoder_max - self.encoder_min))
        self.prev_lencoder = enc

        #rospy.loginfo("Left wheel ticks = : %i" % self.left)

    def rwheelCallback(self,msg):
        enc = msg.data

        if(enc < self.encoder_low_wrap and self.prev_rencoder > self.encoder_high_wrap):
            self.rmult = self.rmult + 1

        if(enc > self.encoder_high_wrap and self.prev_rencoder < self.encoder_low_wrap):
```

```
        self.rmult = self.rmult - 1

        self.right = 1.0 * (enc + self.rmult * (self.encoder_max - self.encoder_min))
        self.prev_rencoder = enc

        #rospy.loginfo("Right wheel ticks = : %i" % self.right)

if __name__ == '__main__':
    diffTf = DiffTf()
    diffTf.spin()
```

12.2.2.4 模拟呼叫器

AGV 如果采用物理实体的无线呼叫器(图 12－16),则大多情况会遭遇无线信号的稳定性问题,丢包现象时有发生。

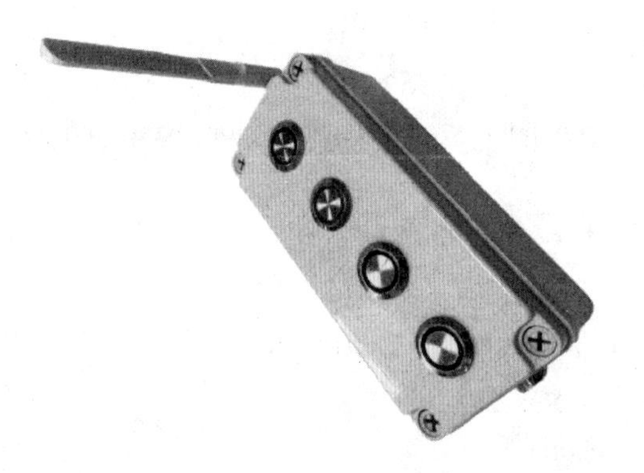

图 12－16 无线呼叫器

因此,采用平板电脑触摸屏,基于运行在 KIOSK 贩卖机模式下的 Chrome 浏览器,模拟出虚拟呼叫器,较为稳定可靠。

运行浏览器的脚本如下。

```
$ vikiosk.sh

/opt/google/chrome/chrome --test-type --ignore-certificate-errors --disable-session-crashed-bubble https://$WEB_SERVER:8080/tp.rbt.html
```

代码主要使用 bootstrap 和 vue 框架。

html 部分代码示例如下。

```
<html>
<head>
<link rel = "stylesheet" href = "https://stackpath.bootstrapcdn.com/bootstrap/4.3.1/css/bootstrap.min.css" integrity = "sha384 - ggOyR0iXCbMQv3Xipma 34MD + dH/1fQ784/j6cY/iJTQUOhcWr7x9JvoRxT2MZw1T"
crossorigin = "anonymous" >
<script src = "https://cdn.jsdelivr.net/npm/vue" > </script>
<script type = "text/javascript" src = "js/eventemitter2.min.js" > </script>
<script type = "text/javascript" src = "js/roslib.min.js" > </script>
</head>

<body>
<script type = "text/javascript" >
// Here goes our codes
// Connecting to the rosbridge and define some callbacks
// define the topic objects
// move intomain.js
</script>

<div id = "app" class = "container" >

<div class = "jumbotron" >
<h1 >calling robot through websocket </h1 >
</div>

<div class = "row" style = "max - height:200px;" >

<div class = "col - md - 6" >
<h3 >Connection status </h3 >
<p class = "text - success" v - if = "connected" >Connected! </p>
<p class = "text - danger" v - else >Not connected! </p>
<label >Websocket server address </label >

<input type = "text" v - model = "ws_address" / >
```

```
<br / >
<button @ click = " disconnect" class = " btn btn – danger" v – if = " connected" >
Disconnect! </button >
<button @ click = " connect" class = " btn btn – success" v – else > Connect! </
button >
</div >

<div class = " col – md – 6" style = " max – height:200px; overflow:auto;" >
<h3 > Log messages </h3 >
                    <div >
    <p v – for = " log in logs" >
        {{log}}
    </p >
</div >

</div >
</div >

<hr >

<div class = " row" >
<div class = " col – md – 12 text – center" >
<h5 > Commands </h5 >
</div >

<! – – 1st row – – >
<div class = " col – md – 12 text – center" >
            < button @ click = " forward" :disabled = " loading || !
connected" class = " btn btn – primary" > Go forward </button >
<br > <br >
</div >

<! – – 2nd row – – >
<div class = " col – md – 4 text – center" >
<button @ click = " turnLeft" :disabled = " loading || ! connected" class = " btn
btn – primary" > Turn left </button >
</div >
```

```
<div class = "col - md - 4 text - center" >
<button @ click = " stop"  :disabled = " loading | | ! connected"  class = " btn btn - danger" > Stop </button >
<br > <br >
</div >
<div class = " col - md - 4 text - center" >
<button @ click = " turnRight"  :disabled = " loading | | ! connected"  class = " btn btn - primary" > Turn right </button >
</div >

<! - - 3rd row - - >
<div class = " col - md - 12 text - center" >
<button @ click = " backward"  :disabled = " loading | | ! connected"  class = " btn btn - primary" > Go backward </button >
</div >
</div >

</div >

<script type = " text/javascript"  src = " callermain. js" >
</script >
</body >

</html >
```

JS 部分代码示例如下。

```
var app  =  new Vue( {
el: '#app',
// storing the state of the page
data: {
    loading: false,
    connected: false,
    ros: null,
    ws_address: 'ws://192. 168. 1. 102:9090',
    logs: [ ],
```

```
    },
    // helper methods to connect to ROS
    methods: {
        connect: function() {
            this.logs.unshift('connect to rosbridge server! ')
            this.ros = new ROSLIB.Ros({
                url: this.ws_address          })
            this.ros.on('connection', () => {
                this.connected = true
                this.logs.unshift('Connected! ')
                // console.log('Connected! ')
            })
            this.ros.on('error', (error) => {
                this.logs.unshift('Error connecting to websocket server')
                // console.log('Error connecting to websocket server: ', error)
            })
            this.ros.on('close', () => {
                this.connected = false
                this.logs.unshift('Connection to websocker server closed')
                // console.log('Connection to websocket server closed.')
            })
        //end methods - connection
        },
        disconnect: function() {
            this.ros.close()
        //end methods - disconnection
        },
        setTopic: function() {
            this.topic = new ROSLIB.Topic({
                ros: this.ros,
                name: '/cmd_vel',
                messageType: 'geometry_msgs/Twist'
            })
        },
        forward: function() {
            this.message = new ROSLIB.Message({
```

```
            linear: {x: 1,y: 0,z: 0,},
            angular: {x: 0,y: 0,z: 0,},
        })
        this.setTopic()
        this.topic.publish(this.message)
    },
    stop: function() {
        this.message = new ROSLIB.Message({
            linear: {x: 0,y: 0,z: 0,},
            angular: {x: 0,y: 0,z: 0,},
        })
        this.setTopic()
        this.topic.publish(this.message)
    },
    backward: function() {
        this.message = new ROSLIB.Message({
            linear: {x: -1,y: 0,z: 0,},
            angular: {x: 0,y: 0,z: 0,},
        })
        this.setTopic()
        this.topic.publish(this.message)
    },
    turnLeft: function() {
        this.message = new ROSLIB.Message({
            linear: {x: 0.5,y: 0,z: 0,},
            angular: {x: 0,y: 0,z: 0.5,},
        })
        this.setTopic()
        this.topic.publish(this.message)
    },
    turnRight: function() {
        this.message = new ROSLIB.Message({
            linear: {x: 0.5,y: 0,z: 0,},
            angular: {x: 0,y: 0,z: -0.5,},
        })
        this.setTopic()
```

```
            this.topic.publish(this.message)
        },
    },
})
```

12.2.2.5 驱动加载

流行的 Linux 发行版存在两种主流 init 方式：一种是广为流传的 System V initialization，它来源于 Unix，并且至今仍被各种 Linux distros 所采用；另一种是近几年提出的 Upstart 方式，基于事件机制，系统的所有服务、任务都由事件驱动。

在 System V initialization 中，由/etc/inittab 初始化系统、设置系统 run - level 及进入各 run - level 执行的命令。Upstart job 中，系统服务的启动、停止均由事件决定。Ubuntu 使用兼容启动方式，系统中既有 System - V 启动的服务，也有 Upstart 启动的服务。

在上述系统方式之外，ROS 提供了一个专门的 robot_upstart 管理启动加载。

```
$ rosrun robot_upstart installxbot/launch/r_rbt.launch --interface wlan2

Install files to the following paths:
/etc/init/xbot.conf
/etc/ros/indigo/xbot.d/.installed_files
/etc/ros/indigo/bot.d/r_rbt.launch
/usr/sbin/xbot-start
/usr/sbin/xbot-stop
Now calling: /usr/bin/sudo /opt/ros/indigo/lib/robot_upstart/mutate_files
[sudo] password for funstep:
Filesystem operation succeeded.
```

这样，就把驱动的启动 launch 作为服务在开机时自动启动。

12.2.3 有限状态机

有限状态机的结构可以使得机器人执行任务级运行。

物流 AGV 提供状态机脚本。

```
#! /usr/bin/env python

import rospy
from math import  pi
```

```
from actionlib.import SimpleActionClient
from actionlib_msgs. msg import GoalID
from tf. transformations import quaternion_from_euler
from geometry _ msgs. msg import Twist, Pose, Point, Quaternion, Pose With
Covariance Stamped
from move _ base _ msgs. msg import MoveBaseAction, Move Base Goal, Move Base
Action Feedback
from nav_msgs. msg import Odometry
from smach import State,StateMachine
from smach_ros import IntrospectionServer
from xiobot_nav. msg import econtrolAction,econtrolGoal
import basic

class runPatrol():
  def __init__(self):
        rospy. init_node('runpatrol',anonymous = False)
        nodename = rospy. get_name()
        rospy. loginfo('node started: ' + str(nodename) )
        rospy. on_shutdown(self. shutdown)
        self. pub_stop_vel = rospy. Publisher('/cmd_vel_mux/track',Twist,queue_size
=1)

        self. goal_orig = MoveBaseGoal()

        self. move_base = SimpleActionClient("move_base",MoveBaseAction)
        rospy. loginfo('Top. init | ' + 'Connecting move_base action server ...')
        self. move_base. wait_for_server(rospy. Duration( MOVE_BASE_SERVER_
TIMEOUT))
        rospy. loginfo('Top. init | ' +'Connected move_base action server OK ! ')

        self. econtrol = SimpleActionClient("econtrol_server",econtrolAction)
        rospy. loginfo('Top. init | ' + 'Connecting econtrol action server ...')
        self. econtrol. wait_for_server(rospy. Duration( ECONTROL_SERVER_
TIMEOUT))
        rospy. loginfo('Top. init | ' + 'Connected econtrol action server OK ! ')
```

```
    def run(self):
        self.sm = StateMachine(outcomes = ['succeeded','failed'])

        with not rospy.is_shutdown() and self.sm :

            StateMachine.add('POWER_ROBOT',basic.power_robot(),
                         transitions = {'succeeded':'WAIT_TASK'},
                         )
            StateMachine.add('INIT_POSE',basic.init_pose(),
                         transitions = {'succeeded':'WAIT_TASK',
                                        'failed':'WAIT_TASK'},
                         remapping = {'pose_initialized_out':'sm_pose_initialized',
                                      'initpose_list_in':'sm_initpose_list',
                                      'initpose_index_in':'sm_initpose_index'}
                         )

        self.sm.register_transition_cb( self.cb_sm_transition,cb_args = [ ] )
        intro_server = IntrospectionServer('runpatrol',self.sm,'/SM_ROOT')
        intro_server.start()
        sm_outcome = self.sm.execute()
         rospy.loginfo('Finally State Machine Stop With Outcome: ' + str(sm_
outcome))
        intro_server.stop()

    def shutdown(self):
        pass

if __name__ == '__main__':
    try:
        p = runPatrol()
        p.run()
    except rospy.ROSInterruptException:
        rospy.loginfo("runPatrol node finished.")
```

12.2.4　监控系统部署

12.2.4.1　虚拟网管理

机器人所处网络环境千变万化,异常复杂,出于安全和便利等目的,一般需要在局域网之上再架设一层专有网络。

例如场景:

(1)服务器 S1 位于信息中心。

(2)机器人 R1,R2,…位于车间局域网内,地址为 172. 16. 1. 111,172. 16. 1. 111,…

(3)管理后台 P1、P2,…位于运营中心局域网内,地址为 192. 168. 1. 66,192. 168. 1. 88,…

则通过 R1 组建虚拟网络,使 R1、R2、P1、P2 为 10. 8. 1. 100/ 111/ 122/ 133,可以使得以上终端同处于相同专用网络。

证书制作

准备。

```
 $ sudo apt - get install openvpn
 $ sudo apt - get install easy - rsa
 $ sudo mkdir /etc/openvpn/easy - rsa/
 $ sudo cp  - r /usr/share/easy - rsa/ * /etc/openvpn/easy - rsa/
 $ sudo vi /etc/openvpn/easy - rsa/vars
export KEY_COUNTRY = "CN"
export KEY_PROVINCE = "ZJ"
export KEY_CITY = "HZ"
export KEY_ORG = "HDhello"
export KEY_EMAIL = "HD@ most. in"
export KEY_OU = "WestLake"
export KEY_NAME = "Server1"
 $ sudo su
 $ source vars
 $ ./clean - all
./build - ca
```

制作 Server 证书

```
$ ./build - key - server Server1
```

生成 Server1. crt、Server1. key 和 Server1. csr 三个文件。

```
$ openvpn  - - genkey  - - secret keys/ta. key
```

以上是防止 DDoS 攻击的 ta. key。

制作 Client 证书

```
$ ./build - key Client001
```

这样生成 Client001. csr、Client001. crt 和 Client001. key 三个文件。

根据需要部署客户机数量继续制作。

```
$ ./build - key Client002
… …
```

证书部署

在终端将所需证书从网络下载或者通过介质拷贝后：

```
$ cp/media/ClientPC/UUI/ca. crt Client001. crt Client001. key/home/Client PC/ myvpn
$ chown dehaou1404:dehaou1404 ca. crt
$ chown dehaou1404:dehaou1404 Client001. *
$ chmod 600 ta. key Client001. key
$ cp /usr/share/doc/openvpn/examples/sample - config - files/client. conf /home/
dehaou1404/myvpn
$ chown dehaou1404:dehaou1404 client. conf
$ nano client. conf
```

其中，client 指定当前 VPN 是客户端，dev tun 指定非 briage，proto tcp 与服务器端的保持一致，remote 192. 168. 1. 3 22105 指定服务器的实际地址和端口。

加入虚拟网：

```
$ sudo openvpn - - config client. conf
```

若需要开机自启动后台运行，把指令写入/etc/rc. local 文件中位于 exit 0 之前：

```
$ /usr/sbin/openvpn - config/home/ClientPC/myvpn/client. ovpn > /dev/null &
```

不能省略其中的 &，否则会阻塞系统启动。

12.2.4.2 安全证书管理

网络传输密码或秘密信息时明文 http 没有可靠性可言，主流是采用 https，通过证书背书某个公钥属于特定的组织或个人。

主要步骤如下。

启用 ssl

```
$ sudo a2enmod ssl
```

相当于做软链接：

```
$ sudo ln -s /etc/apache2/mods-available/ssl.load /etc/apache2/mods-enabled
$ sudo ln -s /etc/apache2/mods-available/ssl.conf /etc/apache2/mods-enabled
```

相应的，停用是：

```
$ sudo a2dismod ssl
```

创建证书

创建 CA 签名：

```
$ sudo openssl genrsa -des3 -out zdh2.key 1024
```

如果不使用密码则去除 -des3 选项。

创建 CSR

```
$ sudo openssl req -new -key zdh2.key -out zdh2.csr
```

签发证书

```
$ sudo openssl x509 -req -days 3650 -in zdh2.csr -signkey zdh2.key -out
zdh2.crt
```

以上可以合并为一步：

```
$ sudo openssl req -x509 -nodes -days 3650 -newkey rsa:2048 -keyout /etc/
apache2/ssl/zdh2.key -out /etc/apache2/ssl/zdh2.crt
```

其中，req 为证书类型，-x509 是需要生成自签名证书文件，-nodes 是不需要密码保护.key 文件，否则每次都会提示输入密码，-days 3650 为证书有效期，-newkey rsa:2048:为同时生成 rsa 私钥和证书，-keyout 为命名私钥文件，-out 是命名证书文件。

部署证书

修改配置文件，保证其中的关键内容。

```
$ sudo vi ......sites-enabled/default-ssl.conf

SSLEngine On
SSLOptions +StrictRequire ???
SSLCertificateFile /etc/ssl/certs/zdh.crt
SSLCertificateKeyFile /etc/ssl/private/zdh.key
```

自动配置

脚本如下。

```
#! /bin/bash
# set -e

NAME = $(uname -n)
HOME =/home/xbot


#
# Configure OpenVPN client
#
mkdir -p /etc/openvpn/backup
cp /etc/openvpn/client.conf /etc/openvpn/backup/client.conf.'date ' + '%Y-%m
-%d'

sed -i 's/^remote .*/remote 18.18.18.18 22105/g' /etc/openvpn/client.conf
sed -i 's/^auth .*/auth SHA512/g' /etc/openvpn/client.conf
sed -i 's/^cipher .*/cipher BF-CBC/g' /etc/openvpn/client.conf

service openvpn restart


#
# Another server
#

echo 'deb http://19.19.19.19/repository/public/xbot trusty non-free
deb http://19.19.19.19/repository/public/ros trusty main
' > /etc/apt/sources.list.d/xbot.list


sed -i "/\[network\]/,/^$/{s/\(^ipPing\)\=.*$/\1\=dev.xcloud.cn/}"
$HOME/.xbot/xbot.cfg
sed -i "/\[teleop\]/,/^$/{s/\(^url\)\=.*$/\1\=https:\/\/18.18.18.18:
8080\/tp.rbt.html/}" $HOME/.xbot/xbot.cfg
sed -i "/\[system\]/,/^$/{s/\(^url_download\)\=.*$/\1\=http:\/\/18.
18.18.18\/export\//}" $HOME/.xbot/resources/start/start.cfg
```

12.2.4.3 远程监控系统

监控系统使用 nodejs 和 WebRTC 框架。

nodejs

```
$ sudo apt - get update
$ sudo apt - get install nodejs
$ sudo apt - get install npm
$ npm  - v
- - 1. 3. 10
$ nodejs  - v
- - v0. 10. 25
$ mkdir  ~/nodejs
$ cd  ~/nodejs
$ nano server. js
```

server. js 主要内容如下。

```
var http  =  require( 'http') ;
http. createServer( function  (req, res)  {
res. writeHead( 200, { 'Content - Type':  'text/plain'} ) ;
res. end( 'Hello World I am heren') ;
} ). listen( 1337, "172. 20. 10. 2" ) ;
console. log( 'now, Server running at http://127. 0. 0. 1:1337/') ;
console. log( 'its running') ;
```

启动服务:

```
$ cd  ~/nodejs
$ nodejs ./server. js
```

WebSocket

webSocket 是 Html5 的一种新协议,实现了浏览器与服务器的双向通信,webSocket API 中浏览器和服务器端只需要通过一个握手动作便能形成浏览器与客户端之间的快速双向通道,使得数据可以快速双向传播。

```
$ npm list
$ npm install websocket
- - -  npm http GET https://registry. npmjs. org/websocket
- - -  npm http 200 https://registry. npmjs. org/websocket
```

```
- - - npm http GET https://registry. npmjs. org/websocket/ -/websocket - 1. 0.
23. tgz
...
websocket@1.0.23 node_modules/websocket
├─── yaeti@0.0.4
├─── nan@2.4.0
├─── typedarray - to - buffer@3.1.2 (is - typedarray@1.0.0)
└─── debug@2.2.0 (ms@0.7.1)
```

WebRTC

浏览器本身不支持相互之间直接建立信道进行通信,都是通过服务器进行中转。比如现在有两个客户端,甲和乙,他们想要通信,首先需要甲和服务器、乙和服务器之间建立信道。甲给乙发送消息时,甲先将消息发送到服务器上,服务器对甲的消息进行中转,发送到乙处,反过来也是一样。这样甲与乙之间的一次消息要通过两段信道,通信的效率同时受制于这两段信道的带宽。同时这样的信道并不适合数据流的传输。如何建立浏览器之间的点对点传输,一直困扰大众,直到开源项目 WebRTC 出现为止。

WebRTC 旨在使浏览器为实时通信 RTC 提供简单的 JavaScript 接口,就是让浏览器提供 JavaScript 的即时通信接口,这个通信接口所创立的信道并不像 WebSocket 一样仅打通浏览器与 WebSocket 服务器之间的通信,而是通过一系列的信令建立浏览器与浏览器之间 peer - to - peer(ptp)的信道,这个 ptp 信道可以发送任何数据而不需要经过服务器。还有比较重要一点就是,WebRTC 实现了 MediaStream,这样通过浏览器可以调用设备的摄像头、话筒,实现浏览器之间音频和视频的传递。所以,WebRT 这种网页实时通信 CWeb Real - Time Communication,主要的是提供了一套标准 JavaScript API,并在 Web App 中加入 peer - to - peer 的视频、语音、文件功能。

EasyRTC

EasyRTC 是 WebRTC 标准的一个实现,具体包括:服务器后端的 nodejs 实现,浏览器前端的 javascript api。部署步骤叙述如下。

安装:

```
$ sudo apt - get install nodejs
$ mkdir ~/EasyRTC
$ cd ~/EasyRTC
$ unzip easyrtc_server_example. zip here
$ sudo npm install
- - npm install easyrtc
- - npm install express
```

```
- - npm install socket. io
...
- - - (node - gyp rebuild 2 > builderror. log) || (exit 0)
```

启动服务：

```
$ cd ~/EasyRTC
$ (sudo) nodejs ./server. js
$ sudo nodejs ./server. js
- - info - EasyRTC: Starting EasyRTC Server (v1.0.15) on Node (v0.10.25)
- - info - EasyRTC: EasyRTC Server Ready For Connections (v1.0.15)
```

主要代码

服务器主要代码如下。

```
    <! DOCTYPE html >
< html >
< head >
< title > Xiobot </title >
< meta http - equiv = "Content - Type" content = "text/html; charset = utf - 8" / >
< link rel = "shortcut icon" href = "favicon. ico" / >
< link rel = "stylesheet" type = "text/css" href = "/css/rbt. css" / >

< script type = "text/javascript" src = "/easyrtc/easyrtc. js" > </script >
< script type = "text/javascript" src = "/socket. io/socket. io. js" > </script >
< script type = "text/javascript" src = "js/eventemitter2. min. js" > </script >
< script type = "text/javascript" src = "js/roslib. min. js" > </script >
< script type = "text/javascript" src = "js/rbt. js" > </script >
</head >
</html >

var xbotId; //'bfd4a09ef4a247f74498c180ed925529';
var lin,ang;

var ros = new ROSLIB. Ros( );
```

```
ros.on('error',function(error) {
    writeFile( 'Ros error from newROSLIB: ' + error );
    }
);
ros.on('connection',function() {
    writeFile( 'Ros Connection Success made! ' );

    if( asr != null )
    {
        language.get(function(value) {
            if( value != null ) asr.setLanguage( value );
        });
    }

    paramId.get(function(value) {
        xbotId = value;
    });

    velAng.get(function(value) {
        ang = value;
    });
    velLin.get(function(value) {
        lin = value;
    });
    }
);
ros.on('close',function() {
    writeFile( 'ROS disConnection made! ' );
    }
);

ros.connect('wss://localhost:9090');

// parameter
var paramId = new ROSLIB.Param({
```

```
    ros : ros,
    name : '/system/xbotId'
});

var language = new ROSLIB.Param({
    ros : ros,
    name : '/system/language'
});

var velAng = new ROSLIB.Param({
    ros : ros,
    name : '/driving/velocityAngular'
});

    var velLin = new ROSLIB.Param({
    ros : ros,
    name : '/driving/velocityLinear'
});

// publisher
var pubWheels = new ROSLIB.Topic({
    ros : ros,
    name : '/cmd_vel_mux/input/teleop',//'/drive/teleop',
    messageType : 'geometry_msgs/Twist',
    queue_size: 5
});
var pubTeleopCon = new ROSLIB.Topic({
    ros : ros,
    name : '/teleop/connect',
    messageType : 'std_msgs/Bool',
    queue_size : 5
});
var pubTeleop = new ROSLIB.Topic({
    ros : ros,
    name : '/teleop/start',
    messageType : 'std_msgs/Bool',
```

```
    queue_size : 5
});

// subscriber
var subProcess = new ROSLIB.Topic({
    ros : ros,
    name : '/process',
    messageType : 'std_msgs/String',
    queue_length: 5
});
var batteryVoltage = 0;
var subBatteryVoltage = new ROSLIB.Topic({
    ros : ros,
    name : '/battery/voltage',
    messageType : 'std_msgs/Float32',
    queue_length: 5
});
var batteryPercent = 0;
var subBatteryPercent = new ROSLIB.Topic({
    ros : ros,
    name : '/battery/percent',
    messageType : 'std_msgs/UInt8',
    queue_length: 5
});

subProcess.subscribe( function(message)
{
    messageSend( "process",message.data );
});

subBatteryVoltage.subscribe( function(message)
{
    if( batteryVoltage != message.data )
    {
        batteryVoltage = message.data;
```

```
                messageSend( "hardware", JSON. stringify( { type: 'batteryVoltage', value:
batteryVoltage } ) );
            }
    } );
    subBatteryPercent. subscribe( function( message)
    {
        if( batteryPercent != message. data )
        {
            batteryPercent = message. data;
            messageSend( "hardware", JSON. stringify( { type: 'batteryPercent', value:
batteryPercent } ) );
        }
    } );

    function writeFile( str )
    {
        var date = new Date( );
        var month = date. getMonth( ) + 1;
        var newdate = date. getFullYear( ) + '-' + (month < 10 ? '0' : '') + month
+ '-' + date. getDate( );
        var newtime = (date. getHours( ) < 10 ? '0' : '') + date. getHours( ) + ':' +
            (date. getMinutes( ) < 10 ? '0' : '') + date. getMinutes( ) + ':' +
            (date. getSeconds( ) < 10 ? '0' : '') + date. getSeconds( ) + '.' +
            (date. getMilliseconds( ) < 100 ? '0' : '') + (date. getMilliseconds( ) < 10
? '0' : '') +  date. getMilliseconds( );
        console. log( '[' + newdate + ' ' + newtime + '] ' + str );
    };

    function pubTwist( )
    {
        pubWheels. publish( twist);
    }

    function signin( $login, $password)
    {
    $res = 1;
```

```
if ( $login = = '')
{
        $res = 2;
}

 $query = "SELECT * FROM users WHERE login ='$login'";
 $result = mysql_query( $query) or die('Request failed: '. mysql_error());

while ( $line = mysql_fetch_array( $result,MYSQL_ASSOC))
{
        if ( $line['password'] = = $password)
        {
                $res = 0;

                if ( $line['group'] = = 1)
                {
                        $_SESSION['admin'] = 1;
                        $_SESSION['login'] = $login;
                        $_SESSION['hash'] = generateRandomString();
                        header('Location: ? act = monitorboard');
                }
                else
                {
                        $_SESSION['login'] = $login;
                        $_SESSION['hash'] = generateRandomString();
                        $_SESSION['room'] = $line['xbotid'];
                        if ( $_SESSION['room'] = = '')
                        {
                                header('Location: ? act = no - id');
                        }
                        else
                        {
                                include('../options.php');
                                header('Location: '. $uri_rtc. '/tp.monitor.html?
hash ='. $_SESSION['hash']);
                        }
```

```
                }
            }
        }
        mysql_free_result( $result);
        return $res;
}
function showmonitors()
{
        $res = '';
        $query = "SELECT * FROM monitors WHERE id > 0";
        $result = mysql_query( $query) or die('Request failed: ' . mysql_error());
        while ( $line = mysql_fetch_array( $result,MYSQL_ASSOC))
        {
                $lastonline = $line['lastonline'];
                $online = $line['online'];

                if ( $lastonline == '0000-00-00 00:00:00')
                {
                        $lastonline = 'Never';
                }
                else
                {
                        $lastonline = strtotime ( $lastonline);
                        $lastonline = date ("Y-m-d H:i", $lastonline);
                }

                if ( $online == 1)
                {
                        $online = 'Online';
                }
                else
                {
                        $online = 'Last online: '. $lastonline;
                }

                $res .= '<tr>
```

```
                        <td>'. $line['id'].'</td>
                        <td>'. $line['name'].'</td>
                        <td>'. $line['xbotid'].'</td>
                        <td>'. $online.'</td>
                        <td>
                                    <a href="?act=dashboard&page=monitors&go=
edit&id='. $line['id'].'">Edit</a> |
                                    <a href="?act=dashboard&page=monitors&go=
delete&id='. $line['id'].'">Delete</a>
                        </td>';
        }
        mysql_free_result($result);
        echo $res;
    }
```

12.3 SLAM 调试优化

12.3.1 调试技巧(Tips)

12.3.1.1 算力

需要考虑系统算力,然后配置诸如地图分辨率等相关参数。

可以通过系统负载确定,方法是只打开 move_base 节点但是不发送导航目标,这样 Navi 只运行 costmap,此时通过 top 指令即可查看负载水平,通过附加参数'1' 查看多核的具体 cpu,重点关注 average load 指标。

```
PID USER PR NI VIRT RES SHR S %CPU %MEM TIME+ COMMAND 14706 ubuntu
20 0 296736 212296 5564 R 71.5 11.0 1:51.56 amcl 14245 ubuntu 20 0 79408 5592 4792
S 47.0 0.3 2:30.72 laser_node 14250 ubuntu 20 0 105876 5348 4616 S 3.0 0.3 0:09.73
lpms_imu_node 23344 ubuntu 20 0 91032 6960 6140 S 4.0 0.4 0:00.77 robot_pose_ekf
```

如果计算能力较弱还可以考虑关闭 map_update_rate 参数,这将导致传感器数据进入 costmap 的速度放缓,从而减慢机器人对障碍物的反应速度。

此外,还要关注内存情况:

```
$ free -m
```

以及磁盘介质：

```
$ df -h
$ du -h --max-depth=1
```

12.3.1.2 里程计

机器人定位不准，原因可能在Odom，需要做两个检查。

(1)确定odom旋转的可靠性。在rVIZ中设置为odom框架，打开激光scan，执行原地旋转，观察彼匹配程度，应不超过0.5°的偏差。

(2)确定odom平移的可靠性。距离墙体 x m，通过rVIZ对墙进行垂直行进. 墙壁厚度由激光雷达确定，如果把车开到离墙1 m远的地方，得到的扫描结果却超过了例如0.5 m，那么里程表很可能出了问题。

根据检查情况，可能需要做两个校准。

(1)线速度的校准。发送指令，控制机器人前进指定距离例如1 m，使用软尺测量机器人的实际前进距离与指定距离是否一致。校准策略是，如果实际前进距离大于指定距离，则调大wheel_diameter参数，反之调小。

(2)角速度的校准。影响角速度的主要参数有轮子直径和轮子间距，在线速度校准完成后，只需调整轮子间距即wheel_track参数。校准策略是，如果实际旋转角度大于指定角度，则调大wheel_track参数，反之调小。

12.3.1.3 发行版本

使用Release可以获得数量级的性能提升。

如果没有使用-DCMAKE BUILD TYPE=Release，则默认是未经优化的Debug版本，其性能很差。

```
$ catkin make -DCMAKE BUILD TYPE=Release
```

12.3.1.4 地图尺寸

基于ROS的SLAM框架的地图受限于OpenCV视觉库，地图最大尺寸为8 192×8 192，如果超出map_server将抛出"Out of memory"错误。所以，对于0.02 m的分辨率，最大地图尺寸约为160 m×160 m，即40 000 m^2。

如果需要地图文件变小，可以通过更改数据类型实现。

```
// Description for a single map cell.
typedef struct
{
  // Occupancy state (-1 = free,0 = unknown, +1 = occ)
```

```
  int occ_state;

  // Distance to the nearest occupied cell
  double occ_dist;

  // Wifi levels
  //int wifi_levels[MAP_WIFI_MAX_LEVELS];

} map_cell_t;
将 double 改为 int8。
// Description for a single map cell.
typedef struct
{
  // Occupancy state (-1 = free,0 = unknown, +1 = occ)
  int8_t occ_state;
  // Distance to the nearest occupied cell
  float occ_dist;
  // Wifi levels
  //int wifi_levels[MAP_WIFI_MAX_LEVELS];
} map_cell_t;
```

12.3.1.5 传感器期望速率

对于 costmap_comm 中的 expected_update_rate，需要根据传感器实际发布频率设置。通常要给出相当大的容忍度，例如使检查的时间是预期的两倍。

但是如果传感器的速度远远低于预期，可以修改代码为得到报警提示。

```
bool ObservationBuffer::isCurrent() const
{
  if (expected_update_rate_ == ros::Duration(0.0))
    return true;

  bool current = (ros::Time::now() - last_updated_).toSec() <= expected_update_rate_.toSec();
  if (! current)
  {
    ROS_WARN(
```

```
        "The %s observation buffer has not been updated for %.2f seconds, and it
should be updated every %.2f seconds.",
        topic_name_.c_str(), (ros::Time::now() - last_updated_).toSec(),
expected_update_rate_.toSec());
    }
    return current;
}
```

12.3.1.6　多源激光雷达

如果在机器人上使用多个来源的激光雷达,则最佳位置是一前一后布置。

对于 Amcl,其本身支持在同一个 Topic 上的多个激光器,只要合理配置消息的 header 域即可。当多台激光器在同一主题发布其数据时,在 LaserScan 消息中包含帧 ID 和时间戳。

至于 Gmapping,则需要合并数据。

```
<launch>
        <node pkg="ira_laser_tools" name="laserscan_multi_merger" type="
laserscan_multi_merger" output="screen">

            <param name="destination_frame" value="base_link"/>
            <param name="cloud_destination_topic" value="/merged_cloud"
/>
            <param name="scan_destination_topic" value="/scan_multi"
/>
            <param name="laserscan_topics" value ="/scan /scanback" />
<!-- LIST OF THE LASER SCAN TOPICS TO SUBSCRIBE -->

            <param name="angle_min" value="-3.14159"/>
            <param name="angle_max" value="3.14159"/>
            <param name="angle_increment" value="0.0017453"/>
            <param name="scan_time" value="0.05000"/>

            <param name="range_min"   value="0.10"/>
            <param name="range_max" value="25.0"/>
```

```
                <!-- scan ~ base_laser_link,scanback ~ base_laserback_link -->
                        <!-- Note these topics to be published before starting the node. -->
      </node>
   </launch>
```

12.3.1.7 可视化参数

将 rVIZ 设置坐标框架为 Odom，同时显示激光的 Topic，通过以下步骤可以粗略检测 Odom 性能：①执行就地旋转，查看激光扫描，若里程计是准确的，应该看到扫描是重叠的；②机器人朝向平直墙壁直行，若里程计准确，在机器人移动时墙壁应该保持同一位置不变化。

但是，local_costmap 和 global_costmap 的 publish_frequency 一般需要调低。该参数对于在 rVIZ 中可视化 costmap 非常有用，但是运行大型全局地图可能导致运行缓慢。在生产环境中，一般考虑调低，尤其对非常大的地图进行可视化时更需要设置得非常低。

12.3.1.8 一般建图过程

建图过程中首先放慢速度，其次尽量重复。很多时候，第一次扫描某个区域时，地图看起来很杂乱，但再次经过时就会得到调整。建图速度不宜过快，尤其是旋转时；对于 200 m^2 的场景，建图可能需要 30 min。

建图最好在开始时使得雷达面对完整的墙壁通过倒退完成地图。避免正对着墙壁或者空旷区域前进建图，在完成部分环境建图后，正向前进是可以的。对于地图的直观判别是墙体黑线周围黑点越少越好、毛刺越少越好，但是缝隙漏光导致扇形白线是正常的。

如果建图出现重影，可以检查两个方面：里程计的累计误差和建图数据的时间戳对齐问题。一般前者比较常见，此时可以检查编码器是否丢失脉冲，或者更换到更为坚硬的路面重新检验建图的效果。

12.3.1.9 速度平滑

导航栈在 cmd_vel 上发布的速度并不友好，通常需要再次平滑处理，可以通过例如 yocs_velocity_smoother 的滤波来实现。

12.3.1.10 膨胀半径

经验数据是设置膨胀地图的半径为机器人包络圆半径，如果需要机器人的行为更为激进，可以考虑增加 cost_scaling_factor 值例如 100。

全局代价地图的膨胀半径，应该比局部的大，这样可以在全局规划时就规划出安全的路径，从而在局部规划时拥有较大的自由。

12.3.1.11　局部规划器

对于加速度性能良好的机器人,通常采用 dwa_local_planner。对于加速度指标较低的机器人,可以用 base_local_planner。因为 dwa_local_planner 比 base_local_planner 更容易进行参数优化,其参数可以动态重构。

对低加速度机器人在确保 base_local_planner 后,还可根据处理能力将 dwa_local_planner_params. yaml 的 vx_samples 参数更新为 8 ~ 15,以允许生成非圆曲线。

12.3.1.12　局部规划器参数

参数 sim_time 的设置会对机器人的行为产生很大的影响,通常把这个参数设置为 1 ~ 5 s。设置得更高将使得轨迹更为平滑。如果算力不足,可以适当提高 sim_granularity 参数,以增加采样间隔,减少采样数量。如果地图分辨率比较粗糙,可以将 sim_particle 参数调高一点,以节省周期。

局部路径模拟的时间不用太长也不用太短,太长容易导致偏离全局的路径,特别启动的时候会转动较大的半径。如果需要启动的时候基本原地旋转摆正机器人的方向和全局路径的方向一致,那么就把模拟时间设置小些;不过仿真时间太短容易导致频繁的路径规划甚至出现振荡。

path_distance_bias 刻画了局部路径贴合全局路径的程度,将 path_distance_bias 参数调高,将使机器人更紧密地跟随路径,且快速地向目标移动,但是设置太高会造成机器人拒绝移动。

goal_distance_bias 是达到局部目标点的权重参数,用来控制速度,权重如果设置为 0 表示要求完全到达目标点,这将导致机器人走行缓慢和振荡,因为要求达到目标点的精度太高。

12.3.1.13　坐标框架

在对局部性能进行优化时,选择 Odom 框架运行导航非常有用。首先使用 local_costmap_params 覆盖 global_costmap_params ,然后修改地图的长和宽至合适的尺寸例如 10 m,这是有效的调试方法。

12.3.1.14　变换时延

变换时延可以通过检查 TF 的时延然后设置保守的参数。

```
$ tf_monitor map base_link
```

通常 local_costmap 和 global_costmap 中的 transform_tolerance 需要小于 amcl. launch 的 transform_tolerance。

12.3.1.15　原地旋转

使用 move_base 规划路径后小车在接近目的地后原地旋转,可能是以下原因。

首先需要保证最小速度与 sim_period 的积小于目标位置容忍度的两倍，否则机器人会在目标位置范围之外某处原地旋转，而不是移向目的地。

其次需要考虑里程计误差。因为机器人若要到达目的地，需要经历变速过程，开始时加速，中间时接近匀速，即将到达时减速。但这速度仅是规划的。例如，规划 liner 线速度 0.3 m/s，实际为 0.1 m/s，但是 0.1 m/s 线速度却通过底盘的基控制器计算后发出。通常 min_vel_x 参数设置过大会导致有效减速指令达不到效果，例如到达目标前规划减速至 0.1 m/s 的速度，但可能为 0.2。

12.3.2 常见问题(FAQ)

12.3.2.1 Filter time older

Q：I meet error "filter time older than odom message buffer".

A：This error occurs when two sensor inputs have timestamps that are not synchronized. All sensor inputs are stored in a message buffer; this buffer keeps data for 10 seconds. When the timestamps of two sensor inputs are more than 10 seconds apart, data will get lost from the message buffer, and you'll get this error.

12.3.2.2 Dynamic tolerance

Q：Dynamic goal tolerance to change the yaw_goal_tolerance and xy_goal_tolerance?

There are several situations where we want to apply a very small tolerance (+ decrease accs and vels). We want to be capable of dynamically reconfigure' those params. Unfortunately, those parameters are missing from the according reconfigure message.

A：No, AFAIK there is no way to dynamically reconfigure these planner parameters. If you are serious about this, hack into move_base and have it read these params from a callback, like plannerParamsUpdateCallback .

Killing and restarting the node would be terrible, to say the least. Or using DWAPlannerROS for the local planner. There the tolerance params are dynamic.

12.3.2.3 Control loop rate

Q：Control loop missed its desired rate xxx Hz, the loop actually took x seconds, this happens when processing takes more time than the value set by the controller frequency.

A1：Actually I found the problem and it was that in the amcl parameters I set transform _tolerance in amcl. yaml/local_costmap/global_costmap too low so it does not match the TF publishing frequency and that causes the delay in the controller loop. So I solved the problem by setting the transform_tolerance to 0.3 and everything works fine.

A2：Solutions suggested in earlier posts includes：reduce the resolution of costmaps (0.1 m)/ reduce the width and height of the local costmap (3 m × 3 m)/ reduce vx_samples and vtheta_samples in dwa_local_planer (4 and 10 respectively)/ reduce controller_frequency in move_base_params. yaml (5 Hz).

12.3.2.4 Update loop rate

Q: I have a relatively big map 2 144 by 2 528 pixels and this leads to big latency in the global costmap update it usually misses the desired rate of 1.0 Hz. I realize that reducing the resolution might be a solution but I do not want to reduce the accuracy of the map.

A1: This means that your map cannot be updated as fast as you've parameterized it. You can choose to use a smaller or lower resolution map or provide more computational power.

A2: This means you're likely saturating your system's processing capability, and need to reduce the load somewhere. The load could be coming from the costmap itself, or from other costly operations such as SLAM, or just a limitation in your hardware.

A3: One possible solution is to partition your big map and dynamically load the portion that surrounds the robot during the current step, but this requires changes to some of the navigation as well similar to http://wiki. ros. org/topological_navig... (this is no longer maintained it seems)

A4: Have you set always_send_full_costmap parameter of global_costmap to true? If you have set this to true, then the global_costmap generates the full costmap at each update step. If it is set to false (which is the default) it only publishes the updates to the global costmap, which is quite efficient

A5: I found out that the inflation layer is the source of the problem that it takes a very long time to update. All my layers combined take nearly 200 ms to update and the inflation layer takes almost 1.5 s.

A6: What I am thinking about is modifying the map server to ignore the gray area of the map because usually it takes big space in the map image, map_server publishes the static global map only once for each subscribed node. So the static_layer plugin used by global_costmap reads and parses this big map only once. So I don't see how modifying this would solve your issue.

12.3.2.5 Escape fast

Q: On my robot, the escape behaviour in the move_base navigation stack the rotation is very much too fast.

A1: By configuring the recovery_behaviors parameter If you want them to be different than your normal path planning parameters, you have to set them somewhere else under the rotate_recovery namespace.

I have a small doubt regarding the robot's behavior when escape velocity (escape_vel) is given to it. When the robot is going in the backward direction (escape_vel : -0.2) to escape from a stuck situation, In my case, it does not care if there is an obstacle behind it or not and it keeps on going in the backward direction and hits the obstacle although the obstacles are present in the costmap.

A2:I have exactly the same problem... when robot is "escaping" using "escape_vel" speed,it seems to not consider obstacles in the local costmap and many times it hit a wall or a door! When the robot is "escaping" it does not consider the obstacles behind it. I had to disable this behavior.

12.3.2.6 Scan match map

Q: Laser scan data does not match the static map ,The problem with amcl (laser will not align with map after moving).

A: About odometry. If moving forward and it works fine, then yes, it's probably your odometry.

If the problem is only when rotating maybe the wheel base is wrong. You need to adjust your robot's wheel base (distance between wheels). If your wheel bias (distance between wheels) is wrong, you're going to have lots of drift problems. And what I remember when I had to calibrate my robot's odometry: if your angular error grows clockwise you need to reduce the wheel base parameter, if the angular error grows counterclockwise then you should increase the parameter.

12.3.2.7 Measure covariance

Q:[ERROR] [1301063933.998367333]: Covariance specified for measurement on topic wheelodom is zero. I've wrote the odometry node and it works fine. It is true that I don't have a covariance matrix for it. For the covariance error, I knowI need to enter a covariance, but what should I use as a default value?

A:Each measurement that is processed by the robot pose ekf needs to have a covariance associated with it. The diagonal elements of the covariance matrix cannot be zero. This error is shown when one of the diagonal elements is zero. Messages with an invalid covariance will not be used to update the filter.

If your odom and imu don't have covariance, then add following code in odom_estimation_node.cpp:

```
    // receive data
    odom_stamp_ = odom->header.stamp;
    odom_time_  = Time::now();
    Quaternion q;
    tf::quaternionMsgToTF(odom->pose.pose.orientation,q);
    odom_meas_  = Transform(q,Vector3(odom->pose.pose.position.x,odom->pose.pose.position.y,0));
```

```
for (unsigned int i =0; i <6; i + +)
    for (unsigned int j =0; j <6; j + +)
        odom_covariance_(i +1,j +1) = odom - >pose. covariance[6 * i +j];

if (odom_covariance_(1,1) = = 0.0){ <! - - - - >//xinyi
    SymmetricMatrix measNoiseOdom_Cov(6);  measNoiseOdom_Cov = 0;
    measNoiseOdom_Cov(1,1) = pow(0.01221,2);  // = 0.01221 meters
/ sec
    measNoiseOdom_Cov(2,2) = pow(0.01221,2);  // = 0.01221 meters
/ sec
    measNoiseOdom_Cov(3,3) = pow(0.01221,2);  // = 0.01221 meters
/ sec
    measNoiseOdom_Cov(4,4) = pow(0.007175,2);  // = 0.41 degrees / sec
    measNoiseOdom_Cov(5,5) = pow(0.007175,2);  // = 0.41 degrees / sec
    measNoiseOdom_Cov(6,6) = pow(0.007175,2);  // = 0.41 degrees / sec
    odom_covariance_ = measNoiseOdom_Cov;
}

// manually set covariance untile imu sends covariance
if (imu_covariance_(1,1) = = 0.0){ <! - - - - >
    SymmetricMatrix measNoiseImu_Cov(3);  measNoiseImu_Cov = 0;
    measNoiseImu_Cov(1,1) = pow(0.00017,2);  // = 0.01 degrees / sec
    measNoiseImu_Cov(2,2) = pow(0.00017,2);  // = 0.01 degrees / sec
    measNoiseImu_Cov(3,3) = pow(0.00017,2);  // = 0.01 degrees / sec
    imu_covariance_ = measNoiseImu_Cov;
}
```

12.3.2.8　Dwa planner path

Q: I have already tried to solve this issue by changing the DWA_local_planner parameters like path_distance_bias, goal_distance_bias, forward_point_distance, sim_time etc. but still not avoid the obstacle.

A1: Try to reduce only the inflation radius with something very small (e.g. 0.2) just to see the behavior.

A2: To use the Trajectory Rollout instead DWA, which was more suitable for me in certain situations.

A3: From my brief look, your footprint looks pretty big - 1.45 m ×0.8 m? Other things that come to mind are acceleration limits as mentioned above and inflation radius.

A4:I think it is a bug for dwa local planner. When the goal is in the -x and -y direction with respect to robot's current pose, the robot moves really slowly, even stop. You can try systematically setting the weights (path_distance_bias, goal_distance_bias, occdist_scale) to zero to see which Cost Function is creating the negative score.

12.3.2.9 Not follow plan

Q: base_local_planner does not follow the global plan accurately, the global planner gives the correct path to the goal but the problem is that the local planner is not able to follow that path properly. It tries to follow the path but overshoots and then again tries to come back and overshoots and so on. I reduced the size of the local costmap but that also did not improve results by much.

A1:The cause was slow hardware running the local planner. Slow hardware + high robot speed = disaster.

I had to relax the forward simulation constrains, specially the control_frequency parameter (in my case I set it to 10 Hz instead of the default 20 Hz) and reduce the max linear and angular speed of the robot. Hi you can still reduce the forward sim_time from 1.5 to 1 second. Also, to confirm that your hardware is struggling executing the local planner, you can check how much CPU the move_base is taking during autonomous navigation. If it is close to 100% you are in trouble.

A2:Hi, above have pointed some good tips. But, map's resolution is a unnoticed point, I solved the similar problem by changing the costmap's resolution. NOTE the costmap's resolution must be EQUAL OR GREATER THAN the gmapping's map resolution.

12.3.2.10 Plan close wall

Q: The global plan would put the path along and close to the wall. Especially at the corners, is there a way to move the path away from the walls?

A:If the robot is getting close enough that it is doing the recovery behaviors, then it's possible you're not setting the robot footprint correctly. Changing the robot's footprint may change the minimum allowed distance. If you want to allow your robot to go closer, but prefer it to move farther, I would increase the inflation_radius and play with the cost_scaling_factor.

I've been trying to increase the inflation radius of obstacles in the local_costmap for move_base. set the robot footprint to a 0.8 m×0.8 m box, the inflation radius is 0.4 m.

12.3.2.11 Plan close enough

Q: Robot doesn't follow plan close enough ?

A:You could try to increase the value of path_distance_bias to some value like 5.0. But, the local planning approach in the navigation stack only works well for global paths which have U – shapes, you will always have problems if you try to make your robot follow non – sparse path using one of the local planners of the navigation stack.

yaw_goal_tolerance: 0.05

xy_goal_tolerance: 0.10

12.3.2.12 In place spinning

Q: Why so much spinning in place with move_base?

A: I think I might have found the root of most of my problems. I was getting the most spinning when I set the xy_goal_tolerance to 0.05 or less. But I just realized that my blank map only had a resolution of 0.05.

When I set the map resolution to 0.01, I was able to get good behavior without all the spinning.

I turn down the k_rot, max_rot_vel, and min_rot_vel in /config/planner.yaml.

If you're familiar with control theory and root locus plots, this makes sense. The gain was too high so the system oscillated and became unstable.

And I found a better way: oscillation_timeout: 5.0 (it wasn't set at all, originally).

But these are my other settings: k_trans = 0.5, k_rot = 1. max_rot_vel no longer applies. Originally those were k_trans: 3.0 k_rot: 3.0.

Parameters oscillation_timeout and oscillation_reset_distance force the robot to stop moving if it hasn't translated more than oscillation_reset_distance in the time determined by oscillation_timeout.

12.3.2.13 Goal rotation

Q: The robot rotates when it is near the goal / robot keeps rotating when close to its goal

A1: IT MUSY BE satisfy : sim_grad * (1/dwa_local_freq) <= 2 * tolerance. I normally set sim_time parameter to between 1 – 2 seconds, where setting it higher can result in slightly smoother trajectories, making sure that the minimum velocity multiplied by the sim_period is less than twice my tolerance on a goal. Otherwise, the robot will prefer to rotate in place just outside of range of its target position rather than moving towards the goal.

A2: First off, I'll answer the question about turning at a really low angular speed. This is just a bug which should be fixed in the next patch release of navigation.

Things are often wrong with the odometry of the robot, localization, sensors, and other pre – requisites for running navigation effectively sucn as range sensors, odometry, and localization.

12.3.2.14 Rotation suddenly

Q: Sometimes, the robot will perform a small rotation to one side followed by a large rotation in the other direction just to turn around.

A: While commanding a speed via cmd_vel, you should plot the speed reported by your robot's odometry. An example of this would be rxplot /cmd_vel/linear/x,/odom/twist/twist/linear/x. This will give you a plot with two graphs, one for the commanded velocity and one of the reported velocity.

If those graphs do not match up (e. g. odometry reports the robot is not moving while the command is set and the robot actually is moving).

12.3.2.15 None of the points

Q: None of the points of the global plan were in the local costmap, so the global path points too far from robot.

A1: I would recommend inspecting the published global path visually in rVIZ and make sure its where you expect it. If it is, also turn on the local_costmap visualization and make sure it is around the robot and overlaps with the global path.

A2: It is the local planner data that is the problem, and not the costmap.

A3: It happens to appear when changing the update frequency of the map via rqt_reconfigure_gui.

A4: Try turn off the robot model (show footprint instead) in rviz. And observe how the explore algorithm discover . There are three parameter about how to choose frontier as a goal to navigation. (closet, middle, centroid). The error message is about the base_local_planner can not find the target cells, try to git clone the navigation code and check how to adjust the planner parameters.

12.3.2.16 None of first points

Q: But close to the goal, it kind of stops and keeps like dancing in place. Here got: None of the 94 first of 94 (94) points of the global plan were in the local costmap and free... I have also found some problems around the end of the plans. This is due to some errors in DWA with setting the weights of the different critics.

A1: After seeing your trial and going through the code, I'm quite sure that it's because the latch_xy_goal_tolerance is not working well.

latch_xy_goal_tolerance is designed to prevent robot moving once reaching the goal position. If we close it, the robot may go away from the goal then start local planning again during the in place rotating stage. So we can see the robot dancing sometimes. To check this, you can set latch_xy_goal_tolerance to false and should see the robot dancing in the same way.

The problem is from global planning. We don't want the robot being latched if we get a new goal, so when there is a new global plan, move_base will reset Latching. However, the global planning is never closed before we reach the goal position and orientation. During the last rotating stage, the orientation haven't been reached, so latching is reset.

An easy way to fix this bug is checking the global plan's goal before resetting latching in function DWAPlannerROS::setPlan. If latch_xy_goal_tolerance is what we want and global plan's goal is not changed (so we need to record an old goal), don't reset the latching.

There is another quick dirty way, just set planner_frequency in move_base params to zero, then global planner will only work when we get a new goal or local planner fails, so latching won't be reset too often.

12.3.2.17 Recovery behaviors

Q: Aborting because the robot appears to be over and over even after executing all recovery behaviors.

A1: Running on arm board the robot didn't move smoothly the strange thing is, if I run the same code on my desktop PC. The result is pretty smooth. just the difference is, on my PC, the control loop frequency can reach to 2.5 Hz as specified, but it can only reach to about 2.2 Hz on arm ?

A2: Maybe you should try lowering the costmap resolution, and/or costmap sizes etc therefore your navigation stack will require less processing power and memory. However your navigation performance may degrade as a result.

Also You may try increasing sim_time, sim_granularity and angular_sim_granularity a bit to SMOOTH cmd_vel.

12.3.2.18 Automatic recovery

Q: When the robot gets stuck, it will automatically run recovery behaviors, such as rotation or clear costmap, how does recovery behavior get triggered in navigation?

A1: First the robot is seeing an obstacle (for example a door, which will be closed infront of him) and then the robot is driving out of distance of the obstacle, but if the robot wants to reenter the room with the closed door opened again it can't plan a new way.

I guess you are using the default move_base configuration, that only calls conservative clear costmap that cleans costmaps only further than 3 meter from your robot. You can also include the aggressive version, that clears costmaps from 0 meters (so full costmaps). Add something like this to your move_base.yaml.

A2: These recovery behaviors can be configured using the recovery_behaviors parameter, and disabled using the recovery_behavior_enabled parameter. First check a rosparam list and then rosparam get shows true.

A3: I don't wanna using recovery_behavior that in the navigation package. My aim is using my custom recovery behavior. For just using custom recovery behaviors it is really simple, you just have to define them in the configuration of move_base :

```
recovery_behaviors:
- name: 'conservative_reset1'
```

type: 'clear_costmap_recovery/ClearCostmapRecovery'

For the name you chose whatever you want but the type is the package where the recovery behavior is defined. However if you want to write custom recovery behaviors you will need to make them implement the nav_core::RecoveryBehavior interface and create the dedicated ros package.

12.3.2.19 Global obstacle layer

Q: Should global costmap have an obstacle layer?

A: I agree that it would most likely be redundant in the global_costmap, so you should not keep it. But notice if the obstacle layer is a voxel layer, then possibly it might not be redundant.

12.3.2.20 Status ABORTED

Q: Hi all, My client sends the goal but gets status ABORTED instead of SUCCEEDED and server gives following error:

[WARN] [1337607518.317686823]: Your executeCallback did not set the goal to a terminal status. This is a bug in your ActionServer implementation. Fix your code! For now, the ActionServer will set this goal to aborted.

A: As pointed out by the error message, fix the termination state in your Action Server.

In rospy sample, not calling set_succeeded can lead to the error in this question.

This was because the CustomActionMsgResult was not used

12.3.2.21 Out of memory

Q: "Map_server failed to open image file, Out of memory." While I am using 25 500 × 5 300 pixels (.pgm) it gives above err.

A: Because 25 500 × 5 300 = 135 150 000 bytes = (approx 128 MB), but the map_server uses SDL_image to read image files, whose dimensions are limited to 8 192 × 8 192 = 67 108 864 pixels = (67 MB).

Until now, the best solution is to divide the map to some small maps or sections and write a map switcher node to manage it.

And I know plenty of companies that tile their maps and load only sections at a time that are relevant in order to help deal with this. It's also a common strategy used in 3D dense and sparse reconstruction due to the amount of data stored.

参考文献

[1]熊金城. 点集拓扑讲义[M]. 4 版. 北京:高等教育出版社,2011.
[2]杨子胥. 近世代数[M]. 2 版. 北京:高等教育出版社,2010.
[3]丘维声. 简明线性代数[M]. 北京:北京大学出版社,2016.
[4]罗家洪,方卫东. 矩阵分析引论[M]. 5 版. 广州:华南理工大学,2019.
[5]戴华. 矩阵论[M]. 北京:科学出版社,2019.
[6]张跃辉. 矩阵理论与应用[M]. 北京:科学出版社,2021.
[7]时宝,袁建,程业. 系统、稳定与控制基础[M]. 北京:电子工业出版社,2020.
[8]黄琳. 系统与控制理论中的线性代数[M]. 2 版. 北京:科学出版社,2018.
[9]王翼. 自动控制中的基础数学——微分方程与差分方程[M]. 北京:科学出版社,1987.
[10]柳重堪. 应用泛函分析[M]. 北京:国防工业出版社,1986.
[11]胡钦训. 实变函数论基础[M]. 北京:国防工业出版社,1984.
[12]河田敬义. 集合拓扑测度[M]. 上海:上海科学技术出版社,1961.
[13]HALMOS. 测度论[M]. 北京:科学出版社,1958.
[14]严士健,刘秀芳. 测度与概率[M]. 北京:北京师范大学出版社,2003.
[15]应坚刚,何萍. 概率论[M]. 上海:复旦大学出版社,2016.
[16]伯特瑟卡斯,齐齐克利斯. 概率导论[M]. 北京:人民邮电出版社,2020.
[17]帕普里斯,佩莱. 概率、随机变量与随机过程[M]. 4 版. 西安:西安交通大学出版社,2016.
[18]张波,商豪,邓军. 应用随机过程[M]. 5 版. 北京:中国人民大学出版社,2020.
[19]SIMON. 最优状态估计——卡尔曼、H 无穷及非线性滤波[M]. 北京:国防工业出版社,2013.
[20]钟,扎克. 最优化导论[M]. 4 版. 北京:电子工业出版社,2014.
[21]BARFOOT. 机器人学中的状态估计[M]. 西安:西安交通大学出版社,2020.
[22]何毓琦. 应用最优控制——最优化、估计与控制[M]. 北京:国防工业出版社,1982.
[23]郁凯元. 控制工程基础[M]. 北京:清华大学出版社,2010.
[24]林雪原,李荣冰,高青伟. 组合导航及其信息融合方法[M]. 北京:国防工业出版社,2017.
[25]袁书明,杨晓东,程建华. 导航系统应用数学分析方法[M]. 北京:国防工业出版社,2013.
[26]秦永元,张洪钺,汪叔华. 卡尔曼滤波与组合导航原理[M]. 3 版. 西安:西北工业大学出版社,2020.

[27]CHU. 卡尔曼滤波及其实时应用[M]. 北京:清华大学出版社,2013.
[28]韦来生. 贝叶斯分析[M]. 合肥:中国科技大学出版社,2017.
[29]刘洞波. 移动机器人粒子滤波定位与地图创建[M]. 湘潭:湘潭大学出版社,2016.
[30]王永岗. 分析力学[M]. 北京:清华大学出版社,2019.
[31]汪越胜,税国双. 运动学与动力学[M]. 北京:电子工业出版社,2011.
[32]HIBBE. 动力学[M]. 12 版. 北京:机械工业出版社,2014.
[33]MASON. 机器人操作中的力学原理[M]. 北京:机械工业出版社,2018.
[34]赖姆佩尔. 悬架元件及底盘力学[M]. 长春:吉林科学技术出版社,1992.
[35]施拉姆,席勒,巴迪尼. 车辆动力学、建模与仿真[M]. 北京:化学工业出版社,2017.
[36]乌斯潘斯基,缅里尼柯夫. 汽车悬架设计[M]. 北京:人民交通出版社,1980.
[37]白志刚. 调节系统解析与 PID 整定[M]. 北京:化学工业出版社,2019.
[38]HASAN. Indoor and outdoor localization of a mobile robot fusing sensor data[D]. Boston:Northeastern University,2017.
[39]LOPES. Localization and navigation in an autonomous vehicle[D]. Aveiro:Universidade de Aveiro,2013.
[40]徐仲勋,刘建新,王亚威等. 一种基于标记码的 AGV 小车导航修正方法[J]. 机床与液压,2018,46(3):5.
[41]MALUS K,MAJUMDAR J. Kinematics,localization and control of differential drive mobile robot[J]. Global Journals of Research in Engineering,2014(1):1 -7.
[42]李艳,高峰,黄玉美,等. 基于坐标变换的具有可操舵轮的移动机器人运动学建模[J]. 西安理工大学学报,2006,22(3):5.
[43]CRAIG. 机器人学导论[M]. 北京:机械工业出版社,2018.
[44]JAULIN. 移动机器人原理与设计[M]. 北京:机械工业出版社,2018.
[45]段勇,于霞. 自主移动机器人导航与协作[M]. 北京:地质出版社,2018.
[46]曹其新,张蕾. 轮式自主移动机器人[M]. 上海:上海交通大学出版社,2012.
[47]熊蓉,王越,张宇. 自主移动机器人[M]. 北京:机械工业出版社,2021.
[48]赵建伟. 机器人系统设计及其应用技术[M]. 北京:清华大学出版社,2021.
[49]王茂森,戴劲松,祁艳飞. 智能机器人技术[M]. 北京:国防工业出版社,2015.
[50]王秀青,王永吉. 轮式和水下机器人的建模、运动分析及路径规划[M]. 北京:科学出版社,2019.
[51]王殿军,魏洪兴,任福君. 移动机器人自主定位技术[M]. 北京:机械工业出版社,2013.
[52]陈超. 导盲机器人定位与路径规划技术[M]. 北京:国防工业出版社,2015.
[53]COOK. 移动机器人导航、控制与遥感[M]. 北京:国防工业出版社,2015.
[54]郭彤颖,张辉. 机器人传感器及其信息融合技术[M]. 北京:化学工业出版社,2019.
[55]王仲民. 移动机器人路径规划与轨迹跟踪[M]. 北京:兵器工业出版社,2008.
[56]STACHNISS. 机器人地图创建与环境搜索[M]. 北京:国防工业出版社,2013.
[57]RASEL R I. Obstacle detection for indoor navigation of mobile robots[D]. Chemnitz:

Technische Universitat Chemnitz,2017.

[58]JAGOLINZER S R. Design and control of a dynamic and autonomous trackless vehicle using onboard and environmental sensors [D]. Miami: Florida International University,2017.

[59] TURNAGE D. Localization and mapping of unknown locations and tunnels with unmanned ground vehicles[D]. Qxford,Mississippi:University of Mississippi,2016.

[60]NORR S R. Simulation and control of nonholonomic differential drive platforms[D]. Twin Cities,Minnesota:University of Minnesota,2017.

[61] THYAGARAJAN R. A motion control algorithm for steering an AGV in an outdoor environment[D]. Hyderabad:Osmania University,2000.

[62]WU X D, IACSIT, XU M, et al. Differential speed steering control for four – wheel independent driving electric vehicle[J]. International Journal of Materials, Mechanics and Manufacturing,2013,1(4):1 –6.

[63] SEEGMILLER N A. Dynamic model formulation and calibration for wheeled mobile robots[D]. Pittsburgh:Carnegie Mellon University,2014.

[64]ZAW M T. Kinematic and dynamic analysis of mobile robot[D]. Lower Kent Ridge Road:National University of Singapore,2003.

[65]WANG R,KARIMI H R,CHEN N,et al. Motion control of four – wheel independently actuated electric ground vehicles considering tire force saturations[J]. Mathematical Problems in Engineering,2013(pt. 17):1 –8.

[66]SIDDIQUI A R. A Vision and differential steering system for a mobile robot platform [D]. Karlskrona:Blekinge Institute of Technology,2010.

[67]STOUTEN B. Parameter tuning and cooperative control for automated guided vehicles [D]. Eindhoven:Universiteitsdrukkerij TU,2020.

[68]SOYSAL,BIROL. Real – time control of an automated guided vehicle using a continuous mode of sliding mode control [J]. Turkish Journal of Electrical Engineering and Computer Science,2014,22:1298 – 1306.

[69]QI J H,WU Y H. Trajectory tracking control for double – steering automated guided vehicle based on model predictive control [J]. Journal of Physics, 2020, 1449 (1):012107.

[70]王殿君,关似玉,陈亚,等. 双驱双向 AGV 机器人运动学分析及仿真[J]. 制造业自动化,2016,38(3):6.

[71]冯锋. AGV 自动导引小车控制系统研究[D]. 镇江:江苏科技大学,2008.

[72]吴乐. 全方位移动泊车机器人的结构设计与实验研究[D]. 北京:北京化工大学,2018.

[73]吴宁强,李文锐,王艳霞,等. 重载 AGV 车辆跟踪算法和运动特性研究[J]. 重庆理工大学学报,2018,32(10):5.

[74]余攀. 四轮独立转向驱动电动车控制系统设计及控制算法研究[D]. 成都:电子科

技大学,2015.

[75]郭咏,刘嘉琪,章小斌,等.智能载重 AGV 控制系统设计[J].电子设计工程,2020,28(1):4.

[76] GERRARD D R. Dynamic control of a vehicle with two independent wheels[D]. Monterey:Naval Postgraduate SchooL,1990.

[77] KOZOWSKI K, PAZDERSKI D. Modeling and control of a 4 - wheel skid - steering mobile robot[J]. International Journal of Applied Mathematics and Computer Science, 2004,14(4):477 -496.

[78] KOZOWSKI K, PAZDERSKI D, RUDAS I, et al. Modeling and control of a 4 - wheel skid - steering mobile robot: From theory to practice [D]. Poznan: Poznan University,2004.

[79] LEI X Y, ZHANG G L, LI S J, et al. Dual - spring AGV shock absorption system design: Dynamic analysis and simulations [D]. Washington: George Washington University,2020.

[80] PAGILLA P. Traction modeling and control of a differential drive mobile robot to avoid wheel slip[D]. Stillwater:Oklahoma State University,2013.

[81] FERREIRA T, GORLACH I A. Development of an automated guided vehicle controller using a model - based systems engineering approach[J]. South African Journal of Industrial Engineering,2016,27(2):206 -217.

[82] MAARIF E S, MOYO T. Driving control module for low cost industrial automated guided vehicle[J]. IOP Conference Series: Materials Science and Engineering, 2019, 535 (1):012016.

[83] GONZáLEZ D, LUIS R, ESPINOSA, et al. An optimization design proposal of automated guided vehicles for mixed type transportation in hospital environments[J]. Plos One, 2017,12(5):e0177944.

[84] SNYMAN. Development of a navigation system for an autonomous guided vehicle using android technology[D]. Port Elizabeth:Melson Mandela Metropolitan University,2012 .

[85] BEMTHUIS R H. Development of a planning and control strategy for AGVs in the primary aluminium industry[D]. Enschede:University of Twente,2017.

[86] BIJANROSTAMI K. Design and development of an automated guided vehicle for educational purposes[D]. Northern Cyprus:Eastern Mediterranean University,2011.

[87] KUMAR S. Development of an automatic guided vehicle with an obstacle avoidance system[D]. Fiji:University of the South Pacific,2003.

[88]西格沃特,诺巴克什,卡拉穆扎.自主移动机器人导论[M].西安:西安交通大学出版社,2006.

[89] SICILIANO.机器人学、建模规划与控制[M].西安:西安交通大学出版社,2014.

[90] JUAN - ANTONIO, FERNANDEZ - MADRIGAL, JOSE.移动机器人同步定位与地图构建[M].北京:国防工业出版社,2017.

[91]特龙,比加尔,福克斯. 概率机器人[M]. 北京:机械工业出版社,2017.
[92]FRANSEN. A path planning approach for AGVs in the dense grid - based AgvSorter [D]. Eindhoven:Technische Universiteit Eindhoven,2019.
[93]MA Z Y. SLAM research for port AGV based on 2D LiDAR[D]. Shanghai:Shanghai Maritime University,2019.
[94]LANDERGAN M. An Autonomous mobile robot for outdoor navigation[D]. Detroit: Oakland University,2019.
[95]JIN J Y,CHUNG W J. Obstacle avoidance of two - wheel differential robots considering the uncertainty of robot motion on the basis of encoder odometry information[J]. Sensors,2019,19(2):289 - 304.
[96]TESO - FZ - BETOÑO D,ZULUETA E,FERNANDEZ - GAMIZ U,et al. A free navigation of an AGV to a non - static target with obstacle avoidance[J]. Electronics, 2019,8(2):159.
[97]BUTDEE S,SUEBSOMRAN A,VIGNAT F,et al. Control and path prediction of an Automated Guided Vehicle[J]. Journal of Achievements of Materials and Manufacturing Engineering,2008,31(2):12 - 14.
[98]HESS D,KUNEMUND F,ROHRIG C. Linux based control framework for mecnaum based omnidirectional automated guided vehicles[J]. Engineering & Computer Science, 2013(1):23 - 25.
[99]MATHEW R,HIREMATH S S. Trajectory tracking and control of differential drive robot for predefined regular geometrical path[J]. Procedia Technology,2016,25:1273 - 1280.
[100]MYINT C. WIN N N. Position and velocity control for two - wheel differential drive mobile robot[J]. Engineering and Technology Research,2016,5(9):2849 - 2855.
[101]ANILKUMAR K,SRINIVASA C V,HAREESHA M S. Modelling and analysis of automated guided vehicle system(AGVS)[J]. International Journal of Engineering Research and General Science,2014,2(6):861 - 867.
[102]吴宁强,李文锐,王艳霞,等. 重载 AGV 车辆跟踪算法和运动特性研究[J]. 重庆理工大学学报:自然科学,2018,32(10):5.
[103]BERGDAHL S,PALMQVIST D. Automated guided vehicle navigation in unmapped semi-structured environments[D]. Gothenburg:Chalmers University of Technology,2019.
[104]李晶. 基于 ROS 的 AGV 自动导航控制系统开发[D]. 武汉:华中科技大学,2017.
[105]陶满礼. ROS 机器人编程与 SLAM 算法解析指南[M]. 北京:人民邮电出版社,2020.
[106]刘爽. 基于二维码识别的自动泊车机器人定位导航技术研究[D]. 武汉:华中科技大学,2017.
[107]ALBIN PÅLSSON MARKUS SMEDBERG. Investigating simultaneous localization and mapping for AGV systems with open - source modules available in ROS[D]. Gothenburg:Chalmers University of Technology,2017.

[108] RAMESH N. ROS based communication system for AGVs[D]. Trollhattan: University West, 2016.

[109] AN Z, HAO L N, LIU Y, et al. Development of mobile robot SLAM based on ROS[J]. International Journal of Mechanical Engineering and Robotics Research, 2016, 5(1): 47-51.

[110] ECKART C, YOUNG G. The approximation of one matrix by another of lower rank[J]. Psychometrika, 1936, 1(3): 211-218.